알기쉬운 회로이론

유정봉 · 이수일 공저

도서
출판 상 학 당

欲爲大者 當爲人役

크고자 하거든 남을 섬기라

머리말

전기 · 전자 · 통신 및 제어계측 분야를 공부하는 데 있어서 회로이론이 가장 기초가 되는 과목 중의 하나라는 것은 누구나 잘 알고 있으면서도 전기회로에 관한 전반적인 지식을 다루어야 하기 때문에 개념을 파악하기가 매우 힘들 것이라 생각된다.

이 책은 이러한 점들을 감안하여 대학에서 강의하면서 체험한 경험을 바탕으로 사전지식이 없는 학생이라도 손쉽게 이해할 수 있도록 다음과 같은 점들을 유의하여 집필하였다.

(1) 삼각함수, 복소수, 미적분의 기본개념 정도의 초등수학만 알고 있으면 내용을 이해할 수 있도록 기술하였다.
(2) 이론의 전개를 가능하면 간결하고 평이하게 설명하였으며, 특히 정현파의 복소수 표시는 회로해석의 관건을 쥐고 있으므로 상세하게 설명하였다.
(3) 물리적인 기본개념으로부터 저항회로, 교류회로, 유도결합회로, 3상회로, 단자쌍회로, 비정현파, 과도현상 및 라플라스 변환 등의 순으로 배열하여 점진적으로 내용을 이해하도록 하였다.
(4) 각 장마다 많은 예제를 삽입하여 이해를 도왔으며, 엄선된 연습문제를 수록하여 학생들이 스스로 복습하고, 기사자격과 취직시험 등에 대비하도록 하였다.
(5) 대학에서 교재로 사용할 경우 주당 3시간씩 1년에 강의할 수 있도록 구성하였으나, 각 전공분야별로 필요한 부분만을 취사선택해서 1학기에 강의할 수 있도록 배려하였다.

책을 엮고 보니 아직 미비한 점이 많으나 이에 대해서는 기회가 닿는 대로 계속 보완하겠으며, 이 분야를 공부하는 학생들에게 다소나마 회로이론을 이해하는 데 도움이 되기를 진심으로 바란다.

끝으로 이 책을 집필하는 데 많은 참고자료가 되었던 여러 저서의 저자분들과 출판하기 위해 애써주신 출판사의 남승우 사장님을 비롯한 임직원 여러분께 깊은 감사를 드리고, 보다 충실한 책이 될 수 있도록 독자 여러분의 아낌없는 조언을 부탁드린다.

저자 씀

차 례

제1장

기초개념

전기(電氣 ; electricity)는 자연계에서 가장 강력한 에너지로서 인긴이 사용하는 대부분의 장치에서 에너지원이나 제어신호로서 광범위하게 사용되고 있으며 이러한 전기의 중요성은 말로 표현할 수 없다.

회로이론(circuit theory)이란 전기장치인 소자들을 서로 연결하여 전류가 흐르도록 만들어진 전기회로의 성질을 수학적으로 해석하는 학문이라 할 수 있다.

오늘날에는 전기 · 전자공학을 전공하지 않는 다른 자연과학 분야의 학생들까지도 회로이론을 공부하고 있다. 공학문제를 효과적으로 해결하기 위해서는 여러 가지 기술을 익혀야 하는데, 그 중에서도 회로이론에 관한 지식은 가장 기본이 된다.

이 장에서는 물리학에 관한 기본지식이 없는 사람도 회로이론을 공부하는 데 지장이 없도록 여러 가지 기본적인 양, 회로해석에서의 기본법칙 및 전원의 기본개념에 대해서 공부하기로 한다.

1-1 전 하

유리막대를 명주헝겊으로 문지른 다음 종이조각과 같은 가벼운 물체에 접근시키면 가벼운 물체들이 유리막대로 끌려간다. 이 실험에서 자석에 절대로 달라붙지 않는 물질까지도 흡수하는 것을 보면 이것은 분명히 **자력**(magnetic force)에 의하여 끌리는 것이 아니고, 다른 종류의 어떠한 힘이 발생하여 물질을 끌어당기고 있음에는 틀림이 없다. 이와 같이 마찰된 물체가 가벼운 물체를 흡수하고 있을 때 흡수하는 힘의 원천을 **전기**(電氣 ; electricity)라 한다.

인류역사에서 전기라는 것을 알게 된 것은 기원전 600년 경에 그리스의 철학자 **탈레스**(Thales ; 640~546 BC)가 저고리에 달아두었던 호박이라는 광물인 단추에 먼지가 유난히 많이 달라붙는 현상을 발견한 것이 최초이다. 전기를 영어로 'electricity'라고 하는데, 이 말의 근원은 그리스어인 호박(elektron)에서 유래한 말이다.

한편, 동양에서는 자연현상으로 발행하는 번개(電)의 날쌘 동작의 기운(氣)을 뜻하여 전기(電氣)라 하였다. 중력과는 달리 **전기력**(electrical force)에는 흡입력과 반발력의 2가지가 존재한다. 그 이유는 전기에는 2가지 종류가 있어서 같은 종류끼리는 반발하고, 다른 종류끼리는 흡입하기 때문이다.

미국의 과학자 **프랭클린**(Franklin ; 1706~1790)은 유리막대에 나타나는 전기를 **양(+)전기**(positive electricity), 명주헝겊에 나타나는 전기를 **음(−)전기**(negative electricity)라 하였다.

전기의 본질에 관해서는 오래 전부터 여러 가지로 연구되고 많은 가설이 세워졌지만, 오늘날에는 원자물리학의 관점에서 이를 설명하고 있다. 이에 의하면 모든 물질은 **분자**(molecular)들의 집합이고 분자는 **원자**(atom)의 집합으로 되어 있으며, 이들 원자는 **원자핵**(automic nucleus)과 그 주위를 돌고 있는 **전자**(electron)들로 구성되어 있다.

원자핵은 양(+)전기를 가진 **양자**(proton)와 전기를 가지지 않는 **중성자**(neutron)가 강한 핵력으로 결합되어 있다. **전자**는 음(−)전기를 지닌 입자이며, 원자의 종류에 따라 1개로부터 수십 개의 전자가 원자핵 주위의 정해진 궤도 위를 운행하고 있다.

정상상태에서 원자를 이루고 있는 양자의 수는 전자의 수와 같으며, 양자 1개가 지니는 전기량은 전자 1개가 지니는 전기량과 같고 극성은 반대이므로 원자는 전체적으로 볼 때 전기적으로 중성이다.

원자핵 주위를 돌고 있는 전자 중에서 가장 바깥쪽 궤도를 돌고 있는 전자를 **최외각전자**(valence electron) 또는 **가전자**라 하며, 원자핵과의 결합력이 약하다. 이들 전자는 외부로부터 에너지가 주어지면 이 에너지를 흡수하여 원자핵의 구속으로부터 쉽게 이탈하여 자유로이 움직일 수 있게 된다. 이와 같은 전자를 **자유전자**(free electron)라 하며 여러 가지 전기현상을 일으킨다.

앞의 경우 마찰에 의해 유리막대는 자유전자가 명주헝겊으로 이동하여 중성체에서 전자(−)가 부족하여 양(+)전기를 띠게 되고, 명주헝겊은 반대로 자유전자를 얻어 전자수가 양자수보다 많으므로 음(−)전기를 띠게 되는 것이다.

이상으로 전기란 모든 원소 중에 포함되는 원자핵 중의 양자(+)와 이것을 둘러싼 전자(−)가 그 근원이라 할 수 있다. 대전에 의해서 물체가 띠고 있는 전기를 **전하**(電荷 ; electric charge)라고 한다. 전자 1개가 갖는 전하는 전기량으로서 더 이상 쪼갤 수 없는 최소의 양이다.

그러나 이 양은 너무 적으므로 MKS **단위계**(길이, 질량, 시간의 단위로 각각 meter, kilogram, second를 쓰는 단위계)에서는 전하의 단위를 **쿨롱**(Coulomb[C])이라 하는데, 이는 프랑스의 과학자 **쿨롱**(Coulomb ; 1736~1806)의 이름에서 따온 것이다.

전자 1개의 전하는 $\mathbf{1.602\times10^{-19}}$[C]이다. 따라서 $1/1.602\times10^{-19}=\mathbf{6.25\times10^{18}}$개의 전자가 모이면 1[C]이 된다.

전하는 Q 또는 q로 표시한다. 대문자는 시간적으로 불변인 일정한 전하를, 소문자는 일반적인 시간에 따라 변하는 시변전하를 표시하는 데 사용한다. 때로는 이를 전하의 **순시값**(instantaneous value)이라 하기도 하고, 그 시변성을 강조하기 위하여 $q(t)$라 쓰기도 한다. 이 대문자와 소문자의 사용법은 전류, 전압, 전력 등 다른 양에도 적용되고 있다.

예제 1-1

전자 3×10^{20}개의 전하는 총 몇 [C]인가?

■ **풀이** ■ 총 전하 Q는

$$Q = 1.602 \times 10^{-19} \times 3 \times 10^{20} = \mathbf{48.06}[\mathrm{C}]$$

1-2 전 류

앞 절의 실험에서 유리막대로부터 명주헝겊으로 전자의 이동, 즉 전하가 이동한다고 하였다. 전기회로에서 에너지가 전송되려면 전하의 이동이 있어야 한다. 이 전하의 이동을 **전류**(電流 ; electric current)라고 한다. 전류의 크기는 회로의 어느 단면을 단위시간에 통과하는 전하의 양으로써 정의된다. 그 MKS 단위는 **암페어**(ampere)이고 기호는 [A]이며, 프랑스의 과학자 **앙페르**(Ampere ; 1775~1836)의 이름에서 딴 것이다. 1[A]는 1초 동안에 1[C]의 전하, 즉 6.25×10^{18}개의 전자가 이동할 때의 전류이다. 따라서 일정한 비율로 t초 동안에 Q[C]의 전하가 이동할 때의 전류 I와 전하 Q는 다음과 같다.

$$I = \frac{Q}{t}[\mathrm{A}], \quad Q = It\ [\mathrm{C}] \tag{1-1}$$

전류의 방향은 관례상 정(+)전하가 이동하는 방향으로 정하고 있으므로 전자의 이동방향은 전류의 양(+)의 방향과 반대이다.

도선이나 소자에 흐르는 전류를 나타낼 때 2가지를 밝혀야 한다. 하나는 전류의 기준방향을 나타내는 화살표이고, 또 하나는 그 기준방향으로 흐르는 전류값이다.

[그림 1-1] 같은 전류의 2가지 표현

[그림 1-1](a)와 같이 전류값의 대수적인 부호가 정(+)일 때 관례전류가 흐르는 실제 방향을 나타내는 것이다. [그림 1-1](b)와 같이 전류값의 부호가 부(−)

이며 전류가 실제로 흐르는 방향은 화살표와는 반대가 된다.

예제 1-2

어떤 도체의 단면을 3분간 같은 비율로 360[C]의 전하량어 통과되었다면 전류의 크기는 얼마인가?

■ **풀이** ■ $I = \frac{Q}{t} = \frac{360}{3\times 60} = \mathbf{2}[A]$

예제 1-3

어떤 도선에 2[A]의 전류가 8초 동안 흘렀다면 대략 몇 개의 전자가 이동한 셈인가?

■ **풀이** ■ 이동한 총 전하량

$Q = I.\,t = 2\times 8 = 16[C]$

따라서 전자의 개수

$N = Q\cdot e = 16\times 6.25\times 10^{18} = \mathbf{10^{20}}$[개]

1-3 전 압

물은 수위가 높은 곳에서 낮은 곳으로 흐르며, 두 점간에는 수위차가 있다고 말한다. 마찬가지로 도체에 전류가 흐르기 위해서는 도체 양단에 전위차가 있어야 한다.

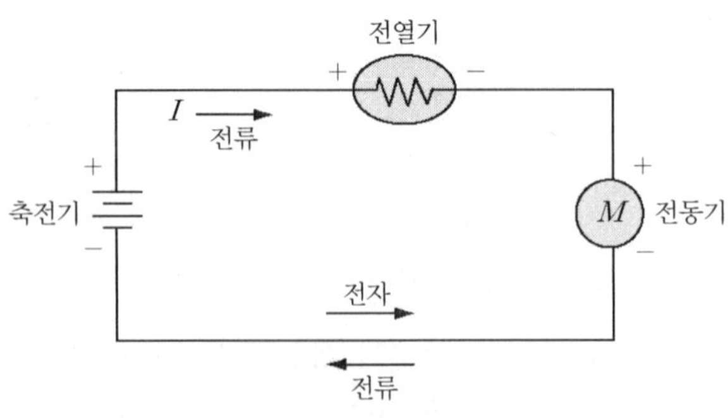

[그림 1-2] 전류와 전자의 이동방향

물이 흘러 수위가 변화될 때 에너지 변환이 일어나듯이 회로에도 전류가 흐를 때에는 에너지의 변환과 전송이 일어난다.

예컨대 [그림 1-2]와 같은 회로에서는 축전지 내에서 화학적 에너지가 전기적 에너지로 변환되고, 이 전기적 에너지는 전류에 따라 회로의 각 부분에 전송되어 전열기 내에서는 열에너지로, 전동기 내에서는 기계적 에너지로 변환된다. 이와같이 양(+)전하가 축전지를 통할 때에는 전기적 에너지를 얻고, 회로의 다른 부분을 통할 때에는 얻은 에너지를 잃게 된다.

+1[C]의 전하가 회로의 두 점 사이를 이동할 때 얻거나 또는 잃는 에너지를 두 점간의 **전위차**(電位差 ; electric potential difference) 또는 **전압**(電壓 ; voltage)이라고 하며, 그 MKS 단위는 **볼트**(volt)로서 기호는 [V]이며, 이탈리아의 물리학자 **볼타**(Volta ; 1745~1827)의 이름에서 딴 것이다. 1[V]는 1[C]의 전하가 두 점간을 이동할 때 얻거나 또는 잃는 에너지가 **1줄**(joule [J])일 때의 전위차이다. 따라서 Q[C]의 전하가 전위차가 일정한 두 점간을 이동할 때 얻거나 또는 잃는 에너지가 W[J]이라 하면 그 두 점간의 전압은

$$V = \frac{W}{Q}[\mathrm{V}], \quad W = VQ\,[\mathrm{J}] \tag{1-2}$$

[그림 1-3](a)에서 회로 내의 한 점 a에서 다른 점 b까지 양(+)전하를 이동시키는 데 외부에서 일을 해주어야 할 때, 즉 이동하는 전하가 에너지를 얻을 때 b점의 전위는 a점의 전위보다 높다고 표현하며, a에서 b로 **전압상승**(voltage rise)이 있다고 말한다.

마찬가지로 [그림 1-3](b)와 같이 양전하가 이동하면서 전하 자신이 일을 할 때, 즉 전하가 에너지를 잃을 때에는 a에서 b로 **전압강하**(voltage drop)가 있다고 말한다. 예컨대 축전지에 전류가 흐르면 화학적 에너지가 전기적 에너지로 변환되면서 전기에너지를 얻으며, 이때 축전지 양단에는 전류의 방향으로 전압상승이 생기며, 또한 전등에 전류가 흐르면 전기에너지가 열에너지로 변환되면서 전기에너지를 잃는다. 이때 전등의 양단에는 전류의 방향으로 전압강하가 생겼다고 말한다.

전지나 발전기는 전류가 계속해서 흐르도록 전위차를 유지하기 위한 장치로서 이들 장치는 **기전력**(electromotive force)을 가지고 있다고 말하며, e 또는 E로서 표시하며 그 단위는 전압과 같이 [V]이다.

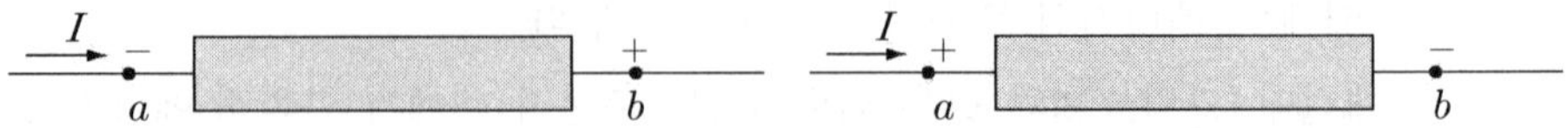

(a) 전하가 에너지를 얻는 경우(전압상승)　(b) 전하가 에너지를 잃는 경우(전압강하)

[그림 1-3] 전압상승과 전압강하

예제 1-4

어느 두 점 사이를 20[C]의 전하량이 이동하여 100[J]의 일을 했다면 두 점간의 전압은 몇 [V]인가?

■ 풀이 ■ $V = \frac{W}{Q} = \frac{100}{20} = \mathbf{5}$[V]

예제 1-5

어느 두 점간을 2[V]의 기전력으로 20[J]의 일을 할 때 이동한 전하량은 몇 [C]인가?

■ 풀이 ■ $Q = \frac{W}{V} = \frac{20}{2} = \mathbf{10}$[C]

1-4 전 력

단위시간에 전압과 전류가 한 일의 양, 또는 단위시간에 변환 또는 전송되는 에너지를 **전력**(電力 ; electric power)이라고 한다. 전력의 단위로는 [J/S]를 사용하기도 하지만, 이에 대한 MKS 단위로는 **와트**(Watt)로서 기호는 [W]이며, 증기기관을 처음 설계한 스코틀랜드의 공학자 **와트**(Watt ; 1736~1819)의 이름을 따서 붙인 것이다.

1[W]란 1초 동안에 주고받는 에너지가 1[J]일 때의 전력이다. 따라서 주고받는 에너지 W[J]이 시간적으로 일정할 때의 전력은

$$P=\frac{W}{t}=\frac{W}{Q}\cdot\frac{Q}{t}=VI\,[\mathrm{W}]\ \text{또는}\ [\mathrm{J/S}] \tag{1-3}$$

따라서 에너지, 즉 전력량 W는

$$W=pt=VIt\,[\mathrm{J}] \tag{1-4}$$

이상에서 전압상승의 방향으로 전류가 흐를 때에는 전기적 에너지 또는 전력의 발생, 공급이 있고, 전압강하의 방향으로 전류가 흐를 때에는 전기적 에너지 또는 전력의 전송·소비가 있다.

실제로 전기이론 분야에서는 기본단위보다 크고 적은 양을 나타내기 위하여 〈표 1-1〉과 같이 10의 거듭제곱 형태로 표시되는 **보조단위**를 많이 쓴다.

〈표 1-1〉 10의 거듭제곱 보조단위

기 호	읽 기	배 수	기 호	읽 기	배 수
T	테라(Tera)	10^{12}	c	센티(centi)	10^{-2}
G	기가(Giga)	10^{9}	m	밀리(milli)	10^{-3}
M	메가(Mega)	10^{6}	μ	마이크로(micro)	10^{-6}
k	킬로(kilo)	10^{3}	n	나노(nano)	10^{-9}
h	헥토(hecto)	10^{2}	p	피코(pico)	10^{-12}

예제 1-6

1200[W]는 몇 [kW]인가?

■ **풀이** ■ $1200[\mathrm{W}]=1.2\times1000[\mathrm{W}]=\mathbf{1.2}[\mathrm{kW}]$

예제 1-7

0.02[A]는 몇 [μA]인가?

■ **풀이** ■ $0.02[\mathrm{A}]=2\times10^{4}\times10^{-6}[\mathrm{A}]=\mathbf{2\times10^{4}}[\mu\mathrm{A}]$

예제 1-8

[그림 1-4]와 같은 회로에서 2[A]의 전류가 시계방향으로 흐를 때 각 소자가 소비하는 전력은 몇 [W]인가?

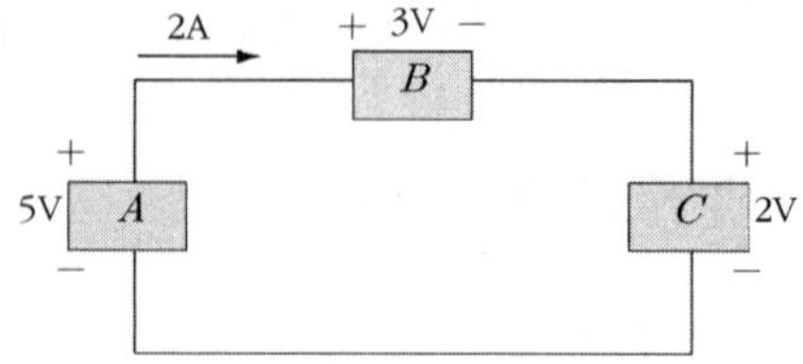

[그림 1-4]

■ **풀이** ■ A소자에서는 전압상승으로 전력을 공급하고 B, C소자는 전압강하로 전력을 소비하므로

$P_A = VI = -5 \times 2 = -\mathbf{10}[\mathrm{W}]$

$P_B = 3 \times 2 = \mathbf{6}[\mathrm{W}]$

$P_c = 2 \times 2 = \mathbf{4}[\mathrm{W}]$

예제 1-9

500[W]의 전력을 소비하는 전열기를 10시간 동안 연속하여 사용했을 때의 전력량 W는 몇 [kWh]인가?

■ **풀이** ■ 1[J] = 1[W · s ; Watt · sec], 1[Wh ; Watt hour] = 3600[W · s]

1[kWh] = 1000[Wh]이므로

$W = Pt = 500[\mathrm{W}] \times 10[\mathrm{h}] = 5000[\mathrm{Wh}] = \mathbf{5}[\mathrm{kWh}]$

이상으로 배운 내용을 요약하면 〈표 1-2〉와 같다. 기호에서 보통 소문자는 시간적으로 변하는 경우, 대문자는 시간적으로 불변인 경우에 쓰인다.

〈표 1-2〉 기본적인 전기적 양

전기적 양	기 호	단위(MKS계)	단위의 약자	관 계 식
전 하	q, Q	Coulomb	C	$Q = \dfrac{W}{V} = It$
전 류	i, I	Ampere	A	$I = \dfrac{Q}{t}$
전압 또는 기전력	v, V e, E	Volt	V	$V = \dfrac{W}{Q}$
전 력	p, P	Watt, Joule/sec	W, J/S	$P = \dfrac{W}{t} = VI$
에너지 또는 일	w, W	Joule, Watt · sec	J, W · s	$W = Pt$

1-5 회로소자

전기회로를 구성하는 **회로소자**(circuit element)에는 외부에서 전기적 에너지의 공급을 받지 않는 한 전기적 효과가 없는 소자들을 **수동소자**(passive element)라 하며, 전기적 에너지를 공급하는 장치인 **전원**(source)을 **능동소자**(active element)라 한다. 회로소자는 그 전기적 특성에 따라서 능동소자는 **전압원**(voltage source)과 **전류원**(current source)으로 구분되며, 수동소자는 다음과 같이 3가지로 구분된다.

(1) 저항기

모든 도체에는 전기에너지인 전류의 흐름을 방해하는 성질이 있으며 이때의 에너지는 열로 소비된다. 이러한 성질을 나타내도록 만든 실제의 소자를 **저항기**(抵抗器 ; resistor) 또는 속칭 **저항**(resistance)이라 한다. 전열기나 백열전구는 이러한 재료의 저항을 최대로 이용한 실물이다.

(2) 유도기

도체에 전기에너지를 가하면 도체 자체뿐만 아니라 그 주위에도 일정한 부분에 전기적인 영향이 나타나는데 자석과 비슷한 현상이며 **자기에너지**(magnetism)의 형태로 소비된다. 이러한 성질을 나타내도록 만든 실제의 소자를 **유도기**(誘導器 ; inductor), **인덕터**(inductor) 또는 속칭 **코일**(coil)이라 하며 모든 전동기, 발전기, 전자석 등의 에너지변환 및 통신 등에 사용된다.

(3) 용량기

도체를 특정한 방법으로 연결하면 그 사이에 일정한 크기의 전하가 축적되어 약간의 전기에너지를 저장할 수 있게 된다. 이러한 성질을 나타내도록 만든 실제의 소자를 **용량기**(用量器 ; capacitor), **커패시터**(capacitor) 또는 속칭 **콘덴서**(condenser)라고 한다. 용량기는 전하를 축적하는 형태로 전기에너지를 소비하며 필터, 위상변환회로 및 정류장치 등에 널리 사용된다.

이상의 수동소자에서 두 단자 사이의 전압과 전류의 관계식에서 비례계수로부터 정의되는 **저항**(resistance), **인덕턴스**(inductance), **커패시턴스**(capacitance)의 3가지 **회로정수**(circuit paramenter)와 **상호 인덕턴스**(mutual inductance)라는 회로정수가 있다. 전원과 회로정수는 앞으로 자세히 다룬다.

1-6 옴의 법칙

모든 물질에는 전류가 흐를 때 전류의 흐름을 방해하는 작용이 있는데, 이 작용의 회로정수를 **전기저항**(electric resistance) 또는 간단히 **저항**(抵抗 ; resistance)이라고 하며, 전기적인 특성이 주로 저항인 실물을 **저항기**(resistor)라고 배웠다.

저항의 크기를 나타내는 단위는 **옴**(Ohm)이고, 그것은 1[V/A]와 같으며 기호로는 그리스 문자 오메가의 대문자 [Ω]이다. 1[Ω]은 도체의 양단에 1[V]의 전압을 가할 때 1[A]의 전류가 흐르는 경우의 저항값이다. 또 저항의 역수인 $G=\dfrac{1}{R}$을 **컨덕턴스**(conductance)라 하고, 그 단위는 **모**(mho ; ℧)이나 최근에는 모(mho) 대신 **지멘스**(Siemens ; S)를 쓰기도 한다.

도체는 모두 다소의 저항을 가지고 있으며 이를 통하여 전류가 흐를 때 열이 발생된다는 것을 실험적으로 알 수 있다. 즉 저항기에서는 공급된 전기적 에너지는 모두 열로 소비되므로 전류의 방향으로 전압강하가 일어난다.

1827년 독일의 물리학자 **옴**(Ohm ; 1787~1854)은 도체에 흐르는 전류는 가해진 전압에 비례하고, 도체의 저항에 반비례한다는 사실을 실험적으로 밝혔는데, 이것을 **옴의 법칙**(Ohm's law)이라고 한다. 이 관계를 식으로 나타내면

$$\left.\begin{aligned} I &= \frac{V}{R}\,[\mathrm{A}] \\ V &= RI\,[\mathrm{V}] \\ R &= \frac{V}{I}\,[\Omega] \end{aligned}\right\} \tag{1-5}$$

여기서 저항 R은 하나의 비례계수이다. 또한 저항에서의 전력은 옴의 법칙을 이용하면

$$P = VI = RI^2 = \frac{V^2}{R} = GV^2[\mathrm{W}] \tag{1-6}$$

예제 1-10

저항이 50[Ω]인 도체에 100[V]의 전압을 가할 때 도체에 흐르는 전류는 몇 [A]인가?

■ **풀이** ■ 옴의 법칙에 의해

$$I = \frac{V}{R} = \frac{100}{50} = \mathbf{2}[\mathrm{A}]$$

예제 1-11

10[Ω]의 저항에 5[A]의 전류가 흐를 때 생기는 전압강하는 몇 [V]인가?

■ **풀이** ■ 옴의 법칙에 의해

$$V = RI = 10 \times 5 = \mathbf{50}[\mathrm{V}]$$

예제 1-12

20[Ω] 니크롬선 양단에 100[V]의 전압을 인가했을 때의 소비전력과 1분간에 소비되는 에너지를 구하여라.

■ **풀이** ■ $P = \frac{V^2}{R} = \frac{100^2}{20} = \mathbf{500}[\mathrm{W}]$

$$W = Pt = 500 \times 60 = \mathbf{3 \times 10^4}[\mathrm{J}]$$

1-7 줄의 법칙

영국의 물리학자 줄(Joule ; 1818~1889)은 도체에 전류가 흐르면 열이 발생하며, 이때 단위시간에 발생하는 열량은 I^2R에 비례한다는 사실을 실험적으로

입증하였다. 이것을 **줄의 법칙**(Joule's law)이라고 하며, 이때 발생한 열을 **줄열**이라고 한다. 저항 $R[\Omega]$의 도체에 전류 I[A]가 t초 동안 흐를 때 발생하는 열량 H는

$$H = Pt = I^2Rt \text{ [J]} \tag{1-7}$$

따라서 1[A]의 전류가 1[Ω]의 저항에 1초 동안 흐를 때 발생하는 열량을 1[J]이라고 한다. 또한 1[cal] = 4.2[J], 1[J] = 0.24[cal]이므로 H는 다음과 같다.

$$H = 0.24\, I^2Rt \text{ [cal]} \tag{1-8}$$

예제 1-13

저항 20[Ω]인 전열기에 5[A]의 전류를 흘렸다. 전력은 몇 [W]인가? 이때 1시간에 발생하는 열량은 몇 [kcal]인가?

■ **풀이** ■ $P = I^2R = 5^2 \times 20 = \mathbf{500}$ [W]

$H = 0.24\, I^2Rt = 0.24Pt = 0.24 \times 500 \times 3{,}600$

$= 432 \times 10^3 \text{[cal]} = \mathbf{432}\text{[kcal]}$

1-8 키르히호프의 법칙

비교적 간단한 회로의 전류와 전압 계산은 옴의 법칙을 이용하여 손쉽게 구할 수 있다. 그러나 몇 개의 전압과 저항이 여러 형태로 조합되어 있는 복잡한 회로의 전류와 전압 계산에는 독일의 물리학자 키르히호프(Kirchoff, 1824~1887)의 2가지 법칙이 사용된다.

(1) 키르히호프의 전류법칙(Kirchhoff's Current Law ; KCL)

도선의 임의의 접합점에 유입하는 전류의 대수적 합은 0이다. 즉 접합점에서 유입하는 총전류는 유출하는 총전류와 같다.

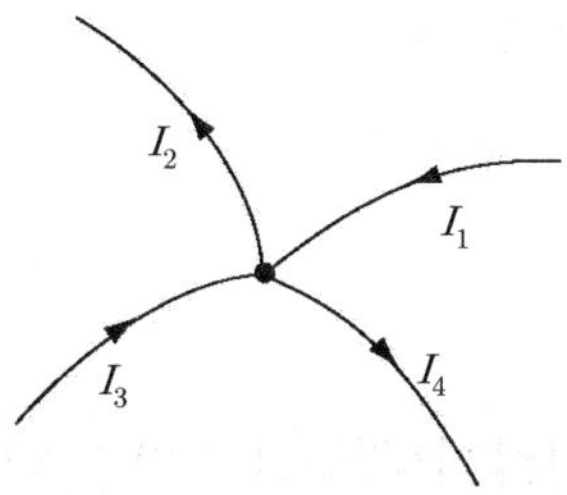

[그림 1-5] 키르히호프의 전류법칙

[그림 1-5]에서 접합점 0에 유입하는 전류를 (+)로, 유출하는 전류를 (−)로 잡으면

$$I_1 - I_2 + I_3 - I_4 = 0$$

일반적으로

$$\sum_{k=1}^{n} I_k = 0 \tag{1-9}$$

따라서 도선의 접합점에서는 유입한 전하만큼 반드시 유출하므로 거기서는 전하가 축적될 수도 없고 발생될 수도 없다는 것을 의미한다. 이것을 **전하보존의 법칙**(conservation of charge)이라고 한다.

키르히호프의 전류법칙을 **키르히호프의 제1법칙**이라고도 하며, 영문자의 첫 자를 따서 KCL로 표기하기도 한다.

예제 1-14

[그림 1-6]에서 키르히호프의 전류법칙을 이용하여 I_4를 구하여라.

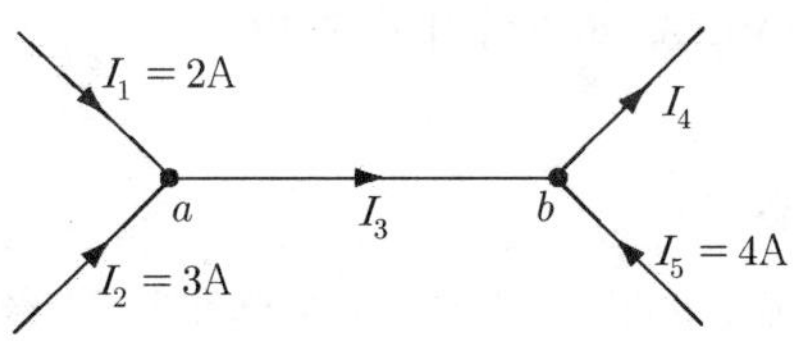

[그림 1-6]

■ 풀이 ■ 먼저 접합점 a에서

$$I_3 = I_1 + I_2 = 2 + 3 = 5[A]$$

따라서 마디 b에서 I를 구하면

$I_4 = I_3 + I_5 = 5 + 4 = \mathbf{9}$[A]

---

(2) 키르히호프의 전압법칙(Kirchhoff's Voltage Law ; KVL)

임의의 폐회로에서 한 방향으로 일주하면서 취한 전압상승의 대수적 합은 각 순간에 0이다. 즉 폐회로에서 전압상승의 총합은 전압강하의 총합과 같다. [그림 1-7]에서 시계방향으로 일주할 때 전압상승을 (+), 전압강하를 (−)로 하면

$$V_1 - V_2 + V_3 - V_4 = 0$$

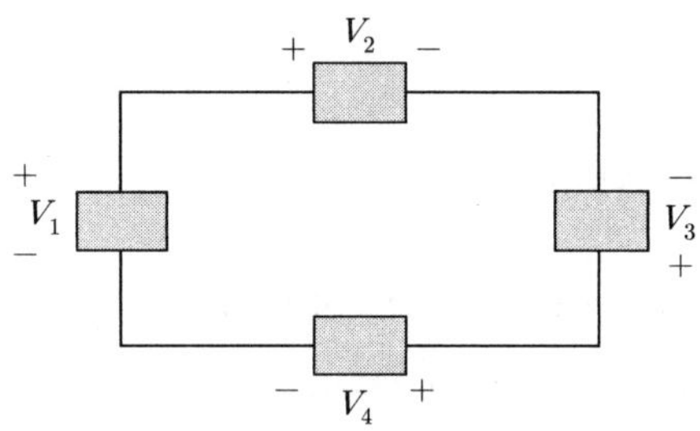

[그림 1-7] 키르히호프의 전압법칙

일반적으로

$$\sum_{k=1}^{n} V_k = 0 \tag{1-10}$$

키르히호프의 전압법칙을 키르히호프의 제2법칙이라고도 하며, 영문자의 첫 자를 따서 KVL로 표기하기도 한다.

예제 1-15

[그림 1-8]에서 R양단의 전압 V_R의 크기와 극성을 결정하여라.

■ **풀이** ■ V_R의 극성을 그림과 같이 가정하고 시계방향으로 일주하면서 KVL을 적용하면

$6 - V_R + 3 - 12 = 0$

$\therefore V_R = -\mathbf{3}$[V]

(−) 부호는 실제의 R양단의 전압극성이 가정했던 것과 반대임을 뜻한다.

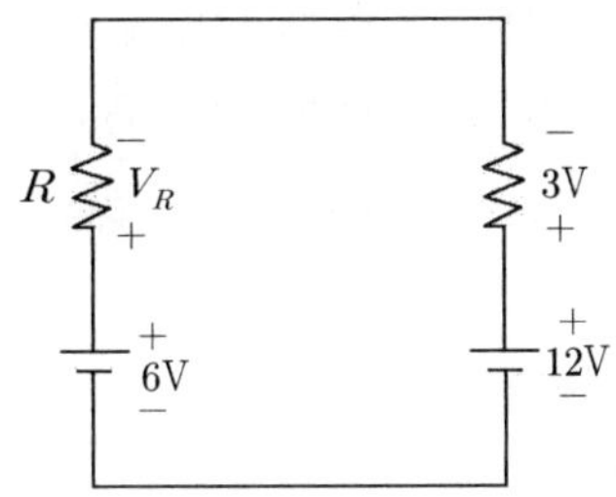

[그림 1-8]

1-9 전 원

축전지 · 발전기 등과 같이 전기적 에너지를 발생시키는 장치를 **전원**(電源 ; electric source)이라고 배웠다. 전원에 연결되어 전기적 에너지를 소비하는 장치를 전원에 대해서 **부하**(負荷 ; load)라고 한다.

(1) 정전압전원

개방(open) 상태에서 **단락**(short) 상태에 이르는 어떠한 부하에도 불구하고 그 단자에서 일정한 전압을 발생하는 이상적인 전원을 **정전압전원**(constant voltage source) 또는 **이상적 전압전원**(idel voltage source)이라고 한다.

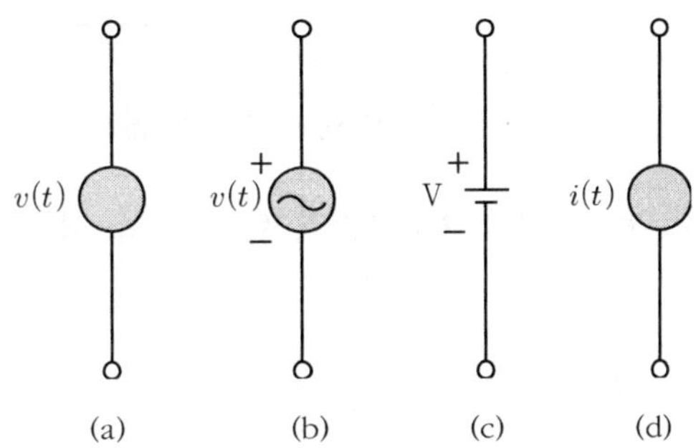

[그림 1-9] 전원의 기호

정전압전원의 일반적 기호는 [그림 1-9](a)와 같다. 특히 발생되는 전압이 **정현파**(sine wave)와 같은 **교류**(交流 ; Alternating Current ; AC)인 경우에는 그림 (b), 전압이 불변으로 **직류**(直流 ; Direct Current ; DC)인 경우에는 그림 (c)와 같이 표시한다. v, V 대신에 기전력을 나타내기 위하여 e, E를 쓸 때도 있다.

(2) 정전류전원

부하의 크기에도 불구하고 그 단자에서 일정한 전류를 발생하는 이상적인 전원을 **정전류전원**(constant current source) 또는 **이상적 전류전원**(idel current source)이라고 한다. 정전류전원의 일반적 기호는 [그림 1-9](d)와 같다.

앞으로 특별한 조건이 제시되지 않는 한 **전압전원**, **전류전원** 또는 **전압원**, **전류원**이라 함은 정전압전원, 정전류전원을 말한다.

(3) 실제적 전원의 등가회로

[그림 1-10]과 같이 실제의 전원에 부하를 연결한 경우에는 그 단자전압은 개방전압보다 약간 떨어지게 된다. 이것은 전원 내부에서 전류에 의한 전압강하가 일어나기 때문이다. 이러한 전압강하를 일으키는 전원 내부의 **저항성분**을 **내부저항**(internal resistance)이라고 한다.

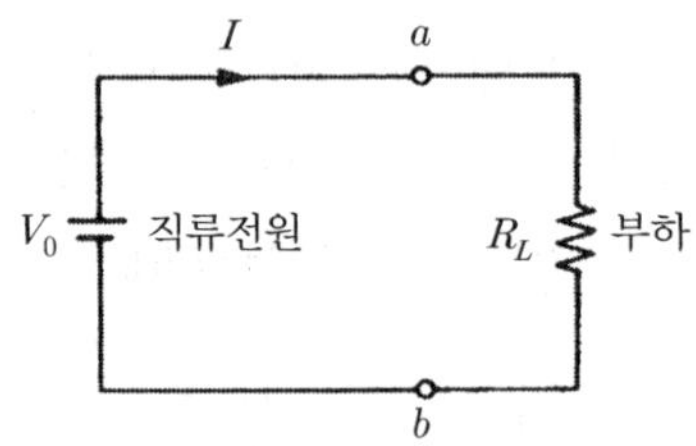

[그림 1-10] 전압원회로

전원단자의 **개방전압**을 V_0, **단락전류**를 I_0라 하면 **내부저항** R_0는

$$R_0 = \frac{V_0}{I_0}$$

가 되고, 그 **등가회로**(equivalent circuit)는 [그림 1-11]과 같이 전압전원은 내부저항을 직렬로, 전류전원은 내부저항을 병렬로 연결한 것으로 나타난다.

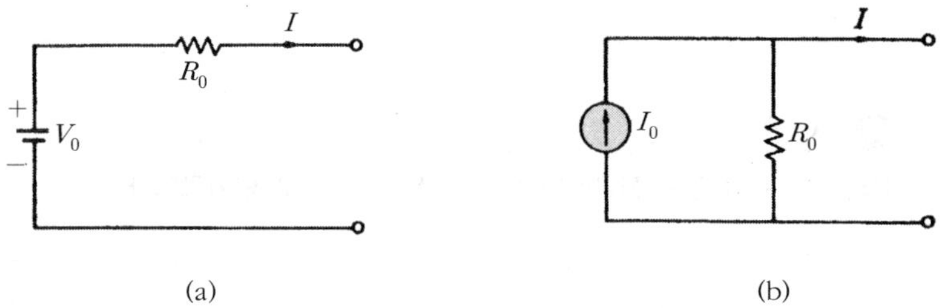

[그림 1-11] 전원의 등가회로

이 두 등가회로는 동일전원에 대한 것이므로 서로 등가이며, 단자외부에 관한 한 어느 쪽을 이용해도 좋다.

실제로 부하를 연결할 경우 부하양단의 부하전압은

$$V = V_0 - IR_0$$

위 식의 양변을 I에 관한 식으로 정리하면

$$I = \frac{V_0}{R_0} - \frac{V}{R_0} = I_0 - \frac{V}{R_0},\ \text{단}\ I_0 = \frac{V_0}{R_0}$$

가 되어, 내부저항이 존재하면 부하전압은 개방전압 V_0에서 IR_0, 부하전류는 단락전류 I_0에서 $\frac{V}{R_0}$만큼 떨어짐을 알 수 있다.

예제 1-16

[그림 1-12]와 같은 전압전원을 등가 전류전원으로 변환하여라.

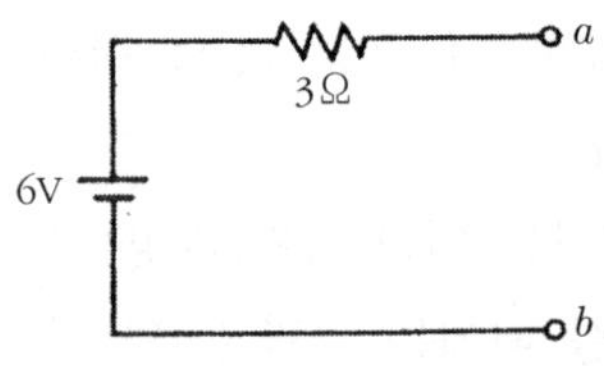

[그림 1-12]

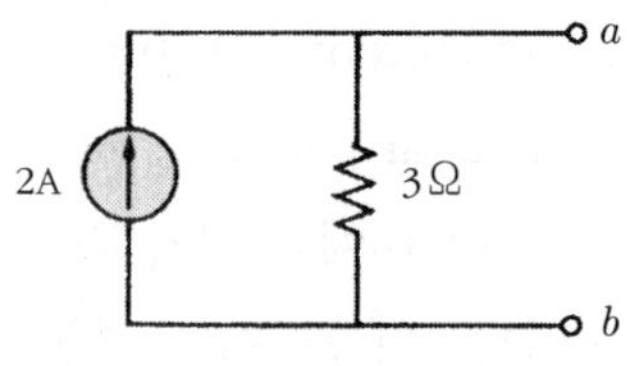

[그림 1-13]

■ 풀이 ■ 내부저항이 3[Ω]이므로 단자 ab의 단락전류 I_0는

$$I_0 = \frac{V_0}{R_0} = \frac{6}{3} = 2[\text{A}]$$

따라서 구하는 전류전원은 [그림 1-13]과 같다.

예제 1-17

[그림 1-14]와 같은 전류전원을 등가 전압전원으로 변환하여라.

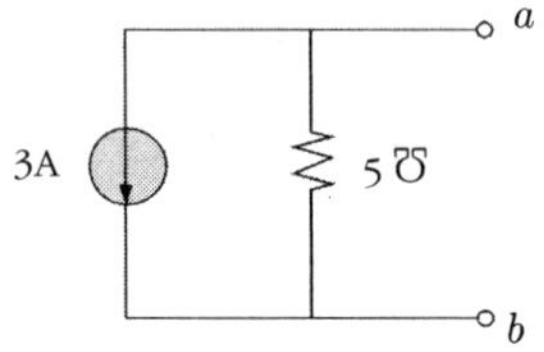

[그림 1-14]

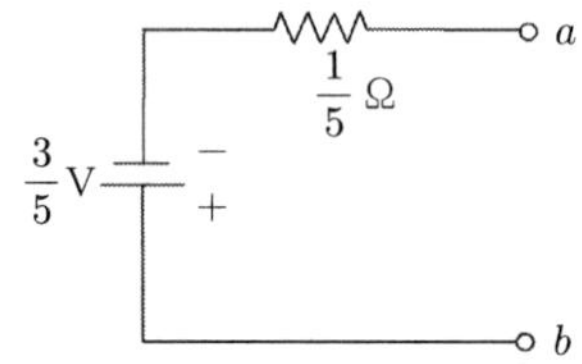

[그림 1-15]

■ **풀이** ■ 내부 컨덕턴스가 5[V]이므로 단자 ab의 개방전압 V_0는

$$V_0 = \frac{I_0}{G_0} = \frac{3}{5}[\mathrm{V}]$$

따라서 구하는 전압전원은 [그림 1-15]와 같다.

1-10 여러 가지 파형

전기회로에서 전압과 전류의 시간에 따른 변화를 **파**(wave) 또는 **신호**(signal)라고 한다. 한 방향으로만 흐르는 전류와 극성이 바뀌어지지 않는 전압을 **직류**(direct current ; DC)라고 하고, 방향과 극성이 시간에 따라 변하는 파를 **교류**(alternating current ; AC)라고 한다.

그림 1-16에는 전기회로에서 일어나는 여러 가지 파형들을 그렸다. 그림 (a), (b) 등은 직류파이나 보통 직류라 할 때에는 그림 (a)와 같이 그 값이 시간에 따라 변하지 않는 불변전류 또는 불변전압을 말한다.

또 그림 (b), (c), (d)와 같이 일정한 시간간격을 두고 동일한 파형을 반복하는 파를 **주기파**(periodic wave)라고 한다. 그 중 특히 중요한 것은 정현(sine)곡선을 그리는 **정현파**(sinusoidal wave)이다. 보통 교류라 할 때에는 정현파를

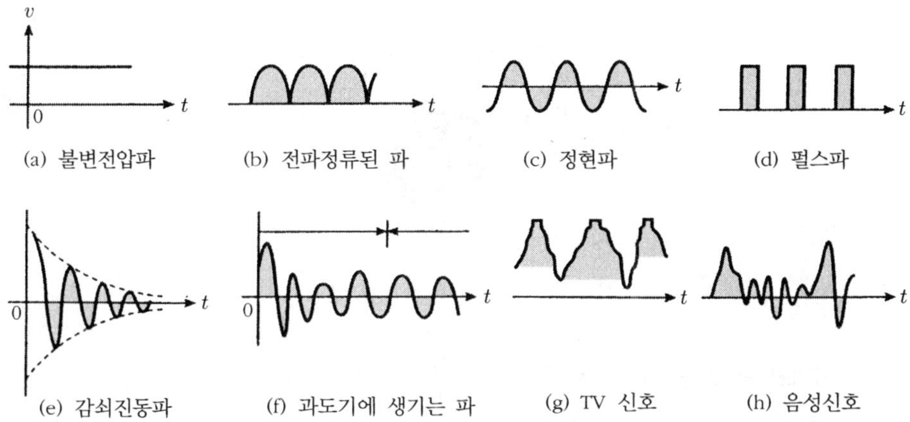

[그림 1-16] 여러 가지 파형

의미하며, 이 책에서도 그런 의미로 교류라는 말을 쓴다.

정현파가 아닌 모양의 파형을 **비정현파**(non-sinusoidal wave)라고 한다. 그림 (b), (d)는 비정현파인 주기파이며 그림 (e), (f), (g), (h)들은 **비주기파**(aperiodic wave)이다. 또한 그림 (f)의 파형은 회로의 개폐 또는 회로정수의 변화 등에 따라 과도적으로 흐르는 **과도전류**(transient current)이다.

연습문제

1-1 원자핵의 구속력을 벗어나서 물질 속에서 자유로이 이동할 수 있는 것은?

㉮ 양자　　㉯ 중성자　　㉰ 분자　　㉱ 자유전자

1-2 전하량이 3[C]인 전하가 있다. 이 전하의 전자 개수는?

㉮ 6.75×10^{8}　　㉯ 18.75×10^{18}　　㉰ 6.75×10^{24}　　㉱ 18.75×10^{54}

1-3 3[A]의 전류가 2분 동안 흐를 때 도선을 통하는 전하량[C]은?

㉮ 6　　㉯ 180　　㉰ 360　　㉱ 720

1-4 1[A・h]는 몇 [C]인가?

㉮ 60　　㉯ 360　　㉰ 600　　㉱ 3600

1-5 전자가 매초 10^{10}개의 비율로 도선을 통과한다면 이때 흐르는 전류[A]는?

㉮ 0.6×10^{-9}　　㉯ 1.6×10^{-9}

㉰ 3.6×10^{28}　　㉱ 7.2×10^{28}

1-6 어느 도체의 단면을 2분 동안에 720[C]의 전기량이 통과되었다면 전류의 크기[A]는?

㉮ 6　　㉯ 12　　㉰ 24　　㉱ 40

1-7 1[μsec] 동안에 10^{10}개의 전자가 이동할 때 흐르는 전류[A]는?

㉮ 1.6　　㉯ 16　　㉰ 1.6×10^{-3}　　㉱ 1.6×10^{-6}

---

* 정답 1 ㉱ 2 ㉯ 3 ㉰ 4 ㉱ 5 ㉯ 6 ㉮ 7 ㉰

1-8 2[C]의 전하량이 2점간을 이동하여 12[J]의 일을 했을 때 2점간의 전위차[V]는?

㉮ 6　㉯ 12　㉰ 24　㉱ 48

1-9 1.5[V]의 전위차로 3[A]의 전류가 2분 동안 흐를 때 한 일[J]은?

㉮ 6　㉯ 40　㉰ 240　㉱ 540

1-10 다음 설명 중 잘못된 것은?

㉮ 전류의 방향은 전자의 이동 방향과는 반대 방향으로 정한다.
㉯ 전위차가 높으면 높을수록 전류는 잘 흐른다.
㉰ 1초 동안에 1[C]의 전기량이 이동하면 전류는 1[A]이다.
㉱ 양전하를 많이 가진 물질이 전위가 낮다.

1-11 0.01[A]의 전류는 몇 [mA]인가?

㉮ 0.1　㉯ 1　㉰ 10　㉱ 100

1-12 1[J]과 같은 것은?

㉮ 1[cal]　㉯ 1[W · sec]　㉰ 1[kg · m]　㉱ 1[N · m]

1-13 5[Wh]는 몇 [J]인가?

㉮ 18000　㉯ 180　㉰ 72000　㉱ 720

1-14 어떤 모터가 3분간에 6300[J]의 일을 할 때 전력[W]은?

㉮ 25　㉯ 35　㉰ 45　㉱ 65

1-15 어떤 가정에 20[W] 형광등 3개를 매일 4시간씩 사용했을 때 1주일간의 전력소비량[J]은 대략 얼마인가?

㉮ 6×10^6　㉯ 3.6×10^6　㉰ 6×10^9　㉱ 3.6×10^{12}

1-16 어떤 전등에 100[V]의 전압을 가하니 0.3[A]의 전류가 흘렀다. 전등의 소비전력[W]은?

㉮ 10　㉯ 20　㉰ 30　㉱ 40

* 정답 8 ㉮ 9 ㉱ 10 ㉱ 11 ㉰ 12 ㉯ 13 ㉮ 14 ㉯ 15 ㉮ 16 ㉰

1-17 100[V], 50[A]의 기기를 10시간 사용하면 소비전력량[kWh]은?

㉮ 5 ㉯ 50 ㉰ 500 ㉱ 5000

1-18 2[kW]의 전열기에 200[V]의 전압을 가했을 때 흐르는 전류[A]는?

㉮ 10 ㉯ 20 ㉰ 100 ㉱ 200

1-19 다음 중 수동소자가 아닌 것은?

㉮ 저항 ㉯ 인덕터 ㉰ 콘덴서 ㉱ 증폭기

1-20 어떤 저항 R에 1분간 100[V]의 전압을 가했을 때 1200[C]의 전하가 이동하였다고 한다. 이 저항 $R[\Omega]$의 값은?

㉮ 5 ㉯ 10 ㉰ 15 ㉱ 25

1-21 4[kΩ]의 저항에 25[mA]의 전류를 흘리는 데 필요한 전압[V]은?

㉮ 10 ㉯ 15 ㉰ 100 ㉱ 150

1-22 100[mV]의 전압으로 10[μA]의 전류가 흐르는 도체가 있다. 이 도체의 전기저항[kΩ]은?

㉮ 10 ㉯ 20 ㉰ 30 ㉱ 50

1-23 50[Ω]의 저항에 60[V]의 전압을 가하면 소비전력[W]은?

㉮ 6 ㉯ 12 ㉰ 36 ㉱ 72

1-24 10[kW]의 전력이 소비되는 부하의 저항이 100[Ω]이라면 이 부하에 흐르는 전류[A]는?

㉮ 3.1 ㉯ 5 ㉰ 10 ㉱ 31

1-25 100[V], 500[W]의 전열기를 80[V]로 사용하면 소비전력[W]은?

㉮ 240 ㉯ 320 ㉰ 400 ㉱ 450

1-26 어떤 저항에 10[A]의 전류를 흘리면 20[W]의 전력이 소비되었다. 이 저항에 20[A]의 전류를 흘리면 소비전력[W]은?

㉮ 10 ㉯ 20 ㉰ 40 ㉱ 80

* 정답 17 ㉯ 18 ㉮ 19 ㉱ 20 ㉮ 21 ㉰ 22 ㉮ 23 ㉱ 24 ㉰ 25 ㉯ 26 ㉱

1-27 50[Ω]의 저항에 2[A]의 전류를 1분간 흘릴 때 발생하는 열량[cal]은?

㉮ 280 ㉯ 288 ㉰ 2880 ㉱ 3260

1-28 20[Ω]의 저항에 100[V]의 전압을 10분간 가할 때 발생하는 열량[J]은?

㉮ 3×10^3 ㉯ 3×10^5 ㉰ 6×10^3 ㉱ 6×10^6

1-29 어떤 저항 R에 100[V]의 전압을 가할 때 20[A]의 전류가 1분간 흘렀다면 저항 R에서 발생한 열량[J]은?

㉮ 3×10^4 ㉯ 12×10^4 ㉰ 6×10^6 ㉱ 12×10^6

1-30 그림에서 미지전류 I_x [A]는?

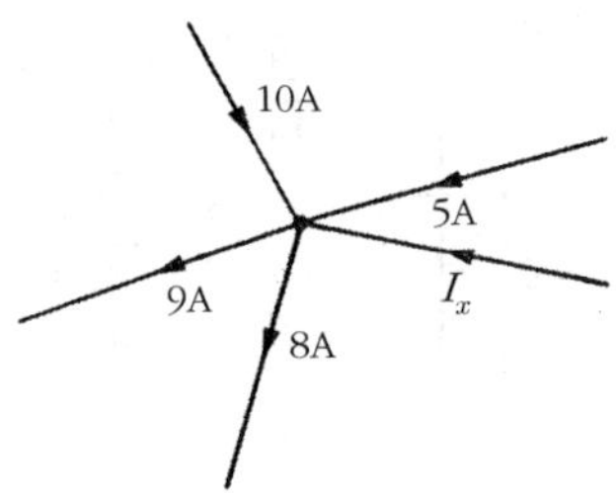

㉮ 2 ㉯ 4 ㉰ 6 ㉱ 8

1-31 그림과 같은 폐회로에서 소자 D양단의 전압 V_D[V]는?

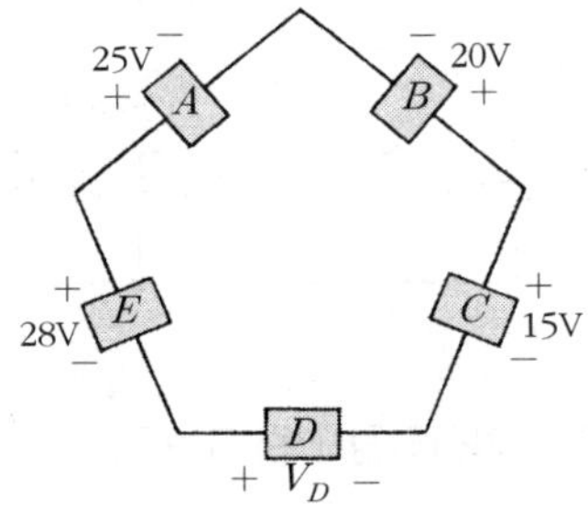

㉮ −8 ㉯ 8 ㉰ −12 ㉱ 12

1-32 그림 (a)와 (b)가 등가전원이라면 I_o[A]와 R_o[Ω]은?

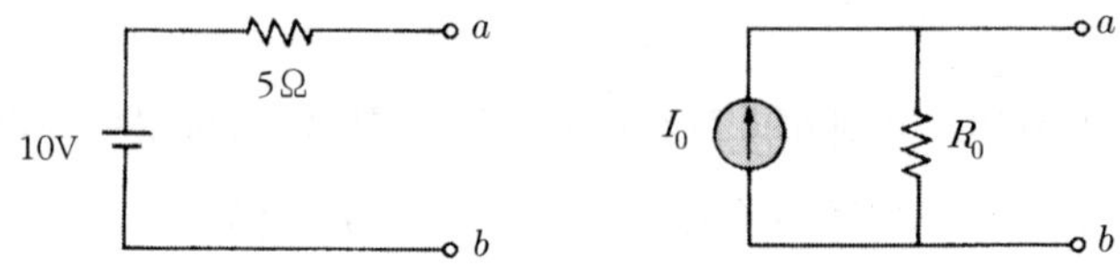

(a) (b)

㉮ $I_0=2 \quad R_0=3$ ㉯ $I_0=3 \quad R_0=5$

㉰ $I_0=2 \quad R_0=5$ ㉱ $I_0=4 \quad R_0=9$

1-33 그림과 같은 회로에서 각 소자가 소비하는 전력을 구하여라.

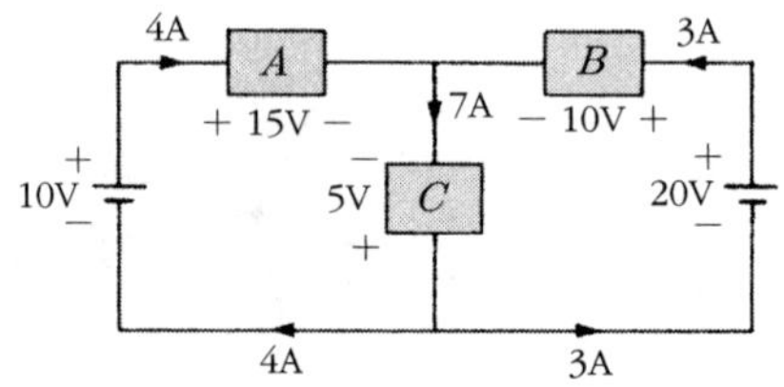

1-34 키르히호프의 법칙을 써서 그림과 같은 회로의 각 지로전류 I_1, I_2, I_3를 구하여라.

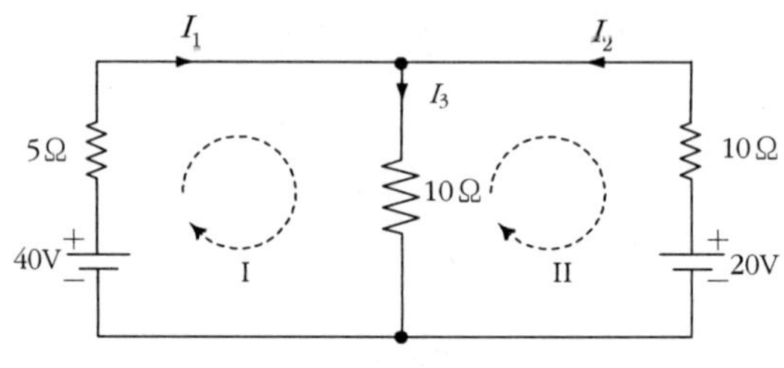

1-35 그림과 같은 전류원을 등가전압원으로 그려라.

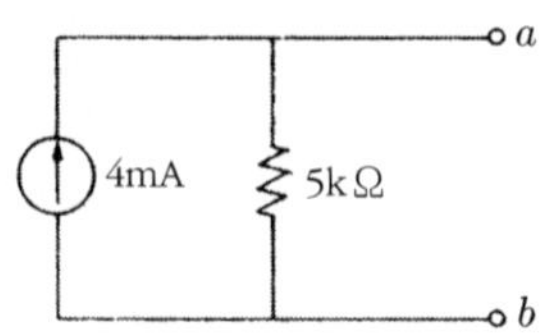

* 정답 *32* ㉰ *33* 10V전원 ; −40[W], 20V전원 ; −60[W], A ; 60[W], B ; 30[W], C ; −35[W]
34 $I_1=3$[A], $I_2=-0.5$[A], $I_3=2.5$[A] *35* 풀이참조

제2장

직류 저항회로

저항회로의 해석은 그 자체로서도 중요하지만 앞으로 배울 교류의 복잡한 회로를 해석하는 데 기초가 되므로 저항회로의 해석법을 철저하게 익혀둘 필요가 있다.

이 장에서는 먼저 직렬회로, 병렬회로, 직병렬회로의 결선법을 익히고 합성저항을 구하는 방법, 옴의 법칙 및 키르히호프의 법칙을 회로망에 적용하는 방법을 배운 다음, 전위의 평형과 휘트스톤 브리지를 배운다.

2-1 직렬회로

[그림 2-1](a)와 같이 저항을 일렬로 연결하는 것을 직렬연결이라 하고, 저항과 전원 등이 직렬로 연결되어 있는 회로를 **직렬회로**(series circuit)라고 하는데, 각 저항에 흐르는 전류는 키르히호프의 전류법칙에 따라 모두 같다.

(1) 합성저항

[그림 2-1](a)와 같이 2개의 저항이 직렬로 연결된 회로에 각 저항 R_1, R_2 양단의 전압은 옴의 법칙과 키르히호프의 전압법칙을 적용하면 전원전압 V는

$$V = V_1 + V_2 = R_1 I + R_2 I = (R_1 + R_2) I$$

또 [그림 2-1](a)의 **등가회로**(equivalent circuit)가 그림 (b)일 때 **합성저항**(combined resistance), 즉 **등가저항**(equivalent resistance)을 R_0라 할 때

$$V = R_0 I$$

$$I = \frac{V}{R_0}$$

따라서 위 두 식의 관계로부터

$$R_0 = R_1 + R_2$$

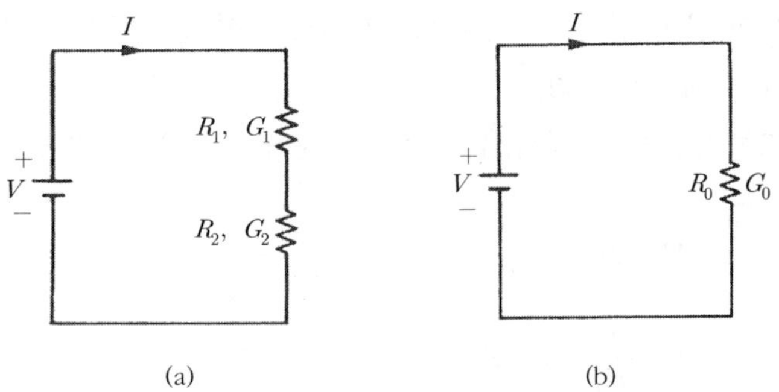

[그림 2-1] 직렬회로

일반적으로 n개의 저항이 직렬연결된 경우의 합성저항은

$$\boldsymbol{R_0 = R_1 + R_2 + \ldots\ldots + R_n = \sum_{K=1}^{n} R_K} \qquad (2\text{-}1)$$

이와 같이 저항의 직렬연결에서 합성저항은 가장 큰 저항값보다 크게 증가한다.

(2) 합성 컨덕턴스

[그림 2-1]에서 합성저항 R_0, 합성 컨덕턴스 G_0는

$$R_0 = R_1 + R_2$$

$$\frac{1}{G_0} = \frac{1}{G_1} + \frac{1}{G_2}$$

따라서

$$G_0 = \frac{1}{\dfrac{1}{G_1} + \dfrac{1}{G_2}} = \frac{G_1 \times G_2}{G_1 + G_2}$$

일반적으로 n개의 컨덕턴스가 직렬루 연결된 경우

$$\boldsymbol{G_0 = \frac{1}{\dfrac{1}{G_1} + \dfrac{1}{G_2} + \ \cdots \ + \dfrac{1}{G_n}} = \frac{1}{\displaystyle\sum_{K=1}^{n} \frac{1}{G_K}}} \qquad (2\text{-}2)$$

이와 같이 컨덕턴스의 직렬연결에서 합성 컨덕턴스는 가장 작은 컨덕턴스값보다 작게 감소한다.

또한 [그림 2-1]에서 V와 I의 관계식은 다음과 같다.

$$V = R_0 I = \frac{I}{G_0}$$

$$I = \frac{V}{R_0} = G_0 V$$

(3) 전압분배의 법칙

각 저항에서의 전압강하는 저항에 비례한다. 예컨대 [그림 2-1](a)에서

$$I = \frac{V}{R_0} = \frac{V}{R_1 + R_2}$$

$$V_1 = IR_1 = V \times \frac{R_1}{R_1 + R_2}$$

$$V_2 = IR_2 = V \times \frac{R_2}{R_1 + R_2}$$

로서 V_1과 V_2의 크기의 분배는 R_1, R_2에 비례한다. 즉 입력전압은 각각의 저항에 비례하여 분배된다. 이것을 **전압분배의 법칙**(rule voltage division) 또는 배율기라고도 한다. 일반적으로 n개의 저항이 직렬연결된 경우는 다음과 같다.

$$V_K = V \times \frac{R_K}{R_1 + R_2 + \ldots + R_n} = V \times \frac{R_K}{R_0} \qquad (2\text{-}3)$$

단, $K = 1,\ 2,\ 3,\ \ldots,\ n$

예제 2-1

[그림 2-2]의 회로에서 합성저항 R_0, 전류 I 및 전압 V_1, V_2, V_3를 구하여라.

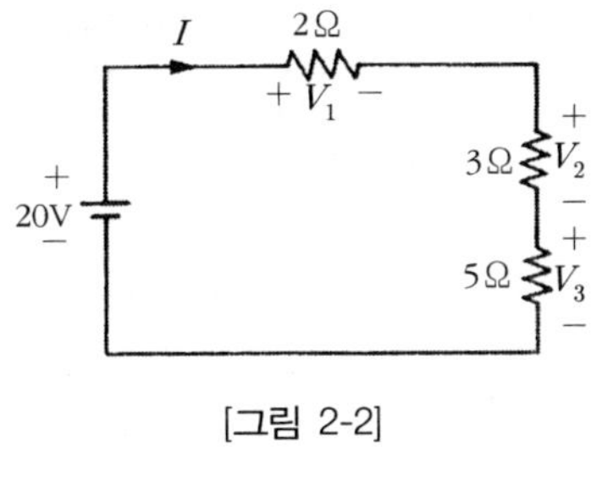

[그림 2-2]

■ 풀이 ■ 합성저항 R_0는

$$R_0 = 2 + 3 + 5 = 10[\Omega]$$

전류 I는

$$I = \frac{V}{R} = \frac{20}{10} = \mathbf{2}[\mathrm{A}]$$

전압 V_1, V_2, V_3는

$$V_1 = 2 \times 2 = \mathbf{4}[\mathrm{V}]$$
$$V_2 = 3 \times 2 = \mathbf{6}[\mathrm{V}]$$
$$V_3 = 5 \times 2 = \mathbf{10}[\mathrm{V}]$$

예제 2-2

$R_1 = 5[\Omega]$, $R_2 = 10[\Omega]$, $R_3 = 15[\Omega]$을 직렬로 연결하고, 이것에 $V = 90[\mathrm{V}]$의 전압을 가했을 때 각 저항에 걸리는 전압 V_1, V_2, V_3를 구하여라.

■ **풀이** ■ 전압분배의 법칙에 의해서

$$V_1 = 90 \times \frac{5}{5+10+15} = 90 \times \frac{5}{30} = \mathbf{15}[\mathrm{V}]$$
$$V_2 = 90 \times \frac{10}{30} = \mathbf{30}[\mathrm{V}]$$
$$V_3 = 90 \times \frac{15}{30} = \mathbf{45}[\mathrm{V}]$$

예제 2-3

[그림 2-3]의 회로에서 각 저항에서 소비전력을 구하고, 이들의 합은 전원에서의 공급전력과 같음을 보어라.

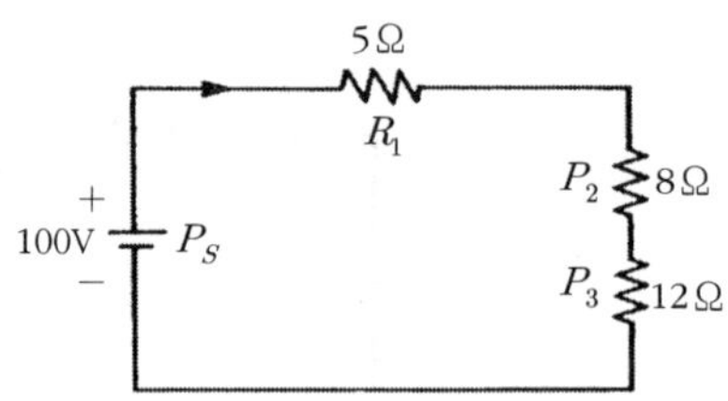

그림 2-3

■ **풀이** ■ 전류 I는

$$I = \frac{100}{5+8+12} = \mathbf{4}[\mathrm{A}]$$

각 저항에서의 전력은

$$P_1 = RI^2 = 5 \times 4^2 = \mathbf{80}[\mathrm{W}]$$

$P_2 = 8 \times 4^2 = \mathbf{128}[\mathrm{W}]$

$P_3 = 12 \times 4^2 = \mathbf{192}[\mathrm{W}]$

따라서 전체 소비전력 P_c는

$P_c = P_1 + P_2 + P_3 = 80 + 128 + 192 = \mathbf{400}[\mathrm{W}]$

전원 공급전력 P_s는

$P_s = VI = 100 \times 4 = \mathbf{400}[\mathrm{W}]$

따라서 전체 소비전력과 전원 공급전력은 같다.

2-2 병렬회로

[그림 2-4](a)와 같이 저항의 양 끝을 각각 한 곳에서 연결하여 저항이 나란히 연결된 것을 병렬연결이라고 하고, 이와같이 연결된 회로를 **병렬회로**(parallel circuit)라 하는데, 각 저항 양단의 전압은 키르히호프의 전압법칙에 따라 전원 전압과 같고 일정하다.

(1) 합성 컨덕턴스

[그림 2-4](a)와 같이 2개의 저항이 병렬로 연결된 회로에 각 저항 R_1, R_2에 흐르는 전류는 옴의 법칙과 키르히호프의 전류법칙을 적용하면 전체전류 I는

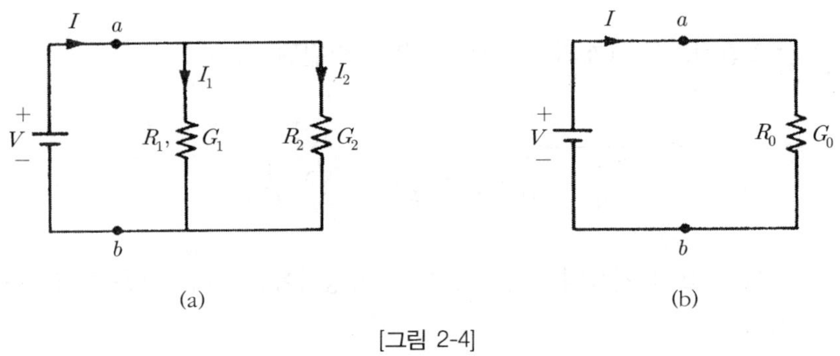

[그림 2-4]

$$I = I_1 + I_2 = G_1 V + G_2 V = (G_1 + G_2) V$$

또 [그림 2-4](b)의 합성 컨덕턴스 G_0는

$$I = G_0 V$$

따라서 위 두 식의 관계로부터

$$G_0 = G_1 + G_2$$

일반적으로 n개의 컨덕턴스가 병렬연결된 경우의 합성 컨덕턴스는

$$G_0 = G_1 + G_2 + \cdots + G_n = \sum_{K=1}^{n} G_K \tag{2-4}$$

이와 같이 컨덕턴스의 병렬연결에서 합성 컨덕턴스는 가장 큰 컨덕턴스 값보다 크게 증가한다.

(2) 합성저항

[그림 2-4]에서 합성 컨덕턴스 G_0, 합성저항 R_0는

$$G_0 = G_1 + G_2, \quad \frac{1}{R_0} = \frac{1}{R_1} + \frac{1}{R_2}$$

따라서

$$R_0 = \frac{1}{\frac{1}{R_1} + \frac{1}{R_2}} = \frac{R_1 \times R_2}{R_1 + R_2}$$

일반적으로 n개의 저항이 병렬로 연결된 경우

$$R_0 = \frac{1}{\frac{1}{R_1} + \frac{1}{R_2} + \dots + \frac{1}{R_n}} = \frac{1}{\sum_{K=1}^{n} \frac{1}{R_K}} \tag{2-5}$$

이와 같이 저항의 병렬연결에서 합성저항은 가장 작은 저항값보다 작게 감소한다.

(3) 전류분배의 법칙

[그림 2-4](a)와 같은 병렬회로의 각 저항에 전류가 흘러들어오면 전류는 각 컨덕턴스의 크기에는 비례하고, 각 저항의 크기에는 반비례하므로

$$I_1 = I \times \frac{G_1}{G_1 + G_2}, \qquad I_2 = I \times \frac{G_2}{G_1 + G_2}$$

또는

$$I_1 = I \times \frac{R_2}{R_1 + R_2}, \qquad I_2 = I \times \frac{R_1}{R_1 + R_2}$$

로서 I_1과 I_2의 크기의 분배는 G_1, G_2에 비례한다. 즉 입력전류는 각각의 컨덕턴스에 비례하여 분배된다. 이것을 **전류분배의 법칙**(rule of current division) 또는 분류기라고도 한다.

일반적으로 n개의 컨덕턴스가 병렬연결된 경우

$$I_K = I \times \frac{G_K}{G_1 + G_2 + \ldots + G_n} = I \times \frac{G_K}{G_0} \tag{2-6}$$

단, $K = 1,\ 2,\ 3,\ \ldots,\ n$

예제 2-4

[그림 2-5]에서 $R_1 = 10[\Omega]$, $R_2 = 20[\Omega]$, $I = 3[\text{A}]$이라면 I_1과 I_2는 각각 몇 [A]인가?

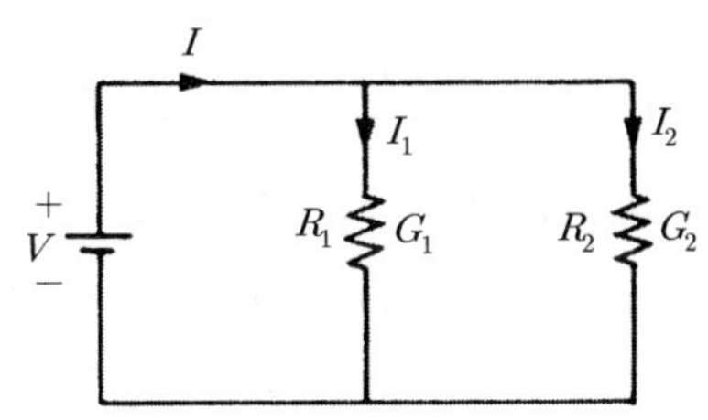

[그림 2-5]

■ **풀이** ■ 전류분배의 법칙으로부터

$$I_1 = I \times \frac{R_2}{R_1 + R_2} = 3 \times \frac{20}{10 + 20} = \mathbf{2}[\text{A}]$$

$$I_2 = I \times \frac{R_1}{R_1 + R_2} = 3 \times \frac{10}{10+20} = \mathbf{1}[\mathrm{A}]$$

예제 2-5

[그림 2-5]에서 2개의 저항 $R_1 = 4[\Omega]$, $R_2 = 1[\Omega]$이고 전압전원 V가 10[V]일 때 전류 I_1, I_2 및 전체전류 I를 구하여라.

■ **풀이** ■ $I_1 = \frac{V}{R_1} = \frac{10}{4} = \mathbf{2.5}[\mathrm{A}]$, $I_2 = \frac{V}{R_2} = \frac{10}{1} = \mathbf{10}[\mathrm{A}]$

따라서

$I = I_1 + I_2 = 2{,}5 + 10 = \mathbf{12.5}[\mathrm{A}]$

예제 2-6

[그림 2-6]에서 $R_1 = 10[\Omega]$, $R_2 = 5[\Omega]$, $R_3 = 2[\Omega]$일 때 I_1, I_2, I_3를 구하여라.

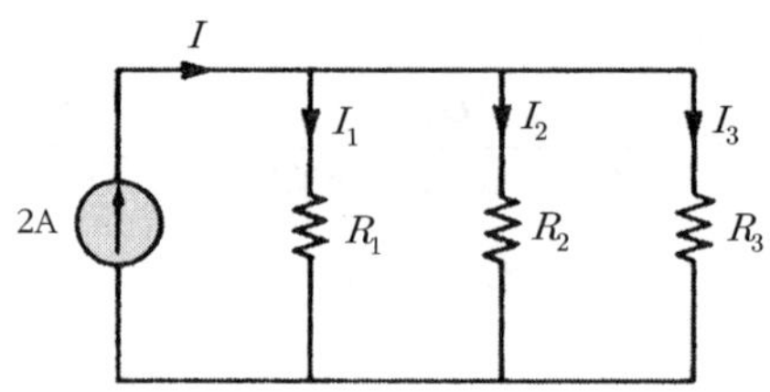

[그림 2-6]

■ **풀이** ■ 저항을 컨덕턴스로 바꾸면

$$G_1 = \frac{1}{R_1} = \frac{1}{10} = 0.1[\mho],\ G_2 = \frac{1}{R_2} = \frac{1}{5} = 0.2[\mho]\ \ G_3 = \frac{1}{R_3} = \frac{1}{2} = 0.5[\mho]$$

따라서 합성 컨덕턴스 G_0는

$$G_0 = G_1 + G_2 + G_3 = 0.1 + 0.2 + 0.5 = 0.8[\mho]$$

따라서

$$I_1 = I \times \frac{G_1}{G_0} = 2 \times \frac{0.1}{0.8} = \mathbf{0.25}[\mathrm{A}],\ I_2 = I \times \frac{G_2}{G_0} = 2 \times \frac{0.2}{0.8} = \mathbf{0.5}[\mathrm{A}]$$

$$I_3 = I \times \frac{0.5}{0.8} = 2 \times \frac{0.5}{0.8} = \mathbf{1.25}[\mathrm{A}]$$

2–3 직병렬회로

한 예로서 [그림 2-7]과 같이 직렬접속과 병렬접속을 조합한 회로를 **직병렬회로**(series-parallel circuit)라고 한다.

[그림 2-8]의 직병렬회로에서 모든 전류, 전압의 분포를 구해보자.

먼저 합성저항 R_0는

$$R_0 = R_1 + \frac{R_2 R_3}{R_2 + R_3} = \frac{R_1 R_2 + R_2 R_3 + R_3 R_1}{R_2 + R_3}$$

다음 전체전류 I_1은

$$I_1 = \frac{V}{R_0} = V \cdot \frac{R_2 + R_3}{R_1 R_2 + R_2 R_3 + R_3 R_1}$$

또 I_2, I_3는 각각

$$I_2 = I_1 \cdot \frac{R_3}{R_2 + R_3}, \quad I_3 = I_1 - I_2$$

전압의 분포는 저항에 지로전류를 곱하여 간단히 구할 수 있다.

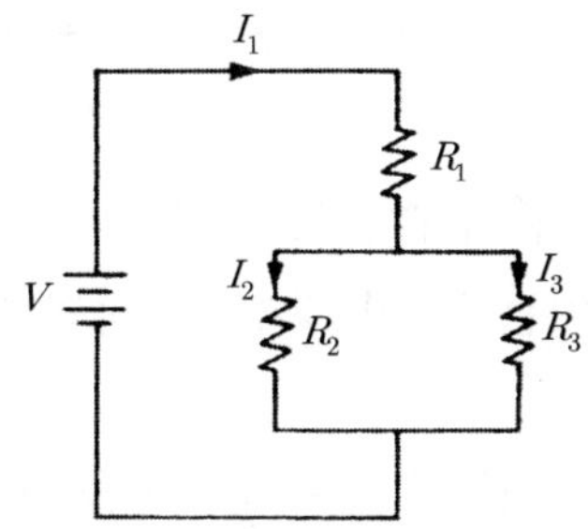

[그림 2-7]

예제 2-7

[그림 2-8]과 같은 회로에서 전류 I_1, I_2를 구하여라.

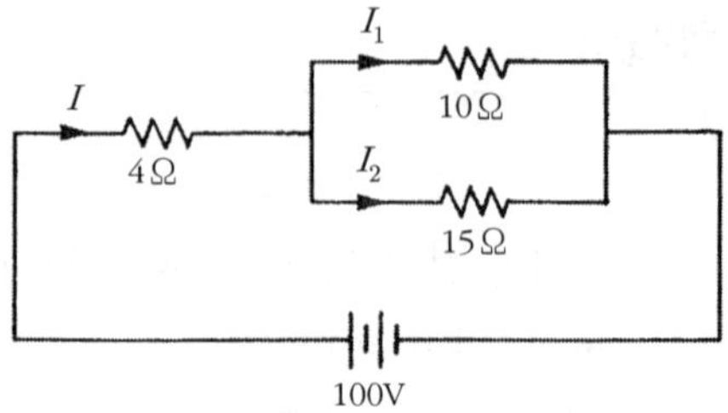

[그림 2-8]

■ **풀이** ■ 합성저항 R_0는

$$R_0 = 4 + \frac{10 \times 15}{10 + 15} = 10[\Omega]$$

전체전류 I는

$$I = \frac{V}{R_0} = \frac{100}{10} = 10[\mathrm{A}]$$

따라서 10[Ω]의 저항에 흐르는 전류 I_1은

$$I_1 = I \times \frac{R_2}{R_1 + R_2} = 10 \times \frac{15}{10 + 15} = \mathbf{6}[\mathrm{A}]$$

$$I_2 = 10 - 6 = \mathbf{4}[\mathrm{A}]$$

2-4 전위의 평형

전기회로에 전압이 가해져 있는 데에도 전기회로의 두 점 사이의 전위차가 0이 되는 경우가 있는데, 이 경우 두 점의 전위가 **평형**(balance)되어 있다고 한다.

[그림 2-9]와 같이 전지가 접속되어 있을 때 단자 1, 6의 전위는 **대지전위**(0전위)인 0[V]이고, 단자 2, 3, 4, 7, 8의 전위는 대지전위보다 높은 1.5[V], 3[V], 4.5[V], 1.5[V], 4.5[V]이다.

또한 단자 5는 대지전위보다 낮은 전위에 있고 −1.5[V]의 전위를 가진다. 그림에서 임의의 2개의 단자 사이의 전위차는 다음과 같이 구할 수 있다.

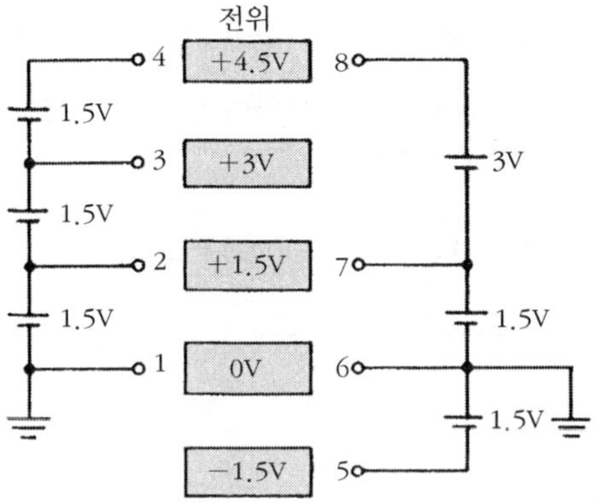

[그림 2-9]

단자 1의 전위가 V_1[V], 단자 2의 전위가 V_2[V]인 경우 단자 2와 1 사이의 전위차 V_{21}은

$$V_{21} = V_2 - V_1[\text{V}]$$

예컨대 단자 8과 3 사이의 전위차는

$$V_{83} = V_8 - V_3 = 4.5 - 3 = 1.5[\text{V}]$$

단자 2와 5 사이의 전위차는

$$V_{25} = V_2 - V_5 = 1.5 - (-1.5) = 3[\text{V}]$$

이때 단자 2와 7 사이의 전위차는 0[V]이고, 두 단자는 같은 전위 또는 평형되어 있다고 한다.

예제 2-8

[그림 2-9]에서 단자 4, 8의 전위와 단자 4와 8 사이의 전위차는 얼마이며, 또 단자 4와 5 사이의 전위차는 얼마인가?

■ **풀이** ■ 각 점의 전위는 그림에서와 같이

$$V_4 = 1.5 + 1.5 + 1.5 = 4.5[\text{V}], \quad V_8 = 1.5 + 3 = 4.5[\text{V}]$$

이므로 전위차는

$$V_{48} = V_4 - V_8 = 4.5 - 4.5 = \mathbf{0}[\mathrm{V}]$$

또한 단자 6을 기준으로 하여 단자 5의 전위가
$V_5 = -1.5[\mathrm{V}]$이므로

$$V_{45} = V_4 - V_5 = 4.5 - (-1.5) = \mathbf{6}[\mathrm{V}]$$

2-5 휘트스톤 브리지

전기적인 양을 측정하는 데 **브리지 회로**(bridge circuit)가 널리 사용되고 있다. 미지의 저항을 측정하는 **휘트스톤 브리지**(Wheatstone bridge), 인덕턴스를 측정하는 **맥스웰 브리지**(Maxwell bridge), 주파수를 측정하는 데 이용되는 **윈 브리지**(Wien bridge) 등 여러 가지 브리지 회로 가운데 이 절에서는 휘트스톤 브리지 회로에 대해서 알아보자.

[그림 2-10]에서 G는 검류계로 미소전류의 흐름을 검출하는 일종의 전류계이다. 그림에서 검류계 G를 흐르는 전류가 0일 때 브리지 회로는 **평형상태**가 되었다고 하며, 이때 절점 c와 d의 전위는 같다.

따라서 R_1과 R_2, R_3와 R_4의 전압강하는 같으므로 다음과 같은 관계식이 성립한다.

$$R_1 I_1 = R_2 I_2, \qquad R_3 I_1 = R_4 I_2$$

두 식의 관계로부터

$$\frac{R_1}{R_2} = \frac{R_3}{R_4}, \quad R_1 R_4 = R_2 R_3 \tag{2-7}$$

와 같이 마주보고 있는 저항의 곱은 서로 같다. 이것이 브리지 회로의 **평형조건**(codition of balance)이다.

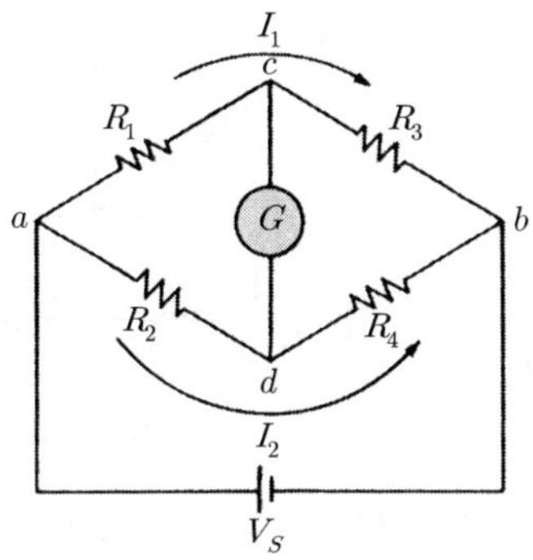

[그림 2-10]

따라서 R_4는 미지저항이고 R_1, R_2, R_3의 값은 알고 있는 저항이라 하면

$$R_4 = \frac{R_2}{R_1} R_3$$

의 관계에서 미지저항 R_4의 값을 알 수 있다. 이 휘트스톤 브리지는 $0.5[\Omega] \sim 10^5[\Omega]$ 정도의 중저항의 측정에 널리 사용되고 있다.

예제 2-9

[그림 2-10]에서 $R_1 = 100[\Omega]$, $R_2 = 10[\Omega]$, $R_3 = 50[\Omega]$일 때의 R_4는 몇 [Ω]인가? 단, 검류계 G의 지시는 0이다.

■ **풀이** ■ 브리지의 평형조건으로부터

$$100R_4 = 10 \times 50$$

$$\therefore \ R_4 = \frac{500}{100} = 5[\Omega]$$

예제 2-10

[그림 2-11]의 브리지 회로에서 합성저항 R_0와 전체전류 I는 얼마인가? 단, 저항의 단위는 [Ω]이다.

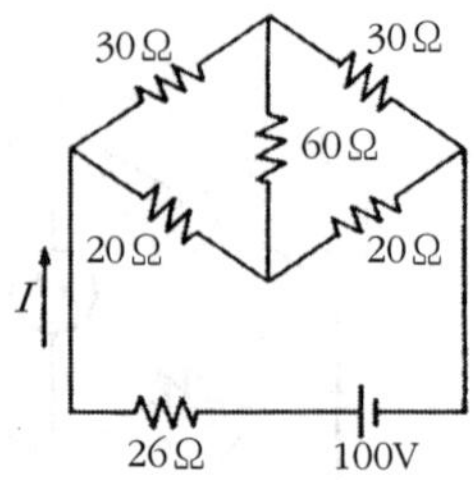

[그림 2-11]

■ **풀이** ■ 브리지가 평형상태이기 때문에 60[Ω]의 저항은 개방상태이므로

$$R_0 = 26 + \frac{(30+30)\times(20+20)}{(30+30)+(20+20)} = 50[\Omega]$$

$$I = \frac{V}{R_0} = \frac{100}{50} = \mathbf{2}[\mathrm{A}]$$

연습문제

2-1 2[Ω]의 저항 10개, 5[Ω]의 저항 3개가 있다. 이들 모두를 직렬로 접속할 때의 합성저항 [Ω]은?

㉮ 7 ㉯ 15 ㉰ 20 ㉱ 35

2-2 4[Ω]과 6[Ω]의 저항을 직렬로 접속할 때 합성 컨덕턴스[S]는?

㉮ 0.1 ㉯ 1.33 ㉰ 0.5 ㉱ 1.2

2-3 5[Ω]과 15[Ω]의 저항을 직렬로 접속하고 40[V]의 전압을 가할 때 5[Ω] 양단의 전압[V]은?

㉮ 5 ㉯ 10 ㉰ 15 ㉱ 20

2-4 2[℧]와 3[℧]의 컨덕턴스를 직렬로 접속할 때 합성저항[Ω]은?

㉮ $\frac{2}{3}$ ㉯ $\frac{3}{2}$ ㉰ $\frac{5}{6}$ ㉱ $\frac{6}{5}$

2-5 6[Ω], 8[Ω], 9[Ω]의 저항 3개를 직렬로 접속한 회로에 5[A]의 전류를 흘릴 때 회로에 공급한 전압[V]은?

㉮ 35 ㉯ 45 ㉰ 75 ㉱ 115

2-6 그림과 같은 회로에서 저항 R[Ω]은?

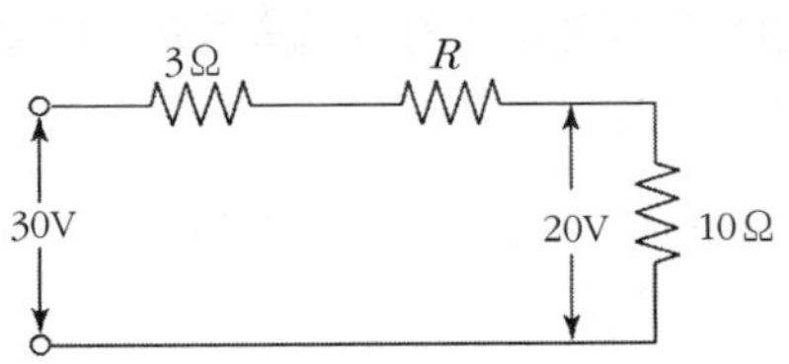

㉮ 5 ㉯ 3 ㉰ 2 ㉱ 1

* 정답 1 ㉱ 2 ㉮ 3 ㉮ 4 ㉰ 5 ㉱ 6 ㉰

2-7 그림과 같은 회로에서 V_1과 V_2는 각각 몇 [V]인가?

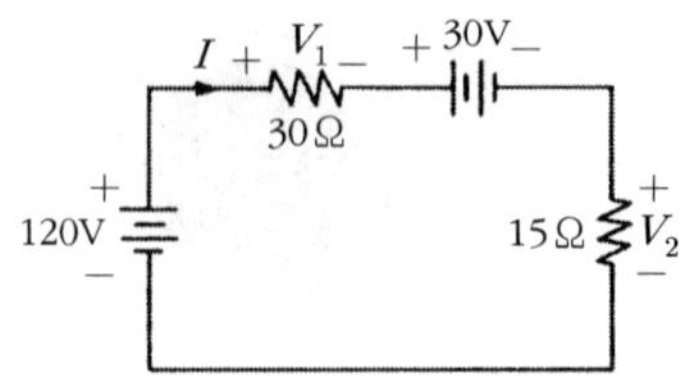

㉮ 6, 3 ㉯ 60, 30 ㉰ 9, 3 ㉱ 90, 30

2-8 3[S]와 4[S]의 컨덕턴스를 병렬로 접속할 때의 합성값[S]은?

㉮ 0.5 ㉯ 1.7 ㉰ 7 ㉱ 12

2-9 3[Ω], 10[Ω], 15[Ω]의 저항 3개를 병렬로 접속할 때의 합성저항[Ω]은?

㉮ 2 ㉯ 6 ㉰ 8 ㉱ 28

2-10 6[Ω]과 3[Ω]의 저항을 직렬로 접속할 경우는 병렬로 접속할 경우의 몇 배의 저항이 되는가?

㉮ 2.5 ㉯ 4.5 ㉰ 6.5 ㉱ 9

2-11 그림에서 합성저항[Ω]은?

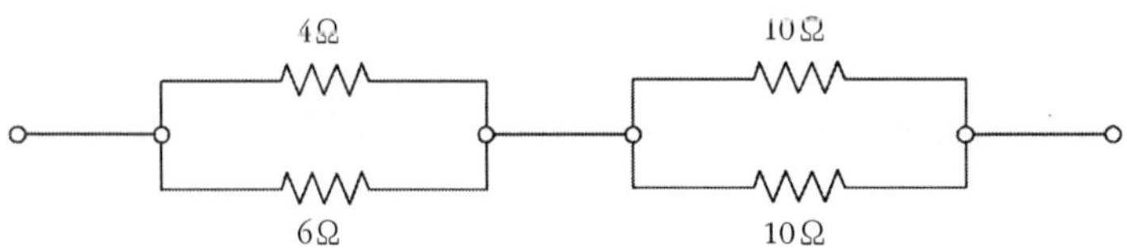

㉮ 7.4 ㉯ 15 ㉰ 22.4 ㉱ 30

2-12 내부저항 0.1[Ω]인 건전지 10개를 직렬로 접속하고, 이것을 한 조로 하여 5조 병렬로 접속하면 합성 내부저항[Ω]은?

㉮ 5 ㉯ 1 ㉰ 0.5 ㉱ 0.2

* 정답 7 ㉯ 8 ㉰ 9 ㉮ 10 ㉯ 11 ㉮ 12 ㉱

2-13 그림과 같은 회로에서 1[Ω]의 병렬저항에 흐르는 전류 I [A]는?

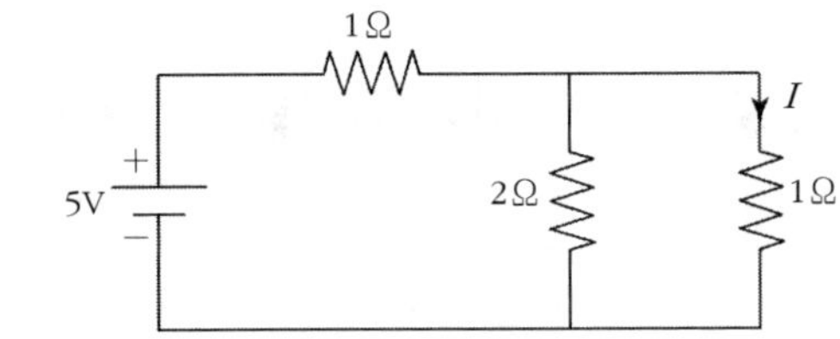

㉮ 1　　㉯ 2　　㉰ 2.5　　㉱ 3

2-14 20[Ω]과 30[Ω]의 병렬회로에서 20[Ω]에 흐르는 전류가 6[A]라면 전체전류[A]는?

㉮ 3　　㉯ 4　　㉰ 9　　㉱ 10

2-15 그림과 같은 회로에서 a, b 사이의 단자전압[V]은?

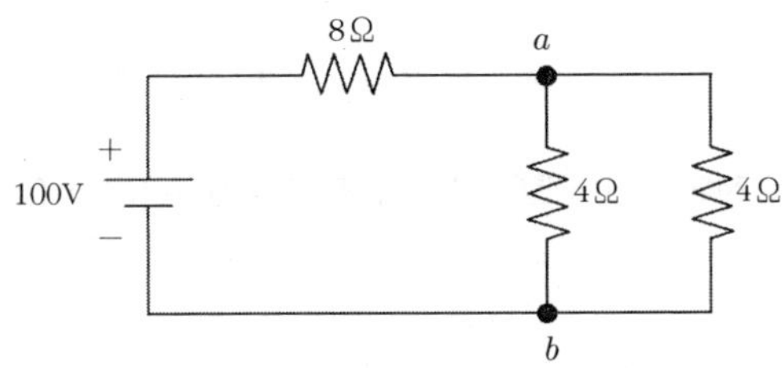

㉮ 20　　㉯ 40　　㉰ 60　　㉱ 80

2-16 어떤 전원에 10[Ω]과 15[Ω]의 저항을 병렬로 접속하니 10[Ω]에서 소비전력이 150[W], 이때 15[Ω]에서 소비전력[W]은?

㉮ 10　　㉯ 100　　㉰ 600　　㉱ 1000

2-17 일정 전압의 직류전원에 저항을 접속하고 전류를 흘릴 때 이 전류값을 20% 증가시키려면 저항값을 몇 배로 하여야 하는가?

㉮ 1.25　　㉯ 1.20　　㉰ 0.83　　㉱ 0.80

2-18 기전력 1.6[V]의 전지에 부하저항을 접속하였더니 0.5[A]의 전류가 흐르고 부하의 단자전압이 1.5[V]였다. 전지의 내부저항[Ω]은?

㉮ 0.2　　㉯ 0.4　　㉰ 41　　㉱ 52

* 정답　13 ㉯　14 ㉱　15 ㉮　16 ㉯　17 ㉰　18 ㉮

2-19 그림의 전지 접속에서 a점의 전위[V]는?

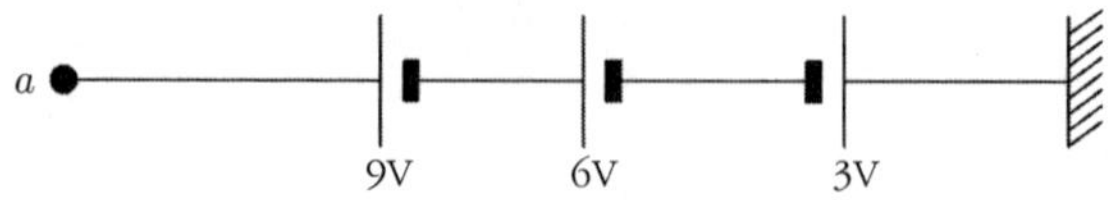

㉮ 9　　㉯ 12　　㉰ 15　　㉱ 18

2-20 그림에서 ab 사이의 전압강하가 40[V]라면 bd 사이의 전위차[V]는? 단, d점을 기준점으로 한다.

㉮ 10　　㉯ 20　　㉰ 40　　㉱ 80

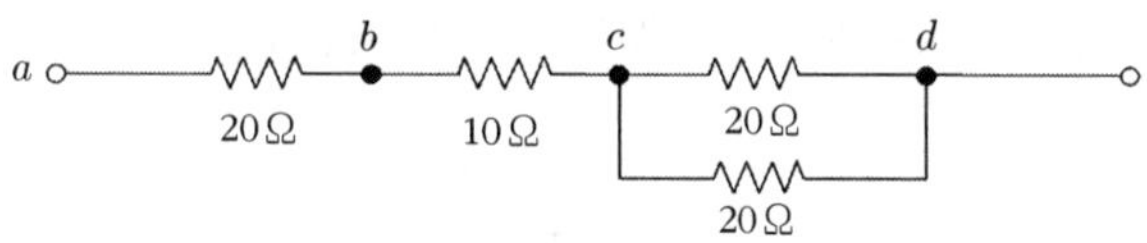

2-21 그림에서 b점의 전위가 100[V], d점의 전위가 51[V]이면 3[Ω]에 흐르는 전류[A]는?

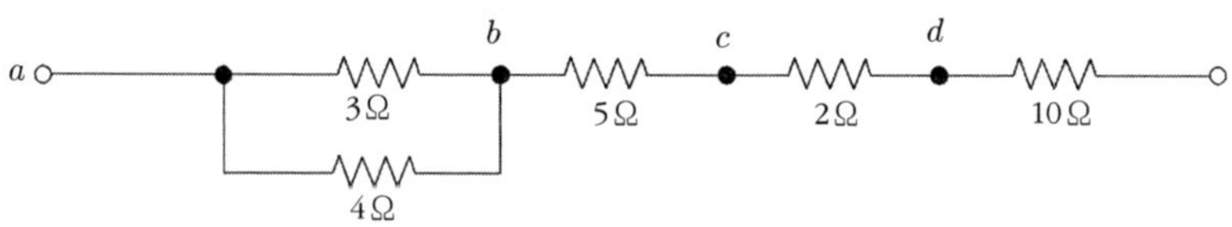

㉮ 3　　㉯ 4　　㉰ 6　　㉱ 7

2-22 그림과 같은 회로에서 ab양단의 전압 V_{ab}[V]는?

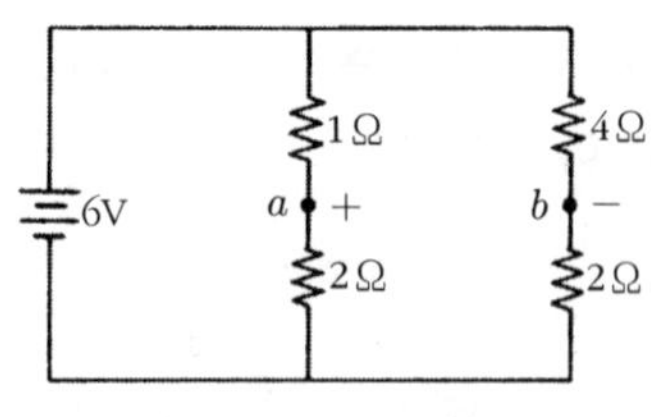

㉮ 2　　㉯ 4　　㉰ 6　　㉱ 8

* 정답 19 ㉯ 20 ㉰ 21 ㉯ 22 ㉮

2-23 그림에서 합성저항[Ω]은?

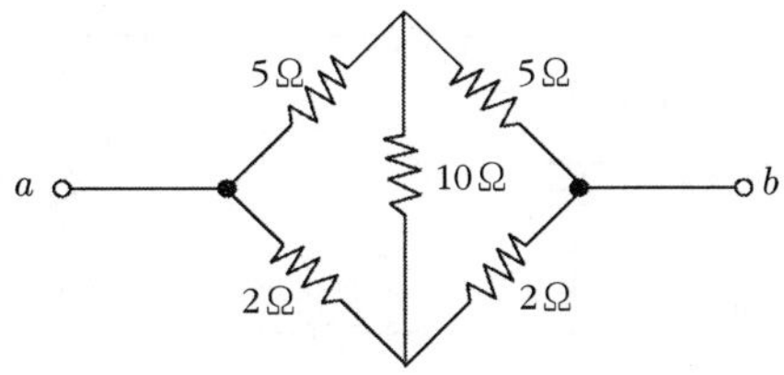

㉮ 1.27 ㉯ 2.86 ㉰ 3.33 ㉱ 4.25

2-24 그림의 브리지가 평형될 때 R_x[Ω]는?

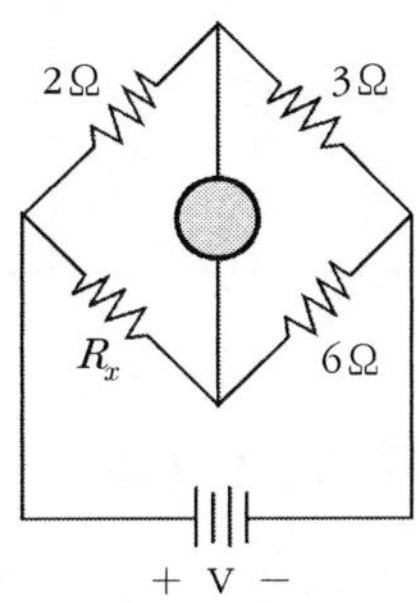

㉮ 2 ㉯ 3 ㉰ 4 ㉱ 6

2-25 그림과 같은 회로에서 ab 사이에 흐르는 전류[A]는?

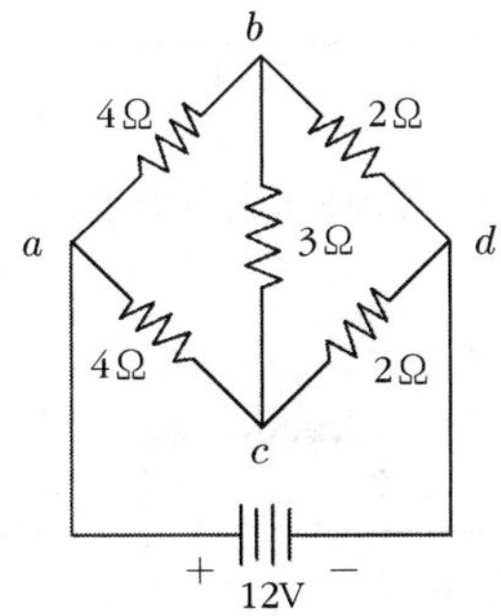

㉮ 9 ㉯ 6 ㉰ 4 ㉱ 2

* 정답 23 ㉯ 24 ㉰ 25 ㉱

2-26 그림에서 전류 I, 36[Ω]에서 소비전력 P_L, 전원이 공급한 전력 P_S를 구하여라.

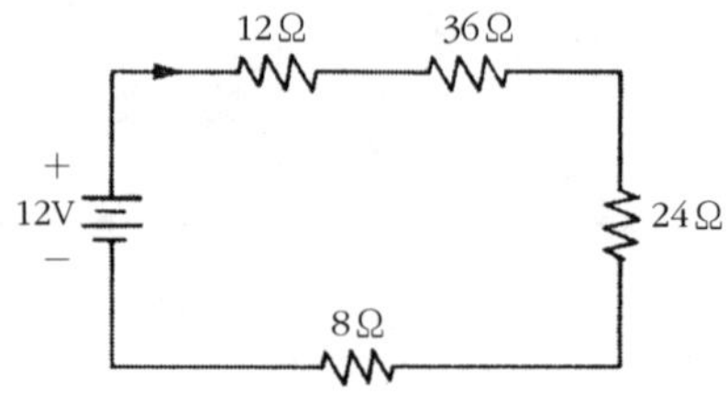

2-27 그림과 같은 병렬회로에서 지로전류 I_1, I_2, I_3를 구하여라.

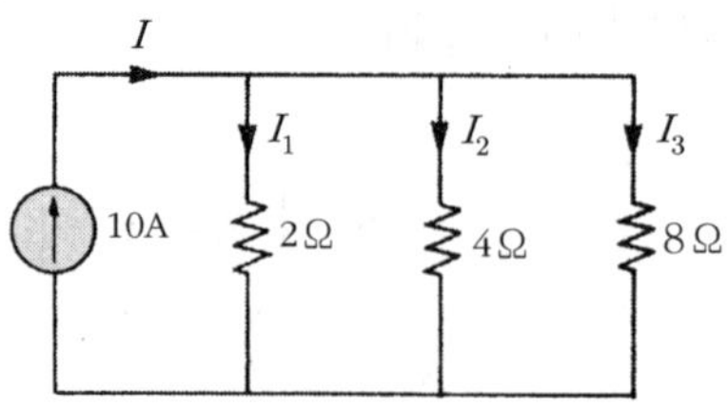

2-28 그림과 직병렬회로에서 지로전류 I_1, I_2, I_3를 구하여라.

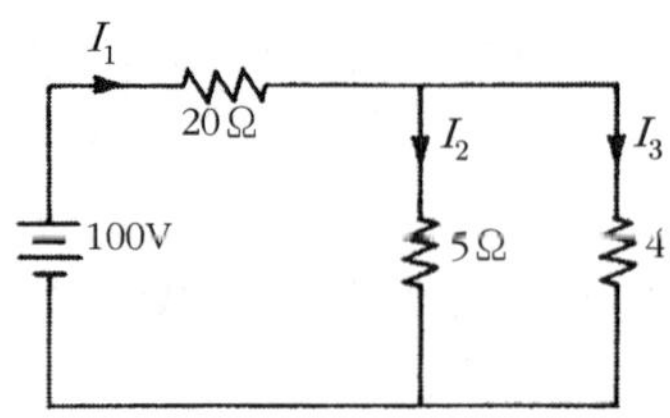

2-29 그림과 같은 회로에서 4[Ω]의 저항에 1.5[A]와 전류가 흐르고 있다. 이때 ab단자 사이의 전압은 몇 [V]인가?

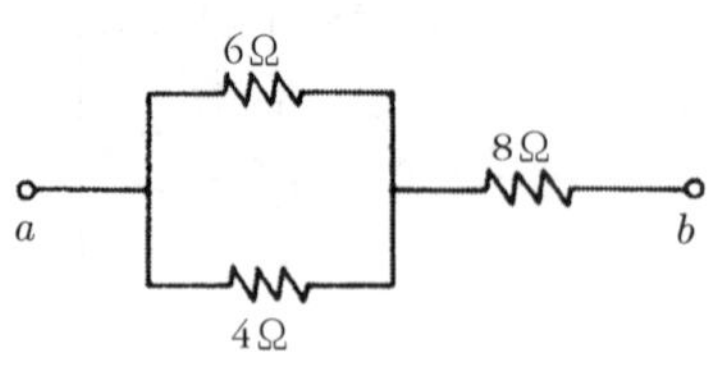

＊ 정답
26 $I=0.15$[A] $P_L=0.81$[W] $P_S=1.8$[W]
27 $I_1=5.71$[A] $I_2=2.86$[A] $I_3=1.43$[A]
28 $I_1=4.5$[A] $I_2=2$[A] $I_3=2.5$[A] 29 $V_{ab}=26$[V]

제3장

저항회로의 일반적 해석법 및 정리

지금까지 취급한 회로는 직렬, 병렬구조의 저항회로에 전원을 연결한 비교적 간단한 회로에서 회로해석의 기본법칙인 옴의 법칙이나 키르히호프의 법칙을 적용하여 간편하게 해석할 수 있었다.

이 장에서는 이런 구조를 갖지 않는 일반적 저항회로에 대해서도 적용될 수 있는 조직적인 해석법 2가지를 배운다. 아울러 모든 저항회로에 공통으로 적용되는 관계와 정리들로 중첩의 원리, 테브난과 노튼의 정리, 밀만의 정리, 최대전력의 전달조건 및 Y-△변환에 대해서 알아본다.

3-1 회로망 용어

전기회로를 그래프(graph) 이론을 써서 해석하는 학문을 **회로망 기하학**이라고 하며, 그래프 이론은 선과 점에 관한 기하학이다. 이러한 그래프 이론에서 많이 사용되는 회로망 용어의 정의는 다음과 같다.

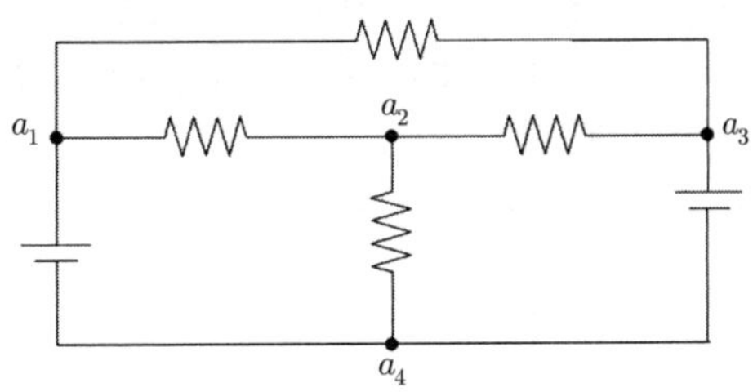

[그림 3-1] 회로망

① **회로망**(circuit network) ; 특히 많은 소자를 포함한 전기회로를 말하나 일반적으로 회로(circuri)라는 말과 구별하지 않고 사용한다[그림 3-1].

② **마디**(node ; **절점**) ; 2개 이상의 소자가 연결되어 있는 접합점을 말하며, 특히 3개 이상의 소자가 연결되어 있는 마디를 구분하여 **접속점**(junction)이라고도 한다. [그림 3-1]에서 a_1, a_2, a_3, a_4는 마디이며 접속점이다.

③ **가지**(branch ; **지로**) ; 두 접속점 사이의 회로부분을 말하며, 전류의 흐름이 변하지 않는 부분이다. [그림 3-1]에서 $a_1 \to a_2$, $a_3 \to a_4$ 등은 가지이다.

④ **폐로**(loop) ; 몇 개의 가지로 통하여 일주하면서 만들어진 폐회로이며 다른 폐로를 포함하지 않는 독립된 폐로를 구분하여 **망로**(mesh)라고도 한다. [그림 3-1]에서 $a_1 \to a_2 \to a_3 \to a_4 \to a_1$은 폐로이며, $a_1 \to a_2 \to a_4 \to a_1$은 폐로이며 망로이다.

예제 3-1

[그림 3-2]와 같은 회로망에서 절점의 수와 망로의 수를 구하여라.

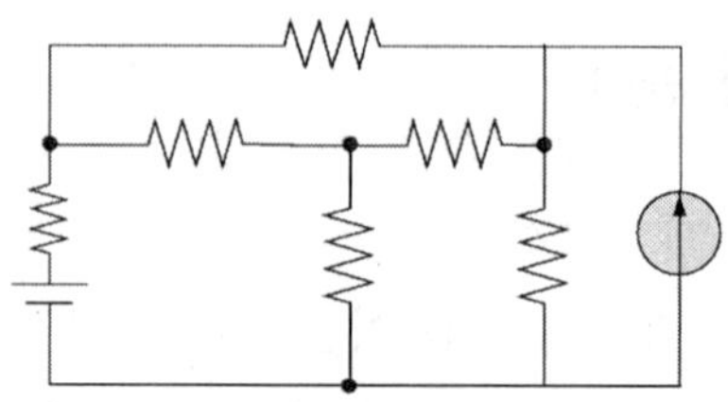

[그림 3-2]

■ **풀이** ■ 전압전원과 저항 사이의 접합점은 절점으로 취급하지 않으므로 구하는 절점은 4개이다. 전류전원과 저항으로 둘러싸인 부분은 망로로 취급하지 않으므로 구하는 망로는 3개이다.

3-2 망로해석법

절점에서 키르히호프의 전류법칙으로 구한 식과 망로에서 전압법칙으로 구한 식을 연립하여 해석하는 **지로해석법**보다 방정식의 수가 적고 좀더 조직적인 방법은 이 절에서 취급하는 망로해석법과 다음 절에서 다룰 절점해석법이 있다.

망로해석법(mesh analysis)은 회로 내의 망로에서 망로전류를 가정하고 망로를 시계방향으로 일주하면서 세운 KVL을 연립시켜 푸는 해석법이다. 따라서 망로 수만큼의 방정식이 필요하게 된다.

[그림 3-3]과 같은 회로를 예로 들면 이 회로는 2개의 망로를 가지고 있으므로 각각의 망로전류를 시계방향으로 그림과 같이 I_1, I_2를 가정하자. 이때 $I_3 = I_1 - I_2$의 관계가 있으므로 I_1, I_2를 구하면 지로전류 모두를 구할 수 있다.

망로 1과 2에서 KVL을 적용하면

$$\left.\begin{aligned} R_1 I_1 + R_3(I_1 - I_2) &= V_{g1} = 0 \\ R_2 I_2 - R_3(I_1 - I_2) &=+ V_{g2} = 0 \end{aligned}\right\} \qquad (3\text{-}1)$$

와 같은 전압방정식이 얻어진다.

식 (3-1)을 I_1, I_2에 대해서 정리하면

$$\left.\begin{aligned} &(R_1+R_3)I_1 - R_3I_2 = V_{g1} \\ &-R_3I_1 + (R_2+R_3)I_2 = -V_{g2} \end{aligned}\right\}$$

여기서

$$\left.\begin{aligned} &R_{11} = R_1 + R_3 \\ &R_{22} = R_2 + R_3 \\ &R_{12} = R_{21} = -R_3 \\ &V_1 = V_{g1} \\ &V_2 = -V_{g2} \end{aligned}\right\} \tag{3-2}$$

라 놓으면 식 (3-2)는 다음과 같이 정돈된 형식으로 나타낼 수 있다.

$$\left.\begin{aligned} &\boldsymbol{R_{11}I_1 + R_{12}I_2 = V_1} \\ &\boldsymbol{R_{21}I_1 + R_{22}I_2 = V_2} \end{aligned}\right\} \tag{3-3}$$

이 방정식을 **망로방정식**(mesh equation)이라고 한다.

여기서 R_{11}, R_{22}를 각각 망로 1, 망로 2의 **자기저항**(self resistance), R_{12}와 R_{21}은 망로 1과 망로 2 사이의 **상호저항**(mutual resistance) V_1, V_2는 전원전압이라고 한다.

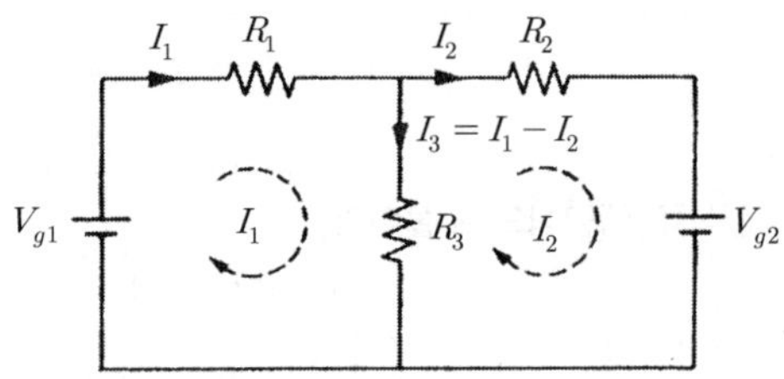

[그림 3-3] 2개의 망로인 회로

식 (3-3)과 [그림 3-3]을 대조하여 보면 R_{11}은 망로 1에 연결된 모든 저항의 합과 같고, R_{22}는 망로 2에 연결된 모든 저항의 합과 같다. 또 R_{12}와 R_{21}은 망로 1과 망로 2에 공통되는 지로의 저항이며, 만일 이 공통지로에서의 전류 I_1과 I_2와의 가정방향이 반대이면 (−)의 부호가 되고, 같은 방향이면 (+)가 된다(위의 예에서는 반대이므로 (−)가 되고 있다).

또한 V_1, V_2는 각 망로의 전원전압이며 망로의 전류방향으로 전압상승이면 (+)이고, 전압강하이면 (−)이다. 망로가 3개 이상인 경우에도 같은 형식의 망로방정식이 성립하며, 망로가 3개인 회로의 망로방정식은 다음과 같다.

$$\left.\begin{aligned} R_{11}I_1 + R_{12}I_2 + R_{13}I_3 &= V_1 \\ R_{21}I_1 + R_{22}I_2 + R_{23}I_3 &= V_2 \\ R_{31}I_1 + R_{32}I_2 + R_{33}I_3 &= V_3 \end{aligned}\right\} \tag{3-4}$$

예제 3-2

다음 행렬식의 값을 구하여라.

① $\begin{vmatrix} 8 & 5 \\ 2 & 6 \end{vmatrix}$ ② $\begin{vmatrix} 8 & 2 & 3 \\ 4 & 1 & 2 \\ -3 & 6 & 5 \end{vmatrix}$

■ **풀이** ■ ① $\begin{vmatrix} 8 & 5 \\ 2 & 6 \end{vmatrix} = 8\times 6 - (2\times 5) = \mathbf{38}$

② $\begin{vmatrix} 8 & 2 & 3 \\ 4 & 1 & 2 \\ -3 & 6 & 5 \end{vmatrix} = 8\times 1\times 5 + 2\times 2\times(-3) + 3\times 4\times 6$

$-3\times 1\times(-3) - 6\times 2\times 8 - 5\times 4\times 2 = -\mathbf{27}$

예제 3-3

다음 연립방정식을 행렬식으로 풀어라.

① $\begin{cases} 2x+y=5 \\ x+y=3 \end{cases}$ ② $\begin{cases} x+y+z=4 \\ 2x+3y-z=14 \\ 3x-2y+z=-1 \end{cases}$

■ **풀이** ■ ① $x=\dfrac{D_x}{D}=\dfrac{\begin{vmatrix}5 & 1\\ 3 & 1\end{vmatrix}}{\begin{vmatrix}2 & 1\\ 1 & 1\end{vmatrix}}=\dfrac{5-3}{2-1}=\dfrac{2}{1}=2$

$y=\dfrac{D_y}{D}=\dfrac{\begin{vmatrix}2 & 5\\ 1 & 3\end{vmatrix}}{1}=\dfrac{6-5}{1}=1$

$\therefore\ \boldsymbol{x=2,\ y=1}$

② $x=\dfrac{D_x}{D}=\dfrac{\begin{vmatrix}4 & 1 & 1\\ 14 & 3 & -1\\ -1 & -2 & 1\end{vmatrix}}{\begin{vmatrix}1 & 1 & 1\\ 2 & 3 & -1\\ 3 & -2 & 1\end{vmatrix}}=\dfrac{12-28+1+3-8-14}{3-4-3-9-2-2}=\dfrac{-34}{-17}=2$

$y=\dfrac{D_x}{D}=\dfrac{\begin{vmatrix}1 & 4 & 1\\ 2 & 14 & -1\\ 3 & -1 & 1\end{vmatrix}}{-17}=\dfrac{14-2-12-42-1-8}{-17}=\dfrac{-51}{-17}=3$

$z=\dfrac{D_z}{D}=\dfrac{\begin{vmatrix}1 & 1 & 4\\ 2 & 3 & 14\\ 3 & -2 & -1\end{vmatrix}}{-17}=\dfrac{-3-16+42-36+28+2}{-17}=\dfrac{17}{-17}=-1$

$\therefore\ \boldsymbol{x=2,\ y=3,\ z=-1}$

예제 3-4

[그림 3-4]에서 지로전류 I_1, I_2, I_3를 지로해석법과 망로해석법에 의해서 구하고 그 값을 비교하여라.

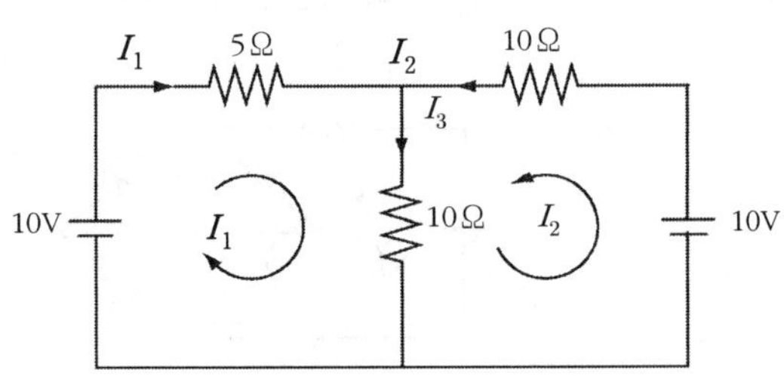

[그림 3-4]

■ **풀이** ■ 절점에서 KCL을 적용하면

$I_1+I_2=I_3$

망로 1, 2에서 KVL을 적용하면

$5I_1 + 10I_3 = 10$

$10I_2 + 10I_3 = 10$

위 세 식을 연립방정식으로 풀면

$I_1 = \mathbf{0.5}[A], \ I_2 = \mathbf{0.25}[A], \ I_3 = \mathbf{0.75}[A]$

다음으로 망로방정식을 세우면

$15I_1 + 10I_2 = 10$

$10I_1 + 20I_2 = 10$

위 식을 크라머의 공식에 의해서 풀면

$$I_1 = \frac{\begin{vmatrix} 10 & 10 \\ 10 & 20 \end{vmatrix}}{\begin{vmatrix} 15 & 10 \\ 10 & 20 \end{vmatrix}} = \frac{200-100}{300-100} = \frac{100}{200} = \mathbf{0.5}[A]$$

$$I_2 = \frac{\begin{vmatrix} 15 & 10 \\ 10 & 10 \end{vmatrix}}{\begin{vmatrix} 15 & 10 \\ 10 & 20 \end{vmatrix}} = \frac{150-100}{300-100} = \frac{50}{200} = \mathbf{0.25}[A]$$

따라서 $I_3 = I_1 + I_2 = 0.5 + 0.25 = \mathbf{0.75}[A]$

지로해석법과 망로해석법에 의해서 구한 전류는 같으며 망로해석법이 간편함을 알 수 있다.

예제 3-5

[그림 3-5]에서 망로전류 I_1, I_2, I_3를 구하여라(저항단위는 [Ω]이다).

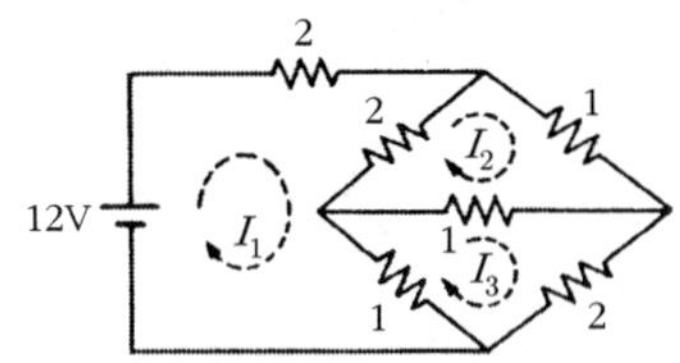

[그림 3-5] 브리지 회로

■ **풀이** ■ 회로에서 자기저항과 상호저항은

$R_{11} = 2+2+1 = 5, \quad R_{22} = 2+1+1 = 4, \quad R_{33} = 1+1+2 = 4$

$R_{12} = R_{21} = -2, \quad R_{23} = R_{32} = -1, \quad R_{31} = R_{13} = -1$

따라서 망로방정식은

$$\left.\begin{aligned} 5I_1 - 2I_2 - I_3 &= 12 \\ -2I_1 + 4I_2 - I_3 &= 0 \\ -I_1 - I_2 + 4I_3 &= 0 \end{aligned}\right\}$$

위 연립방정식을 크라머의 공식에 의해서 풀면

$$D = \begin{vmatrix} 5 & -2 & -1 \\ -2 & 4 & -1 \\ -1 & -1 & 4 \end{vmatrix} = (80-2-2)-(4+16+5) = 51$$

$$D_1 = \begin{vmatrix} 12 & -2 & -1 \\ 0 & 4 & -1 \\ 0 & -1 & 4 \end{vmatrix} = 192 - 12 = 180$$

$$D_2 = \begin{vmatrix} 5 & 12 & -1 \\ -2 & 0 & -1 \\ -1 & 0 & 4 \end{vmatrix} = 12 - (-90) = 108$$

$$D_3 = \begin{vmatrix} 5 & -2 & 12 \\ -2 & 4 & 0 \\ -1 & -1 & 0 \end{vmatrix} = 24 - (-48) = 72$$

$$\therefore\ I_1 = \frac{D_1}{D} = \frac{180}{51} = \mathbf{\frac{60}{17}}\,[\mathrm{A}]$$

$$I_2 = \frac{D_2}{D} = \frac{108}{51} = \mathbf{\frac{36}{17}}\,[\mathrm{A}]$$

$$I_3 = \frac{D_3}{D} = \frac{72}{51} = \mathbf{\frac{24}{17}}\,[\mathrm{A}]$$

3-3 절점해석법

절점해석법(node analysis)은 회로망 내에서 전위의 기준점으로 택한 절점을 특히 **기준절점**(reference node)이라 하고, 기준절점에 대한 나머지 절점들의 전압을 **절점전압**(node voltage)이라 한다.

[그림 3-6]의 회로는 전류전원과 컨덕턴스로 구성된 간단한 회로로 3개의 절점을 갖고 있다.

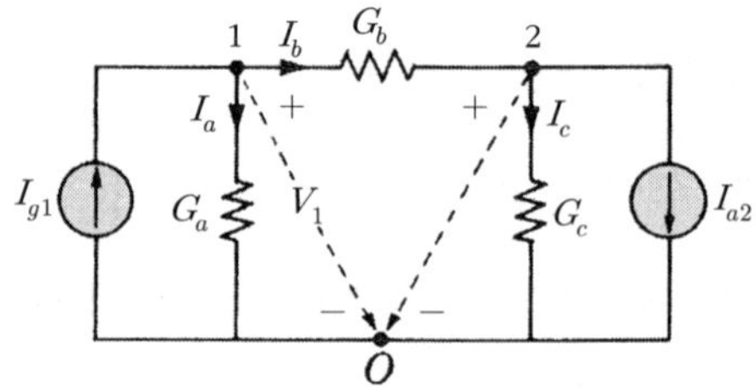

[그림 3-6] 절점해석법 회로

여기서는 0를 기준절점으로 잡고, 기준절점 0에 대한 다른 절점 1, 2의 전압, 곧 절점전압을 각각 V_1, V_2라 하고 또 각 지로전류를 그림과 같이 가정하면 절점 1, 2에서의 KCL은

$$\left.\begin{aligned} I_a + I_b - I_{g1} &= 0 \\ -I_b + I_c + I_{g2} &= 0 \end{aligned}\right\} \tag{3-5}$$

이 식을 절점전압 V_1, V_2로 표시해야 하므로 각 지로 컨덕턴스에서의 $I-V$관계로부터

$$I_a = G_a V_1,\ I_b = G_b(V_1 - V_2),\ I_c = G_c V_2 \tag{3-6}$$

여기서 절점 1로부터 절점 2로 생기는 전압강하가 $V_1 - V_2$가 됨을 주의하여야 한다. 식 (3-6)을 식 (3-5)에 대입하면

$$\left.\begin{aligned} G_a V_1 + G_b(V_1 - V_2) - I_{g1} &= 0 \\ -G_b(V_1 - V_2) + G_c V_2 + I_{g2} &= 0 \end{aligned}\right\} \tag{3-7}$$

식 (3-6)을 절점전압 V_1, V_2에 관하여 정리하면

$$\left.\begin{aligned} (G_a + G_b)V_1 - G_b V_2 &= I_{g1} \\ -G_b V_1 + (G_b + G_c)V_2 &= -I_{g2} \end{aligned}\right\} \tag{3-8}$$

여기서

$$\left.\begin{aligned} &G_{11} = G_a + G_b, \ \ G_{22} = G_b + G_c, \ \ G_{12} = G_{21} = -G_b \\ &I_1 = I_{g1}, \ \ I_2 = -I_{g2} \end{aligned}\right\} \tag{3-9}$$

라 놓으면 식 (3-7)을 다음과 같은 규칙적인 형식으로 고쳐 쓸 수 있다.

$$\left.\begin{aligned} \boldsymbol{G_{11} V_1 + G_{12} V_2 = I_1} \\ \boldsymbol{G_{21} V_1 + G_{22} V_2 = I_2} \end{aligned}\right\} \tag{3-10}$$

이 방정식을 **절점방정식**(node equation)이라고 한다. 여기서 G_{11}은 절점 1에 직접 연결된 모든 컨덕턴스의 합과 같고, G_{22}는 절점 2에 직접 연결된 모든 컨덕턴스의 합과 같으며 G_{11}, G_{22}를 **자기 컨덕턴스**(self conductance)라고 한다. 또한 G_{12}와 G_{21}은 절점 1과 절점 2 사이에 직접 연결된 컨덕턴스에 (−)의 부호를 붙인 것으로 **상호 컨덕턴스**(mutual conductance)라고 한다. 그리고 I_1, I_2는 전류전원으로 절점으로 유입할 때는 (+), 유출할 때는 (−)를 붙인다.

절점이 4개 이상인 경우에도 같은 형식의 절점방정식이 성립하며, 절점이 4개, 즉 독립절점이 3개인 회로의 절점방정식은 다음과 같다.

$$\left.\begin{aligned} \boldsymbol{G_{11} V_1 + G_{12} V_2 + G_{13} V_3 = I_1} \\ \boldsymbol{G_{21} V_1 + G_{22} V_2 + G_{23} V_3 = I_2} \\ \boldsymbol{G_{31} V_1 + G_{32} V_2 + G_{33} V_3 = I_3} \end{aligned}\right\} \tag{3-11}$$

〈표 3-1〉 쌍대적인 양

망로해석법	절점해석법
전압	전류
망로	절점
전압전원	전류전원
망로전류	절점전압
망로방정식	절점방정식
저항	컨덕턴스
자기저항	자기컨덕턴스
상호저항	상호컨덕턴스

여러분은 이미 망로해석법과 절점해석법 사이에 〈표 3-1〉과 같은 대응관계가 있음을 알았을 것이다. 이와 같은 관계를 **쌍대적**(dual) 관계라 하고 표에서 좌, 우 양쪽의 양은 서로 쌍대적인 양이다.

이상의 회로해석에 망로법을 쓸 것인가, 절점법을 쓸 것인가 하는 문제는 주로 연립방정식의 수에 따라서 결정할 것이지만, 일반적으로 전원전압을 포함하고 또 지로의 저항이 주어진 경우에는 망로법을 전류전원을 포함하고, 또 지로의 컨덕턴스가 주어진 경우에는 절점법을 쓰는 것이 계산상 노력이 덜 들 것이다.

필요하면 등가전원으로 대치 후 망로 또는 절점방정식을 쓰는 것이 간단하다.

예제 3-6

[그림 3-7]에서 절점전압 V_1, V_2를 절점해석법에 의해서 구하여라.

■ **풀이** ■ 회로에서 자기 컨덕턴스와 상호 컨덕턴스는

$$G_{11}=\frac{1}{3}+\frac{1}{6}=\frac{3}{6},\ G_{22}=\frac{1}{6}+\frac{1}{2}=\frac{4}{6}$$

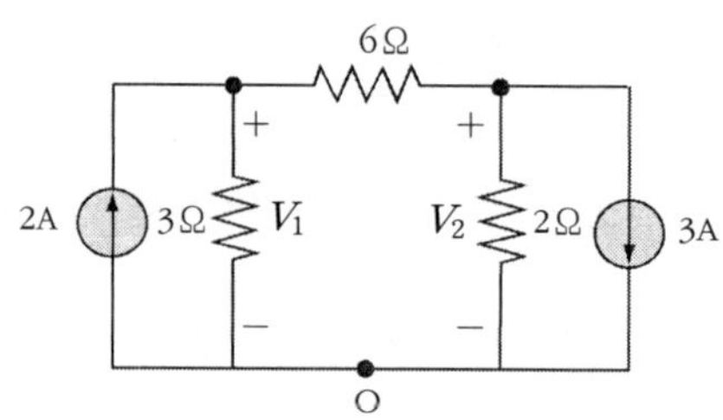

[그림 3-7]

$$G_{12}=G_{21}=-\frac{1}{6}$$

따라서 절점방정식은

$$\frac{3}{6}V_1-\frac{1}{6}V_2=2$$

$$-\frac{1}{6}V_1+\frac{4}{6}V_2=-3$$

두 식의 양변에 6을 곱하면

$$3V_1-V_2=12$$
$$-V_1+4V_2=-18$$

크라머의 공식을 적용하여 풀면

$$V_1 = \frac{D_1}{D} = \frac{\begin{vmatrix} 12 & -1 \\ -18 & 4 \end{vmatrix}}{\begin{vmatrix} 3 & -1 \\ -1 & 4 \end{vmatrix}} = \frac{48-18}{12-1} = \frac{30}{11}$$

$$V_2 = \frac{D_2}{D} = \frac{\begin{vmatrix} 3 & 12 \\ -1 & 18 \end{vmatrix}}{\begin{vmatrix} 3 & -1 \\ -1 & 4 \end{vmatrix}} = \frac{-54+12}{11} = -\frac{42}{11}$$

$$\therefore\ V_1 = \mathbf{\frac{30}{11}}[\mathrm{V}], \qquad V_2 = -\mathbf{\frac{42}{11}}[\mathrm{V}]$$

여기서 V_2의 부호가 (−)이므로 실제방향은 가정한 방향과 반대이다.

예제 3-7

[그림 3-8]과 같은 브리지 회로에서 기준절점을 0으로 잡을 때 절점전압 V_1, V_2, V_3를 절점해석법에 의해서 구하여라.

■ **풀이** ■ 회로에서 자기 컨덕턴스와 상호 컨덕턴스는

$G_{11} = 1+4+2 = 7$, $G_{22} = 4+1+5 = 10$, $G_{33} = 1+5+3 = 9$

$G_{12} = G_{21} = -4$, $G_{23} = G_{32} = -5$, $G_{31} = G_{13} = -1$

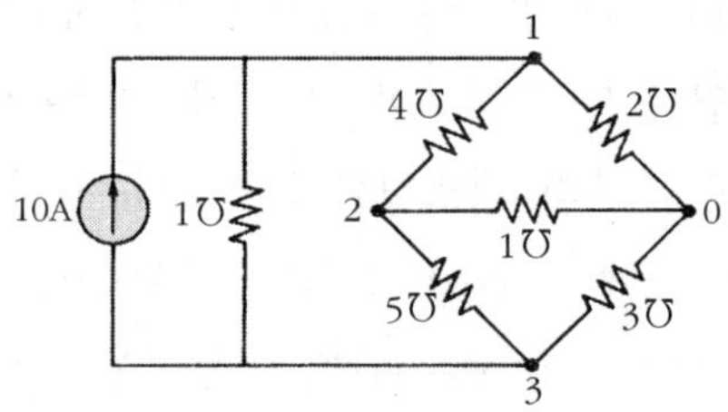

[그림 3-8]

따라서 절점방정식은

$$7V_1 - 4V_2 - V_3 = 10$$
$$-4V_1 + 10V_2 - 5V_3 = 0$$
$$-V_1 - 5V_2 + 9V_2 = 10$$

크라머의 공식에 의해서 연립방정식의 해는

$$D = \begin{vmatrix} 7 & -4 & -1 \\ -4 & 10 & -5 \\ -1 & -5 & 9 \end{vmatrix} = 630-20-20-(10+175+144) = 261$$

$$V_1 = \frac{D_1}{D} = \frac{\begin{vmatrix} 10 & -4 & -1 \\ 0 & 10 & -5 \\ -10 & -5 & -9 \end{vmatrix}}{26} = \frac{900-200-(100+250)}{261} = \frac{350}{261}$$

$$V_2 = \frac{D_2}{D} = \frac{\begin{vmatrix} 7 & 10 & -1 \\ -4 & 0 & -5 \\ -1 & -10 & 9 \end{vmatrix}}{261} = \frac{-40+50-(350-360)}{261} = \frac{20}{261}$$

$$V_3 = \frac{D_3}{D} = \frac{\begin{vmatrix} 7 & -4 & 10 \\ -4 & 10 & 0 \\ -1 & -5 & -10 \end{vmatrix}}{261} = \frac{-700+200-(-100-160)}{261} = -\frac{240}{261}$$

$$\therefore \ V_1 = \mathbf{\frac{350}{261}}[\mathrm{V}], \ V_2 = \mathbf{\frac{20}{261}}[\mathrm{V}], \ V_3 = \mathbf{\frac{240}{261}}[\mathrm{V}]$$ (기준점 0이 +전위)

3-4 중첩의 원리

앞 절에서 배운 망로해석법이나 절점해석법과 같이 일반적인 해석법은 지로전류나 전압을 모두 구해야 하는 경우에는 간편함을 알았다. 그러나 회로망 내의 어느 한 부분의 지로전류나 전압을 구해야 하는 부분적인 해석이나, 특히 한 회로망 내에 포함된 전원의 주파수가 서로 다른 경우에는 **중첩의 원리**(principle of superposition)를 이용하는 것이 보다 유리하거나 필수적이라 할 수 있다. 이 원리는 전기계를 포함하는 모든 물리계에 적용되는 기본원리로서, 전기계에서는 다음과 같이 표현할 수 있다.

2개 이상의 전원을 포함하는 선형회로망에서 회로 내의 임의의 점에 있어서의 전류 또는 2점간의 전압은 개개의 전원이 개별적으로 작용할 때에 그 점에 흐르는 전류 또는 2점간의 전압을 합한 것과 같다.

여기서 전원을 개별적으로 작용시킨다는 것은 다른 전원을 모두 0으로 하는 것이다. 즉 전압원은 **단락**(short)하여 그 전압을 0으로 하고, 전류원은 **개방**(open)하여 그 전류를 0으로 하는 것이다. 이 원리의 성립은 예제 3-8에서 살펴보도록 한다.

예제 3-8

[그림 3-9]에서 지로 $a-b$에 흐르는 전류 I는 망로해석법을 이용하여 구한 값과 중첩의 원리를 적용하여 구한 값을 비교하여 이 원리가 성립함을 보여라.

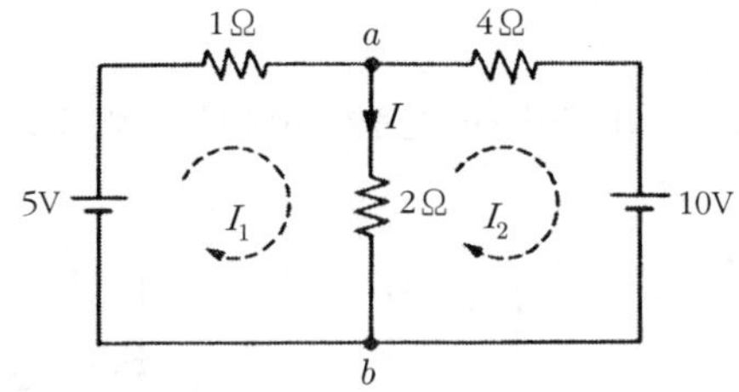

[그림 3-9]

■ **풀이** ■ [그림 3-9]에서 망로전류를 그림과 같이 가정하고 망로방정식을 세우면

$$(1+2)I_1+2I_2=5$$
$$-2I_1+(2+4)I_2=-10$$

위 연립방정식에서 I_1, I_2를 구하면

$$I_1=\frac{\begin{vmatrix}5 & -2\\ -10 & 6\end{vmatrix}}{\begin{vmatrix}3 & -2\\ -2 & 6\end{vmatrix}}=\frac{30-20}{18-4}=\frac{10}{14}=\frac{5}{7}[\text{A}]$$

$$I_2=\frac{\begin{vmatrix}3 & 5\\ -2 & -10\end{vmatrix}}{14}=\frac{-30+10}{14}=\frac{-20}{14}=-\frac{10}{7}[\text{A}]$$

$$\therefore\ I=I_1-I_2=\frac{5}{7}-\left(-\frac{10}{7}\right)=\mathbf{\frac{15}{7}}[\text{A}]$$

다음 중첩의 원리를 적용하면 먼저 전원 10[V]를 제거할 때 $a-b$간의 전류를 I'라고 하면

$$I'=\frac{5}{1+\frac{2\times4}{2+4}}\times\frac{4}{2+4}=\frac{5\times6}{14}\times\frac{4}{6}=\frac{10}{7}[\text{A}]$$

다음 전원 5[V]를 제거할 때 $a-b$간을 흐르는 전류를 I''라고 하면 다음과 같다.

$$I''=\frac{10}{4+\frac{2\times1}{2+1}}\times\frac{1}{2+1}=\frac{10\times3}{14}\times\frac{1}{3}=\frac{5}{7}[\text{A}]$$

$$\therefore\ I=I'+I''=\frac{10}{7}+\frac{5}{7}=\mathbf{\frac{15}{7}}[\text{A}]$$

따라서 두 방법으로 구한 전류 I값은 동일하므로 중첩의 원리가 성립됨을 알 수 있다.

예제 3-9

[그림 3-10](a), (b)와 같이 지로전류가 흐를 때 [그림 3-10](c)의 지로전류 I_1, I_2는 얼마인가?

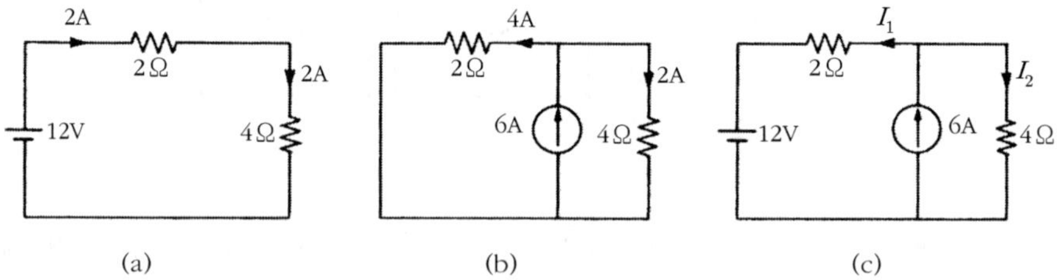

[그림 3-10]

■ 풀이 ■ 중첩의 원리에 의해서

$I_1 = 4 - 2 = \mathbf{2}[\mathrm{A}]$

$I_2 = 2 + 2 = \mathbf{4}[\mathrm{A}]$

예제 3-10

[그림 3-11]과 같은 회로에서 저항에 흐르는 전류 I는 몇 [A]인가?

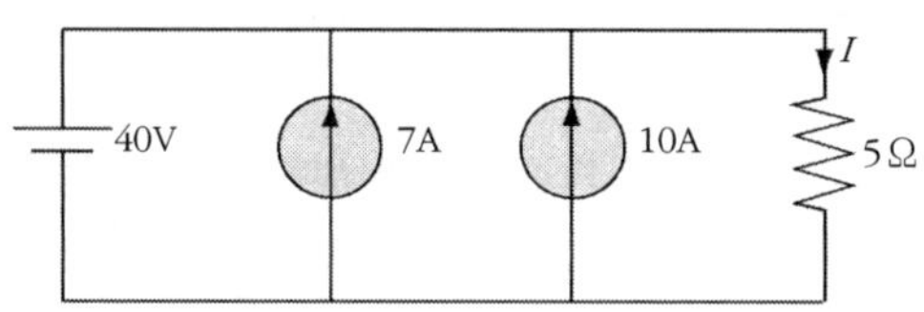

[그림 3-11]

■ 풀이 ■ 중첩의 원리를 적용하면 전압원만 있을 때 전류원은 개방상태이므로

$$I_1 = \frac{40}{5} = 8[\mathrm{A}]$$

전류원만 있을 때 전압원은 단락상태이므로 전류원은 작용하지 못하여

$I_2 = 0$

$\therefore\ I = I_1 = \mathbf{8}[\mathrm{A}]$

예제 3-11

[그림 3-12]와 같은 회로에서 전류 I_1은 몇 [A]인가?

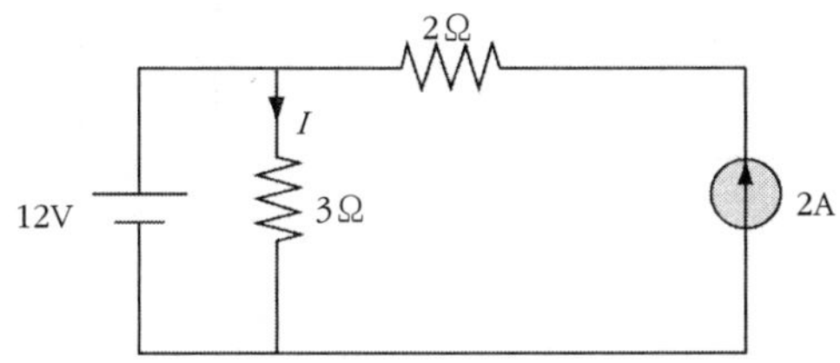

[그림 3-12]

■ **풀이** ■ 전원 12[V]에 의한 전류를 I'라 하면

$$I' = \frac{12}{3} = 4[A]$$

전원 2[A]에 의한 전류를 I''라 하면

$$I'' = 0$$

$$\therefore I = I' + I'' = 4 + 0 = 4[A]$$

3–5 테브난의 정리와 노튼의 정리

회로를 해석하다 보면 어느 특정한 지로에 흐르는 전류 또는 전압을 구하는 경우가 많다. 한 지로의 전압을 구하기 위하여 망로방정식 또는 절점방정식을 세워 연립방정식을 푸는 것은 일반적으로 번거롭고 지루하다. 이 경우에 중첩의 원리 외에 간편하게 해석할 수 있는 매우 중요한 2가지 정리가 있다.

첫번째 정리는 1883년에 최초로 이 결과를 발표한 프랑스의 전신기술자 **테브난**(Thévenin)의 이름을 붙인 **테브난의 정리**(thévenin's theorem)이고, 두번째 정리는 테브난의 정리의 계라고 생각할 수 있는 것으로 미국의 공학자 **노튼**(Norton)의 이름을 붙인 **노튼의 정리**(norton's theorem)이며, 테브난보다 50년 후에 이를 발표하였다.

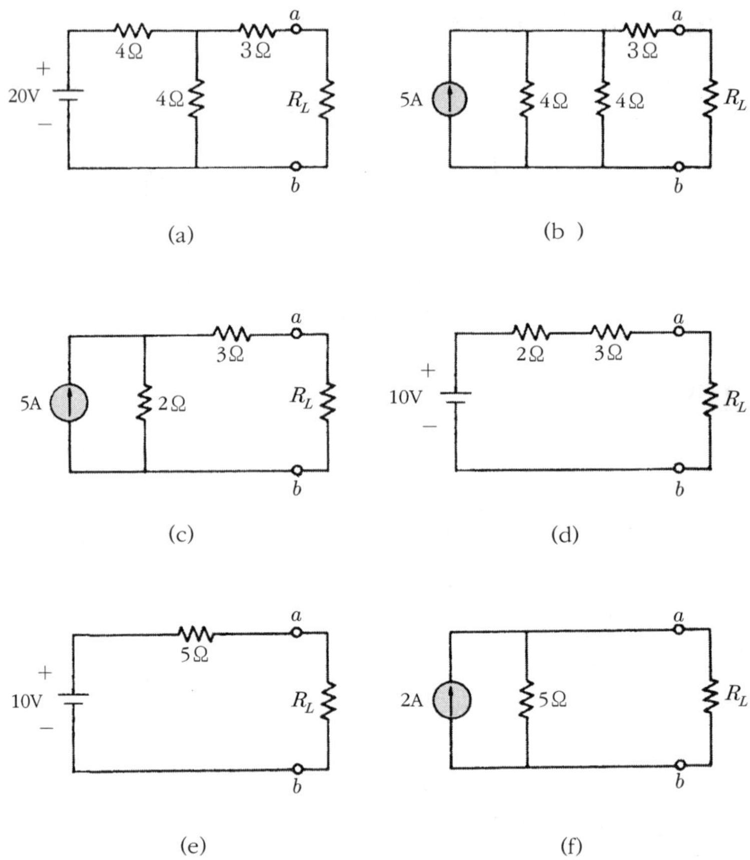

[그림 3-13] 등가전원의 변환 및 테브난과 노튼의 등가회로

여러 개의 전원과 저항으로 구성된 회로에서 테브난의 정리를 이용하면 어느 단자에 대해서 하나의 정전압원과 하나의 저항을 직렬로 접속한 등가회로로 대치할 수 있으며, 노튼의 정리를 이용하면 하나의 정전류원과 하나의 저항을 병렬로 접속한 등가회로를 얻을 수 있다.

예컨대 [그림 3-13](a)를 몇 번의 등가회로로 바꾸면 그림 (e), (f)를 얻는다. 이때 그림 (a)에서 전원을 제거하고 단자 $a-b$에서 회로망 쪽을 본 저항을 R_0, 단자 $a-b$를 개방했을 때의 **개방전압**(open voltage)을 V_0 및 단자 $a-b$를 단락했을 때 흐르는 **단락전류**(short electric current)를 I_0라 할 때

$$R_0 = \frac{4\times4}{4+4}+3=5[\Omega]$$

$$V_0 = 20\times\frac{4}{4+4}=10[\mathrm{V}]$$

$$I_0 = \frac{20}{\frac{4\times3}{4+3}\times4}\times\frac{4}{4+3}=\frac{7\times20}{40}\times\frac{4}{7}=2[\mathrm{A}]$$

로서 [그림 3-13](e), (f)의 저항 5[Ω], 전압 10[V], 전류 2[A]와 같음을 알 수 있다.

이들 회로에서 그림 (a)에 대해서 그림 (e)를 테브난의 등가회로, 그림 (f)를 노튼의 등가회로라고 한다.

이상에서 테브난과 노튼의 정리를 정리하면 다음과 같다.

(1) 테브난의 정리

[그림 3-14](a)와 같은 어떠한 구조를 갖는 능동회로망도 그 임의의 두 단자 $a-b$에서 외부회로에 대해서는 이것을 등가적으로 하나의 전압전원 V_0에 하나의 저항 R_0가 직렬로 접속된 것으로 대치할 수 있다. 여기서 전압 V_0는 단자 $a-b$를 개방했을 때 $a-b$의 단자전압인 **개방전압**(open voltage)과 같고, R_0는 회로망 내의 모든 전원을 제거하고, 즉 전압전원은 단락, 전류전원은 개방을 하고 단자 $a-b$에서 회로망 쪽을 본 저항인 **테브난의 등가저항**(equivalent resistance)과 같다. 이와 같은 테브난의 등가회로는 [그림 3-14](b)와 같다.

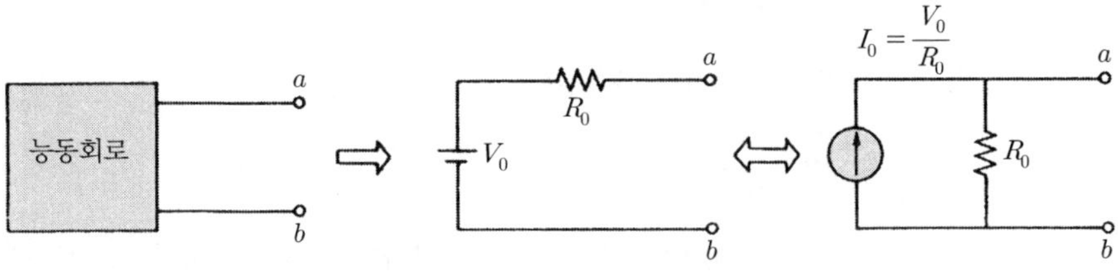

(a) 원회로 (b) 테브난의 등가회로 (c) 노튼의 등가회로

[그림 3-14] 테브난과 노튼의 등가회로

(2) 노튼의 정리

[그림 3-14](a)와 같은 어떠한 구조를 갖는 능동회로망도 그 임의의 두 단자 $a-b$에서 외부회로에 대해서는 이것을 등가적으로 하나의 전류전원 I_0에 하나의 저항 R_0가 병렬로 접속된 것으로 대치할 수 있다. 여기서 전류 I_0는 단자 $a-b$를 단락했을 때 여기를 흐르는 전류인 **단락전류**(short current)와 같고, R_0는 테브난의 등가회로와 마찬가지로 등가저항과 같다. 이와 같은 노튼의 등가회로는 [그림 3-14](c)와 같다.

여기서 개방전압 V_0와 단락전류 I_0와는 다음과 같은 관계가 성립된다.

$$R_0 = \frac{V_0}{I_0}, \quad V_0 = R_0 I_0, \quad I_0 = \frac{V_0}{R_0} \tag{3-12}$$

예제 3-12

[그림 3-13] (a), (e), (f)에서 부하저항 $R_L = 5[\Omega]$일 때 여기에 흐르는 부하전류 I_L을 구하고 서로 같은가 보아라.

■ **풀이** ■ [그림 3-13](a)에서 부하전류는

$$I_L = \frac{20}{4 + \frac{4 \times (3+5)}{4+(3+5)}} + \frac{4}{4+8} = 3 \times \frac{4}{12} = 1[\text{A}]$$

[그림 3-13](e)에서 부하전류

$$I_L = \frac{10}{5+5} = 1[\text{A}]$$

[그림 3-13](f)에서 부하전류

$$I_L = 2 \times \frac{5}{5+5} = 1[\text{A}]$$

3개의 부하전류는 모두 같으므로 부하에 대해서 서로 등가회로이다.

예제 3-13

[그림 3-15]와 같은 회로를 테브난 등가회로로 그려라.

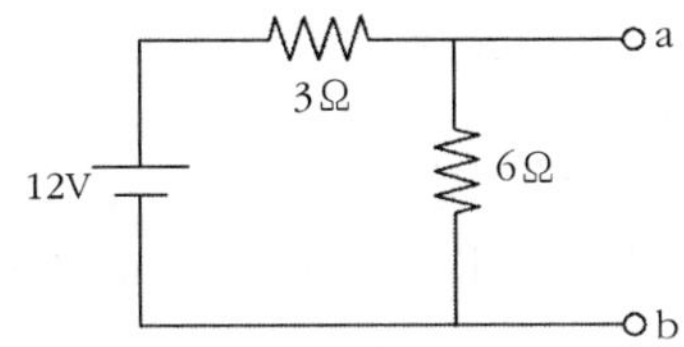

[그림 3-15]

■ **풀이** ■ 단자 $a-b$의 개방전압 V_0는

$$V_o = 12 \times \frac{6}{3+6} = 8[\mathrm{V}]$$

테브난 등가저항 R_0는

$$R_0 = \frac{3 \times 6}{3+6} = 2[\Omega]$$

따라서 테브난 등가회로는 [그림 3-16]이다.

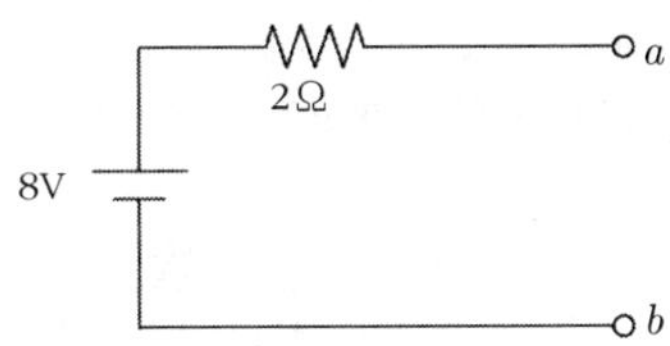

[그림 3-16]

예제 3-14

[그림 3-17]과 같은 회로를 테브난의 등가회로로 바꾸고 부하전류 I_L을 구하여라.

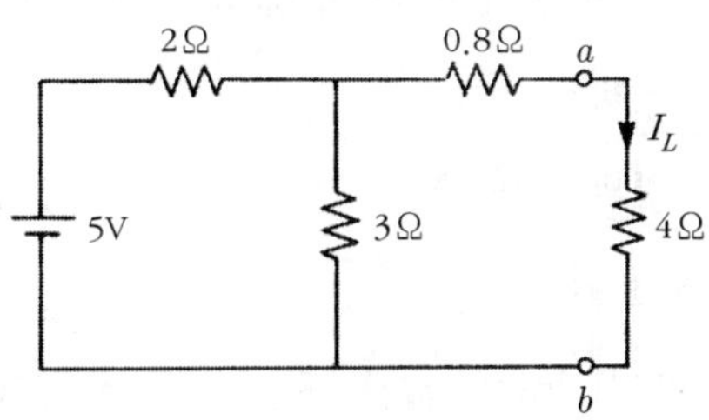

[그림 3-17]

■ **풀이** ■ 단자 $a-b$의 개방전압 V_0는

$$V_0 = 5\times\frac{3}{2+3} = 3[\text{V}]$$

테브난의 등가저항 R_0는

$$R_0 = 0.8+\frac{2\times3}{2+3} = 2[\Omega]$$

따라서 테브난의 등가회로는 [그림 3-18]이고, 부하전류 I_L은

$$I_L = \frac{V_0}{R_0+R_L} = \frac{3}{2+4} = \frac{3}{6} = \mathbf{0.5}[\text{A}]$$

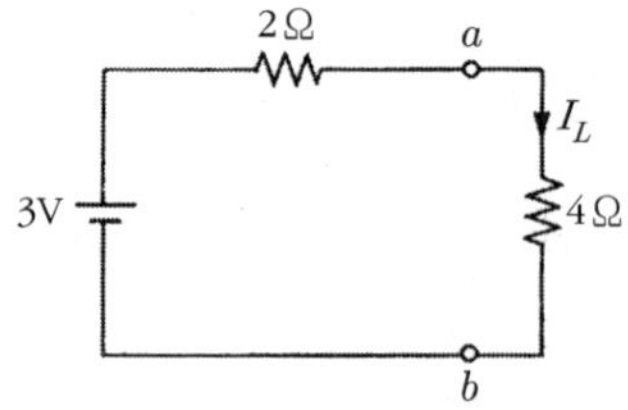

[그림 3-18]

예제 3-15

[그림 3-19]와 같은 회로를 노튼의 등가회로로 바꾸고 부하전류 I_L을 구하여라.

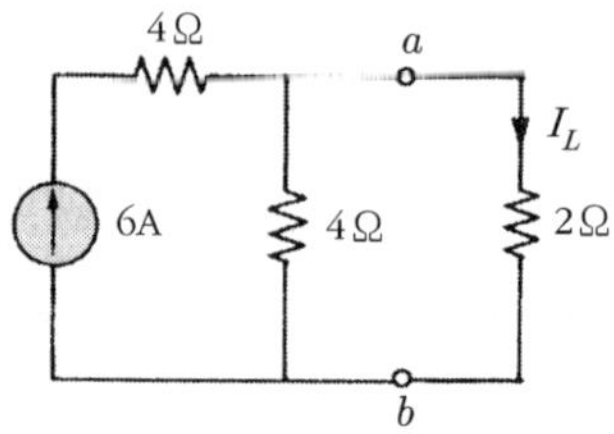

[그림 3-19]

■ **풀이** ■ 단자 $a-b$의 단락전류 I_0 [그림 3-19]에서 보듯이

$$I_0 = 6[\text{A}]$$

노튼의 등가저항 R_0는 전류원이 개방이므로

$$R_0 = 4[\Omega]$$

따라서 노튼의 등가회로는 [그림 3-20]이고, 부하전류 I_L은

$$I_L = 6\times\frac{4}{4+2} = \mathbf{4}[\text{A}]$$

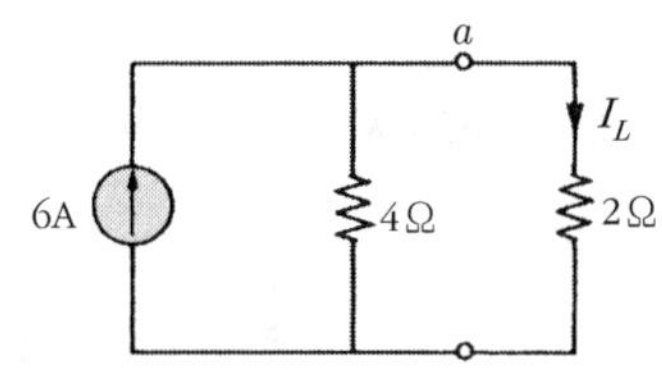

[그림 3-20]

3-6 밀만의 정리

밀만의 정리는 내부저항을 가진 여러 개의 전압전원이 병렬로 접속되어 있는 경우에 하나의 등가전원으로 바꾸거나 또는 회로 내의 임의의 두 점간의 전압을 구하는 데 유용한 정리이다.

[그림 3-21](a)와 같이 주어진 회로에서 개개의 전원을 등가전류원으로 바꾸고, 또 노튼의 등가회로로 바꾸면 [그림 3-21](c)와 같이 된다.

따라서 단자 $a-b$간에 나타나는 전압 V_{ab}는

$$V_{ab} = \frac{I_0}{G_0} = \frac{I_1 + I_2 + \dots + I_n}{G_1 + G_2 + \dots + G_n} = \frac{\dfrac{V_1}{R_1} + \dfrac{V_2}{R_2} + \dots + \dfrac{V_n}{R_n}}{\dfrac{1}{R_1} + \dfrac{1}{R_2} + \dots + \dfrac{1}{R_n}} \qquad (3\text{-}13)$$

가 되며, 이 식을 밀만의 정리(Millman's theorem)라고 한다.

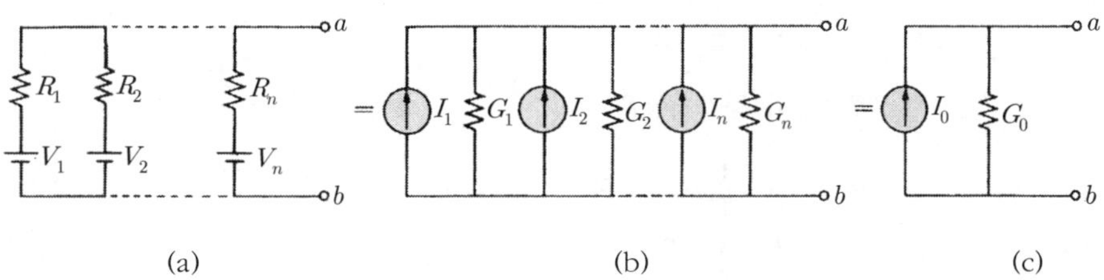

[그림 3-21] 밀만의 정리에 관한 회로

예제 3-16

[그림 3-22]와 같은 회로에서 단자 $a-b$간의 전압 V_{ab}를 밀만의 정리에 의해서 구하여라.

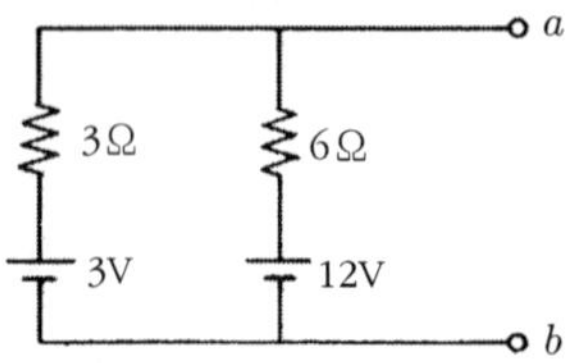

[그림 3-22]

■ **풀이** ■ $$V_{ab}=\frac{I_1+I_2}{G_1+G_2}=\frac{\frac{3}{3}+\frac{12}{6}}{\frac{1}{3}+\frac{1}{6}}=\frac{18}{3}=\mathbf{6}[\mathrm{V}]$$

예제 3-17

[그림 3-23](a)의 회로에서 부하저항 $R_L=5[\Omega]$에서 소비되는 평균전력을 구하여라.

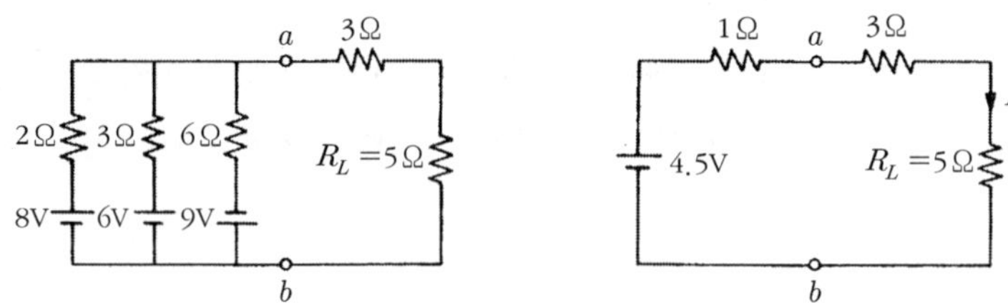

(a) (b)

[그림 3-23]

■ **풀이** ■ 밀만의 정리에 의해서

$$V_{ab}=\frac{\frac{8}{2}+\frac{6}{3}-\frac{9}{6}}{\frac{1}{2}+\frac{1}{3}+\frac{1}{6}}=4.5[\mathrm{V}]$$

테브난의 등가저항은

$$R_0=\frac{1}{\frac{1}{2}+\frac{1}{3}+\frac{1}{6}}=1[\Omega]$$

이상의 결과에서 테브난의 등가회로는 [그림 3-23](b)가 되고, 부하전류 I_L은

$$I = \frac{4.5}{1+3+5} = \mathbf{0.5}[\mathrm{A}]$$

따라서 부하의 평균전력 P_L은

$$P_L = I^2 R_L = (0.5)^2 \times 5 = \mathbf{1.25}[\mathrm{W}]$$

3-7 최대전력의 전달

전원에 연결되어 사용하는 부하가 같은 조건의 전원에서 최대전력을 얻을 수 있다는 것은 매우 중요한 문제이다.

[그림 3-24](a)와 같이 어떤 전원을 포함한 능동회로에서 단자 $a-b$간에 부하저항 R_L을 연결할 때 그 값을 얼마로 하면 이에 최대의 전력을 전달할 수 있는가 하는 문제를 생각해보자.

이 문제는 단자 $a-b$ 좌측을 [그림 3-24](b)와 같이 테브난의 등가회로로 대치하고 생각하는 것이 가장 간단하다.

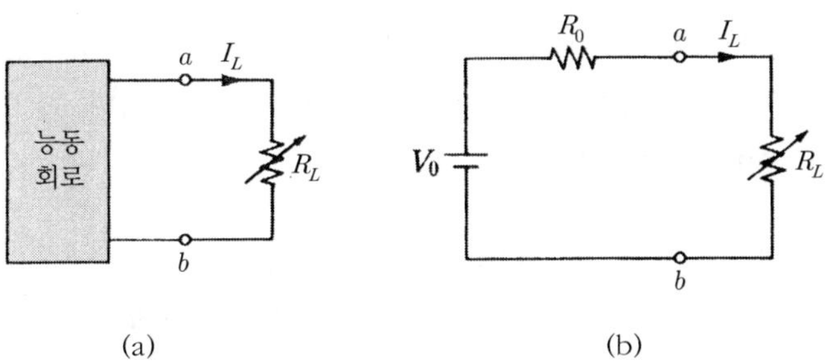

[그림 3-24] 최대전력의 전달

지금 R_0는 전원의 내부저항 또는 테브난의 등가저항이고, 부하저항 R_L만이 가변인 경우를 생각하자.

이 경우 부하 R_L에 흐르는 전류 I_L은

$$I_L = \frac{V_0}{R_0 + R_L}$$

부하에 공급되는 전력 P_L은

$$P_L = I_L^2 \cdot R_L = \left(\frac{V_0}{R_0 + R_L}\right)^2 \cdot R_L = V_0^2 \cdot \frac{R_L}{(R_0 + R_L)^2}$$

이것이 최대가 되는 R_L의 값을 구하기 위하여 V_0, R_0는 일정하게 하고 R_L에 관하여 미분한 값을 0이라 놓으면

$$\frac{dP_L}{dR_L} = V_0^2 \cdot \frac{(R_0 + R_L)^2 - 2R_L(R_0 + R_L)}{(R_0 + R_L)^2} = 0$$

이 해를 구하기 위하여 분자항을 0으로 놓으면

$$(R_0 + R_L)^2 - 2R_L(R_0 + R_L) = 0$$

$$R_0^2 + 2R_0R_L + R_L^2 - 2R_0R_L - 2R_L^2 = 0 \tag{3-14}$$

$$R_0^2 - R_L^2 = 0$$

$$\therefore \ \boldsymbol{R_L = R_0}$$

즉 부하저항 R_L가 전원의 내부저항(테브난의 등가저항) R_0와 같을 때, 즉 부하저항을 전원의 내부저항에 **정합**(matching)시키면 최대전력을 공급받을 수 있다. 이때 최대전력 $P_{L\max}$은

$$P_{L\max} = \left(\frac{V_0}{R_L + R_L}\right)^2 \cdot R_L = \frac{\boldsymbol{V_0^2}}{\boldsymbol{4R_L}} = \frac{\boldsymbol{V_0^2}}{\boldsymbol{4R_0}} \tag{3-15}$$

부하를 어떻게 조절하더라도 전원회로에서 이 이상의 전력을 뽑아낼 수 없기 때문에 $P_{L\max}$를 전원의 **가용전력**(available power)이라고 부를 때가 있다.

아울러 최대전력 전달시 전력의 반은 내부저항, 나머지 반은 부하에서 소비되므로 효율은 50%밖에 안 되므로 최대전력을 얻기 위해서는 효율을 희생시킬 수밖에 없다.

예제 3-18

[그림 3-25]와 같은 회로에서 부하저항 R_L에 최대전력을 공급하려고 한다. 이때 R_L의 값과 최대 전송전력을 구하여라.

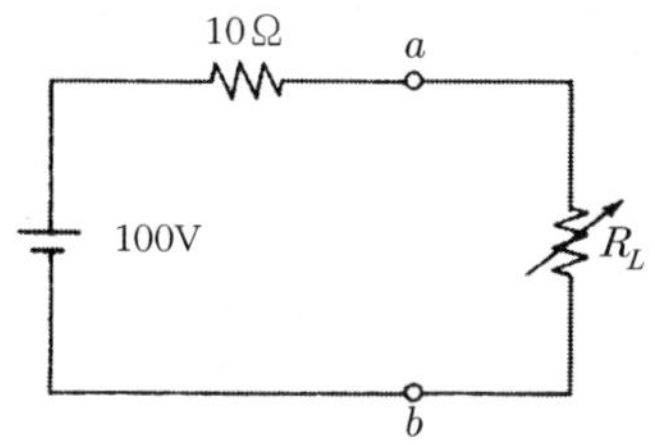

[그림 3-25]

■ 풀이 ■ 부하저항이 내부저항과 같을 때 최대전력이 공급되므로

$$R_L = \mathbf{10}[\Omega]$$

이때 최대 전송전력은

$$P_L = \frac{V_0^2}{4R_0} = \frac{100^2}{4 \times 10} = \mathbf{250}[\mathrm{W}]$$

예제 3-19

[그림 3-26]에서 부하저항 R_L이 얼마일 때 최대전력이 공급되는가? 또 이때에 공급된 최대 전력을 구하여라.

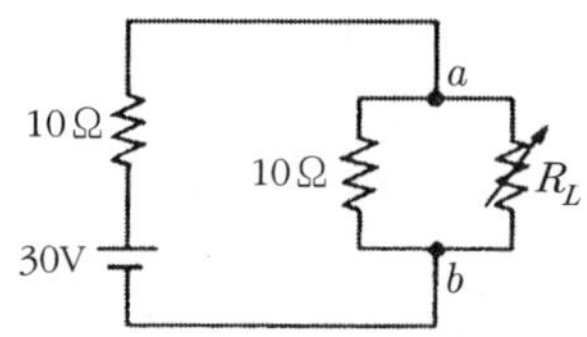

[그림 3-26]

■ 풀이 ■ 테브난의 등가저항

$$R_0 = \frac{10 \times 10}{10 + 10} = 5[\Omega]$$

테브난의 개방전압

$$V_0 = 30 \times \frac{10}{10 + 10} = 15[\mathrm{V}]$$

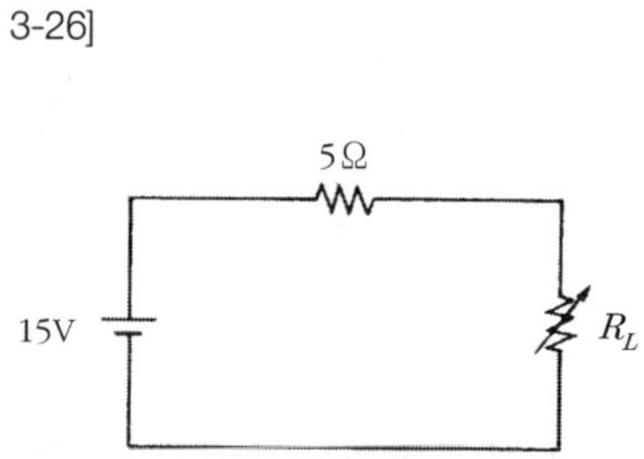

[그림 3-27]

따라서 테브난의 등가회로는 [그림 3-27]이 되며, 여기서 $R_L = \mathbf{5}[\Omega]$일 때 최대전력이 공급되므로

$$P_L = \frac{V_0^2}{4R_0} = \frac{15^2}{4\times 5} = \frac{225}{20} = \mathbf{11.25}[\mathrm{W}]$$

3-8 Y−Δ(T−π)변환

지금까지 배웠듯이 직병렬회로에서는 여러 개의 직렬저항을 하나의 등가저항으로 바꾸고, 여러 개의 병렬저항은 하나의 등가 컨덕턴스로 바꿈으로써 회로를 간단히 해석할 수 있으나, 어떠한 회로도 이와 같은 방법만으로는 해석할 수 없다. 이런 경우에는 Y**형회로**(Y-type circuit)는 Δ**형회로**(delta-type circuit), Δ형회로는 Y형회로로 변환하여 쉽게 해석할 수 있다. Y-Δ 변환은 Y형으로 결합된 3개의 저항을 Δ형으로, Δ-Y변환은 Δ형으로 결합된 3개의 저항을 Y형으로 변환시킨다.

[그림 3-28](a), (b)는 각각 Y형, △형회로이다. [그림 3-28](c), (d)의 회로는 각각 T**형**(T-type circuit), π**형 회로**(π-type circuit)라고 하나, Y형은 T형, Δ형은 π형과 같음을 알 수 있다.

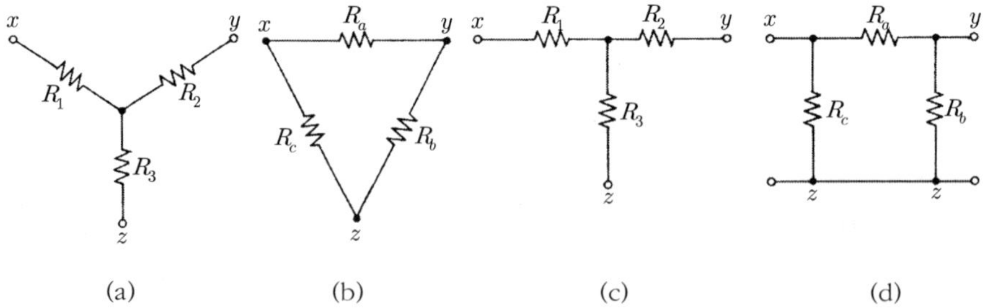

[그림 3-28] Y, Δ, T, π 형 회로

지금 Y형회로가 임의의 복잡한 회로의 일부일 때 이를 Δ형회로로 대치하여도 3단자 외부에 어떠한 변화도 주지 않는다면 이들 회로는 서로 등가이다.

그러면 이들 회로가 서로 등가가 되기 위한 조건에 대해서 알아보자.

[그림 3-28] (a) Y형회로와 그림 (b)의 Δ형회로가 서로 등가라면 이에 대응하는 각각의 단자저항의 크기는 같아야 할 것이다.

지금 단자 $x-y$간의 저항의 크기를 R_{xy}라고 하면 Y형회로에서는 R_1과 R_2가 직렬로 연결되어 있고, Δ형회로에서는 R_a와 (R_b+R_c)가 병렬로 연결되어 있는 모양과 같다.

그러므로 Y형회로에서 R_{xy}는

$$R_{xy}=R_1+R_2$$

Δ형회로에서 R_{xy}는

$$R_{xy}=\frac{R_a(R_b+R_c)}{R_a+(R_b+R_c)}=\frac{R_aR_b+R_cR_a}{R_a+R_b+R_c}$$

따라서

$$R_{xy}=R_1+R_2=\frac{R_aR_b+R_cR_a}{R_a+R_b+R_c} \tag{3-16}$$

같은 방법으로

$$R_{yz}=R_2+R_3=\frac{R_aR_b+R_bR_c}{R_a+R_b+R_c} \tag{3-17}$$

$$R_{zx}=R_3+R_1=\frac{R_bR_c+R_cR_a}{R_a+R_b+R_c} \tag{3-18}$$

위의 세 식을 더하면

$$R_1+R_2+R_3=\frac{R_aR_b+R_bR_c+R_cR_a}{R_a+R_b+R_c} \tag{3-19}$$

식 (3-19)에서 식 (3-16), (3-17), (3-18)을 각각 빼면

$$R_1=\frac{R_cR_a}{R_a+R_b+R_c}$$

$$R_2 = \frac{R_a R_b}{R_a + R_b + R_c}$$

$$R_3 = \frac{R_b R_c}{R_a + R_b + R_c}$$

또한 식 (3-16), (3-17), (3-18)에서 분모를 좌변으로 옮기고 세 식을 더한 다음 빼서 R_a, R_b, R_c를 구하면

$$R_a = \frac{R_1 R_2 + R_2 R_3 + R_3 R_1}{R_3}$$

$$R_b = \frac{R_1 R_2 + R_2 R_3 + R_3 R_1}{R_1}$$

$$R_c = \frac{R_1 R_2 + R_2 R_3 + R_3 R_1}{R_2}$$

[그림 3-29]는 Y-Δ 등가변환 관계를 기억하는 데 편리하며, 위 여러 가지 관계식을 다음과 같이 대응시켜 암기하면 편리하다.

$$\Delta \rightarrow \text{Y변환}: \boldsymbol{R_1} = \frac{\textbf{인접}\,\boldsymbol{R}\textbf{의 곱}}{\sum \boldsymbol{R}} \tag{3-20}$$

$$\text{Y} \rightarrow \Delta\,\text{변환}: \boldsymbol{R_a} = \frac{\sum \boldsymbol{RR}}{\textbf{건너편}\,\boldsymbol{R}} \tag{3-21}$$

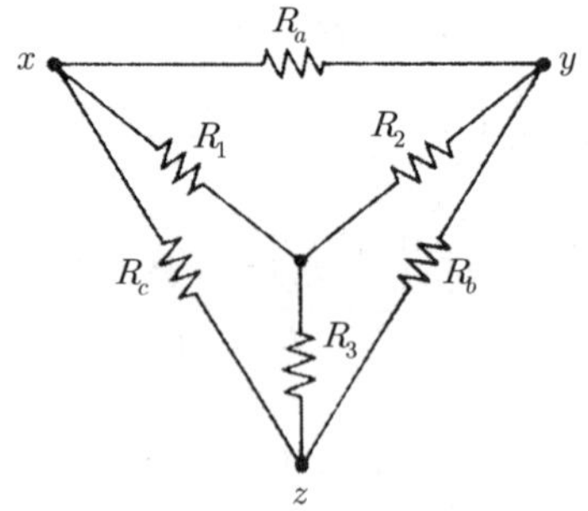

[그림 3-29]

특히 3개의 저항값이 같은 경우에는 [그림 3-30]과 같이 변환된다.

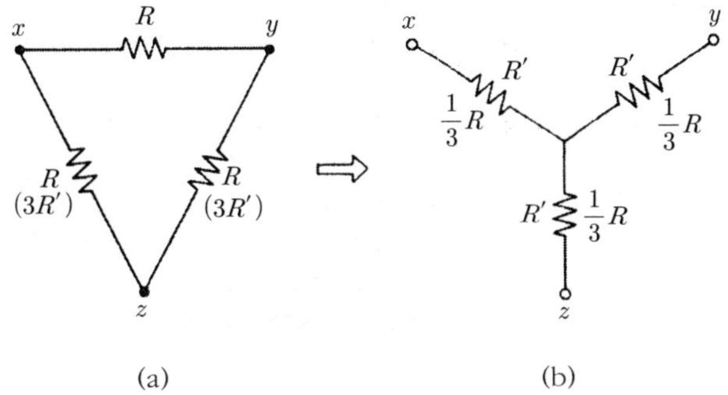

[그림 3-30]

예제 3-20

[그림 3-28](a)의 Y형회로에서 R_1, R_2, R_3가 각각 1[Ω], 2[Ω], 3[Ω]일 때 이와 등가적인 [그림 3-28](b)의 Δ형회로에서 R_a, R_b, R_c를 각각 구하여라.

■ 풀이 ■ $R_a = \dfrac{1\cdot 2+2\cdot 3+3\cdot 1}{3} = \dfrac{\mathbf{11}}{\mathbf{3}}[\Omega]$

$R_b = \dfrac{11}{1} = \mathbf{11}[\Omega], \quad R_c = \dfrac{\mathbf{11}}{\mathbf{2}}[\Omega]$

예제 3-21

[그림 3-28](b)의 △형회로에서 R_a, R_b, R_c가 각각 1[Ω], 2[Ω], 3[Ω]일 때 이와 등가적인 [그림 3-28](a)의 Y형회로에서 R_1, R_2, R_3를 각각 구하여라.

■ 풀이 ■ $R_1 = \dfrac{1\times 3}{1+2+3} = \dfrac{3}{6} = \dfrac{\mathbf{1}}{\mathbf{2}}[\Omega]$

$R_2 = \dfrac{2}{6} = \dfrac{\mathbf{1}}{\mathbf{3}}[\Omega], \quad R_3 = \dfrac{6}{6} = \mathbf{1}[\Omega]$

예제 3-22

[그림 3-31]과 같은 브리지 회로에서 단자 $a-b$간의 합성저항 R_{ab}를 구하여라.

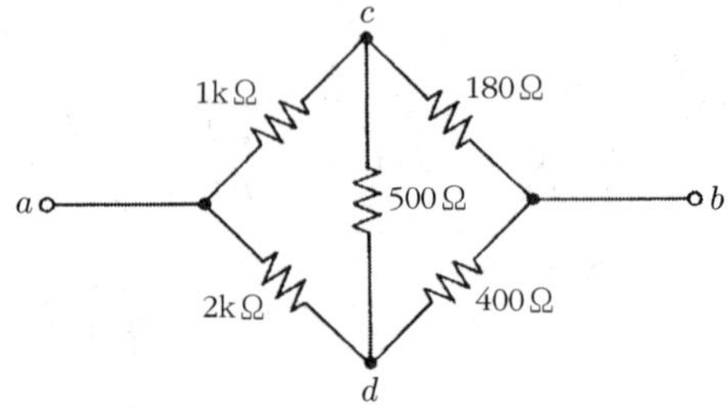

[그림 3-31]

■ **풀이** ■ Δ로 접속된 acd회로를 Y형회로로 변환했을 때 저항의 크기를 각각 R_1, R_2, R_3라 하면

$$R_1 = \frac{1000 \times 2000}{1000 + 2000 + 500} = 571[\Omega]$$

$$R_2 = \frac{1000 \times 500}{1000 + 2000 + 500} = 143[\Omega]$$

$$R_3 = \frac{2000 \times 500}{1000 + 2000 + 500} = 286[\Omega]$$

따라서 [그림 3-32]와 같은 직병렬의 등가회로가 된다. 합성저항 R_{ab}는

$$R_{ab} = 571 + \frac{(143 + 180) \times (286 \times 400)}{(143 + 180) + (286 + 400)} = 572 + 220 = \mathbf{791}[\Omega]$$

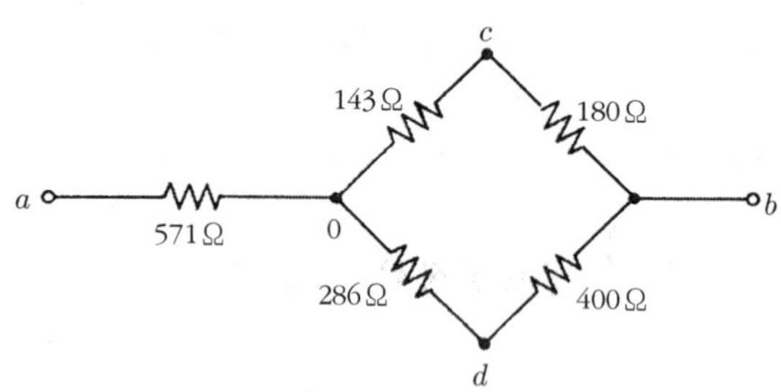

[그림 3-32]

연습문제

3-1 그림과 같은 회로에서 망로와 절점의 수는 각각 몇 개인가?

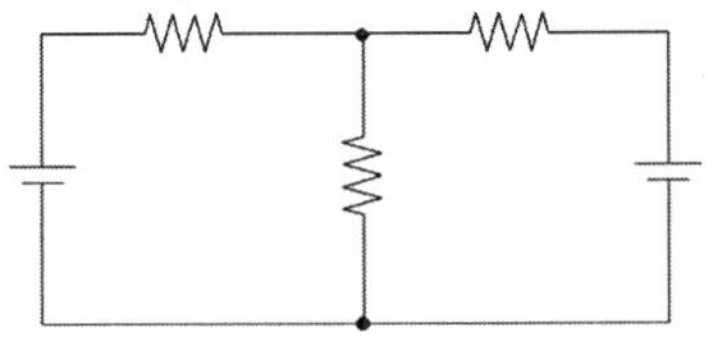

㉮ 1, 2 ㉯ 2, 2 ㉰ 2, 3 ㉱ 3, 2

3-2 다음 행렬식의 값은?

$$D = \begin{vmatrix} 2 & -3 \\ 4 & 5 \end{vmatrix}$$

㉮ −2 ㉯ 2 ㉰ 22 ㉱ −22

3-3 다음 행렬식의 값은?

$$D = \begin{vmatrix} 2 & -1 & 3 \\ 1 & 0 & 4 \\ 6 & 5 & -2 \end{vmatrix}$$

㉮ −51 ㉯ −47 ㉰ −3 ㉱ 81

3-4 그림에서 방정식이 옳은 것은?

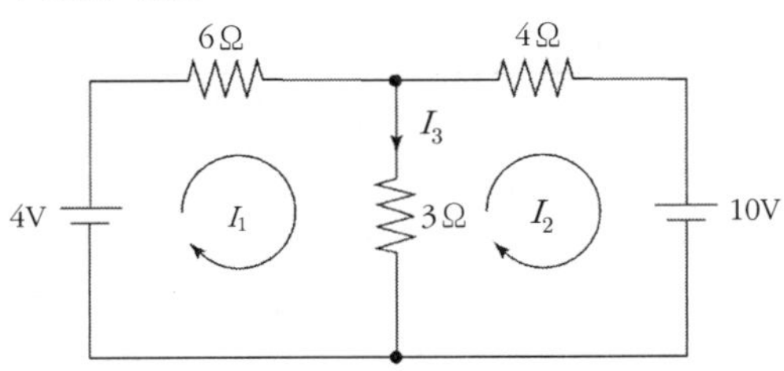

㉮ $3I_1 - 7I_2 = 10$ ㉯ $6I_1 + 3I_2 = 4$

* 정답 1 ㉯ 2 ㉰ 3 ㉮ 4 ㉮

㉰ $9I_1+3I_2=4$ ㉱ $3I_1+7I_2=10$

3-5 그림과 같은 회로에서 V_1 및 V_2[V]는?

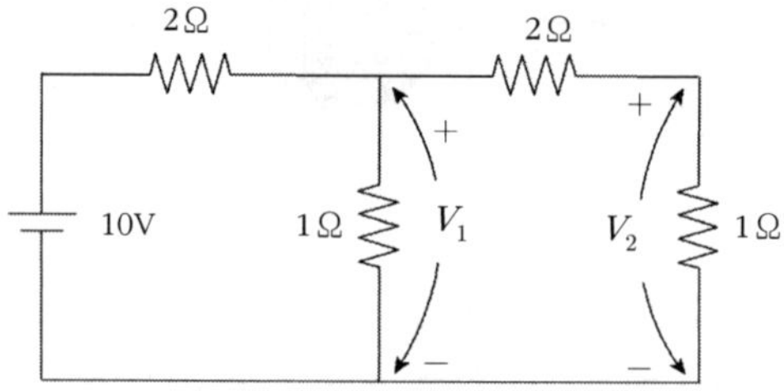

㉮ $\frac{20}{11}$, $\frac{10}{11}$ ㉯ $\frac{10}{11}$, $\frac{20}{11}$

㉰ $\frac{10}{11}$, $\frac{10}{11}$ ㉱ $\frac{30}{11}$, $\frac{10}{11}$

3-6 그림에서 저항의 양단전압[V]은?

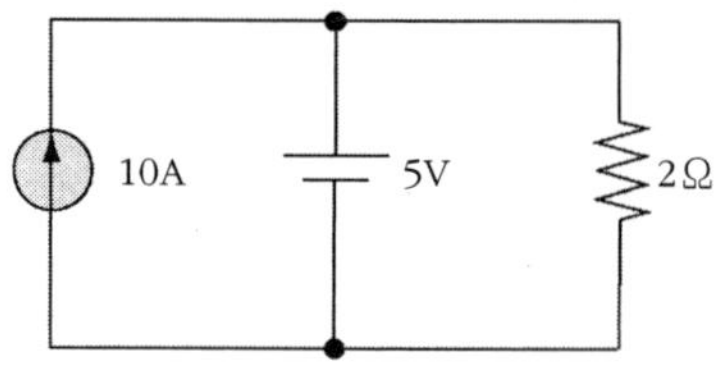

㉮ 5 ㉯ 10 ㉰ 15 ㉱ 25

3-7 그림에서 저항 양단에 걸리는 전압[V]은?

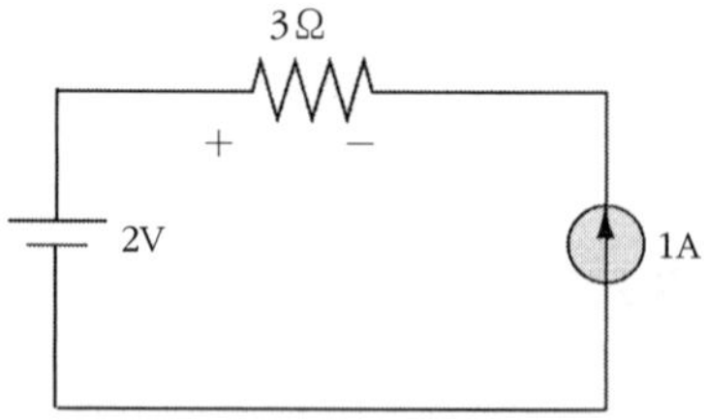

㉮ 2 ㉯ −2 ㉰ 3 ㉱ −3

* 정답 5 ㉱ 6 ㉮ 7 ㉱

3-8 그림에서 5[Ω]의 저항에 흐르는 전류[A]는?

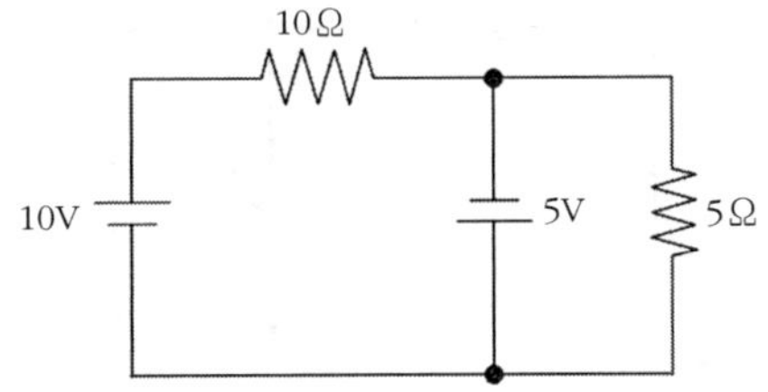

㉮ 0.2 ㉯ 0.5 ㉰ 1 ㉱ 2

3-9 그림에서 단자 a, b에 걸리는 전압 V_{ab}[V]는?

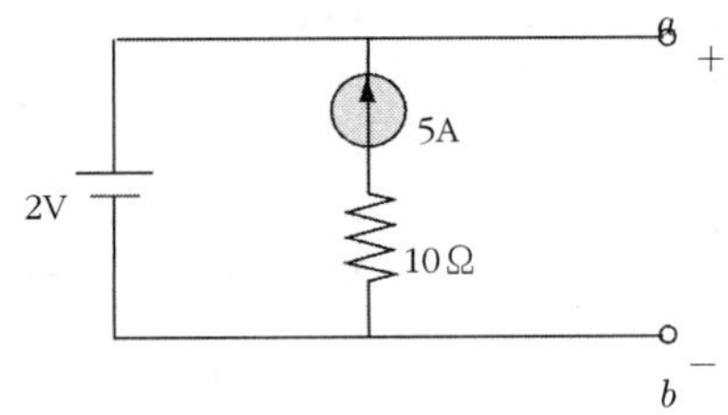

㉮ 2 ㉯ −2 ㉰ 5 ㉱ −5

3-10 그림에서 단자 a, b에 걸리는 전압 V_{ab}[V]는?

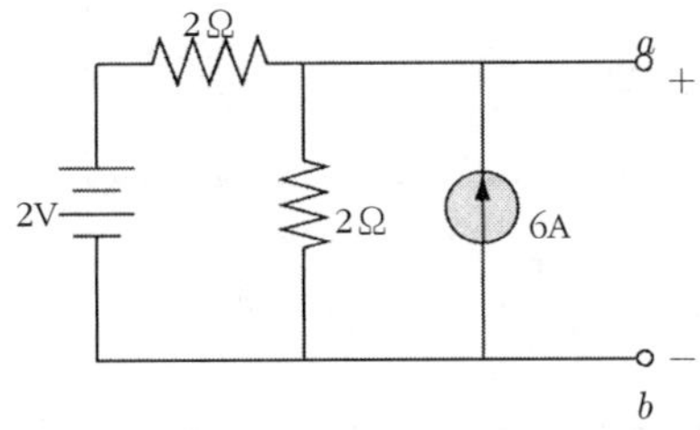

㉮ 4 ㉯ 6 ㉰ 7 ㉱ 10

* 정답 8 ㉰ 9 ㉮ 10 ㉰

3-11 그림에서 1[Ω]의 저항에 나타나는 전압[V]은?

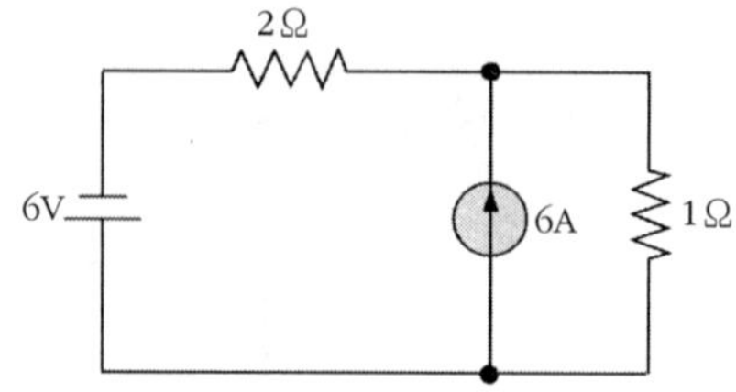

㉮ 6 ㉯ 2 ㉰ 3 ㉱ 4

3-12 그림에서 전류 I [A]는?

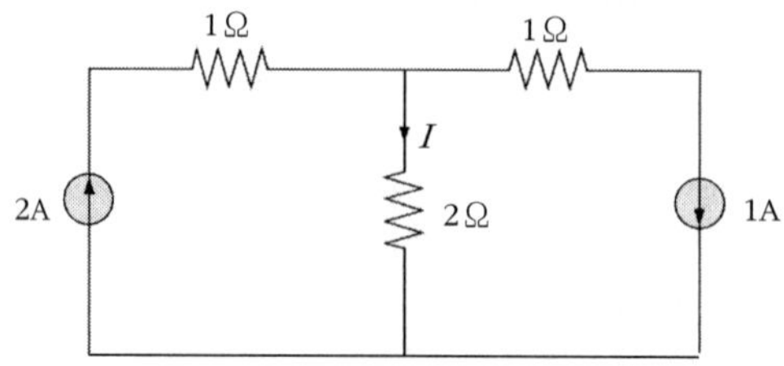

㉮ 1 ㉯ 2 ㉰ 4 ㉱ 6

3-13 그림과 같은 회로에서 지로 $a-b$에 흐르는 전류 I [A]는?

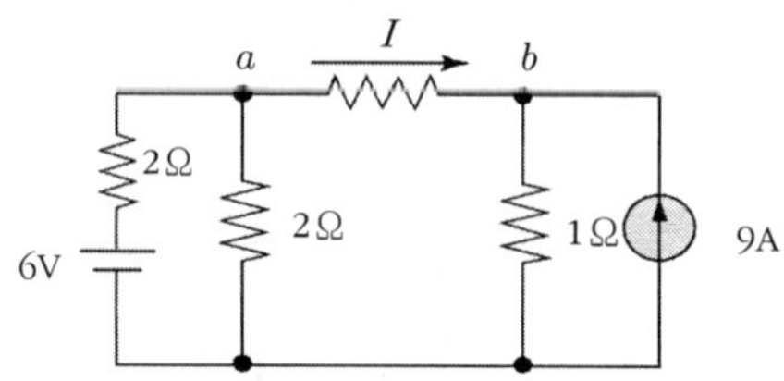

㉮ 2 ㉯ −2 ㉰ 4 ㉱ −6

3-14 그림에서 12[V]의 전압원이 공급하는 전력[W]은?

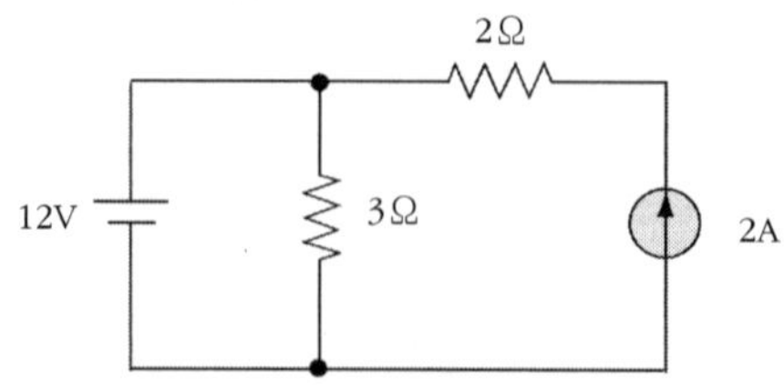

㉮ 12 ㉯ 24 ㉰ 36 ㉱ 48

---

* 정답 11 ㉯ 12 ㉮ 13 ㉯ 14 ㉱

3-15 그림 (a)는 노튼 등가회로이다. 그림 (b)와 같이 테브난 등가회로로 고치면 V_0와 R_0는?

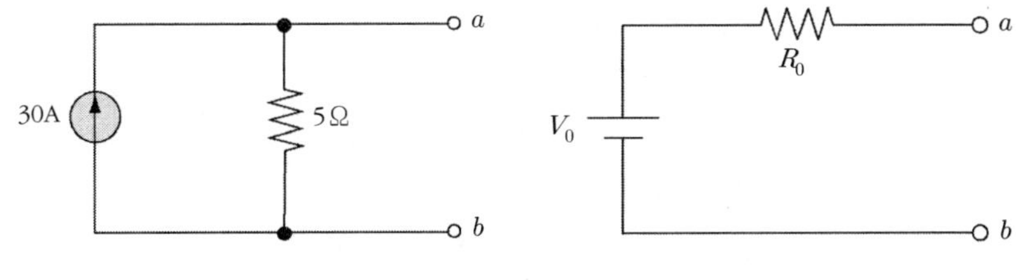

(a) (b)

㉮ 150[V], 5[Ω] ㉯ 150[V], 15[Ω]
㉰ 30[V], 5[Ω] ㉱ 6[V], 15[Ω]

3-16 그림과 같은 회로에서 테브난 등가회로의 개방전압과 등가저항 값은?

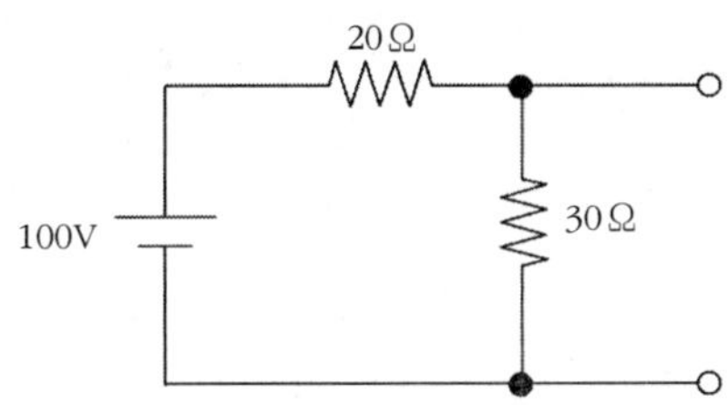

㉮ 50[V], 15[Ω] ㉯ 50[V], 25[Ω]
㉰ 60[V], 12[Ω] ㉱ 100[V], 24[Ω]

3-17 그림과 같은 회로에서 테브난 등가회로의 개방전압과 등가저항 값은?

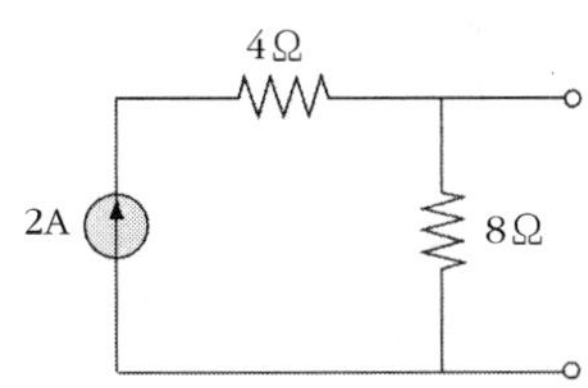

㉮ 8[V], 3[Ω] ㉯ 12[V], 6[Ω]
㉰ 16[V], 8[Ω] ㉱ 16[V], 12[Ω]

* 정답 15 ㉮ 16 ㉰ 17 ㉰

3-18 다음 회로의 테브난 등가회로는?

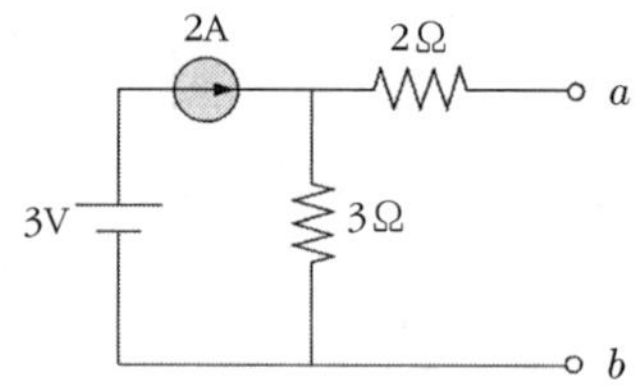

㉮
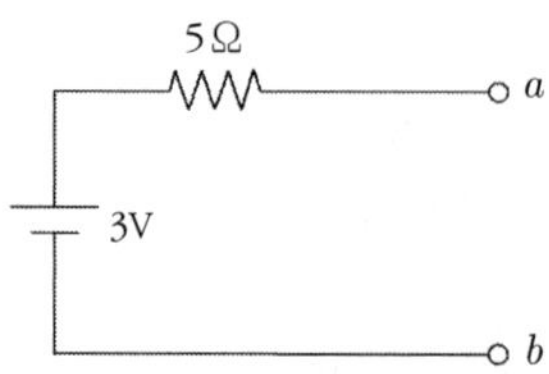

㉯
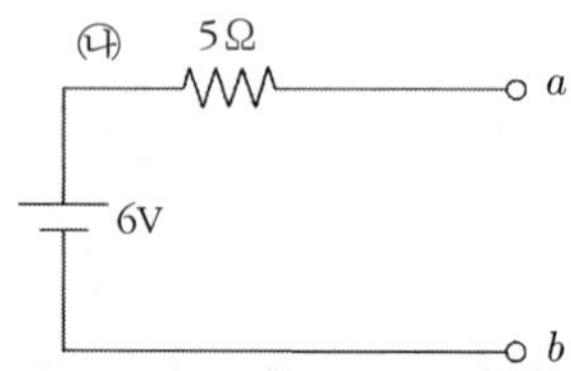

㉰
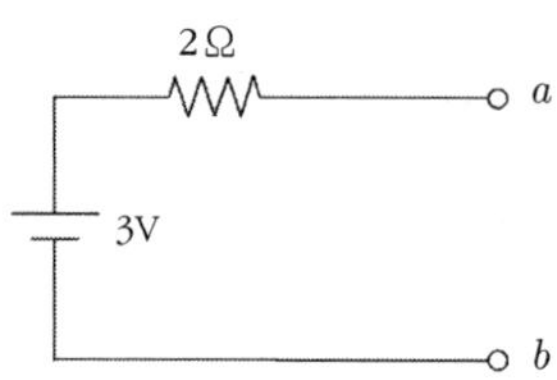

㉱
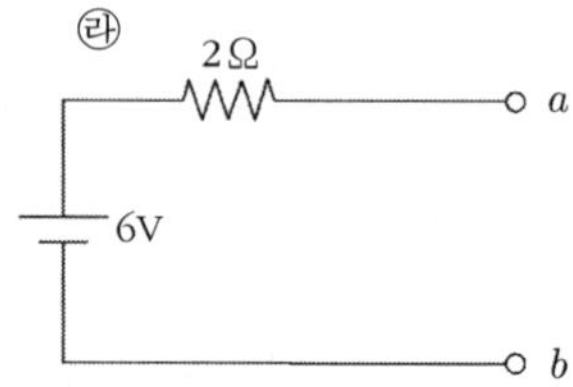

3-19 다음 회로의 테브난 등가회로는?

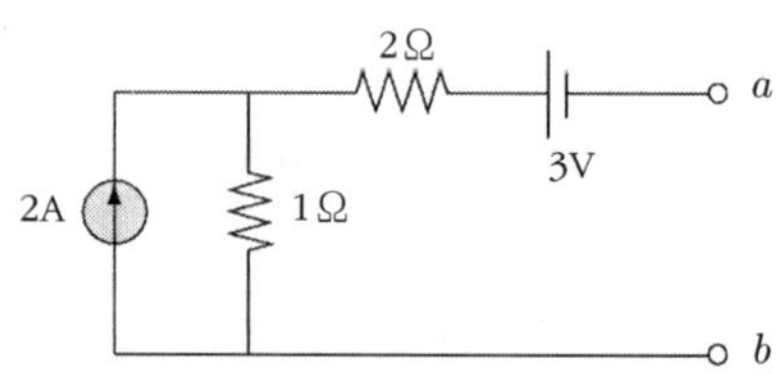

㉮
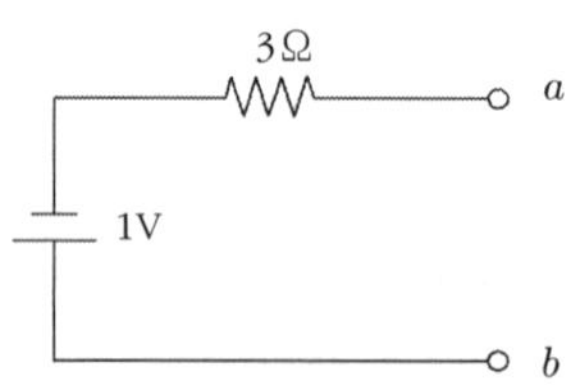

㉯
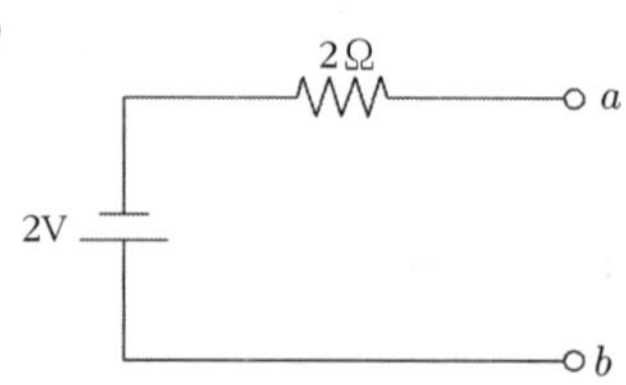

㉰
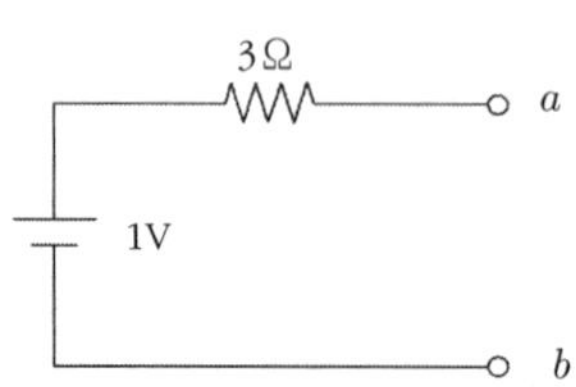

㉱
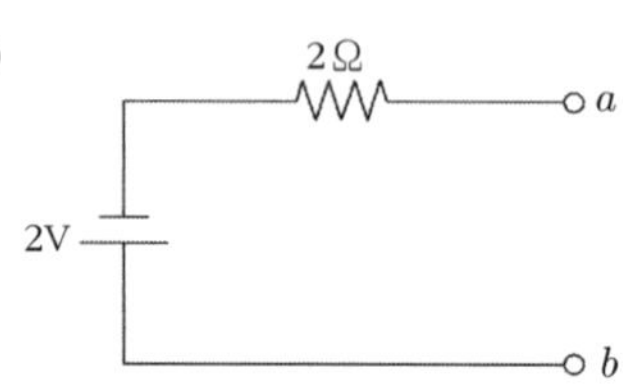

* 정답 18 ㉯ 19 ㉮

3-20 그림 (b)는 (a)의 테브난 등가회로일 때 V_0와 R_0의 값은?

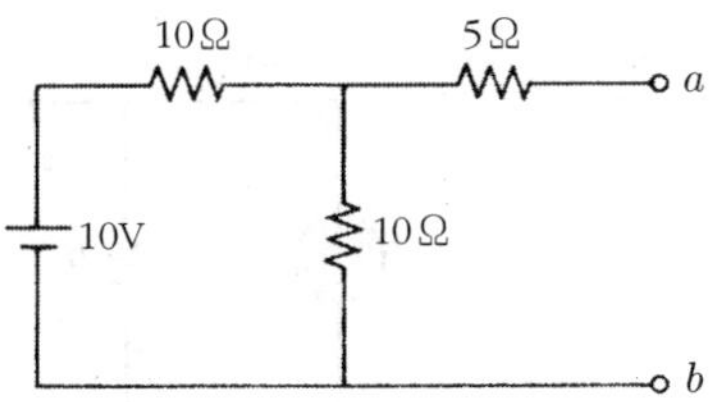

(a)

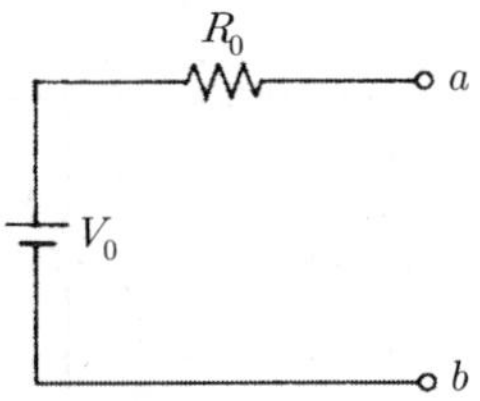

(b)

㉮ 2[V], 5[Ω]　　㉯ 5[V], 10[Ω]
㉰ 10[V], 15[Ω]　　㉱ 15[V], 5[Ω]

3-21 그림과 같은 회로에서 부하전류 I_L[A]은?

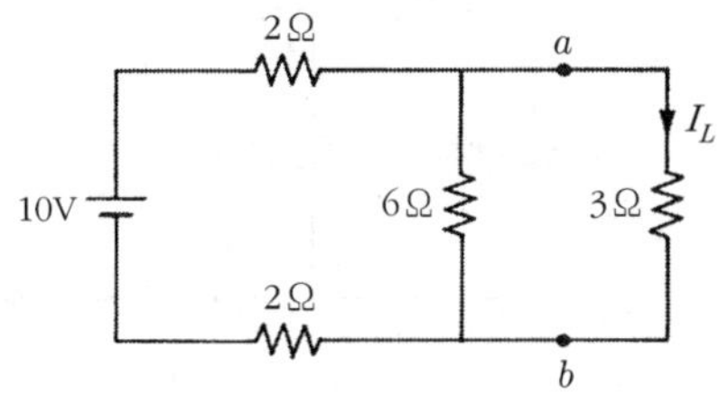

㉮ 1.11　　㉯ 2.23　　㉰ 4.51　　㉱ 8.02

3-22 그림과 같은 회로에서 노튼 등가회로의 단락전류와 등가저항 값은?

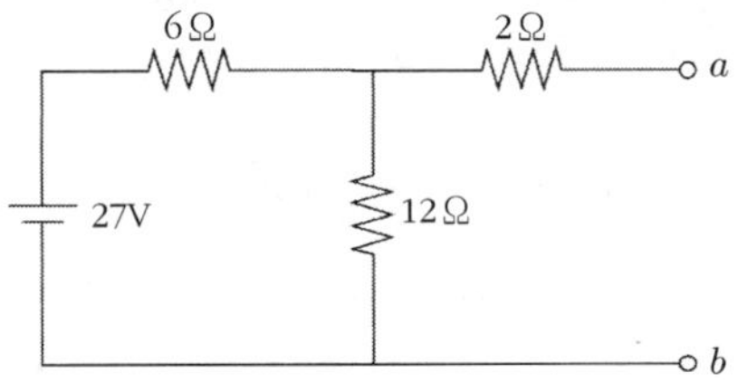

㉮ 2[A], 3[Ω]　　㉯ 4[A], 3[Ω]
㉰ 4[A], 5[Ω]　　㉱ 5[A], 4[Ω]

＊ 정답 20 ㉯ 21 ㉮ 22 ㉰

3-23 그림 (b)는 (a)의 노튼 등가회로일 때 I_0와 R_0의 값은?

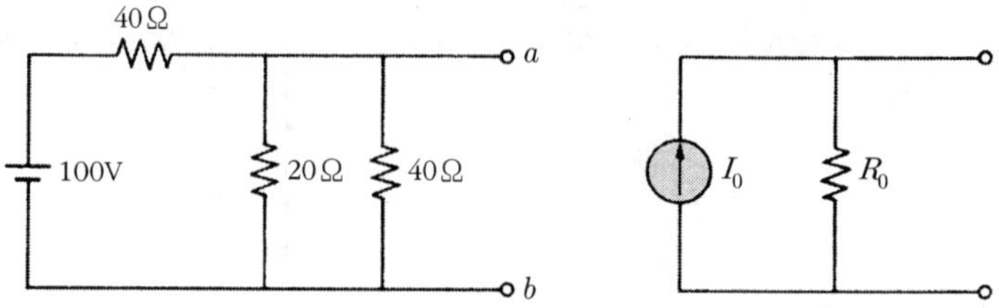

(a) (b)

㉮ 0.5[A], 5[Ω]　　　　㉯ 2[A], 10[Ω]

㉰ 4.5[A], 5[Ω]　　　　㉱ 2.5[A], 10[Ω]

3-24 그림과 같은 회로에서 부하저항 3[Ω]에 흐르는 전류 I_L[A]는?

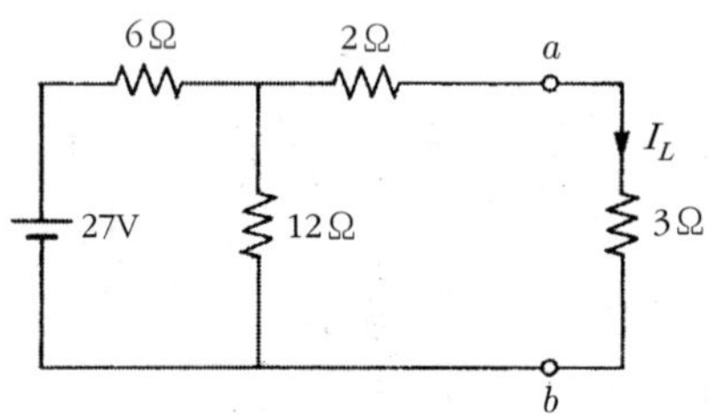

㉮ 2　　㉯ 4　　㉰ 6　　㉱ 12

3-25 그림에서 5[Ω]의 양단전압 V_{ab}[V]는?

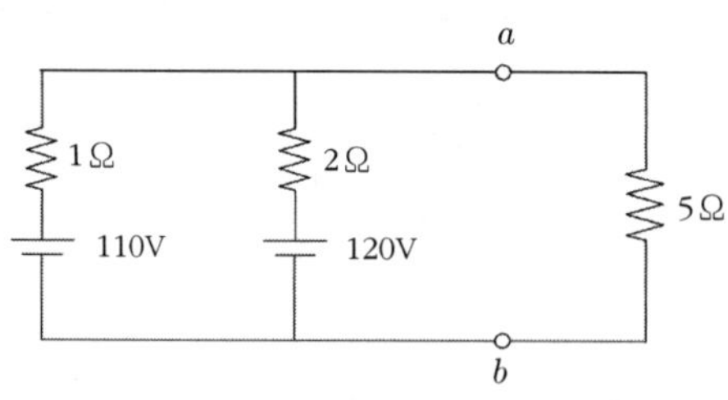

㉮ 85　　㉯ 90　　㉰ 100　　㉱ 105

＊ 정답 23 ㉱ 24 ㉮ 25 ㉰

3-26 그림에서 단자 $a-b$의 전압 V_{ab}[V]는?

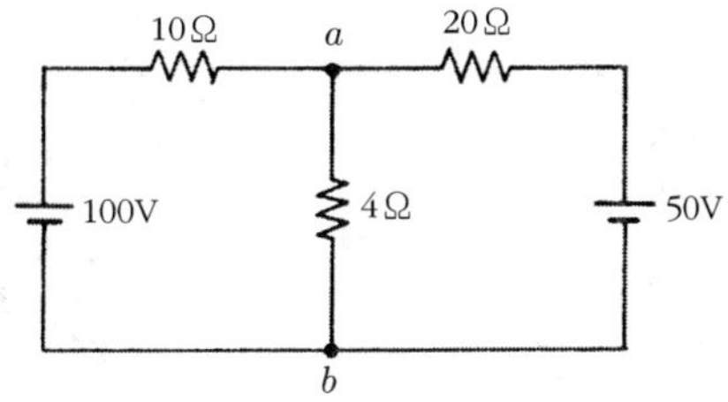

㉮ 0.25 ㉯ 17.23 ㉰ 23.05 ㉱ 31.25

3-27 12[V]의 축전지의 내부저항이 1[Ω]이다. 부하저항 R_L이 얼마일 때 최대전력이 공급되는가? 또 이때에 공급된 최대전력은?

㉮ 1[Ω], 18[W] ㉯ 1[Ω], 36[W]
㉰ 2[Ω], 35[W] ㉱ 2[Ω], 48[W]

3-28 그림에서 부하저항 R_L이 얼마일 때 R_L에 최대전력이 공급되는가? 또 이때에 공급된 최대전력은?

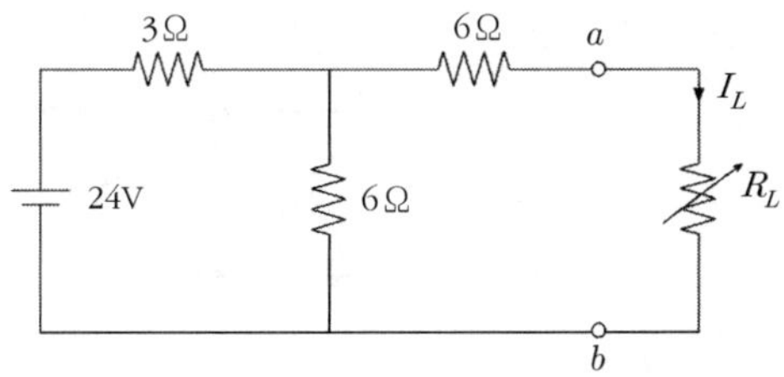

㉮ 4[Ω], 8[W] ㉯ 8[Ω], 8[W]
㉰ 8[Ω], 16[W] ㉱ 16[Ω], 16[W]

* 정답 26 ㉱ 27 ㉯ 28 ㉯

3-29 그림과 같은 Y결선 회로와 등가인 Δ결선 회로 각 부분의 저항[Ω]은?

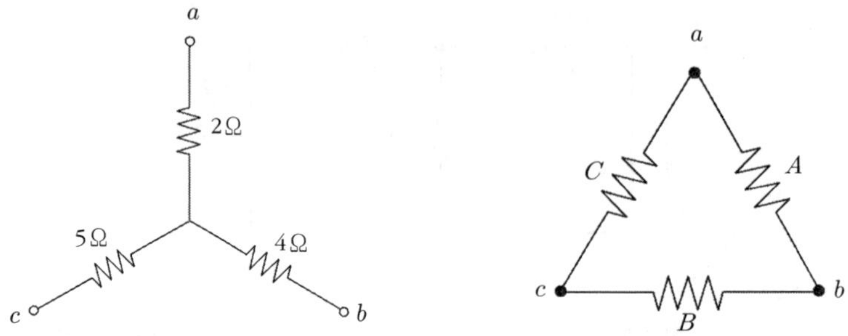

㉮ $A=\frac{8}{11}$, $B=\frac{10}{11}$, $C=\frac{20}{11}$ ㉯ $A=\frac{16}{7}$, $B=\frac{16}{9}$, $C=\frac{16}{11}$

㉰ $A=\frac{38}{2}$, $B=\frac{38}{4}$, $C=\frac{38}{5}$ ㉱ $A=\frac{38}{5}$, $B=\frac{38}{2}$, $C=\frac{38}{4}$

3-30 그림과 같은 브리지 회로에서 단자 $A-B$간의 합성저항 R_{AB}[Ω]는?

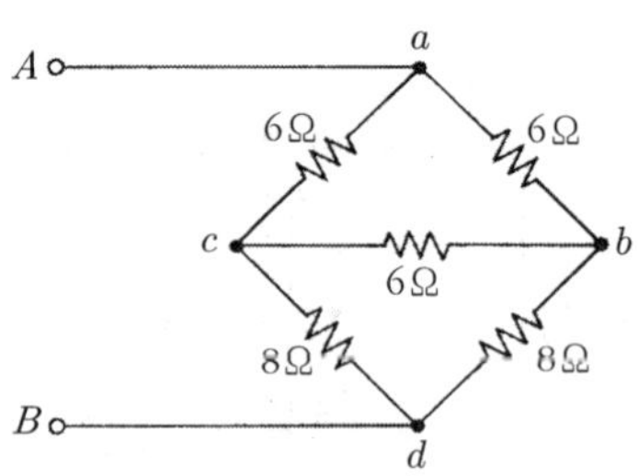

㉮ 2 ㉯ 5 ㉰ 7 ㉱ 14

3-31 그림과 같은 회로에서 망로전류 I_1, I_2를 망로해석법에 의해서 구하여라.

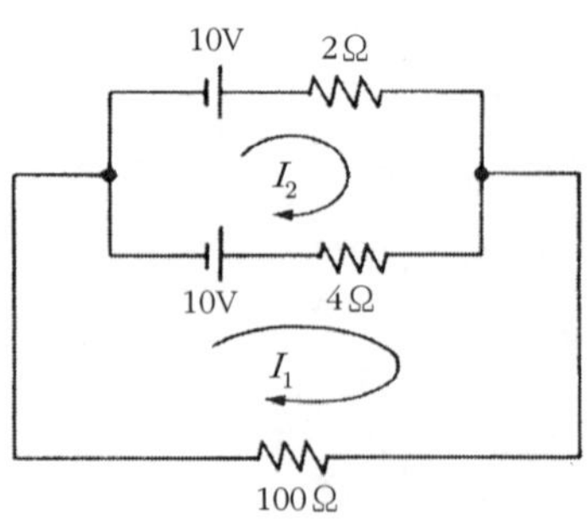

* 정답 29 ㉱ 30 ㉰ 31 $I_1=\frac{15}{152}$[A], $I_2=\frac{5}{76}$[A]

3-32 그림과 같은 회로에서 0점의 전위를 기준으로 하면 절점 1의 전위는 몇 [V]인가?

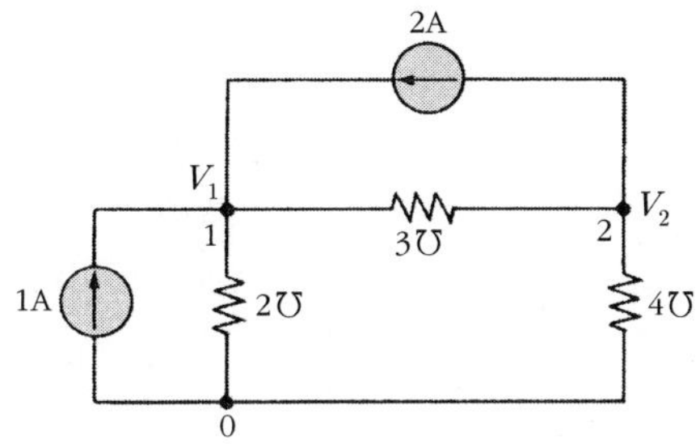

3-33 그림과 같은 브리지 회로에서 저항 0.2[Ω]에 흐르는 전류를 테브난의 정리에 의해서 구하여라.

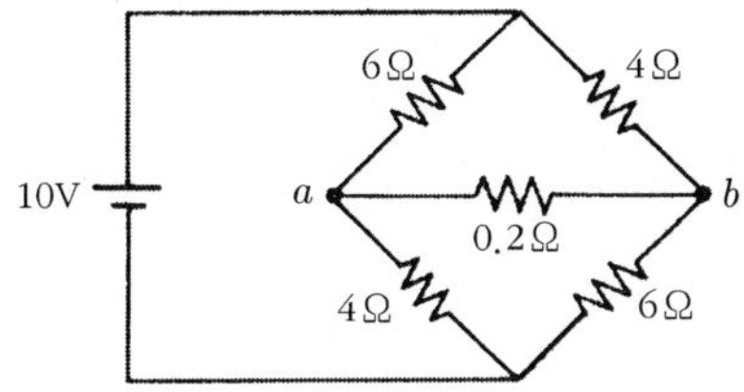

* 정답 32 $V_1 = \frac{15}{26}$[V] 33 I=0.4[A]

제4장

인덕턴스와 커패시턴스

지금까지는 저항회로에 관해서만 배웠다. 저항에서는 에너지 소비가 있지만, 또 다른 에너지 축적소자인 **유도기**와 **용량기**에서는 에너지의 소비는 없고 다만 전자기적 에너지의 축적만이 가능하고, 이 에너지는 외부로 도로 반환될 수 있다.

이 장에서는 유도기와 용량기에서의 전압, 전류의 관계식이 미분과 적분으로 표시되므로 먼저 미분적분의 의미를 알아보고, 미분을 이용한 전류, 전압 및 전력의 관계식과 회로정수인 **인덕턴스**와 **커패시턴스**에 관해서 그 정의와 성질을 배운다. 또 인덕턴스와 커패시턴스는 여러 가지 면에서 상반되는 **쌍대성**에 대해서도 알아본다.

4-1 미분과 적분의 의미

인덕턴스와 커패시턴스를 해석하는 데는 어쩔 수 없이 미분을 사용해야 한다. 다행스럽게도 일반수학에서와 달리 회로이론에서는 항상 시간에 대한 미분적분만을 필요로 하기 때문에 비교적 간단한 편이며, 대부분 함수를 시간에 대해서 한번만 미분하면 된다.

이제 미분에 대해서 알아보자.

어느 육상선수가 100[m]를 10[sec]에 뛰었다고 하자. 이 선수의 속도는 얼마나 될까? 간단히 이 사람의 속도 10[m/sec]로 할 수 있다. 그러나 일류선수라면 출발 초기의 속도가 가장 늦고 결승점에 가까워질수록 가속이 되어 결승점을 통과하는 속도가 최고일 것이다. 따라서 이 선수의 속도를 좀더 정확하게 구하려면 전체거리를 달리는 데 소요된 전체시간으로 구한 평균속도보다는 매 순간 움직인 거리로 구하는 것이 정확할 것이다. 즉, 이 선수가 s[m]를 뛰는 데 t[sec] 걸렸다면 **평균속도** $\bar{v}$ ($v$bar)는 다음 식으로 구할 수 있다.

$$\bar{v} = \frac{s}{t}\,[\text{m/sec}]$$

그러나, 정확한 속도는 매우 작은 순간인 dt[sec] 동안에 움직인 매우 작은 거리 ds[m]를 이용해서 구해야 한다. 따라서 이 경우의 **순간속도** 간단히 **속도** v[m/sec]는 다음과 같다. 이 식에서 사용한 d라는 문자는 매우 작다는 것을 나타내기 위하여 붙인 접두어라고 보자.

$$v = \frac{ds}{dt}\,[\text{m/sec}]$$

이 식을 수학적으로 해석하면 결국 s를 t에 대하여 미분한 것이며, 이 함수를 **도함수**라 하고 속도란 이동한 거리의 시간에 대한 **순간변화율** 간단히 **변화율**이라고 할 수 있다.

다음으로 적분에 대해서 알아보자.

어떤 물체가 시간 t[sec]에 따라 움직인 거리 s[m]가 $s = 2t$인 함수 관계일

때 이 물체의 속도는

$$v = \frac{ds}{dt} = 2[\mathrm{m/sec}]$$

반대로 $v = 2[\mathrm{m/sec}]$로 t초 동안 이동한 거리 s는 다음과 같이 나타내고 부정적분이라고 한다.

$$\int v dt = s + C = 2t + C$$

여기서, C는 임의의 상수값으로 **적분상수**라 한다.

또한, 부정적분에서 적분변수 t의 구간이 주어졌을 때 **정적분**이라 하고 다음과 같이 표시하고 계산된다.

$$\int_a^b v dt = [s]_a^b = [2t]_a^b = (2b) - (2a) = 2(b-a)$$

예제 4-1

[그림 4-1]은 직선상을 운동하는 7개의 서로 다른 물체의 시간대 위치를 그린 것이다. 다음 물음에 답하여라.

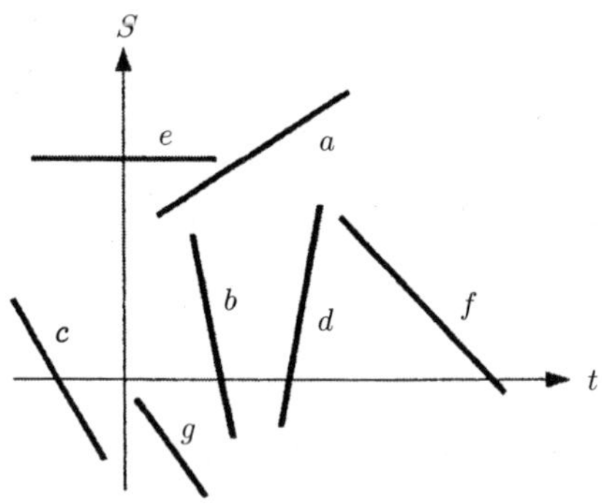

[그림 4-1]

① 그 물체 중 가장 빠른 속도로 전진하는 것은?
② 그 물체 중 가장 빠른 속도로 후진하는 것은?
③ 정지한 것은?
④ 빠르기 속도가 같은 것은?

■ **풀이** ■ ① 양(+)의 기울기는 시간에 대해서 거리가 증가하는 것을 의미하고 속도가 양임을 나타내고, 가장 빠른 속도로 전진하는 것은 양의 기울기가 가장 큰 $\boldsymbol{d}$이다.

② 음(−)의 기울기 중 가장 큰 $\boldsymbol{b}$이다.

③ 기울기가 0인 $\boldsymbol{e}$이다.

④ 기울기가 같은 $\boldsymbol{c}$와 $\boldsymbol{g}$이다.

예제 4-2

다음 함수의 그래프를 그리고 곡선 상의 몇 개의 점에서 그 점에 접하는 접선의 기울기에 따라 도함수의 그래프를 그려라.

① $y=|2x|$　　　　② $y=\sin x$

■ **풀이** ■ 주어진 함수와 그 함수의 도함수는 [그림 4-2]와 같다.

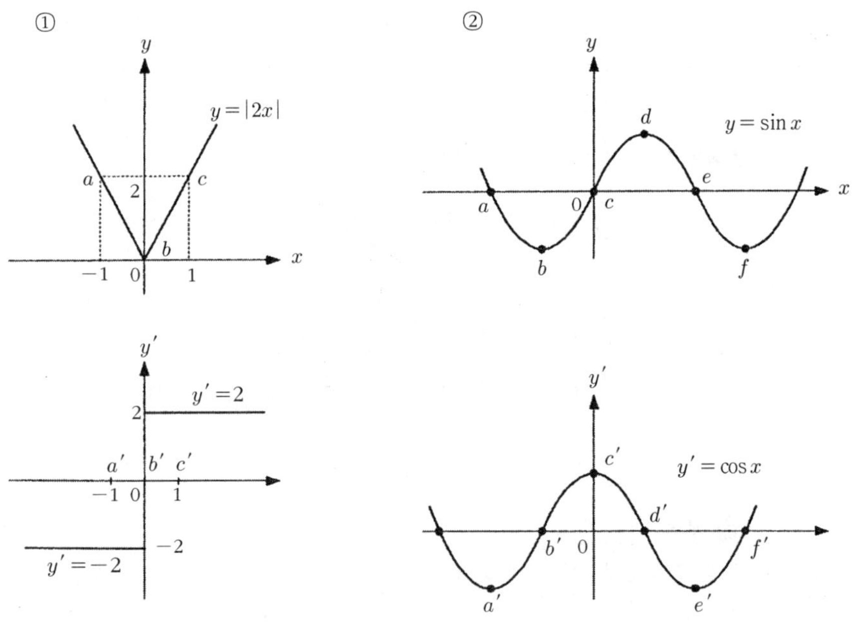

[그림 4-2]

예제 4-3

다음 함수의 시간에 대한 변화율, 즉 t 에 대한 1차 미분값을 구하여라.

① $f(t)=-2$　　　　② $f(t)=2t^2-3t+5$

③ $f(t)=5\sqrt{2}\sin\omega t$　　　　④ $f(t)=10\sqrt{2}\cos(5t+30°)$

■ **풀이** ■ ① -2는 상수이므로 시간에 대한 변화가 없다. 따라서

$$\frac{df(t)}{dt}=\frac{d}{dt}(-2)=\mathbf{0}$$

② $\frac{d}{dt}(2t^2-3t+5)=(2\times2)t^{2-1}-(3\times1)t^{1-1}+0=\mathbf{4t-3}$

③ $\frac{d}{dt}(5\sqrt{2}\sin\omega t)=\mathbf{5}\sqrt{2\omega}\cos\omega t$

④ $\frac{df(t)}{dt}=\mathbf{-50\sqrt{2}\sin(5t+30°)}$

예제 4-4

다음 함수의 원시함수, 즉 t에 대한 1차 부정적분값을 구하여라.

① $\int(-3)dt$　　　　② $\int(3t^2-2t+4)dt$

③ $\int 5\sin\omega t\,dt$　　　　④ $\int 10\sqrt{2}\cos(5t+30°)dt$

■ **풀이** ■ ① $\int(-3)dt=\mathbf{-3t}+c$

② $\int(3t^2-2t+4)dt=\frac{3}{2+1}t^{2+1}-\frac{2}{1+1}t^{1+1}+4t+c$

$$=\mathbf{t^3-t^2+4t}+c$$

③ $\int 5\sin\omega t dt=\mathbf{-\frac{5}{\omega}\cos\omega t}+c$

④ $\int 10\sqrt{2}\cos(5t+30°)dt=\mathbf{2\sqrt{2}\sin(5t+30°)}+c$

예제 4-5

다음 정적분의 값을 구하여라.

① $\int_1^3 3t^2dt$　　　　② $\int_0^{\frac{\pi}{4}}\cos2tdt$

■ **풀이** ■ ① $\int_1^3 3t^2dt=[t^3]_1^3=3^3-1^3=27-1=\mathbf{26}$

② $\int_0^{\frac{\pi}{4}}\cos2tdt=\frac{1}{2}[\sin2t]_0^{\frac{\pi}{4}}$

$$= \frac{1}{2}\left(\sin\frac{2\pi}{4} - \sin 0\right) = \frac{1}{2}(\sin 90° - \sin 0°)$$

$$= \frac{1}{2}(1-0) = \mathbf{\frac{1}{2}}$$

4-2 미분을 이용한 전류 및 전력의 정의

제1장에서 정의된 전류 및 전력의 정의는 직류 또는 일정하게 유지되는 값을 가진 회로에서는 언제나 적용될 수 있다. 그러나 그 값이 불규칙하게 변하는 경우에는 앞절에서와 같이 미소한 시간 사이의 변화량으로 새롭게 정의해야 한다.

따라서, 일정한 비율로 t초 동안에 Q[C]의 전하가 이동할 때의 전류 I는

$$I = \frac{Q}{t}\text{[A]}, \quad Q = It\ \text{[C]}$$

이지만 전하의 이동하는 비율이 시간에 따라 변한다면 각 순간의 전류 i는 전하 q의 시간적 변화율인 다음과 같은 미분으로 나타난다.

$$i = \frac{dq}{dt}\text{[A]} \tag{4-1}$$

또한 위 식의 양변을 적분하면 $q = \int i dt$이므로 t초 동안에 회로의 단면을 지나는 총 전하량은

$$q = \int_0^t i dt\text{[C]} \tag{4-2}$$

전력도 마찬가지로 에너지가 시간적으로 변할 때의 순시전력은

$$p = \frac{dw}{dt} = vi\text{[W]} \tag{4-3}$$

또한 위 식의 양변을 적분하면 $w = \int p dt$이므로 시간 $0 \sim t$ 사이에서의 에너

지, 즉 전력량 w는 다음과 같다.

$$w = \int_0^t p dt = \int_0^t vi dt [\mathrm{J}] \tag{4-4}$$

예제 4-6

$i = 2t^2 + 8t$[A]로 표시되는 전류가 도선 중을 3[s] 동안 흘렀을 때 통과한 총 전하량은 얼마인가?

■ **풀이** ■ $q = \int_0^t i dt = \int_0^3 (2t^2 + 8t) dt$

$$= \left[\frac{2}{3}t^3 + 4t^2\right]_0^3 = \left(\frac{2}{3} \times 3^3 + 4 \times 3^2\right) - (0) = \mathbf{54}[\mathrm{C}]$$

4-3 인덕턴스

[그림 4-3]과 같이 종이에 도선을 통과시키고 그 주위에 철가루를 뿌린 다음 스위치를 닫으면 철가루는 도선을 중심으로 하여 전류와 직각방향으로 동심원의 분포를 이룬다. 다음 스위치를 열면 철가루는 동시에 흩어지는 현상을 볼 수 있다. 또 여기에 자침을 접근시키면 일정한 방향을 가리키고 정지한다.

그러나 전류의 방향을 바꾸면 자침의 방향도 바뀐다. 이 실험에서 전류는 **자력**(magnetic force)을 발생시키고 있다는 것을 알 수 있는데, 이러한 현상은 덴마크의 물리학자 **오르스테드**(Oersted ; 1777~1851)에 의해서 발견된 것으로 전류의 **자기작용**이라고 한다.

전류에 의해서 나오는 **자력선**(line of magnetic force)은 [그림 4-4]와 같이 언제나 오른나사가 들어가는 방향으로 전류가 흐르면 오른나사가 돌아가는 방향으로 자력선이 발생되어 나온다. 즉 전류가 들어갈 때는 시계방향으로 자력선이 발생하고, 전류가 나올 때는 시계 반대방향으로 자력선이 발생한다. 이것을 **오른나사의 법칙**이라 한다.

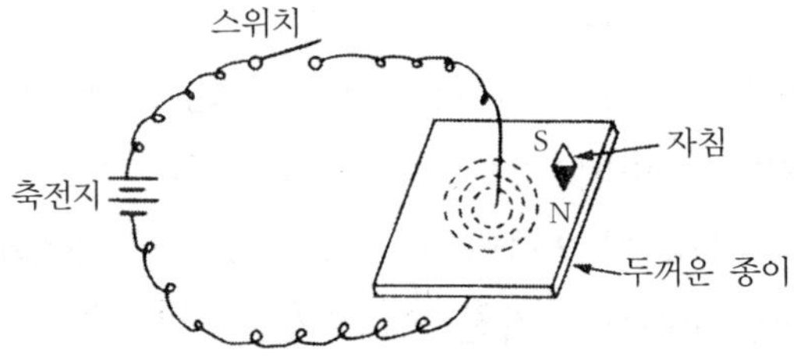

[그림 4-3] 도선의 자력

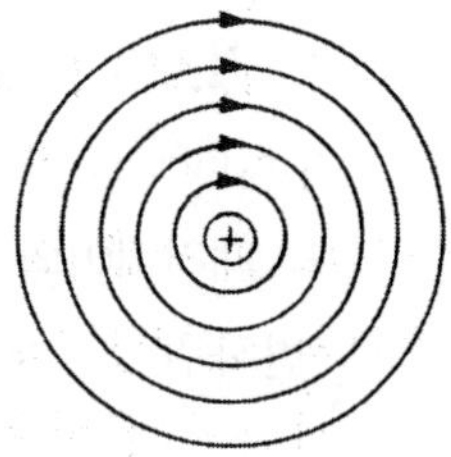

[그림 4-4] 전류의 방향과 자력선의 방향

어떤 단면을 통하는 자력선을 한 묶음하여 **자속**(magnetic flux)이라 하며, 자속의 단위는 **웨버**(weber[Wb])이다. 이것은 독일의 물리학자 **웨버**(Weber ; 1804 ~1891)의 이름에서 딴 것이다.

전류에 의해서 생기는 자속은 반드시 폐회로를 이루며, 또 전류와 쇄교(link)한다. 자속이 전류와 쇄교하는 수를 **자속쇄교수**(number of flux linkage)라 하고, 그 단위는 **웨버-턴**[Weber-turn ; Wb-T]이다.

코일의 권수 n, 자속을 ϕ라고 하면 자속쇄교수 λ는

$$\lambda = n\phi[\text{Wb-T}] \tag{4-5}$$

또한 회로의 전류와 이로 인하여 생기는 자속쇄교수 λ는 [그림 4-5]와 같이 직선적으로 변할 때

$$\lambda = Li[\text{Wb-T}] \tag{4-6}$$

여기서 L은 비례계수로서 직선의 기울기이고, 코일의 **자기 인덕턴스**(self inductance) 또는 단순히 **인덕턴스**(inductance)라고 하며, 단위는 **헨리**(Henry[H])이다. 이것은 미국의 물리학자 **헨리**(Henry ; 1797~1878)의 이름에서 따온 것이다.

식 (4-1)과 (4-2)로부터

$$L = \frac{\lambda}{i} = \frac{n\phi}{i}\ [\text{H}] \tag{4-7}$$

와 같이 단위전류에 의한 자속쇄교수로서 1[H]는 1[A]의 전류에 의하여 생기는

자속쇄교수가 1[Wb-T]일 때의 인덕턴스이다.

전기적 성질이 주로 인덕턴스인 구체적 실물을 **유도기**(誘導器), **인덕터**(inductor) 또는 속칭 **코일**(coil)이라고 한다.

패러데이의 법칙(Faraday's law)에 의하면 한 회로에 있어서 자속쇄교수 λ가 변하면 그 시간적 변화율에 비례하는 기전력이 유기된다. 즉

$$v = \frac{d\lambda}{dt}[\mathrm{V}] \tag{4-8}$$

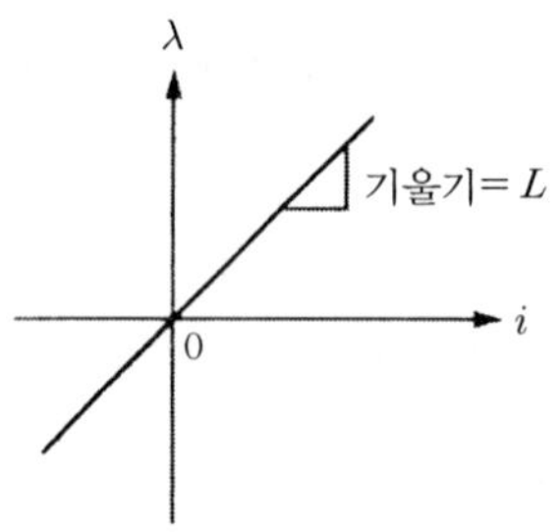

[그림 4-5] $i - \lambda$의 변환

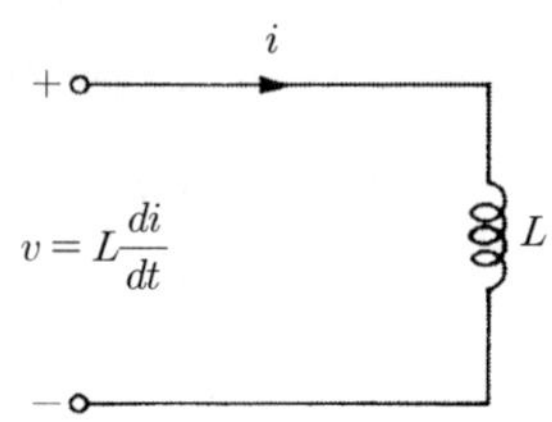

[그림 4-6] 인덕턴스의 전압-전류 극성

이 기전력을 **유기기전력**(induced emf) 또는 **유기전압**(induced voltage)이라 한다. 식 (4-6)을 식 (4-8)에 대입하면

$$v = L\frac{di}{dt}[\mathrm{V}] \tag{4-9}$$

여기서 L은 코일에서 단자전압이 전류의 시간적 변화율에 비례함을 알 수 있으며, 이 비례계수가 곧 인덕턴스라고도 말할 수 있다.

식 (4-9)에서 L을 흐르는 전류가 시간적으로 불변(DC)일 때는 $v = 0$이 된다. 즉 코일은 직류전류에 대해 단락회로처럼 동작한다. 따라서 전류의 순간적인 변화는 코일의 양쪽 단자 사이에 무한대의 전압을 유기시킨다. 이것은 코일에서 무한대의 전력이 필요하다는 것을 의미하므로 실제로는 불가능하다.

[그림 4-6]에 코일에 흐르는 전류의 방향으로 생기는 전압강하를 그렸는데, 만일 v, i 중 어느 한쪽의 방향을 반대로 한다면 식 (4-9)는 부(−)의 기호를 붙여야 한다. 식 (4-9)를 시간에 관해서 적분하고 전류를 구하면 다음과 같다.

$$i = \frac{1}{L}\int vdt[\mathrm{A}] \tag{4-10}$$

단, 초기값 $i(0) = 0$, 즉 $t = 0$에서 $i = 0$인 경우이다.

예제 4-7

5[A]의 전류에 의해서 생기는 자속쇄교수 λ가 20[Wb-T]일 때 이 소자의 자기 인덕턴스는 몇 [H]인가?

■ **풀이** ■ $L = \frac{\lambda}{i} = \frac{20}{5} = \mathbf{4}[\mathrm{H}]$

예제 4-8

인덕턴스 L[H]인 인덕터에 $i(t) = \sqrt{2}I\sin\omega t$[A]가 흐른다면 인덕터의 양단에 유기되는 기전력[V]은 얼마인가?

■ **풀이** ■ $v(t) = L\frac{di(t)}{dt} = L\frac{d}{dt}(\sqrt{2}I\sin\omega t)$

$= \sqrt{2}\,\omega LI\cos\omega t[\mathrm{V}]$

예제 4-9

인덕턴스가 10[H]인 무손실 코일에 [그림 4-7]과 같은 전류가 흐를 때 코일 양단에 전류의 방향으로 생기는 전압강하를 구하고, 또 그래프를 그려라.

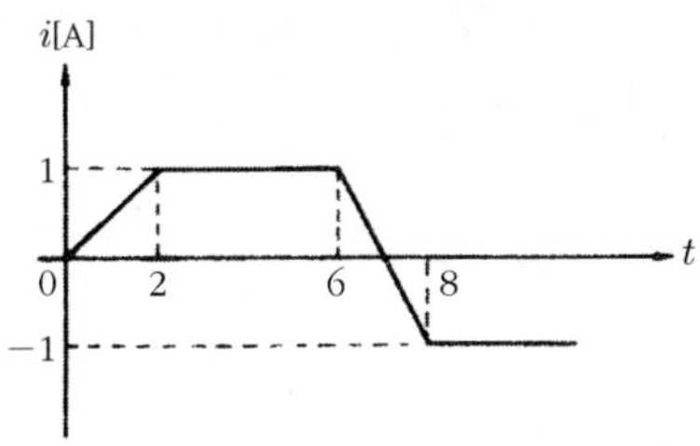

[그림 4-7]

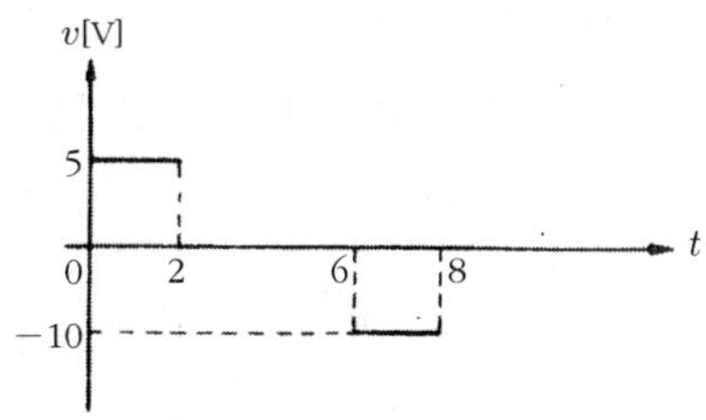

[그림 4-8]

■ **풀이** ■ 유기전압은 $v = L\frac{di}{dt}$ 에서

$$0 < t < 2 \ : v = L\frac{di}{dt} = 10 \times \frac{1}{2} = 5[V]$$

$$2 < t < 6 \ : v = L\frac{di}{dt} = 10 \times 0 = 0[V]$$

$$6 < t < 8 \ : v = L\frac{di}{dt} = 10 \times (-1) = -10[V]$$

$$8 < t \ : v = L\frac{di}{dt} = 10 \times 0 = 0[V]$$

따라서 그래프는 [그림 4-8]과 같다.

4-4 커패시턴스

절연체를 사이에 두고 두 도체간에 전위차가 존재하면 [그림 4-9]와 같이 전위가 높은 도체에 (+)의 전하가 전위가 낮은 도체에 같은 양의 (−)의 전하를 축적된다. 이때 축적되는 전위와 전위차가 직선적으로 비례하는 범위에서는

$$q = Cv \ [C] \tag{4-11}$$

가 성립되고, 여기서 C는 비례계수이며 두 도체간의 **커패시턴스**(capacitance)라 하며, 단위는 **패러드**(Farad [F])이다. 이것은 영국의 물리학자 **패러데이**(Faraday ; 1791～1867)의 이름에서 따온 것이다. 1[F]는 1[V]의 전위차에 의하여 1[C]의 전하가 축적될 때의 커패시턴스이다.

[F]는 너무 크므로 실용단위로 보통

$$1\ [\mu F] = 10^{-6}\ [F]$$
$$1\ [\mu\mu F] = 1\ [pF] = 10^{-12}\ [F]$$

인 축소 단위를 쓴다.

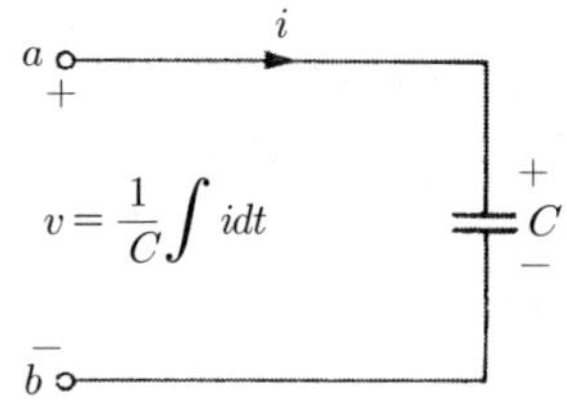

[그림 4-9] 커패시턴스의 전압-전류 극성

식 (4-11)에 $q = \int idt$를 대입하고 정리하면

$$\int idt = Cv$$

$$v = \frac{1}{C}\int idt \text{ [V]} \tag{4-12}$$

단 초기값 $v(0) = 0$, 즉 $t = 0$에서 $v = 0$인 경우이다.

위 식의 양변을 시간에 대해서 미분하면

$$i = C\frac{dv}{dt} \text{ [A]} \tag{4-13}$$

이것이 축적되는 전하가 전압에 비례하는 소자에서의 단자전류의 단자전압과의 관계이며, 전류가 전압의 시간적 변화율에 비례함을 알 수 있다. 그 비례계수가 곧 소자의 커패시턴스이다.

C에 걸리는 전압이 시간적으로 불변(DC)일 때에는 식 (4-13)에 의하여 $i = 0$이므로 C는 개방(open) 상태가 된다.

전기적 성질이 주로 커패시턴스인 구체적 실물을 **용량기**(容量器), **커패시터**(capacitor) 또는 속칭 **콘덴서**(condenser)라고 한다.

예제 4-10

1[μF]의 콘덴서에 100[V]의 직류전압을 인가하면 충전되는 전하량은 얼마인가?

■ **풀이** ■ $Q = CV = 1 \times 10^{-6} \times 100 = \mathbf{10^{-4}}$[C]

예제 4-11

$C = 50$ [μF]인 커패시터에 $v(t) = 5e^{-2t}$ [V]인 전압이 인가된다면 커패시터에 흐르는 전류는 얼마인가?

■ **풀이** ■ $i = C\dfrac{dv}{dt}$ 로부터

$$i(t) = 50 \times 10^{-6} \times \frac{d}{dt}(5e^{-2t})$$

$$= 50 \times 10^{-6} \times (-10)e^{-2t} = \mathbf{-5 \times 10^{-4}e^{-2t}} \text{ [A]}$$

예제 4-12

[그림 4-9]에서 커패시턴스가 10[μF]이고 콘덴서에서의 전압강하가 [그림 4-10]과 같다고 할 때 전압강하 방향으로 흐르는 전류를 구하고, 또 그래프를 그려라.

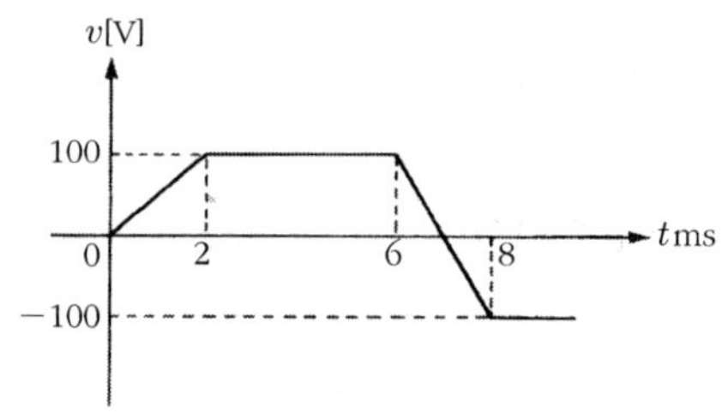

[그림 4-10]

■ **풀이** ■ 전류는 $i = C\dfrac{dv}{dt}$ 로부터

$0 < t < 2$: $i = 10 \times 10^{-6} \times 50 \times 10^3 = \mathbf{0.5}$ [A]

$2 < t < 6$: $i = 10 \times 10^{-6} \times 0 = \mathbf{0}$

$6 < t < 8$: $i = 10 \times 10^{-6} \times (-100) \times 10^3 = \mathbf{-1}$ [A]

$8 < t$: $i = 10 \times 10^{-6} \times 0 = \mathbf{0}$

그래프는 [그림 4-11]과 같다.

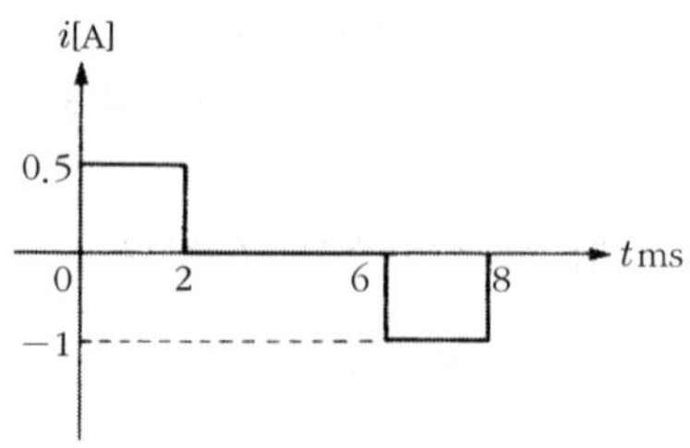

[그림 4-11]

4-5 인덕턴스 및 커패시턴스의 접속

(1) 인덕턴스의 접속

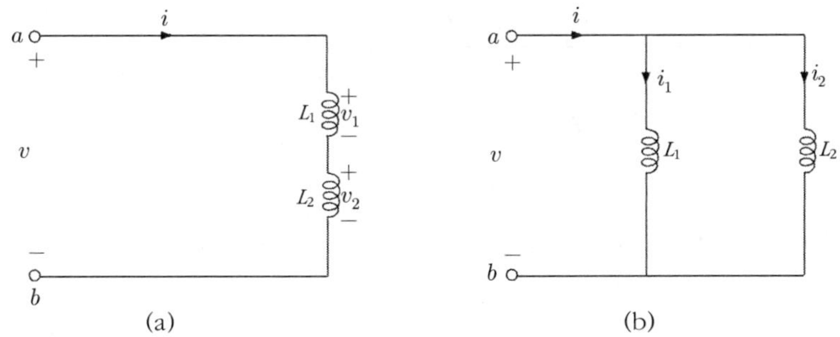

[그림 4-12] 인덕턴스의 직렬접속과 병렬접속

[그림 4-12](a)와 같이 인덕턴스를 직렬접속한 회로에서 단자 $a-b$의 전압 v는

$$v = v_1 + v_2$$
$$= L_1\frac{di}{dt} + L_2\frac{di}{dt} = (L_1 + L_2)\frac{di}{dt}$$

따라서 합성 인덕턴스를 L_0이라고 하면 $v = L_0\frac{di}{dt}$에서

$$L_0 = L_1 + L_2$$

일반적으로 n개의 인덕턴스가 직렬접속된 경우는

$$L_0 = L_1 + L_2 + \cdots + L_n = \sum_{k=1}^{n} \qquad (4\text{-}14)$$

또한 [그림 4-12](b)와 같이 인덕턴스를 병렬접속한 회로에서 단자 $a-b$에 흐르는 전류 I는

$$i = i_1 + i_2$$
$$= \frac{1}{L_1}\int vdt + \frac{1}{L_2}\int vdt = \left(\frac{1}{L_1} + \frac{1}{L_2}\right)\int vdt$$

따라서 합성 인덕턴스를 L_0이라고 하면 $i = \frac{1}{L_0}\int vdt$

$$\frac{1}{L_0} = \frac{1}{L_1} + \frac{1}{L_2} = \frac{L_1 + L_2}{L_1 L_2}$$

$$\therefore L_0 = \frac{L_1 \cdot L_2}{L_1 + L_2} \tag{4-15}$$

일반적으로 n개의 인덕턴스가 병렬접속된 경우는

$$\frac{1}{L_0} = \frac{1}{L_1} + \frac{1}{L_2} + \cdots + \frac{1}{L_n} = \sum_{k=0}^{n}\frac{1}{L_k}$$

$$\therefore L_0 = \frac{1}{\sum_{k=0}^{n}\frac{1}{L_k}} \tag{4-16}$$

(2) 커패시턴스의 접속

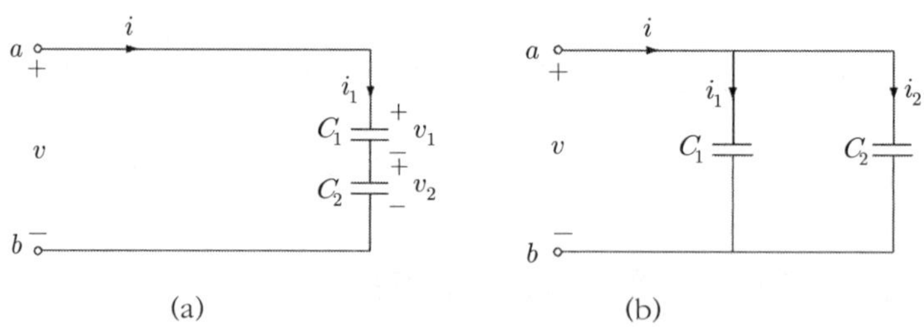

[그림 4-13] 커패시턴스의 직렬접속과 병렬접속

[그림 4-13](a)처럼 커패시턴스를 직렬접속한 회로에서 단자 $a-b$의 전압 v는

$$v = v_1 + v_2 = \frac{1}{C_1}\int idt + \frac{1}{C_2}\int idt = \left(\frac{1}{C_1} + \frac{1}{C_2}\right)\int idt$$

따라서 합성 커패시턴스를 C_0이라고 하면 $v = \frac{1}{C_0}\int i dt$에서

$$\frac{1}{C_0} = \frac{1}{C_1} + \frac{1}{C_2} = \frac{C_1 + C_2}{C_1 \cdot C_2}$$

$$\therefore C_0 = \frac{C_1 \cdot C_2}{C_1 + C_2} \tag{4-17}$$

일반적으로 n개의 커패시턴스가 직렬접속된 경우는

$$\frac{1}{C_0} = \frac{1}{C_1} + \frac{1}{C_2} + \cdots + \frac{1}{C_n} = \sum_{k=0}^{n} \frac{1}{C_k}$$

$$\therefore C_0 = \frac{1}{\sum_{k=0}^{n} \frac{1}{C_k}} \tag{4-18}$$

또한 [그림 4-13](b)와 같이 커패시턴스를 병렬접속한 회로에서 단자 $a-b$를 흐르는 전류 i는

$$i = i_1 + i_2 = C_1 \frac{dv}{dt} + C_2 \frac{dv}{dt} = (C_1 + C_2)\frac{dv}{dt}$$

따라서 합성 커패시턴스를 C_0이라고 하면 $i = C_0 \frac{dv}{dt}$에서

$$C_0 = C_1 + C_2$$

일반적으로 n개의 커패시턴스가 병렬접속된 경우는 다음과 같다.

$$C_0 = C_1 + C_2 + \cdots + C_n = \sum_{k=0}^{n} C_k \tag{4-19}$$

예제 4-13

1[H], 2[H], 3[H]인 3개의 인덕턴스가 직렬연결일 때와 병렬연결일 때의 등가 인덕턴스를 각각 구하여라.

■ **풀이** ■ 직렬연결일 때 등가 인덕턴스는

$$L_0 = 1 + 2 + 3 = \mathbf{6}\ [\mathrm{H}]$$

병렬연결일 때 등가 인덕턴스는

$$L_0 = \frac{1}{\frac{1}{1}+\frac{1}{2}+\frac{1}{3}} = \mathbf{\frac{6}{11}}\,[\mathrm{H}]$$

예제 4-14

1[μF], 2[μF], 3[μF]인 3개의 커패시턴스가 직렬연결일 때와 병렬연결일 때의 등가 커패시턴스를 각각 구하여라.

■ **풀이** ■ 직렬연결일 때 등가 커패시턴스는

$$C_0 = \frac{1}{\frac{1}{1}+\frac{1}{2}+\frac{1}{3}} = \mathbf{\frac{6}{11}}\,[\mu\mathrm{F}]$$

병렬연결일 때 등가 커패시턴스는

$$C_0 = 1 + 2 + 3 = \mathbf{6}\,[\mu\mathrm{F}]$$

4-6 쌍 대 성

앞 절에서 배운 인덕터와 커패시터의 L과 C에 관계되는 여러 식에는 밀접한 대응관계가 있음을 알았다. 즉

$$\left.\begin{aligned} \lambda &= Li \Leftrightarrow q = Cv \\ v &= L\frac{di}{dt} \Leftrightarrow i = C\frac{dv}{dt} \end{aligned}\right\} \qquad (4\text{-}20)$$

이들 식을 비교하면 λ와 q, v와 i, L과 C를 서로 바꾸어주면 형태가 같은 방정식이 됨을 알 수 있다.

[그림 4-14](a)와 같은 $R-L-C$ 직렬회로에 스위치 S를 닫아 전압전원 v_g를 인가할 때 각 소자에 공통으로 흐르는 전류를 i라 하면 KVL에 의하여

$$v_g = v_R + v_L + v_C = Ri + L\frac{di}{dt} + \frac{1}{C}\int idt \qquad (4\text{-}21)$$

또 [그림 4-14](b)와 같은 $G-C-L$병렬회로에서 스위치 S를 열어 전류전원 i_g를 인가할 때 각 소자에 공통으로 걸리는 전압을 v라 하면 KCL에 의하여

$$i_g = i_G + i_C + i_L = Gv + C\frac{dv}{dt} + \frac{1}{L}\int vdt \qquad (4\text{-}22)$$

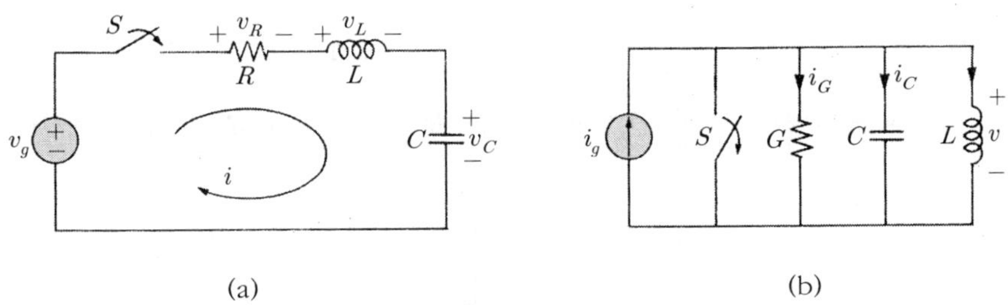

[그림 4-14] 쌍대적 회로

식 (4-21)과 (4-22)를 비교하면 서로 방정식 형태가 같으며, 〈표 4-1〉과 같은 대응관계가 있음을 알 수 있다.

〈표 4-1〉 쌍대적인 양

v	i	자기에너지	정전에너지
R	G	전압전원	전류전원
L	C	직렬회로	병렬회로
λ	q	단락회로	개방회로
KCL	KVL	테브난의정리	노튼의 정리

이와같이 대응관계에 주목한다면 [그림 4-14](a), (b)의 두 회로를 별도로 취급할 필요가 없고, 한쪽 회로에 대한 해석결과에서 대응관계가 있는 양으로 바꾸어놓으면 다른 쪽 회로에 대한 해석결과가 얻어진다.

이와 같은 대응관계의 유사성을 회로의 **쌍대성**(duality)이라고 한다. 또 식 (4-21)과 (4-22)는 쌍대적인 방정식, [그림 4-14](a)와 (b)는 **쌍대회로**라고 한다. 그러나 쌍대회로가 서로 등가회로라는 것은 절대로 아니다.

예제 4-15

[그림 4-15]와 같은 회로의 쌍대회로를 그려라.

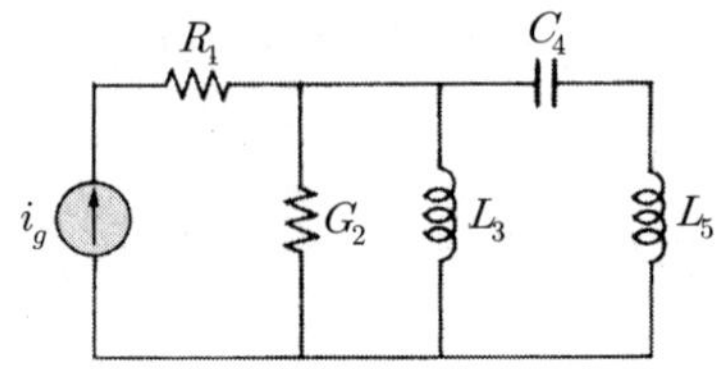

[그림 4-15]

■ **풀이** ■ 서로 쌍대적인 양으로 바꾸어놓으면 [그림 4-16]과 같은 쌍대회로가 구성된다.

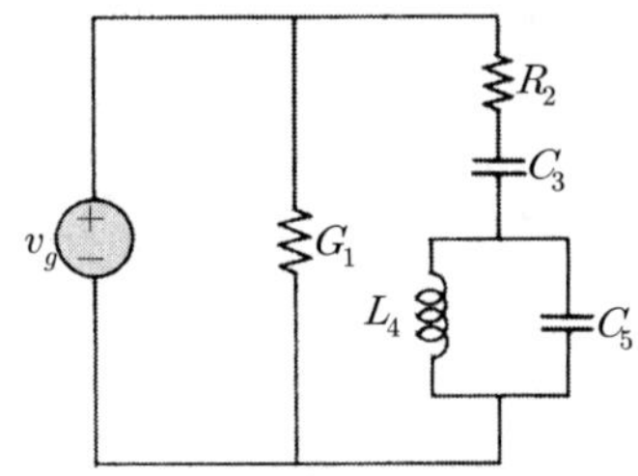

[그림 4-16]

연습문제

4-1 어떤 코일에 흐르는 전류가 0.01[S] 사이에 일정하게 50[A]에서 10[A]로 변할 때 20[V]의 유기전압이 발생한다고 하면 이 코일의 인덕턴스[mH]는?

㉮ 5　　㉯ 40　　㉰ 50　　㉱ 80

4-2 30[mH]인 코일에 흐르는 전류를 20[mA/ms]의 비율로 증가시킬 때 코일 양단에 나타나는 전압의 크기[V]는?

㉮ 0.3　　㉯ 0.6　　㉰ 6　　㉱ 60

4-3 L=10[mH]인 인덕턴스에 직류전류 5[mA]가 흐를 때 L의 단자 전압[V]은?

㉮ 0.1　　㉯ 0　　㉰ 2　　㉱ 10

4-4 인덕턴스가 5[H]인 인덕터에 $i(t) = 3t^2 + 7$[A]의 전류가 흐를 때에 인덕터에서 유기되는 전압[V]은?

㉮ $10t$　　㉯ $30t$　　㉰ $40t$　　㉱ $60t$

4-5 L=2[H]인 인덕턴스에 $i(t) = 20e^{-2t}$[A]의 전류가 흐를 때 L의 단자전압[V]은?

㉮ $40e^{-2t}$　　㉯ $-40e^{-2t}$　　㉰ $80e^{-2t}$　　㉱ $-80e^{-2t}$

4-6 $i = 3t^2 + 2t$[A]로 표시되는 전류가 도선 중을 3초간 흐를 때 총 전하량[C]은?

㉮ 6　　㉯ 16　　㉰ 36　　㉱ 68

4-7 인덕턴스 L에서 급격히 변할 수 없는 것은?

㉮ 전압　　㉯ 전류　　㉰ 전압과 전류　　㉱ 정답이 없다

---

* 정답　1 ㉮　2 ㉯　3 ㉯　4 ㉯　5 ㉱　6 ㉰　7 ㉯

4-8 커패시턴스 C에서 급격히 변할 수 없는 것은?

㉮ 전류 ㉯ 전압 ㉰ 전압과 전류 ㉱ 전류가 없다

4-9 100[μF]인 콘덴서의 양단에 전압을 30[V/ms]의 비율로 변화시킬 때 콘덴서에 흐르는 전류의 크기[A]는?

㉮ 0.03 ㉯ 0.3 ㉰ 3 ㉱ 30

4-10 정전용량 C[F]의 회로에 기전력 $e = E_m \text{Sin}\omega t$ [V]를 인가할 때 흐르는 전류 i[A]는?

㉮ $\frac{E_m}{\omega C}\cos(\omega t + 90°)$ ㉯ $\frac{E_m}{\omega C}\sin(\omega t - 90°)$

㉰ $\omega CE_m \cos(\omega t - 90°)$ ㉱ $\omega CE_m \sin(\omega t + 90°)$

4-11 0.1[μF]인 콘덴서에 $v = 2\sin 2\pi 100t$의 전압을 인가했을 때 $t=0$에서 전류[mA]는?

㉮ 0 ㉯ 0.01 ㉰ 0.126 ㉱ 0.327

4-12 $t=0$에서의 초기전압이 10[V], 0.5[F]인 커패시턴스가 있다.
지금 이 커패스턴스에 10sinωt인 전류원을 인가할 때 시간 t에서의 단자전압[V]은?

㉮ $0.5\int_0^t 10\sin\omega t dt + 10$ ㉯ $\frac{1}{0.5\omega} \times 10$

㉰ $\frac{1}{0.5}\int_0^t 10\sin\omega t dt + 10$ ㉱ $0.5\frac{d}{dt}(10\sin\omega t) + 10$

4-13 2[mH]와 3[mH]의 두 인덕턴스가 직렬연결인 경우와 병렬연결인 경우의 합성 인덕턴스 [mA]는?

㉮ 직렬=5, 병렬=1,2 ㉯ 직렬=1.2, 병렬=5

㉰ 직렬=0.8, 병렬=5 ㉱ 직렬=5, 병렬=0.8

4-14 정전용량이 같은 2개의 커패시터를 병렬로 연결했을 때의 합성용량은 직렬로 연결했을 때의 합성용량의 몇 배인가?

㉮ 2 ㉯ 4 ㉰ 6 ㉱ 10

* 정답 8 ㉯ 9 ㉰ 10 ㉱ 11 ㉰ 12 ㉰ 13 ㉮ 14 ㉯

4-15 그림과 같은 파형의 전류가 2[H]의 인덕터에 흐를 때 인덕터 양단의 전압파형을 그려라.

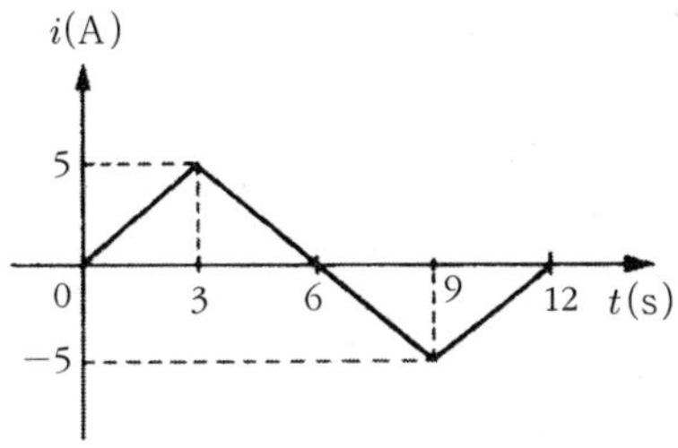

4-16 그림과 같은 회로에서 합성 커패시턴스 C_0와 각 커패시터에 축적되는 전하 Q_1, Q_2를 구하여라.

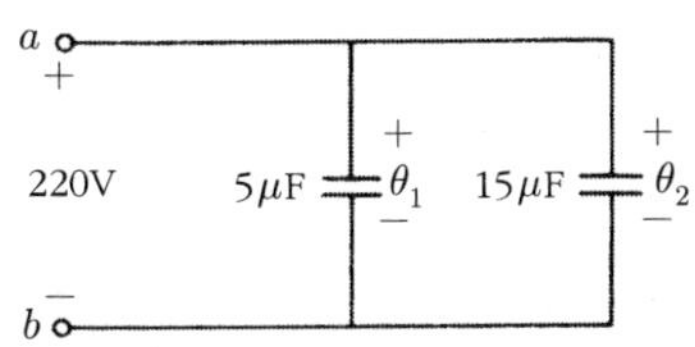

4-17 그림과 같은 회로의 쌍대회로를 그려라.

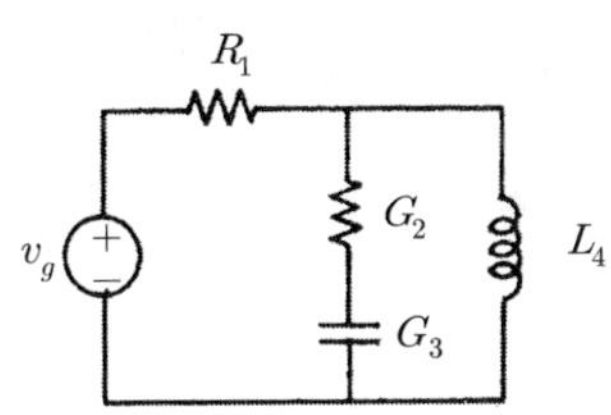

*** 정답** *15* 풀이 참조 *16* $C_0=20[\mu F]$, $Q_1=1100[\mu C]$, $Q_2=3300[\mu C]$ *17* 풀이 참조

제5장

정현파 교류의 기초

건전지를 사용하는 소형 전자기기나 컴퓨터 등의 내부 신호원을 제외한 대부분의 전자기기는 그 에너지원으로 파형이 시간에 따라 정현(sine) 또는 여현(cosine)적으로 변하는 **정현파**(sinusoidal wave), 즉 **사인파**(sine wave) 전압을 사용하는데, 우리가 일상생활에서 주로 사용하는 사용 전압파형은 대표적인 정현파이다.

비정현파(non-sinusoidal wave)를 적당한 방법으로 분석해 보면 몇 개의 정현파 성분들의 합으로 나타낼 수 있으므로 전기, 전자 및 통신 공학 분야에서 중요시되고 있다.

이 장에서는 전기회로에서 주로 취급되는 정현파 교류에 대한 기본 용어를 정의하고, 정현파 전압이 저항소자, 인덕턴스 소자 및 커패시터 소자에 인가될 경우 달라지는 전압과 전류관계를 다룬다.

5-1 호도법

각의 크기를 나타내는 데 있어서 일상생활에서 널리 사용되는 10°, 20°와 같이 직각을 90등분하여 1등분을 1°(1도)로 측정한 60분법과 이론적인 면에서 주로 사용되는 호도법이 있다.

[그림 5-1]에서 같이 반지름 r인 원호 위에 길이 r인 호 AB를 잡을 때 ∠AOB는 반지름의 길이 r과 상관없이 항상 일정하게 된다.

이와같이 반지름 r과 호 AB의 길이가 같을 때 ∠AOB의 크기를 **1호도** 또는 **1라디안**(radian)이라 하고, 기호로는 1[rad]로 표시하며 이것을 단위로 하는 각의 측정법을 **호도법**이라 한다.

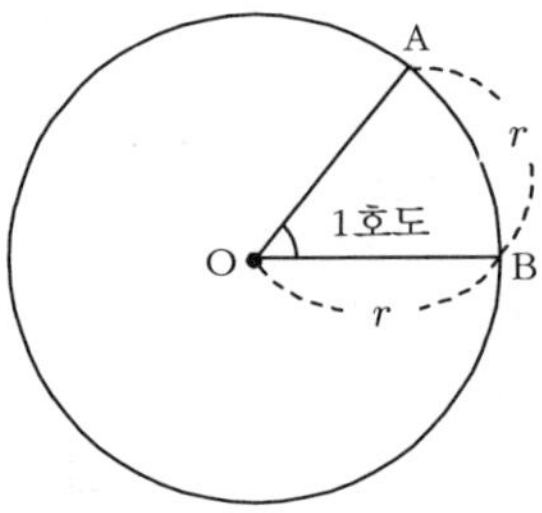

[그림 5-1] 호도법

반지름 r인 원에서 원둘레는 $2\pi r$이고, 이것은 반지름 r의 2π배이므로

$$2\pi[\text{rad}] = 360°$$

$$\therefore \boldsymbol{\pi[\text{rad}] = 180°} \qquad (5\text{-}1)$$

따라서

$$1[\text{rad}] = \frac{180°}{\pi} \fallingdotseq 57°17'45''$$

$$\therefore\ 1° = \frac{\pi}{180°} \fallingdotseq\ 0.0175[\text{rad}]$$

위의 관계로부터 60분법의 $\alpha°$와 호도법의 $\theta[\text{rad}]$ 사이에는 다음과 같은 관계식이 성립한다.

$$\theta = \alpha \left(\frac{\pi}{180} \right) \text{[rad]} \tag{5-2}$$

$$\alpha = \theta \left(\frac{180}{\pi} \right) \text{[도]} \tag{5-3}$$

예제 5-1

[그림 5-2]에서 (　　) 안을 알맞게 채워라.

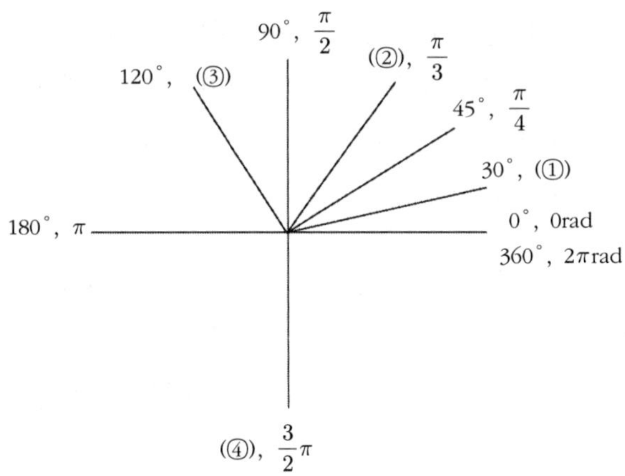

[그림 5-2]

■ **풀이** ■ ① $180° : 30° = \pi : ①$이므로 $① = \dfrac{30° \times \pi}{180°} = \boldsymbol{\dfrac{\pi}{6}}$

② $\pi : \dfrac{\pi}{3} = 180 : ②$이므로 $② = 180° \times \dfrac{\pi}{3} \times \dfrac{1}{\pi} = 60°$

③ $120° \times \dfrac{\pi}{180°} = \boldsymbol{\dfrac{2}{3}\pi}$

④ $\dfrac{3}{2}\pi \times \dfrac{180°}{\pi} = \mathbf{270°}$

예제 5-2

[그림 5-3]과 같은 삼각함수의 그래프를 보고 Ⅰ, Ⅱ, Ⅲ 및 Ⅳ사분면에서 함수값의 부호를 나타내어라.

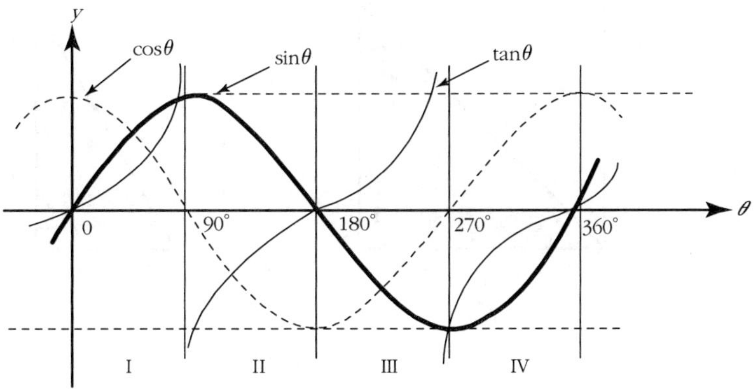

[그림 5-3]

■ 풀이 ■

각 사분면에서의 부호는 다음과 같다.

<table>
<tr><td></td><td colspan="2" align="center">90°</td><td></td><td></td><td colspan="2" align="center">90°</td><td></td></tr>
<tr><td></td><td>II
$\sin\theta$
$\cos\theta$
$\tan\theta$</td><td>I
$\sin\theta(+)$
$\cos\theta(+)$
$\tan\theta(+)$</td><td></td><td></td><td>sin만
(+)</td><td>all
(+)</td><td></td></tr>
<tr><td>180°</td><td></td><td></td><td>0° ⇒</td><td>180°</td><td></td><td></td><td>0°</td></tr>
<tr><td></td><td>III
$\tan\theta(+)$
$\sin\theta(-)$
$\cos\theta(-)$</td><td>IV
$\cos\theta(+)$
$\sin\theta(+)$
$\tan\theta(+)$</td><td></td><td></td><td>tan만
(+)</td><td>cos만
(+)</td><td></td></tr>
<tr><td></td><td colspan="2" align="center">270°</td><td></td><td></td><td colspan="2" align="center">270°</td><td></td></tr>
</table>

예제 5-3

[그림 5-4]와 같은 정사각형과 정삼각형에서 빗면 $\overline{AB}$ 와 높이 $\overline{BC}$ 를 구하고 30°, 45°, 60°의 삼각비를 구하여라.

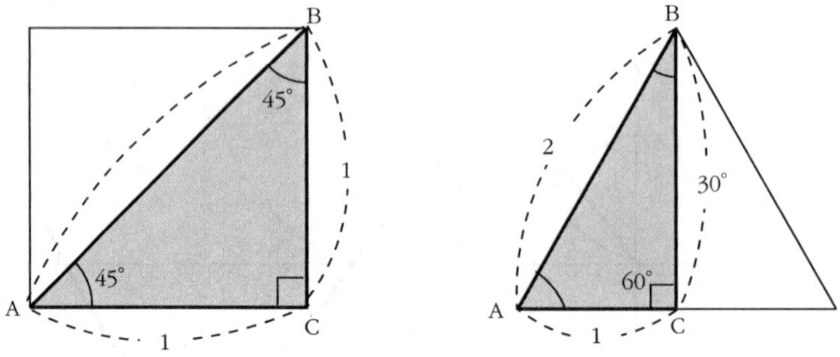

(a) (b)

[그림 5-4]

■ **풀이** ■ 직각삼각형에서 직각을 낀 두 변의 길이의 제곱의 합은 빗변의 제곱과 같다는 피타고라스의 정리를 적용하면 [그림 5-4](a)에서

$$1^2+1^2=\overline{AB}^2$$

$$\therefore \overline{AB}=\sqrt{2}$$

[그림 5-4](b)에서

$$1^2+\overline{BC}^2=2^2,\ \overline{BC}^2=2^2-1=3$$

$$\therefore \overline{BC}=\sqrt{3}$$

삼각비는 정의에 의해서

$$\sin 45° = \frac{높이}{빗변} = \frac{\overline{BC}}{\overline{AB}} = \frac{1}{\sqrt{2}}$$

$$\cos 45° = \frac{밑변}{빗변} = \frac{\overline{AC}}{\overline{AB}} = \frac{1}{\sqrt{2}}$$

$$\tan 45° = \frac{높이}{밑변} = \frac{\overline{BC}}{\overline{AC}} = \frac{1}{1} = 1$$

$$\sin 30° = \frac{1}{2},\ \sin 60° = \frac{\sqrt{3}}{2}$$

$$\cos 30° = \frac{\sqrt{3}}{2},\ \cos 60° = \frac{1}{2}$$

$$\tan 30° = \frac{1}{\sqrt{3}},\ \tan 60° = \sqrt{3}$$

이상의 예제들을 살펴보면 〈표 5-1〉과 같은 특수각의 삼각비를 알 수 있으며,

이들은 자주 사용되므로 꼭 암기하고 있어야 한다.

〈표 5-1〉 특수각의 삼각비

삼각비 \ θ	0°	30°	45°	60°	90°
sin	0	$\frac{1}{2}$	$\frac{1}{\sqrt{2}}$	$\frac{\sqrt{3}}{2}$	1
cos	1	$\frac{\sqrt{3}}{2}$	$\frac{1}{\sqrt{2}}$	$\frac{1}{2}$	0
tan	0	$\frac{1}{\sqrt{3}}$	1	$\sqrt{3}$	∞

5-2 정현파의 순시값

교류발전기에 의해서 발생되는 교류전압은 [그림 5-5]와 같이 시간에 따라 정현(sine)곡선으로 변하는 파형으로 다음과 같이 표현할 수 있다.

$$v = V_m \sin\omega t \ [\mathrm{V}] \tag{5-4}$$

여기서 v는 각 순간에서의 전압값이므로 전압의 **순시값**(instaneous value)이라고 하며, V_m은 전압의 **최대값**(maximum value) 또는 **진폭**(amplitude)이라고 한다. 이 정현파는 하나의 **주기파**(periodic wave)이며 주기파는 파형이 정(+), 부(−)의 변화를 완전히 하여 처음 상태로 돌아갈 때까지의 변화를 1사이클(cycle)이라고 한다.

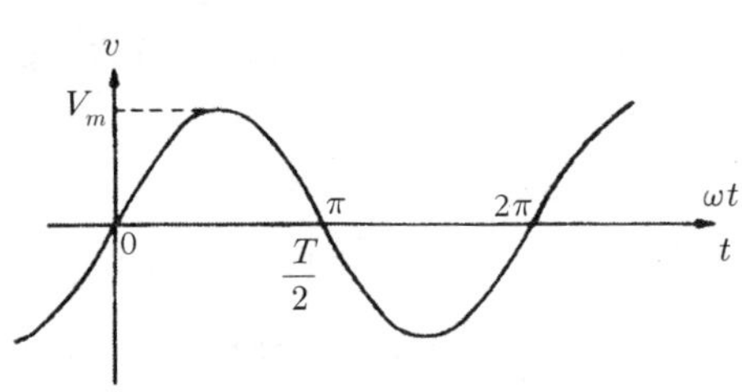

[그림 5-5] 정현파 전압

1초 동안에 포함되는 사이클의 수를 **주파수**(frequency)라 하고, 단위는 독일의 물리학자 이름에서 따온 **헤르츠**(Hertz)이며, 기호는 [Hz]를 사용한다. 또한 1사이클이 변하는 데 요하는 시간을 **주기**(period)라고 하며, T로 표시할 때 주파수 f와의 관계는 다음과 같다.

$$T = \frac{1}{f}\ [\text{sec}],\ f = \frac{1}{T}\ [\text{Hz}] \tag{5-5}$$

식 (5-5)에서 ωt는 [radian]으로 표시되는 각이며, 이를 **전기각**(electric angle)이라고 한다.

또한 ω는 1초 동안의 각의 증가를 나타내며, 이것을 **각속도**(angular velocity) 또는 **각주파수**(angular frequency)라 하며, 그 단위는 [rad/ sec]이다.

따라서 각주파수 ω는

$$\omega = 2\pi f = \frac{2\pi}{T}\ [\text{rad/sec}] \tag{5-6}$$

의 관계가 있으며 정현파의 표시식은

$$v = V_m \sin\omega t = V_m \sin 2\pi f t\ [\text{V}]$$

등 여러 가지로 쓸 수 있다.

[그림 5-5]와 같이 정현파를 그래프로 나타낼 때 유의해야 할 것은 가로축의 변수가 시간 t인가 또는 전기각 ωt인가를 명확히 구별해야 한다는 점이다.

참고로 우리나라의 상용 전력주파수는 대개 60[Hz]이고, 일본·독일 등은 50[Hz]를 사용하고 있다.

예제 5-4

상용주파수 60[Hz]에 대해 주기 T, 각속도 ω, 파장 λ를 구하여라.

■ **풀이** ■ $T = \frac{1}{f} = \frac{1}{60} = \mathbf{0.017}[\text{sec}]$

$\omega = 2\pi f = 2 \times 3.14 \times 60 = \mathbf{377}[\text{rad/sec}]$

$\lambda = \frac{c}{f} = \frac{3 \times 10^8}{60} = 5 \times 10^6[\text{m}] = \mathbf{5 \times 10^3}[\text{km}]$

예제 5-5

$v = 100\sin 100\pi t$[V]인 전압의 최대값, 주파수, 주기를 구하여라.

■ 풀이 ■ 최대값 V_m, 주파수 f, 주기 T라 하면

$$V_m = \mathbf{100}[\mathrm{V}], \quad \omega = 2\pi f = 100\pi$$

$$\therefore\ f = \frac{100}{2\pi} = \mathbf{50}[\mathrm{Hz}]$$

$$T = \frac{1}{f} = \frac{1}{50} = \mathbf{0.02}[\mathrm{sec}]$$

예제 5-6

$v(t) = 300\sin 100\pi t$[V]로 표시되는 정현파 전압이 있다. 이 정현파에서 $t = \frac{1}{300}$ 초인 순간의 전압을 구하여라.

■ 풀이 ■ $t = \frac{1}{300}$ 인 순시전압은

$$v = 300\sin\left(100\pi \times \frac{1}{300}\right) = 300\sin\frac{\pi}{3}$$

$$= 300 \times \frac{\sqrt{3}}{2} = 150\sqrt{3} = 150 \times 1.732 = 259.8[\mathrm{V}]$$

5-3 위상과 위상차

회로를 해석하는 경우 하나의 교류만 다루는 것이 아니라, 2개 이상의 교류를 동시에 다루어야 할 때가 많다. 이 교류들이 동일한 파형으로 동일한 속도로 변화한다고 할 때 이 변화의 시작점은 대개 교류값이 0인 점으로 선정하는데, 교류들에 따라 시간적으로 서로 다를 경우가 많다. 이와같이 주파수가 동일한 2개 이상의 교류 사이의 시간적인 차이를 나타내는 데는 시간으로 표시해도 되지만, 회전각과 시간 사이에는 $\theta = \omega t$ [rad]의 관계가 있기 때문에 보통 위상인 각도로 표시한다.

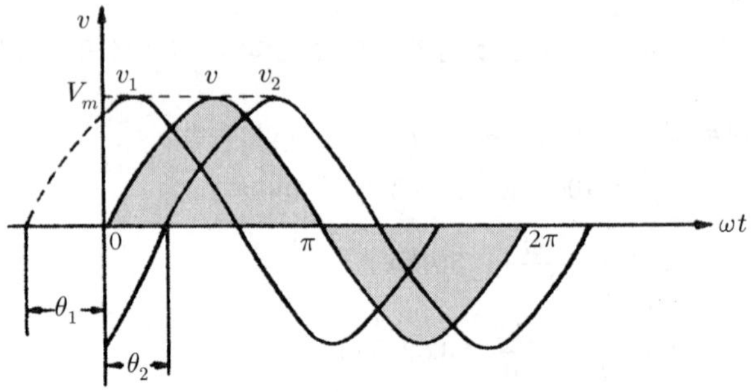

[그림 5-6] 위상차

정현파 전압의 순시값 식이 $v = V_m \sin\omega t$는 시간의 기점을 전압의 값이 0에서 정(+)으로 되는 순간을 잡은 것이다. 그러나 [그림 5-6]과 같이 일반적인 시간 기점을 잡을 때에는

$$v_1 = V_m \sin(\omega t + \theta_1)$$
$$v_2 = V_m \sin(\omega t + \theta_2)$$

와 같이 표시할 수 있으며 보다 일반적으로 나타낼 때의 순시값 식은

$$v = V_m \sin(\omega t + \theta) \tag{5-7}$$

여기서 θ를 **위상**(phase) 또는 **위상각**(phase angle)이라고 한다.

또 [그림 5-6]에서 v의 위상을 기준으로 할 때 v_1의 위상은 v의 위상보다 θ_1만큼 **앞선다**(lead)라 하고, v_2의 위상은 v의 위상보다 θ_2만큼 **늦다**(lag)라고 한다.

최대값에는 관계없이 위상이 일치하면 **동상**(in phase)이라 하고, 위상이 다르다면 **위상차**(phase difference) 또는 단순히 **상차**가 있다고 한다. 물론 동일한 주파수의 정현파에 대해서만 상차를 말할 수 있다.

예제 5-7

다음의 전류 i는 전압 v보다 몇 도 앞서 있는가, 또는 뒤져 있는가?

$v = V_m \sin(\omega t + 30°)$ [V]

$i = I_m \sin(\omega t - 30°)$ [A]

■ **풀이** ■ 전압을 기준으로 하면 전압과 전류의 위상차 θ는

$\theta = 30° - (-30°) = \mathbf{60°}$

따라서 전류는 전압보다 위상이 60°만큼 뒤진다.

5-4 평균값과 실효값

정현파 교류의 크기를 나타낼 때 순시값과 최대값만으로는 불충분하므로 그 크기를 나타내는 방법으로 평균값과 실효값 등을 사용한다.

(1) 평균값

주기파의 **평균값**(mean value)은 다음과 같으며, 여기서 T는 주기이다.

$$I_{\mathrm{av}} = \frac{1}{T}\int_0^t i\,dt \tag{5-8}$$

[그림 5-7]과 같은 대칭파의 1주기간의 평균은 (+), (−)의 위 · 아래가 같은 모양을 하고 있으므로 1주기간의 평균값은 0이다. 따라서 이때에는 반주기 평균값으로 정의한다. 즉 다음과 같다.

$$I_{\mathrm{ha}} = \frac{1}{\frac{T}{2}}\int_0^{T/2} i\,dt = \frac{1}{\pi}\int_0^{\pi} i\,d\omega t \tag{5-9}$$

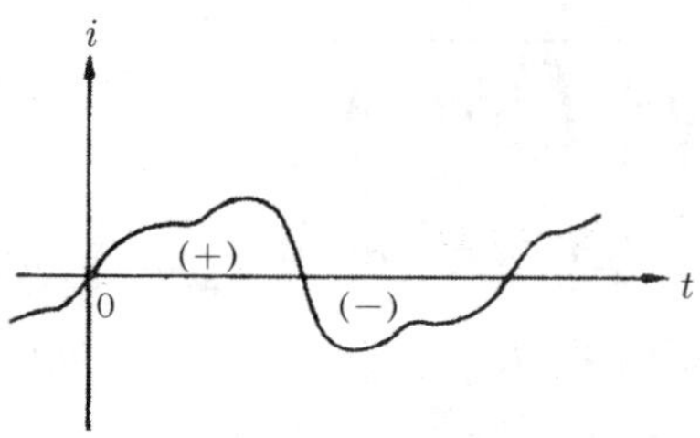

[그림 5-7] 대칭파

따라서 $i = I_m \sin \omega t$인 정현파의 반주기 평균값은

$$
\begin{aligned}
I_{ha} &= \frac{1}{\pi}\int_0^{\pi} I_m \sin\omega t d\omega t = \frac{I_m}{\pi}[\cos\omega t]_0^{\pi} \\
&= \frac{I_m}{\pi}(-\cos\pi + \cos 0) = \frac{2}{\pi}I_m = 0.637 I_m \qquad (5\text{-}10)
\end{aligned}
$$

즉 정현파 교류의 평균값은 최대값의 $\dfrac{2}{\pi}$배, 즉 63.7%이다.

(2) 실효값

파형이 다른 여러 가지 주기파의 크기를 비교할 때 최대값이나 평균값만으로는 불충분하다. 따라서 어떤 저항에 순시값 i인 교류를 흘릴 때 교류의 평균전력이 같은 저항에 직류 I를 흘릴 때의 소비전력과 같다면 실제로 i와 I는 같은 효과를 나타내므로 I의 값을 교류 i의 **실효값**(effective value)이라고 한다.

저항 R에 직류 I가 흐를 때 소비전력 P_{DC}는

$$P_{DC} = I^2 R [\mathrm{W}]$$

이 된다. 같은 저항 R에 교류 i가 흐를 때 1주기간의 평균전력 P_{AC}는

$$P_{AC} = \frac{1}{T}\int_0^T I^2 R dt \ [\mathrm{W}]$$

따라서 $P_{DC} = P_{AC}$이면

$$I^2 = \frac{1}{T}\int_0^T t^2 dt$$

$$\boldsymbol{I = \sqrt{\frac{1}{T}\int_0^T t^2 dt}} \ [\mathrm{A}] \qquad (5\text{-}11)$$

여기서 일정값 I를 교류 i의 실효값이라 한다. 즉 실효값은 순시값 제곱의 평균값의 제곱근이며, I_{eff}, I_{rms}로 표시할 때도 있으나, 보통 I와 같이 대문자로 표시하므로 순시값 i와 구분해서 쓴다.

교류인 주기전압 v에 대해서도 마찬가지로 정의된다. 즉

$$V = \sqrt{\frac{1}{T}\int_0^T v^2 dt} \ \ [\text{V}] \tag{5-12}$$

정현파의 실효값은 전류가 $i = I_m \sin\omega t$[A]일 때 실효값 I를 구하여보자. $\sin^2 x = \frac{1}{2}(1-\cos 2x)$의 삼각함수 공식을 이용하면 먼저 i^2은

$$i^2 = I_m{}^2 \sin^2\omega t = \frac{1}{2} I_m{}^2 (1-\cos 2\omega t) = \frac{I_m{}^2}{2} - \frac{I_m{}^2}{2}\cos 2\omega t$$

여기서 우변의 제2항은 대칭파이므로 1주기간의 평균값은 0이다. 따라서 i^2의 1주기간의 평균값은 $\frac{I_m{}^2}{2}$이다. 그러므로 식 (5-8)에 의하여 i의 실효값 I는 다음과 같다.

$$I = \sqrt{\frac{I_m{}^2}{2}} = \frac{I_m}{\sqrt{2}} = 0.707 I_m \tag{5-13}$$

이상으로 정현파 교류에 대해서는 주파수나 위상에 관계없이

$$\textbf{실효값} = \frac{\textbf{최대값}}{\sqrt{2}}, \quad \textbf{최대값} = \sqrt{2} \times \textbf{실효값} \tag{5-14}$$

이다. 일반적으로 우리가 교류의 전압이나 전류를 표시할 때는 특별한 언급이 없는 한 보통 실효값을 나타낸다.

[그림 5-8]은 정현파의 최대값, 실효값, 반주기 평균값의 관계를 나타내었다.

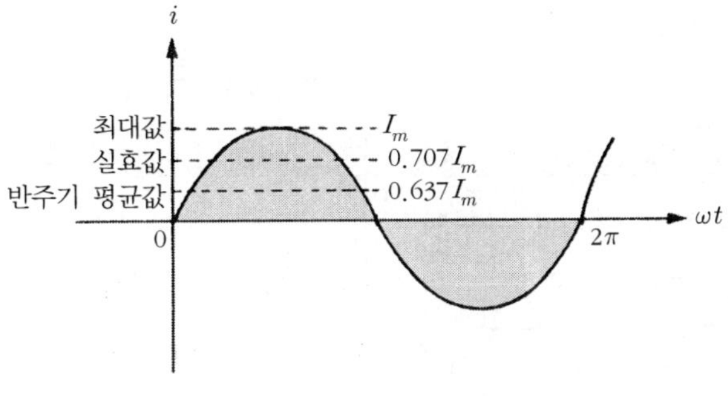

[그림 5-8] 여러 가지 값

예제 5-8

60[Hz], 100[V]인 교류전압의 최대값 및 평균값은 얼마인가?

■ 풀이 ■ 실효값은 100[V]이므로 최대값 V_m은

$V_m = \sqrt{2}\,I = \sqrt{2} \cdot 100 = \mathbf{141.4}[\mathrm{V}]$

평균값 V_{ha}는 다음과 같다.

$V_{\mathrm{ha}} = 0.637 \times V_m = 0.637 \times 141.4 = \mathbf{90.07}[\mathrm{V}]$

5-5 파고율과 파형률

주기파에 있어서 사각파로부터 일그러짐의 정도를 나타내는 계수로서 **파고율**(crest factor), **파형률**(form factor)을 다음과 같이 정의한다.

$$\text{파고율} = \frac{\text{최대값}}{\text{실효값}}, \quad \text{파형률} = \frac{\text{실효값}}{\text{평균값}} \tag{5-15}$$

특히 정현파 교류인 경우에는

$$\text{파고율} = \frac{V_m}{V} = \frac{\sqrt{2}\,V}{V} = \sqrt{2} \fallingdotseq 1.414$$

$$\text{파형률} = \frac{V}{V_{ha}} = \frac{\dfrac{V_m}{\sqrt{2}}}{\dfrac{2}{\pi}V_m} = \frac{\pi}{2\sqrt{2}} \fallingdotseq 1.11$$

〈표 5-2〉 파고율과 파형률

명 칭	파 형	파고율	파형률	실효값
구형파	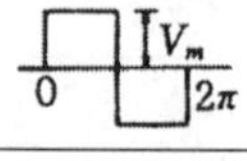	1.0	1.0	V_m
정현파	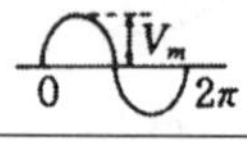	1.414	1.11	$\frac{V_m}{\sqrt{2}} = 0.707\,V_m$
삼각파	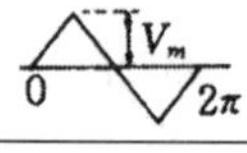	1.732	1.155	$\frac{V_m}{\sqrt{3}} = 0.577\,V_m$

여러 가지 파형의 파고율과 파형률을 나타내면 다음 〈표 5-2〉와 같다.

〈표 5-2〉에서 알 수 있듯이 파고율, 파형률은 1에 가까울수록 평탄해지며 1보다 클수록 파형이 뾰족해지는 것을 알 수 있다. 그러므로 파고율이나 파형률을 알면 대칭파의 모양을 어느 정도 짐작할 수 있다.

예제 5-9

[그림 5-9]와 같은 파형의 파고율과 파형률을 구하여라.

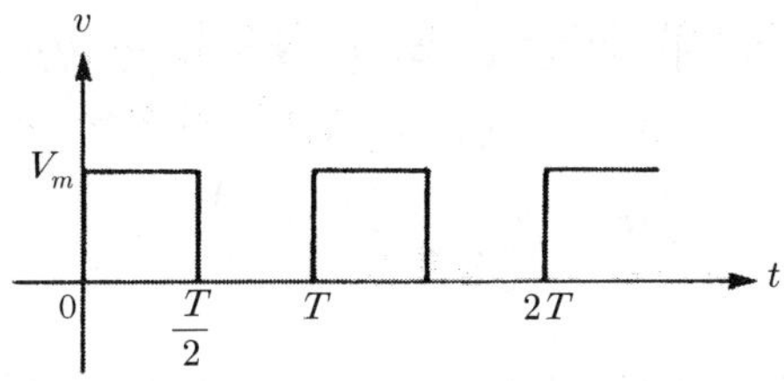

[그림 5-9]

■ **풀이** ■ 반주기의 평균값은 V_m이므로 1주기 평균값 V_{av}는

$$V_{av} = \frac{V_m}{2}$$

반주기 제곱의 평균값은 $\frac{V_m^2}{2}$이므로 실효값 V는

$$V = \sqrt{\frac{V_m^2}{2}} = \frac{V_m}{\sqrt{2}}$$

$$\therefore \text{파고율} = \frac{\text{최대값}}{\text{실효값}} = \frac{V_m}{\frac{V_m}{\sqrt{2}}} = \sqrt{2}$$

$$\text{파형률} = \frac{\text{실효값}}{\text{최대값}} = \frac{\frac{V_m}{\sqrt{2}}}{\frac{V_m}{2}} = \frac{2}{\sqrt{2}} = \sqrt{2}$$

5-6 저항과 정현파 교류

[그림 5-10](a)와 같이 저항 R만을 가지는 회로에 $i = I_m \sin\omega t$ [A]의 정현파 전류가 흐를 때 저항 양단의 전압은 옴(Ohm)의 법칙에 의해서

$$v = Ri = RI_m \sin\omega t \text{ [V]}$$

여기서 v의 최대값을 V_m이라 하면 바로 RI_m과 같다. 즉

$$V_m = RI_m, \quad I_m = \frac{V_m}{R}, \quad \frac{V_m}{I_m} = R \tag{5-16}$$

또 양변을 $\sqrt{2}$로 나누어 실효값 사이의 관계를 보면

$$V = RI, \quad I = \frac{V}{R}, \quad \frac{V}{I} = R \tag{5-17}$$

이 식은 저항만의 교류회로에서 성립하는 옴의 법칙이라 할 수 있다.

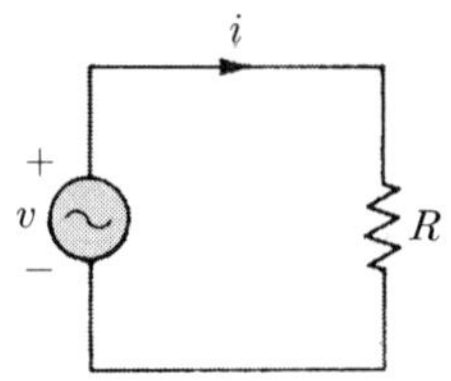

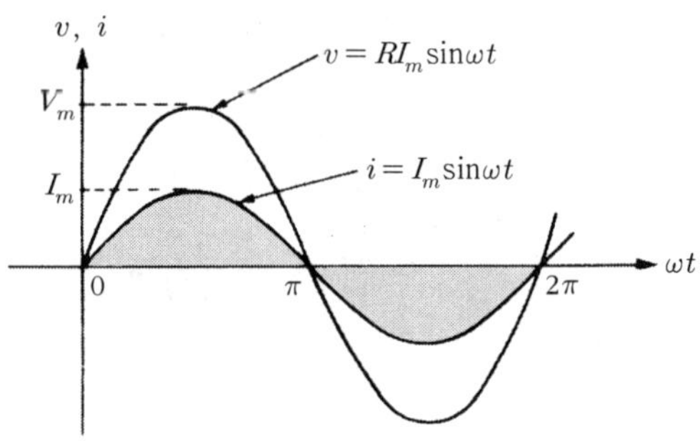

[그림 5-10] 저항회로의 전압과 전류

[그림 5-10](b)는 저항소자에서의 v, i의 그래프이다.

이상에서 저항만인 교류회로의 전압과 전류의 관계는

① 전압과 전류는 동일주파수의 정현파이다.

② 전압과 전류는 동상이다.

③ 전압과 전류의 최대값 또는 실효값의 비는 $\boldsymbol{R}$이다.

위의 사실들은 시간원점의 선택에는 관계가 없다.

예제 5-10

3[kΩ]의 저항에 10[mA]의 전류가 흐를 때 가한 정현파 전압의 크기(실효값)는 몇 [V]인가?

■ **풀이** ■ $V = IR = 10 \times 10^{-3} \times 3 \times 10^{3} = \mathbf{30}[\mathrm{V}]$

예제 5-11

20[Ω]의 저항에 $v = 100\sqrt{2}\sin(120\pi t + 30°)$ [V]의 교류를 가할 때 전류의 실효값, 순시값 및 $t = \frac{1}{720}$[sec]에서의 순시값을 구하여라.

■ **풀이** ■ $I = \frac{V}{R} = \frac{100}{20} = \mathbf{5}[\mathrm{A}]$

$$i = \frac{v}{R} = \frac{100\sqrt{2}\sin(120\pi t + 30°)}{20} = \mathbf{5\sqrt{2}\sin(120\pi t + 30°)}\,[\mathrm{A}]$$

$t = \frac{1}{720}$ [sec]에서의 순시값

$$i = 5\sqrt{2}\sin\left(120\pi \times \frac{1}{720} + \frac{\pi}{6}\right) = 5\sqrt{2}\sin\frac{\pi}{3} = \mathbf{6.1}\,[\mathrm{A}]$$

5-7 인덕턴스와 정현파 교류

[그림 5-11](a)와 같이 인덕턴스 L만을 가지는 이상적 유도기회로에 $i = I_m \sin\omega t$ [A]인 정현파 전류가 흐를 때 전류의 방향으로 생기는 전압강하 v는

$$v = L\frac{di}{dt} = L\frac{d}{dt}(I_m \sin\omega t) = \omega L I_m \cos\omega t$$
$$= \omega L I_m \sin(\omega t + 90°) \tag{5-18}$$

여기서 전압, 전류의 최대값의 관계는

$$V_m = \omega L I_m, \quad I_m = \frac{V_m}{\omega L}, \quad \frac{V_m}{I_m} = \omega L$$

또 실효값 사이에는

$$V = \omega L I, \quad I = \frac{V}{\omega L}, \quad \frac{V}{I} = \omega L$$

인 관계가 있다.

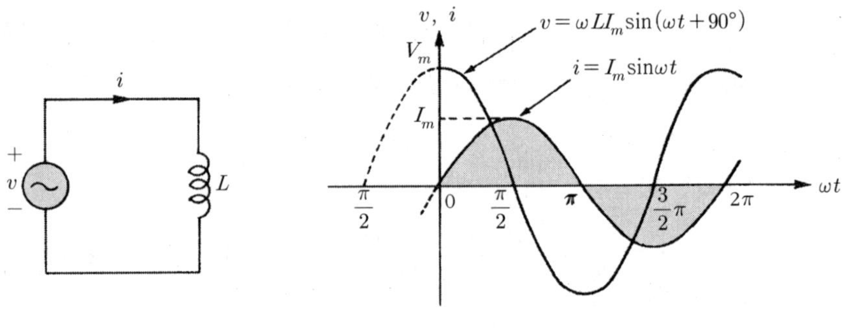

[그림 5-11] 인덕턴스 회로의 전압과 전류

[그림 5-11](b)는 인덕턴스 회로에서 v, i의 그래프이다.

이상에서 인덕턴스만인 교류회로의 전압과 전류의 관계는

① 전압과 전류는 동일 주파수의 정현파이다.

② 전압은 전류보다 위상이 90°앞선다.

③ 전압과 전류의 최대값 또는 실효값의 비는 ωL이다.

위의 사실들은 시간원점의 선택에는 관계가 없다.

식 (5-18)의 유도과정에서 한 가지 주목할 것은 정현파 $\sin\omega t$를 미분하면 크기는 ω배가 되고 위상이 90° 앞서진다는 사실이다.

인덕턴스 회로를 저항회로와 비교하면 ωL은 저항회로의 R과 같이 전류를 제한한다는 일종의 교류저항임을 알 수 있다. 그러나 보통의 순저항과는 달리 전압이 전류보다 위상이 90° 앞서게 하는 효과가 있으며, 이를 특히 유도성 리액턴스(inductive reactance)라 하며, X_L로 표시하고 단위는 저항과 같이 옴(Ω)을 쓴다. 즉

$$X_L = \omega L = 2\pi f L \ [\Omega] \tag{5-19}$$

따라서 식 (5-20)은

$$V = X_L I, \quad I = \frac{V}{X_L}, \quad \frac{V}{I} = X_L \tag{5-20}$$

과 같다. 이것은 형식상 인덕턴스만의 교류회로에서의 옴의 법칙이라고 할 수 있다.

유도성 리액턴스 X_L은 인덕턴스 L과 주파수 f에 비례하므로 일정한 전압에서는 X_L이 클수록 회로전류는 작아지게 된다. 따라서 직류전원에서는 $v = L\frac{di}{dt} = 0$, $I = \frac{V}{\omega L} = \frac{V}{O} = \infty$ 이고, 주파수가 클수록 전류는 유도기를 통과하기 어려워 고주파 전류를 억제시킨다(그림 5-12).

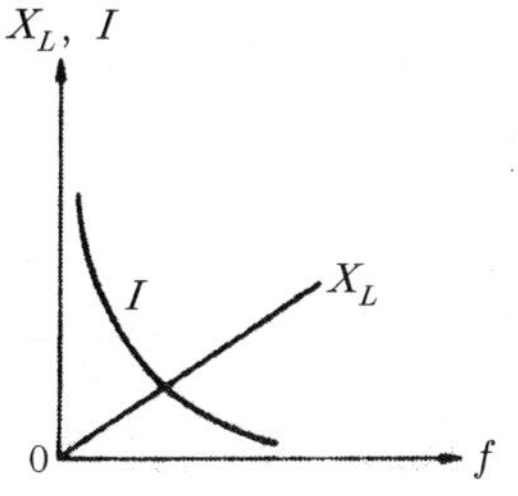

[그림 5-12] 유도성 리액턴스와 전류곡선

예제 5-12

L =40[mH]인 코일에 $v = \sqrt{2}\,100\sin 100\pi t$ [V]의 전압을 인가할 때 리액턴스 및 전류의 실효값과 순시값을 구하여라.

■ 풀이 ■ $X_L = \omega L = 100 \times 3.14 \times 40 \times 10^{-3} = \mathbf{12.56}\ [\Omega]$

$$I = \frac{V}{X_L} = \frac{100}{12.56} = \mathbf{7.96}[\mathrm{A}]$$

$$i = \mathbf{7.96\sqrt{2}\ sin\left(100\pi t - \frac{\pi}{2}\right)}\ [\mathrm{A}]$$

5-8 커패시턴스와 정현파 교류

[그림 5-13](a)와 같이 커패시턴스 C 만을 가지는 이상적 용량기회로에 $i = I_m \sin\omega t$ [A] 인 정현파 전류가 흐를 때 전류의 방향으로 생기는 전압강하 v는

$$v = \frac{1}{C}\int i dt = \frac{1}{C}\int I_m \sin\omega t dt = -\frac{1}{\omega C} I_m \cos\omega t$$
$$= \frac{1}{\omega C} I_m \sin(\omega t - 90°) \quad (5\text{-}21)$$

여기서 전압, 전류의 최대값의 관계는

$$V_m = \frac{1}{\omega C} I_m, \quad I_m = \omega C V_m, \quad \frac{V_m}{I_m} = \frac{1}{\omega C}$$

또한 실효값 사이에는

$$V = \frac{1}{\omega C} I, \quad I = \omega C V, \quad \frac{V}{I} = \frac{1}{\omega C}$$

인 관계가 있다.

[그림 5-13](b)는 커패시턴스 회로에서 v, i의 그래프이다.

이상에서 커패시턴스만인 교류회로의 전압과 전류의 관계는

① 전압과 전류는 동일주파수의 정현파이다.

② 전압은 전류보다 위상이 90° 늦는다.

③ 전압과 전류는 최대값 또는 실효값의 비는 $\frac{1}{\omega C}$ 이다.

위의 사실들은 시간원점의 선택에는 관계가 없다.

식 (5-21)의 유도과정에서 한 가지 주목할 것은 정현파 $\sin\omega t$를 적분하면 크기는 $\frac{1}{\omega}$ 배가 되고, 위상이 90° 늦어진다는 사실이다.

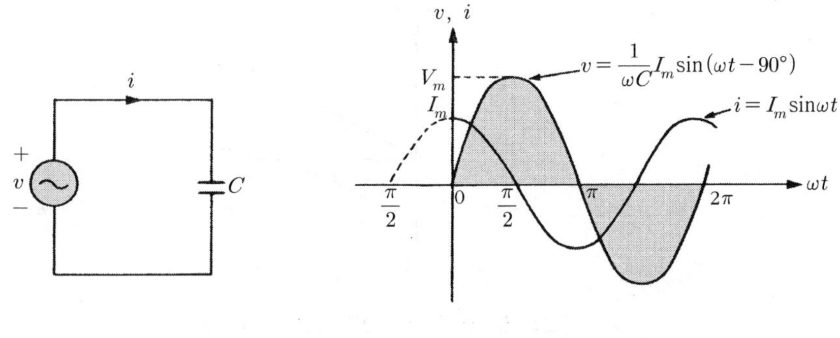

[그림 5-13] 커패시턴스 회로의 전압과 전류

커패시턴스 회로를 저항회로와 비교하면 $\frac{1}{\omega C}$은 저항회로의 R과 같이 전류를 제한하는 일종의 교류저항으로서의 역할을 하지만 인덕턴스와는 달리 전압이 전류보다 위상이 90° 뒤지게 하는 효과가 있으므로 유도성 리액턴스와 구별하기 위하여 유도성 리액턴스를 정(+), 용량성 리액턴스(capacitive reactance)를 부(−)로 정하고 X_C로 표시하며 단위는 저항과 같이 옴(Ω)이다. 즉

$$X_C = -\frac{1}{\omega C} = -\frac{1}{2\pi f C} \, [\Omega] \tag{5-22}$$

따라서 식 (5-20)은

$$V = |X_C| I, \quad I = \frac{V}{|X_C|}, \quad \frac{V}{I} = |X_C| \tag{5-23}$$

와 같다. 이것은 형식상 커패시턴스만의 교류회로에서의 옴의 법칙이라고 할 수 있다.

용량성 리액턴스 X_C는 커패시턴스 C와 주파수 f에 반비례하므로 일정한 전압에서는 커패시턴스와 주파수가 클수록 $|X_C|$가 작아지므로 회로의 전류는 증가한다.

따라서 직류전원에서는 $i = C\frac{dV}{dt} = 0$, $I = \frac{V}{|X_C|} = \frac{V}{\infty} = 0$이고 주파수가 낮을수록 전류는 용량기를 흐르기 어려우므로 저주파 전류를 억제시킨다(그림 5-14). 이상으로 배운 것을 정리하면 〈표 5-3〉과 같다.

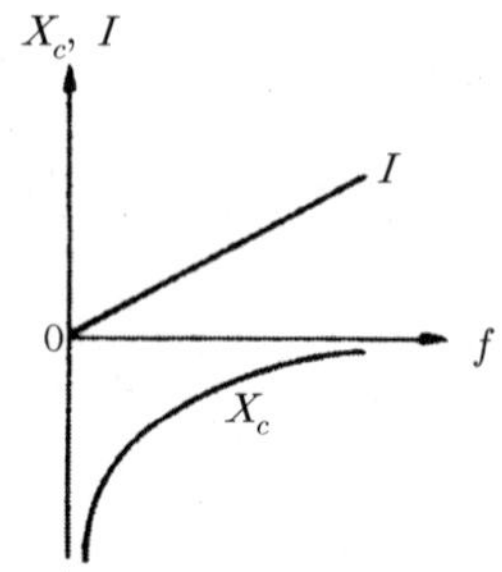

[그림 5-14] 용량성 리액턴스와 전류곡선

〈표 5-3〉 $R-L-C$ 소자의 특성

	저 항	인덕터	커패시터
극성표기	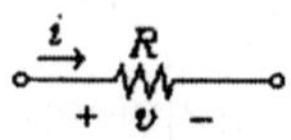	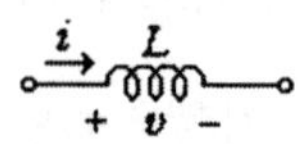	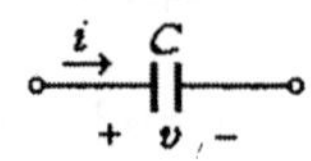
전압방정식	$i=I_m\sin\omega t$일 경우 $v=V_m\sin\omega t$	$i=I_m\sin\omega t$일 경우 $v=V_m\sin(\omega t+90°)$	$i=I_m\sin\omega t$일 경우 $v=V_m\sin(\omega t-90°)$
$\frac{V_m}{I_m}\left(\frac{V}{I}\right)$	$R[\Omega]$	$X_L=\omega L[\Omega]$	$\lvert X_C\rvert=\frac{1}{\omega C}$
위상관계	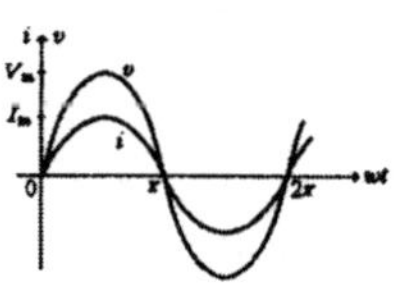 i와 v는 동상	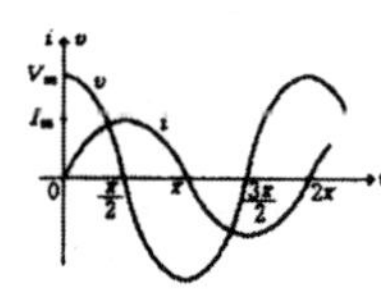 i는 v보다 90° 늦다.	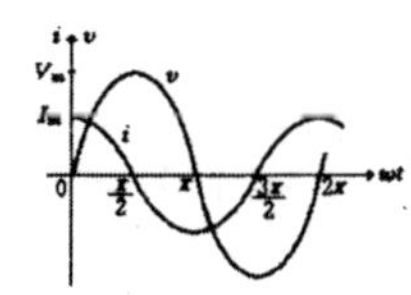 i는 v보다 90° 앞선다.

예제 5-13

$C=10[\mu F]$인 콘덴서에 $v=100\sqrt{2}\sin 377t$ [V]의 전압을 인가할 때 리액턴스 및 전류의 실효값과 순시값을 구하여라.

■ **풀이** ■ $X_C=-\frac{1}{\omega C}=-\frac{1}{377\times 10\times 10^{-6}}≒-\mathbf{26.5}[\Omega]$

$I=\frac{V}{\lvert X_C\rvert}=\frac{100}{26.5}≒\mathbf{3.77}[A]$

$i=3.77\sqrt{2}\sin\left(377t+\frac{\pi}{2}\right)$ [A]

연습문제

5-1 225°는 몇 라디안[rad]인가?

㉮ $\frac{3}{2}\pi$　　㉯ $\frac{5}{4}\pi$　　㉰ $\frac{8}{7}\pi$　　㉱ $\frac{7}{12}\pi$

5-2 0.1[rad]의 각을 60분법으로 고치면 얼마인가?

㉮ 3.14°　　㉯ 4.35°　　㉰ 5.73°　　㉱ 8.97°

5-3 $\sin\theta = 0.5$이면 $\cos\theta$의 값은?

㉮ $\frac{1}{2}$　　㉯ $\frac{1}{\sqrt{2}}$　　㉰ 1　　㉱ $\frac{\sqrt{3}}{2}$

5-4 주파수가 1[kHz]인 정현파 전압의 주기[ms]는?

㉮ 1　　㉯ 2　　㉰ 4　　㉱ 6

5-5 $v = 141\sin\left(377t - \frac{\pi}{6}\right)$인 교류전압의 주파수[Hz]는?

㉮ 50　　㉯ 60　　㉰ 100　　㉱ 377

5-6 주기 0.01[sec]의 교류의 주파수[Hz]는?

㉮ 100　　㉯ 200　　㉰ 300　　㉱ 500

5-7 실효값이 100[V], 주파수가 60[Hz]이고 $t = 0$일 때 순시값이 $-50\sqrt{2}$ [V]인 정현파 전압을 나타낸 식은?

㉮ $100\sqrt{2}\sin\left(120\pi t - \frac{\pi}{6}\right)$　　㉯ $100\sin\left(120\pi - \frac{\pi}{6}\right)$

* 정답 1 ㉯ 2 ㉰ 3 ㉱ 4 ㉮ 5 ㉯ 6 ㉮ 7 ㉮

㉰ $100\sqrt{2}\sin\left(120\pi t+\frac{\pi}{6}\right)$　　㉱ $100\sin\left(120\pi+\frac{\pi}{6}\right)$

5-8 최대값 100[V], 주파수 50[Hz]인 정현파 전압이 있다. $t=0$에서 순시값이 50[V]이고, 이 순간에 전압이 감소하고 있을 경우 정현파의 순시값은?

㉮ $100\sin(100\pi+45°)$　　㉯ $100\sin(100\pi t+135°)$
㉰ $100\sin(120\pi t+150°)$　　㉱ $100\sin(100\pi t+30°)$

5-9 $i=10\sin\left(\omega t-\frac{\pi}{3}\right)$[A]로 표시되는 정현파 전류보다 위상이 30°만큼 앞서고, 최대값이 377[V]인 정현파 전압은?

㉮ $10\sin\left(\omega t-\frac{\pi}{3}\right)$　　㉯ $37\sin\left(\omega t-\frac{\pi}{3}\right)$
㉰ $100\sin\left(\omega t-\frac{\pi}{6}\right)$　　㉱ $377\sin\left(\omega t-\frac{\pi}{6}\right)$

5-10 $v=110\sqrt{2}\sin\left(120\pi t+\frac{\pi}{4}\right)$, $i=20\sin\left(120\pi t+\frac{\pi}{2}\right)$인 경우 전류는 전압보다 위상이?

㉮ 90° 앞선다　　㉯ 90° 뒤진다　　㉰ 45° 앞선다　　㉱ 45° 뒤진다

5-11 $v=\sqrt{2}\,V\sin\omega t$와 $i=\sqrt{2}\,I\cos\omega t$와 위상차는?

㉮ 0°　　㉯ 30°　　㉰ 45°　　㉱ 90°

5-12 2개의 교류전압 $v_1=141\sin(120\pi t-30°)$와 $v_2=315\cos(120\pi t-30°)$의 위상차를 시간으로 표시하면 몇 초인가?

㉮ $\frac{1}{60}$　　㉯ $\frac{1}{120}$　　㉰ $\frac{1}{240}$　　㉱ $\frac{1}{360}$

5-13 $i=I_m\sin(\omega t-15°)$[A]인 정현파에 있어서 ωt가 다음 중 어느 값일 때 순시값이 실효값과 같은가?

㉮ 30°　　㉯ 45°　　㉰ 60°　　㉱ 90°

5-14 정현파 전류 $i=3.14\sin\omega t$[A]인 전류의 평균값[A]은?

㉮ 2　　㉯ 4　　㉰ 6　　㉱ 8

＊ 정답　8 ㉰　9 ㉱　10 ㉰　11 ㉱　12 ㉰　13 ㉰　14 ㉮

5-15 정현파 전압의 평균값이 191[V]이면 최대값[V]은?

㉮ 약 250　　㉯ 약 300　　㉰ 약 450　　㉱ 약 600

5-16 정현파 교류의 실효값을 구하는 식이 잘못된 것은?

㉮ 파고율 × 평균값　　㉯ $\dfrac{최대값}{\sqrt{2}}$

㉰ $\dfrac{\pi}{2\sqrt{2}}$ × 평균값　　㉱ $\sqrt{\dfrac{1}{T}\int_0^T i^2 dt}$

5-17 정현파 전압의 평균값이 382[V]일 때 실효값[V]은?

㉮ 24　　㉯ 124　　㉰ 234　　㉱ 424

5-18 처음 10[s] 동안은 100[A]의 전류를 흘리고 다음 20[s] 동안은 20[A]의 전류를 흘릴 때 이 전류의 실효값[A]은?

㉮ 50　　㉯ 55　　㉰ 60　　㉱ 65

5-19 그림과 같은 톱니파의 평균값[A]은?

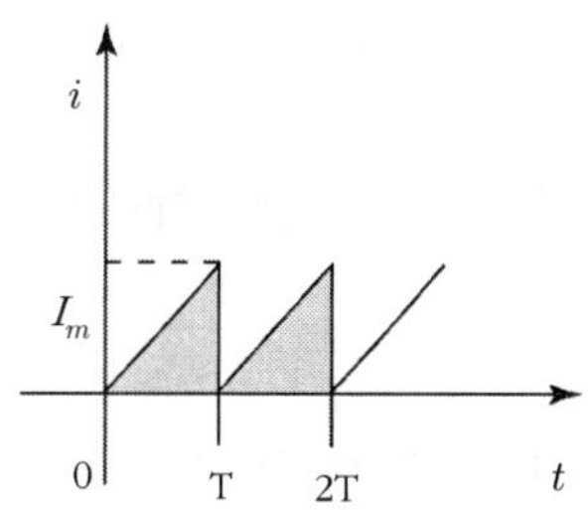

㉮ I_m

㉯ $\sqrt{2}\,I_m$

㉰ $\dfrac{I_m}{2}$

㉱ $\dfrac{I_m}{\sqrt{2}}$

5-20 그림과 같은 파형의 평균값이 10[A]라 하면 이 전류의 실효값[A]은?

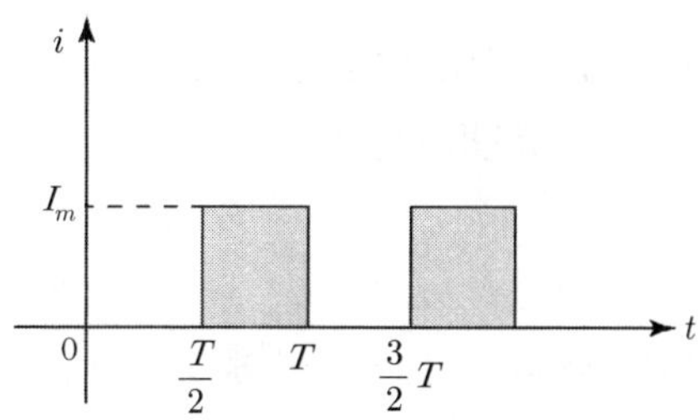

㉮ 10

㉯ 14

㉰ 20

㉱ 28

5-21 파형률과 파고율이 다같이 1인 파형은?

㉮ 반원파　　㉯ 삼각파　　㉰ 구원파　　㉱ 사인파

* 정답 15 ㉯ 16 ㉮ 17 ㉱ 18 ㉰ 19 ㉰ 20 ㉯ 21 ㉰

5-22 저항 25[Ω]에 50[V]의 정현파 전압을 가할 때 전류의 순시값[V]은?
단, 각속도 $\omega = 377$[rad/sec]이다.

㉮ $2\sqrt{2}\sin 377t$ ㉯ $2\sin 377t$
㉰ $2\sqrt{2}\sin(377t + 50°)$ ㉱ $2\sin(377t + 45°)$

5-23 100[Ω]의 저항에 $v = 10\sin(100t + 30°)$[V]의 전압을 가했을 때 $t = 0$에서 순시값 전류[A]는?

㉮ 0.005 ㉯ 0.05 ㉰ 0.5 ㉱ 1.0

5-24 42.5[mH]의 코일에 60[Hz], 100[V]의 정현파 전압을 가할 때 유도성 리액턴스[Ω]는?

㉮ 8 ㉯ 12 ㉰ 16 ㉱ 24

5-25 5[mH]의 코일에 100[V], 60[Hz]의 교류를 가할 때 전류[A]는?

㉮ 13 ㉯ 26 ㉰ 43 ㉱ 53

5-26 60[Hz]에서 3[Ω]의 리액턴스를 갖는 인덕턴스[mH] 및 커패시턴스[μF]는 각각 얼마인가?

㉮ 6, 660 ㉯ 7, 770 ㉰ 8, 880 ㉱ 9, 990

5-27 0.1[H]인 코일의 리액턴스가 377[Ω]일 때 주파수[Hz]는?

㉮ 60 ㉯ 120 ㉰ 360 ㉱ 600

5-28 1[μF]인 콘덴서가 60[Hz]인 전원에 대한 용량성 리액턴스의 값[Ω]은?

㉮ 2556 ㉯ 2653 ㉰ 2753 ㉱ 3663

5-29 60[Hz], 100[V]의 교류전압을 어떤 콘덴서에 가할 때 1[A]의 전류가 흐른다면 이 콘덴서의 정전용량[μF]은?

㉮ 2.65 ㉯ 26.5 ㉰ 265 ㉱ 345

5-30 26.5[mH]의 인덕턴스에 $i = 10\sqrt{2}\sin 377t$[A]의 전류를 흘리려면 몇 [V]의 전압을 가해야 하는가?

㉮ 10 ㉯ 50 ㉰ 100 ㉱ 200

---

* 정답 22 ㉮ 23 ㉯ 24 ㉰ 25 ㉱ 26 ㉰ 27 ㉱ 28 ㉯ 29 ㉯ 30 ㉰

5-31 300[μF]의 콘덴서에 100[V], 60[Hz]의 전압을 가할 때 흐르는 전류[A]는?

㉮ 11.3　　㉯ 13.6　　㉰ 21.3　　㉱ 33.6

5-32 다음 그림에서 정현파 전류의 주기 T, 주파수 f, 각주파수 ω를 구하여라.

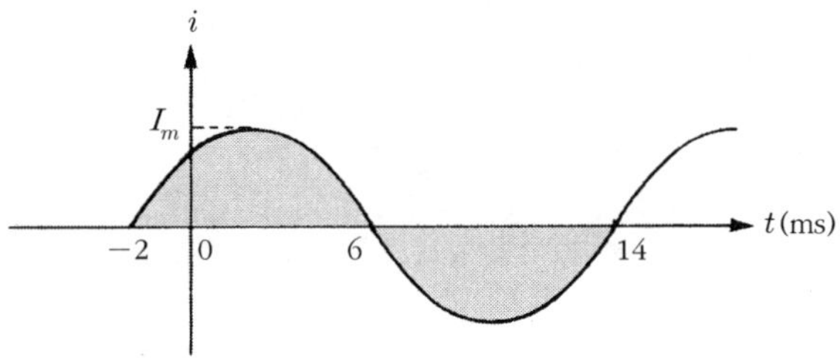

5-33 $v = 156\sin 377t$[V]의 최대값, 실효값 및 주파수를 구하여라.

5-34 그림과 같은 전압파형의 실효값을 구하여라.

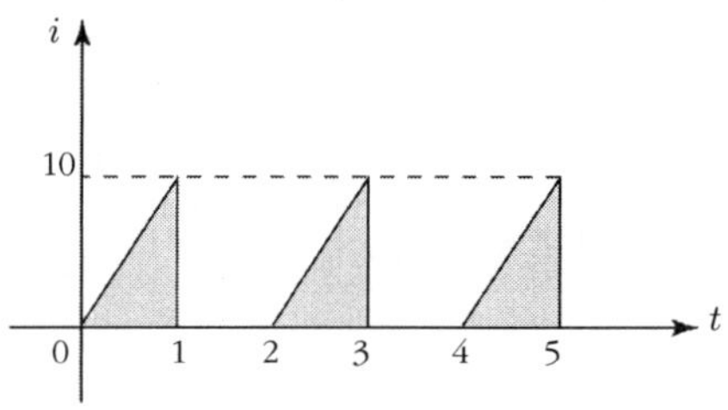

5-35 그림과 같은 반파 정류파형의 파고율과 파형률을 구하여라.

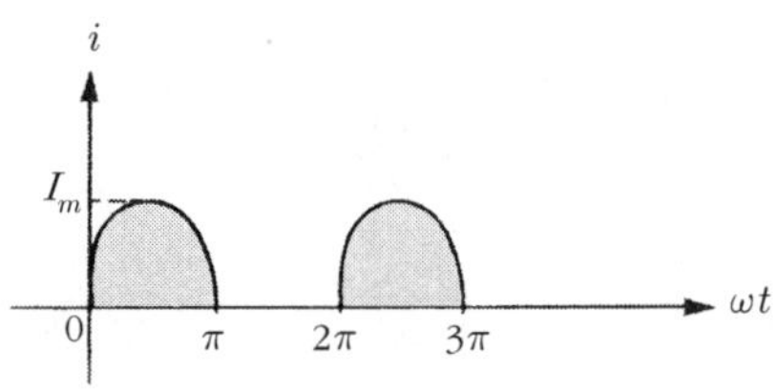

＊ 정답 *31* ㉮ *32* $T = 16$[ms], $f = 62.5$[Hz], $\omega = 392.5$[rad/s] *33* $V_m = 156$[V], $V = 110.3$[V], $f = 60$[Hz] *34* $V ≒ 4.08$[V] *35* 파고율$= 2$, 파형률$= \frac{\pi}{2}$

5-36 60[Hz], 100[V]의 정현파 전압을 10[mH]인 코일에 가할 때 유도성 리액턴스 및 전류의 실효값과 순시값을 구하여라.

5-37 60[Hz], 100[V]의 정현파 전압을 20[μF]인 콘덴서에 가했을 때 용량성 리액턴스 및 전류의 실효값과 순시값을 구하여라.

＊ 정답

36 $X_L = 3.77[\Omega]$, $I = 26.5[A]$ $i = 26.5\sqrt{2}\sin\left(120\pi t - \frac{\pi}{2}\right)[A]$

37 $X_C \fallingdotseq -132.7[\Omega]$, $I = 0.75[A]$ $i = 0.75\sqrt{2}\sin\left(120\pi t + \frac{\pi}{2}\right)[A]$

제6장

복소수와 페이저

앞 장의 내용을 보면 정현파 교류해석에서는 전압이나 전류의 크기와 위상을 알아야만 정확한 해석이 가능함을 알 수 있다. 수학적으로는 각 소자가 나올 때마다 미분이나 적분을 하고 다시 그 값들의 가감승제 계산이 필요하게 된다.

그러나, **페이저**(phaor)를 이용한 정현파의 간단한 변환법을 이용하면 전압이나 전류의 크기와 위상관계를 한 번에 알아낼 수 있다. 또한 페이저는 **복소수**(complex number)를 이용하면 쉽게 다룰 수 있기 때문에 이 장이 끝나고 교류회로 해석에 문제가 있는 사람은 복소수를 잘 모르는 것인가를 반드시 짚어봐야 한다.

이 장에서는 회로해석에 필요한 복소수와 페이저 변환, RLC 소자의 페이저에 의한 전압과 전류, 복소 임피던스 및 복소 어드미턴스에 대해서 배운다.

6-1 복소수의 정의

어떤 실수도 제곱하면 항상 양수 또는 0이 되므로 방정식 $x^2=-1$은 실수범위에서는 구할 수 없다. 이와 같은 방정식들이 근을 가지려면 제곱하여 음수가 되는 새로운 수를 생각해야 하므로, 수의 개념을 **실수**(real number) 외에 **허수**(imaginary number)까지도 포함되는 **복소수**(complex number)를 생각할 수 있다.

실수의 기본단위는 1로서 모든 실수는 이의 배수로 표시되지만 허수에서는 제곱하여 −1이 되는 새로운 수를 가상하여 이것을 **허수단위**(imaginary unit)라고 하며, $\boldsymbol{i}$로 표시하나 공학에서 전류 i와 혼동을 피하기 위하여 $\boldsymbol{j}$라는 기호를 사용한다. 또 공학에서는 $j2$, $j3$과 같이 계수를 허수단위 뒤에 쓰는 것이 일반적이다.

따라서 허수단위는 다음과 같다.

$$j^2=-1,\ j=\sqrt{-1}$$

일반적으로 복소수는 두 실수 a, b와 허수단위 j가 $a+jb$로 표시하는데 하나의 문자로 표시할 때는 $\boldsymbol{A}$ 또는 $\boldsymbol{A}$와 같이 영문자의 굵은 글씨나 인쇄체에 점을 찍어서 표시한다. 즉

$$\boldsymbol{A}=\dot{A}=a+jb \tag{6-1}$$

여기서 a를 복소수 $\boldsymbol{A}$의 **실수부**(real part), b를 **허수부**(imaginary part)라 하며, 다음과 같은 기호로 표시한다.

$$a=Re\boldsymbol{A},\ b=I_m\boldsymbol{A}$$

복소수 $\boldsymbol{A}=a+jb$에서 허수부의 부호를 바꾼 $a-jb$를 복소수 $\boldsymbol{A}$의 **공액**(conjugate)**복소수** 또는 **켤레복소수**라 하고, 다음과 같이 표시한다.

$$\overline{\mathrm{A}}=\overline{a+jb}=a-jb \tag{6-2}$$

따라서

$$\boldsymbol{A} + \overline{\boldsymbol{A}} = (a + jb) + (a - jb) = 2a$$
$$\boldsymbol{A} - \overline{\boldsymbol{A}} = (a + jb) - (a - jb) = j2b$$
$$\boldsymbol{A} \cdot \overline{\boldsymbol{A}} = (a + jb)(a - jb) = a^2 - (jb)^2 = a^2 - j^2b^2 = a^2 + b^2$$

예제 6-1

다음을 실수 또는 허수단위로 나타내어라.

① j^3 ② $(j2)(-j3)$ ③ $\frac{1}{j}$

■ **풀이** ■ ① $j^3 = j^2 \cdot j = (-1)j = \boldsymbol{-j}$

② $(j2)(-j3) = -j^2 6 = -(-1)6 = \boldsymbol{6}$

③ $\frac{1}{j} = \frac{j}{j \cdot j} = \frac{j}{j^2} = \frac{j}{-1} = \boldsymbol{-j}$

예제 6-2

복소수 $\boldsymbol{A} = 2 - j3$일 때 $\overline{\boldsymbol{A}}$의 $Re\boldsymbol{A}$, $I_m\boldsymbol{A}$를 구하여라.

■ **풀이** ■ $\overline{A} = 2 + j3$

$\therefore\ Re\boldsymbol{A} = \boldsymbol{2},\ I_m\boldsymbol{A} = \boldsymbol{3}$

6-2 복소평면

모든 실수는 기하학적으로 일직선상의 한 점으로 표시할 수 있으나 복소수는 2개의 실수를 함께 가지고 있으므로 일직선상에는 표시할 수 없다.

따라서 1개의 평면상에서 가로축(x축)을 실축(real axis), 세로축(y축)을 허축(imaginary axis)으로 하는 직교좌표에서 성분 $(a,\ b)$인 점으로 복소수 $\boldsymbol{A} = a + jb$를 나타낸다.

그러면 반대로 이 평면상의 한 점으로부터 이에 대응하는 복소수가 결정된다.

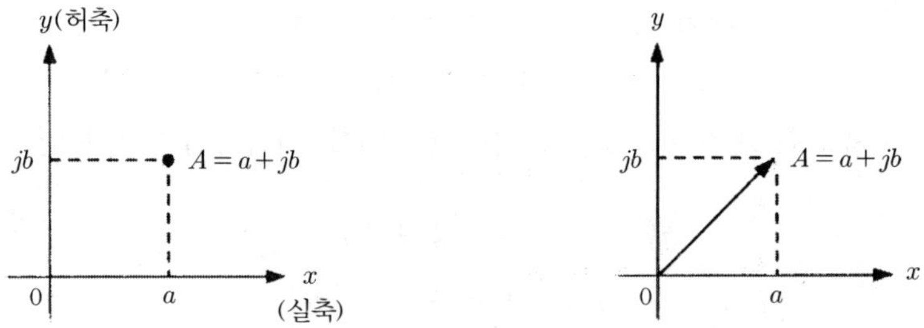

(a) (b)

[그림 6-1] 복소평면

이와같이 복소수를 평면상의 한 점으로 표시하는 이 평면을 **복소평면**(complex plane) 또는 **가우스 평면**(Gauss plane)이라고 한다. 특히 실축상의 점은 실수부를, 허축상의 점은 허수부 또는 순허수를 나타낸다.

복소평면상에서 복소수 A를 대표하는 점을 단순히 점 A라고 할 때가 있다([그림 6-1](a)). 한편 [그림 6-1](b)와 같이 점 A의 위치를 나타내기 위하여 원점에서 점 A에 이르는 화살표 선분을 그을 때가 많다.

예제 6-3

$\boldsymbol{A} = 2 + j3$일 때 $\boldsymbol{A}$, $-\boldsymbol{A}$, $\overline{\boldsymbol{A}}$, $\overline{-\boldsymbol{A}}$를 복소평면에 나타내어라.

■ **풀이** ■ $\boldsymbol{A}$, $-\boldsymbol{A}$, $\overline{\boldsymbol{A}}$, $\overline{-\boldsymbol{A}}$를 복소평면에 나타내면 [그림 6-2]와 같다.

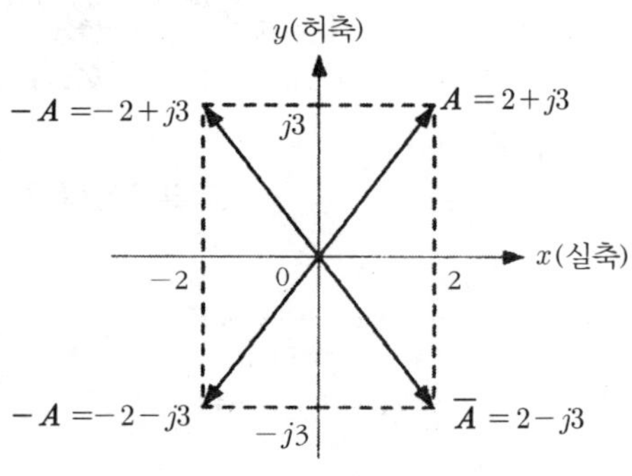

[그림 6-2]

6-3 회전연산자

복소수 $\boldsymbol{A} = a + jb$에 허수단위 j를 거듭제곱하여 보면

$$j\boldsymbol{A} = j(a + jb) = -b + ja$$
$$j^2\boldsymbol{A} = -(a + jb) = -a - jb$$
$$j^3\boldsymbol{A} = -j(a + jb) = b - ja$$

와 같이 나타난다. 이 식들을 [그림 6-3]과 같이 복소평면에 나타내면 복소수 $\boldsymbol{A}$에 j를 곱한 것은 복소수 $\boldsymbol{A}$를 원점을 중심으로 반시계 방향으로 90°회전시키는 결과를 보여준다. 또한 $j^2\boldsymbol{A}$는 $\boldsymbol{A}$를 같은 방향으로 180°회전시키고, $j^3\boldsymbol{A}$, $-j\boldsymbol{A}$, $\dfrac{\boldsymbol{A}}{j}$는 $\boldsymbol{A}$를 역시 같은 방향으로 270°회전시킨다. 즉 반대방향인 시계방향으로 90° 회전시킨 것임을 알 수 있다. 이런 의미에서 j를 **회전연산자**(rotational operator)라고 한다.

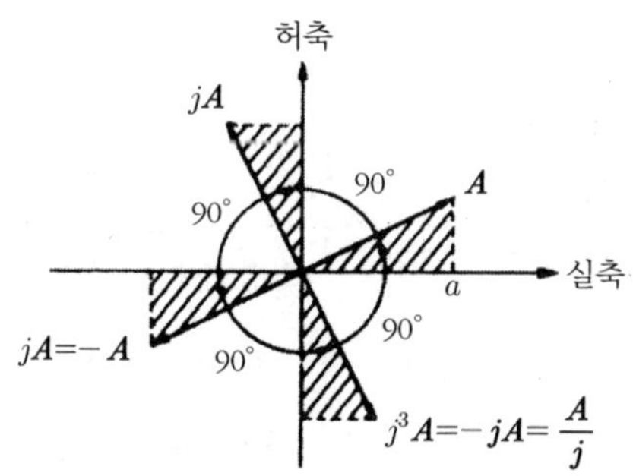

[그림 6-3] 회전연산자

6-4 복소수의 표시

[그림 6-4]와 같이 복소평면에서 a가 실수부, b가 허수부일 때 복소수 $\boldsymbol{A}$를

$$\boldsymbol{A} = a + jb \tag{6-3}$$

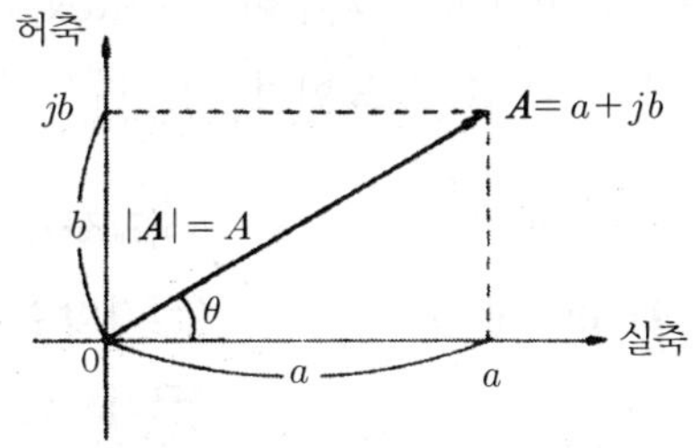

[그림 6-4] 복소수의 표시

와 같은 표현방법을 **직교좌표형식**(rectangular form)이라 한다. 또한 복소수 $\boldsymbol{A}$의 크기, 즉 절대값 $|\boldsymbol{A}|$ 또는 A로 표시하고, θ를 **편각**(argument) 또는 간단히 각(angle)이라고 하면 이때 다음과 같은 관계가 성립한다. 즉

$$|\boldsymbol{A}| = A = \sqrt{a^2 + b^2} = \sqrt{(\text{실수부})^2 + (\text{허수부})^2}$$

$$\theta = \tan^{-1}\frac{b}{a} = \tan^{-1}\frac{\text{허수부}}{\text{실수부}} \quad a = A\cos\theta, \quad b = A\sin\theta$$

여기서 복소수 $\boldsymbol{A}$를

$$\boldsymbol{A} = A(\cos\theta + j\sin\theta) \tag{6-4}$$

와 같이 표현하는 방법을 **삼각함수형식**(trigonometric form)이라 한다. 또한

$$\boldsymbol{A} = A\angle\theta$$

와 같이 표현할 때 이 방법을 **극좌표형식**(polar form)이라 한다. 그리고 **오일러(Euler)의 정리**에서

$$e^{j\theta} = \cos\theta + j\sin\theta$$

여기에서 e는 지수함수 또는 자연대수의 밑수인데

$$e = \lim_{x \to 0}(1 + x)^{\frac{1}{x}} = \lim_{x \to \infty}\left(1 + \frac{1}{x}\right)^{x} = 2.7182 \cdots$$

로 정의되는 무리수이다. 따라서 식 (6-4)는

$$\boldsymbol{A} = Ae^{j\theta} \tag{6-5}$$

로 표현된다. 이 표현방법을 **지수함수형식**(exponential form)이라 한다.

이상과 같이 복소수 $\boldsymbol{A}$의 표현방법은 다음과 같이 된다.

$$\left.\begin{aligned} \boldsymbol{A} &= \boldsymbol{a} + \boldsymbol{jb} && \text{(직교좌표형식)} \\ &= \boldsymbol{A}(\cos\boldsymbol{\theta} + j\sin\boldsymbol{\theta}) && \text{(삼각함수형식)} \\ &= \boldsymbol{A}\angle\boldsymbol{\theta} && \text{(극좌표형식)} \\ &= \boldsymbol{A}e^{j\theta} && \text{(지수함수형식)} \end{aligned}\right\} \tag{6-6}$$

예제 6-4

① $1 + j$, $5\sqrt{3} - j5$를 극좌표형식과 지수함수형식으로 고쳐라.

② $4\angle 30°$, $8e^{-j\frac{\pi}{3}}$를 직교좌표형식으로 고쳐라.

■ **풀이** ■ ① $1 + j = \sqrt{1^2 + 1^2}\angle\tan^{-1}\frac{1}{1} = \boldsymbol{\sqrt{2}\angle 45° = 5e^{j45°}}$

$$5\sqrt{3} - j5 = \sqrt{(5\sqrt{3})^2 + 5^2}\angle -\tan^{-1}\frac{5}{5\sqrt{3}} = \boldsymbol{10\angle -30° = 10e^{-j30}}$$

② $4\angle 30 = 4(\cos 30° + j\sin 30°) = 4\left(\frac{\sqrt{3}}{2} + j\frac{1}{2}\right) = \boldsymbol{2\sqrt{3} + j2}$

$$8e^{j\frac{\pi}{3}} = 8\left(\cos\frac{\pi}{3} - j\sin\frac{\pi}{3}\right) = 8\left(\frac{1}{2} - j\frac{\sqrt{3}}{2}\right) = \boldsymbol{4 - j4\sqrt{3}}$$

6-5 복소수의 계산

두 복소수 $\boldsymbol{A}$와 $\boldsymbol{B}$가

$$\boldsymbol{A} = a + jb = A(\cos\alpha + j\sin\alpha) = A\angle\alpha = Ae^{j\alpha}$$
$$\boldsymbol{B} = c + jd = B(\cos\beta + j\sin\beta) = B\angle\beta = Be^{j\beta}$$

이라면 두 복소수의 더하기, 빼기, 곱하기, 나누기의 사칙 계산은 다음과 같다.

(1) 복소수의 더하기

두 복소수의 더하기는 실수부는 실수부끼리, 허수부는 허수부끼리 더하여 주면 된다. 즉

$$\boldsymbol{A} + \boldsymbol{B} = (a + jb) + (c + jd) = (a + c) + j(b + d) \tag{6-7}$$

와 같이 된다.

복소수를 복소평면상에서 기하학적으로 더하는 데 있어서는 벡터와 같이 **평행사변형법, 삼각형법, 다각형법**이 있다([그림 6-5]).

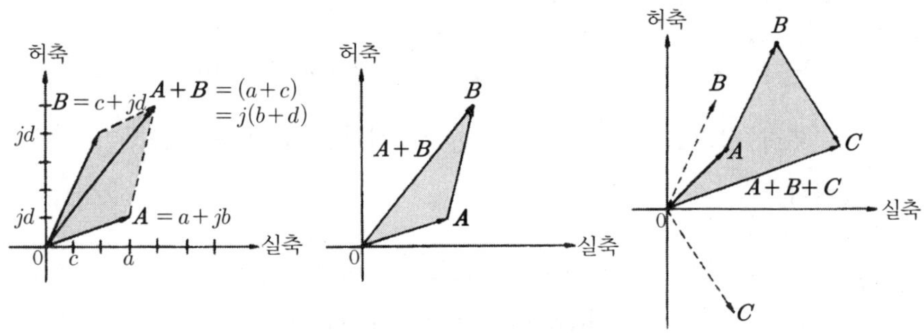

(a) 평행사변형법 (b) 삼각형법 (c) 다각형법

[그림 6-5] 복소수의 기하학적 더하기

(2) 복소수의 빼기

두 복소수의 빼기도 더하기와 같이 실수부는 실수부끼리, 허수부는 허수부끼

리 빼어주면 된다. 즉 다음과 같다.

$$\boldsymbol{A}-\boldsymbol{B}=(a+jb)-(c+jd)=(a-c)+j(b-d) \tag{6-8}$$

빼기 $\boldsymbol{A}-\boldsymbol{B}$를 기하학적으로 구할 때는 $\boldsymbol{A}-\boldsymbol{B}=\boldsymbol{A}+(-\boldsymbol{B})$와 같이 더하기로 생각하고 먼저 $-\boldsymbol{B}$를 구하고 이것과 $\boldsymbol{A}$를 더하여 주면 된다([그림 6-6]).

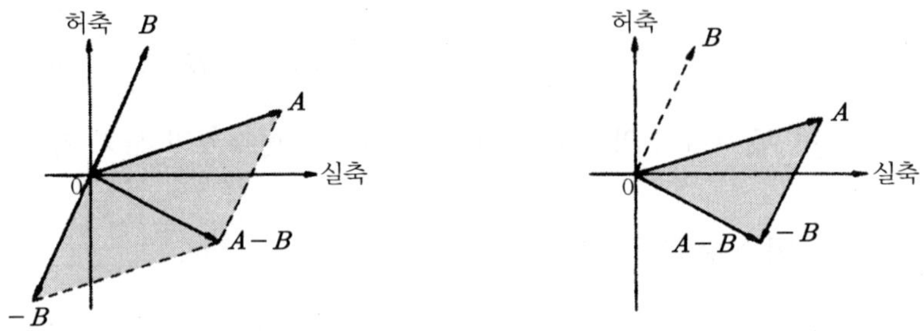

(a) 평행사변형법 (b) 삼각형법

[그림 6-6] 복소수의 기하학적 빼기

(3) 복소수의 곱하기

두 복소수의 곱하기는 먼저 대수적으로 계산한 다음 j^2은 -1로 대입하여 정리하면, 즉 다음과 같다.

$$\boldsymbol{AB} = (a+jb)(c+jd) = (ac-bd) + j(ad+bc) \tag{6-9}$$

또한 극좌표형식 또는 지수함수형식으로 계산하면 곱하기는 매우 간단하게 된다. 즉

$$\begin{aligned}\boldsymbol{AB} &= AB(\cos\alpha + j\sin\alpha)(\cos\beta + j\sin\beta)\\ &= AB[(\cos\alpha\cos\beta - \sin\alpha\sin\beta) + j(\sin\alpha\cos\beta + \cos\alpha\sin\beta)]\\ &= AB[\cos(\alpha+\beta)+j\sin(\alpha+\beta)]\end{aligned}$$

여기서 결과를 보면 크기는 AB이고 각은 $(\alpha+\beta)$인 복소수이므로

$$(\boldsymbol{A}\angle\alpha)(\boldsymbol{B}\angle\beta) = \boldsymbol{AB}\angle(\alpha+\beta) \tag{6-10}$$

따라서 지수함수형식의 경우도 마찬가지로

$$(\boldsymbol{A}e^{j\alpha})(\boldsymbol{B}e^{j\beta}) = \boldsymbol{AB}e^{j(\alpha+\beta)} \tag{6-11}$$

$\boldsymbol{A}$에 $\boldsymbol{B}$를 곱한다는 것은 기하학적으로는 복소평면상에서 $\boldsymbol{A}$를 대표하는 화살표 선분을 $\boldsymbol{B}$배하여 반시계 방향으로 각 β만큼 회전시킴을 의미한다([그림 6-7](a)).

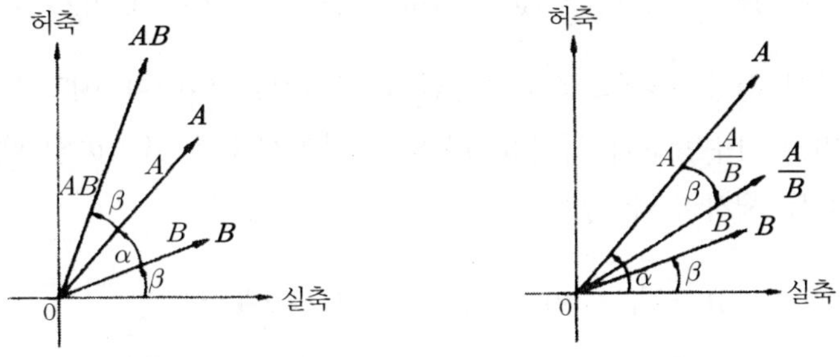

(a) 복소수의 곱하기 (b) 복소수의 나누기

[그림 6-7] 복소수의 곱하기와 나누기

(4) 복소수 나누기

두 복소수의 나누기는 직각좌표식의 경우에는 분모를 유리화하여 정리한다. 즉

$$\frac{\boldsymbol{A}}{\boldsymbol{B}} = \frac{a+jb}{c+jd} = \frac{(a+jb)(c-jd)}{(c+jd)(c-jd)} = \frac{(ac+bd)+j(bc-ad)}{c^2+d^2}$$
$$= \frac{ac+bd}{c^2+d^2} + j\frac{bc-ad}{c^2+d^2}$$

또한 극좌표형식 또는 지수함수형식으로 계산하면 곱하기와 같이 매우 간단하게 된다. 즉

$$\frac{\boldsymbol{A}}{\boldsymbol{B}} = \frac{A(\cos\alpha+j\sin\alpha)}{B(\cos\beta+j\sin\beta)} = \frac{A}{B}\cdot\frac{(\cos\alpha+j\sin\alpha)(\cos\beta-j\sin\beta)}{(\cos\beta+j\sin\beta)(\cos\beta-j\sin\beta)}$$

$$= \frac{A}{B}(\cos\alpha+j\sin\alpha)(\cos\beta-j\sin\beta) = \frac{A}{B}[\cos(\alpha-\beta)+j\sin(\alpha-\beta)]$$

따라서

$$\frac{A\angle\alpha}{B\angle\beta} = \frac{A}{B}\angle(\alpha-\beta) \tag{6-12}$$

$$\frac{Ae^{j\alpha}}{Be^{j\beta}} = \frac{A}{B}e^{j(\alpha-\beta)} \tag{6-13}$$

$\boldsymbol{A}$를 $\boldsymbol{B}$로 나눈다는 것은 기하학적으로는 $\boldsymbol{A}$를 대표하는 화살표 선분을 $\dfrac{1}{B}$ 배하여 시계방향으로 각 β만큼 회전시킴을 의미한다([그림 6-7](b)).

위의 지수함수와 극좌표형식의 계산에서 $\boldsymbol{A} = A\angle\theta$ 일 때 다음과 같은 상호 관계를 생각할 수 있다.

$$\begin{aligned} j\boldsymbol{A} &= 1\angle 90\cdot A\angle\theta = A\angle(\theta+90^\circ) \\ -j\boldsymbol{A} &= 1\angle -90\cdot A\angle\theta = A\angle(\theta-90^\circ) \\ -\boldsymbol{A} &= 1\angle \pm180\cdot A\angle\theta = A\angle(\theta\pm180^\circ) \\ \frac{1}{\boldsymbol{A}} &= \frac{1\angle 0}{A\angle\theta} = \frac{1}{A}\angle -\theta \end{aligned} \tag{6-14}$$

예제 6-5

두 복소수 $4+j3$, $-2+j1$을 더하기, 빼기, 곱하기, 나누기를 하여라.

■ 풀이 ■ $(4+j3)+(-2+j1) = (4-2)+j(3+1) = \boldsymbol{2+j4}$

$(4+j3)-(-2+j1) = (4+2)+j(3-1) = \boldsymbol{6+j2}$

$(4+j3)\cdot(-2+j1) = -8+j4-j6+j^2 3 = \boldsymbol{-11-j2}$

$$\frac{4+j3}{-2+j1} = \frac{(4+j3)(-2-j1)}{(-2+j1)(-2-j1)} = \frac{-8-j4-j6+j^2 3}{(-2)^2-(j1)^2}$$

$$= \frac{-5-j10}{5} = \boldsymbol{-1-j2}$$

예제 6-6

$\boldsymbol{A} = 2+j2\sqrt{3}$, $\boldsymbol{B} = 2\angle\dfrac{\pi}{6}$일 때 $\boldsymbol{A}\cdot\boldsymbol{B}$와 $\dfrac{\boldsymbol{A}}{\boldsymbol{B}}$를 구하여라.

■ 풀이 ■ 우선 복소수 A를 극좌표형식으로 고치면

$$\boldsymbol{A} = 2+j2\sqrt{3} = \sqrt{2^2+(2\sqrt{3})^2}\quad \tan^{-1}\frac{2\sqrt{3}}{2} = 4\angle\frac{\pi}{3}$$

$$\therefore \boldsymbol{A} \cdot \boldsymbol{B} = 4\angle\frac{\pi}{3} \cdot 2\angle\frac{\pi}{6} = 4\times 2 \quad \frac{\pi}{3}+\frac{\pi}{6} = 8\angle\frac{\pi}{2}$$

$$\frac{\boldsymbol{A}}{\boldsymbol{B}} = \frac{4\angle\frac{\pi}{3}}{2\angle\frac{\pi}{6}} = \frac{4}{2} \quad \frac{\pi}{3}-\frac{\pi}{6} = 2\angle\frac{\pi}{6}$$

6-6 정현파의 복소수 표시(페이저)

[그림 6-8](a)에서 길이가 V_m인 선분 OP가 평면상에서 원점 O를 중심으로 일정한 각속도 ω[rad/sec]로 반시계 방향으로 회전하고 있다고 하자. 이 회전선분이 수평축과 이루는 각을 α라 하고, 이 순간을 시간의 원점으로 택한다면 이때부터 t_1초 후 선분 OP는 ωt_1[rad]만큼 회전하여 수평축과는 $(\omega t_1 + \alpha)$[rad]의 각을 이룰 것이므로, 이때의 OP의 수직축상의 투영 $\overline{OP}$는 $\overline{OP} = V_m \sin(\omega t_1 + \alpha)$와 같이 된다. 즉 $\overline{OP}$는 최대값이 V_m이고 위상각이 α인 정현파의 $t = t_1$에서의 순시값과 같다. 이런 의미에서 회전선분은 하나의 정현파를 대표한다고 할 수 있다. [그림 6-8](b)는 회전선분이 대표하는 정현파의 순시값의 곡선을 그렸다.

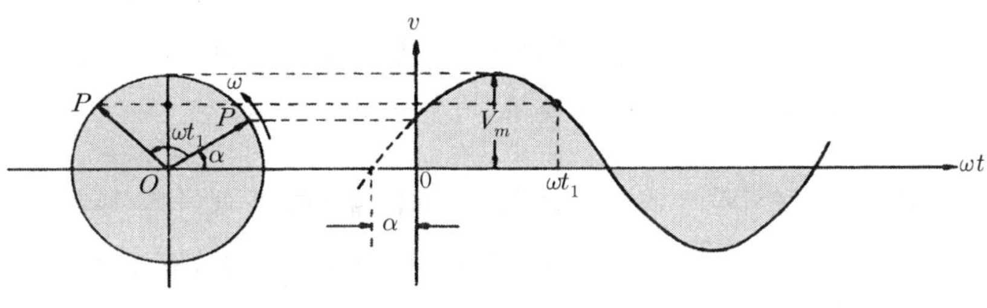

(a) (b)

[그림 6-8] 회전선분과 정현파

이상의 사실을 반대로 이용하면 정현파 $V_m \sin(\omega t + \alpha)$는 길이가 V_m이고 $t = 0$에서 수평축과 이루는 각이 α와 같고, 일정한 각속도 ω로써 반시계 방향으로 회전하는 하나의 선분으로 대표한다고 볼 수 있으며, **회전벡터**(rotating vector)라고도 한다.

이상의 정현파를 대표하는 회전벡터는 길이와 각이라는 두 요소를 가지고 있으므로 앞에서 언급한 하나의 복소수로서 표현할 수 있다. 즉 회전선분이 놓인 선분을 하나의 복소평면으로 생각한다면 $t = 0$에서의 회전선분은

$$\boldsymbol{V}_m \angle \alpha = \boldsymbol{V}_m e^{j\alpha} \tag{6-15}$$

와 같이 표시된다.

이와같이 정현파의 최대값과 위상을 나타내는 이 선분 또는 복소수를 **페이저**(phasor)라고 하며, 선분의 끝에는 보통 화살표를 붙인다. 그러나 실제 정현파의 크기는 실효값으로서 대표되므로 페이저의 크기도 정현파의 실효값으로 나타내는 것이 일반적이다.

페이저라는 용어는 위상(phase)에서 나온 말이지만 어디까지나 정현파를 대표하는 용어이기 때문에 벡터와는 구분해서 써야 한다. 그러나 일단 표현된 페이저 자체는 평면 벡터처럼 취급해도 동일한 결과를 얻을 수 있기 때문에 페이저를 벡터라고 하는 경우도 있다. 결국 페이저는 크기와 각을 갖는 양이기 때문에 복소수와 같이 $\boldsymbol{V}$, $\boldsymbol{I}$로 표기한다.

한 회로에 관계되는 전압, 전류를 대표하는 페이저들을 하나의 복소평면에 그린 것을 **페이저도**(phasor diagram)라고 한다.

[그림 6-9](a)는 어떤 교류회로에 관계되는 전압, 전류의 순시값이

$$v = V_m \sin(\omega t + \alpha) = \sqrt{2}\, V \sin(\omega t + \alpha)$$
$$i = I_m \sin(\omega t + \beta) = \sqrt{2}\, I \sin(\omega t + \beta)$$

와 같이 표시되는 2개의 전압, 전류를 대표하는 페이저 $\boldsymbol{V} = V \angle \alpha$와 $\boldsymbol{I} = I \angle \beta$를 기하학적으로 표시한 페이저도이다. [그림 6-9]로부터 전압, 전류의 크기와 위상관계를 일목요연하게 알 수 있으며, 반시계 방향으로 앞서고 있는 쪽의 위상이 θ만큼 앞선다.

(a) (b)

[그림 6-9] 페이저도

페이저도에서 실제로 필요한 것은 각 전압, 전류의 크기와 위상차이므로 페이저를 회전시키면서 생각할 필요는 없고 어느 편리한 순간에 정지된 것을 관찰함으로써 충분하다. 그래서 어느 하나의 페이저를 수평축과 일치시킨 **기준 페이저**(reference phasor)를 우선 선택한 다음 다른 페이저를 이것과의 위상차를 고려하여 [그림 6-9](b)와 같이 그리게 된다.

이상으로 정현파의 실효값과 위상만을 고려한 복소수 $\boldsymbol{I} = I\angle\alpha$를 정현파의 페이저 표시 또는 복소수표시라고 언급하였다. 교류회로의 해석은 전압, 전류를 이와같이 복소수로 표시함으로써 매우 간단해진다. 예컨대 순시값 정현파 전압의 합성전압은 우선 순시값을 페이저로 고친 후 복소수의 계산과 같이 대수적으로 간단히 페이저 합성전압을 구하고 다시 순시값으로 표시하면 쉽게 구해진다.

예제 6-7

다음 각 정현파의 순시값은 페이저로, 페이저는 순시값으로 나타내어라.

① $v = 10\sin\omega t$ ② $i = -5\sin(\omega t - 30°)$

③ $v = 5\sqrt{2}\cos\left(\omega t + \frac{\pi}{4}\right)$ ④ $i = 50\sqrt{2}\sin(\omega t + 180°)$

⑤ $\boldsymbol{V} = 7\angle -\frac{\pi}{3}$ ⑥ $\boldsymbol{I} = 1 - j\sqrt{3}$

⑦ $\boldsymbol{V} = \frac{5}{\sqrt{2}}e^{j53°}$ ⑧ $\boldsymbol{I} = -10e^{j\frac{3}{2}\pi}$

■ **풀이** ■ ① $\boldsymbol{V} = \frac{10}{\sqrt{2}}\angle 0$

② $\boldsymbol{I} = \frac{-5}{\sqrt{2}}\angle -30° = \frac{5}{\sqrt{2}}\angle(-30° + 180°) = \frac{5}{\sqrt{2}}\angle 150°$

③ $V = 5\angle\left(\frac{\pi}{4}+\frac{\pi}{2}\right) = 5\angle\frac{3}{4}\pi$

④ $I = 50\angle 180° = -50\angle 0°$

⑤ $v = 7\sqrt{2}\sin\left(\omega t - \frac{\pi}{3}\right)$

⑥ $I = 1 - j\sqrt{3} = \sqrt{1^2+(\sqrt{3})^2}\angle -\tan^{-1}\sqrt{3} = 2\angle -60°$

$\therefore\ i = 2\sqrt{2}\sin(\omega t - 60°)$

⑦ $v = 5\sin(\omega t + 53°)$

⑧ $i = -10\sqrt{2}\sin\left(\omega t + \frac{3}{2}\pi\right) = 10\sqrt{2}\sin\left(\omega t + \frac{3}{2}\pi + \pi\right)$

$= 10\sqrt{2}\sin\left(\omega t + \frac{\pi}{2}\right)$

6-7 $R-L-C$ 소자의 페이저에 의한 전압, 전류

R, L, C 각각의 회로소자에

$$i = \sqrt{2}I\sin(\omega t + \alpha)$$

인 정현파 전류가 흐를 때 전류의 방향으로 생기는 각 소자의 전압강하 v_R, v_L, v_C는

$$v_R = Ri = \sqrt{2}RI\sin(\omega t + \alpha)$$

$$v_L = L\frac{di}{dt} = \sqrt{2}\omega LI\sin(\omega t + \alpha + 90°)$$

$$v_C = \frac{1}{C}\int idt = \sqrt{2}\frac{1}{\omega C}I\sin(\omega t + \alpha - 90°)$$

이 전류, 전압들을 페이저로 표시하면 다음과 같다.

$$\boldsymbol{I} = I\angle\alpha$$

$$\boldsymbol{V_R} = RI\angle\alpha = R\boldsymbol{I} \qquad (6\text{-}16)$$

$$\boldsymbol{V_L} = \omega LI\angle\alpha + 90° = \omega L\boldsymbol{I}\cdot 1\angle 90° = j\omega L\boldsymbol{I} \qquad (6\text{-}17)$$

$$V_C = \frac{1}{\omega C} I \angle \alpha - 90° = \frac{1}{\omega C} \boldsymbol{I} \cdot 1 \angle -90°$$

$$= -j\frac{1}{\omega C}\boldsymbol{I} = \frac{1}{j\omega C}\boldsymbol{I} \tag{6-18}$$

위 식들을 볼 때 $\boldsymbol{V_R} = R\boldsymbol{I}$에서 크기 V_R은 RI이고 전압과 전류가 동상임을 나타내고, $\boldsymbol{V_L} = j\omega L\boldsymbol{I}$에서 크기 V_L은 ωLI이고, 전압이 전류보다 위상이 90° 앞섬을 나타내고 $\boldsymbol{V_C} = -j\frac{1}{\omega C}\boldsymbol{I}$에서 크기 V_C는 $\frac{1}{\omega C}I$이고 전압이 전류보다 위상이 90° 늦음을 나타낸다.

〈표 6-1〉은 순시값과 페이저에 의한 수동소자의 전압−전류 관계식을 나타낸 것이며, 페이저도도 아울러 그렸다.

〈표 6-1〉 수동소자의 전압-전류 관계

순시값 표시		페이저 표시		페이저도
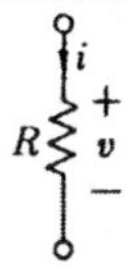	$v = Ri$ $i = Gv$	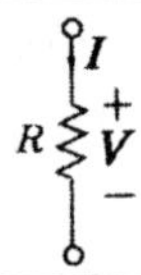	$\boldsymbol{V} = R\boldsymbol{I}$ $\boldsymbol{I} = G\boldsymbol{V}$	
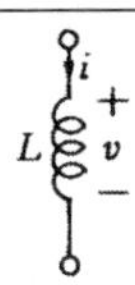	$v = L\frac{di}{dt}$ $i = \frac{1}{L}\int vdt$		$\boldsymbol{V} = j\omega L\boldsymbol{I}$ $\boldsymbol{I} = \frac{\boldsymbol{V}}{j\omega L}$	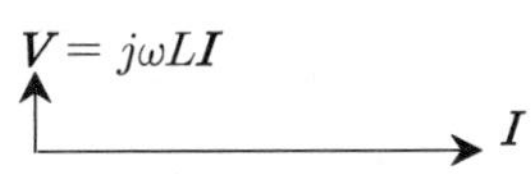
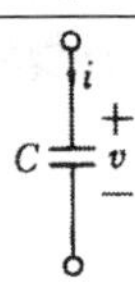	$v = \frac{1}{C}\int idt$ $i = C\frac{dv}{dt}$	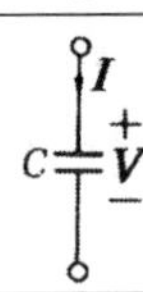	$\boldsymbol{V} = \frac{\boldsymbol{I}}{j\omega C}$ $\boldsymbol{I} = j\omega C\boldsymbol{V}$	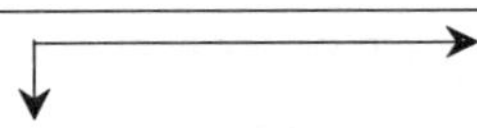 $\boldsymbol{V} = \frac{\boldsymbol{I}}{j\omega C} = -j\frac{1}{\omega C}\boldsymbol{I}$

〈표 6-1〉에서 보는 바와 같이 회로소자의 전압-전류 관계식은 순시값으로 표시할 때에는 미분 또는 적분이 포함되지만 페이저로 표시할 때에는 모두 $\boldsymbol{V}$ = 계수× $\boldsymbol{I}$와 같은 대수적 형식을 가지므로 모든 계산이 복소수의 대수적 계산만으로 이루어진다. 이것이 페이저를 이용함으로써 얻어지는 이득이다.

두 표시식의 변환관계를 살펴보면 순시값 표시식에서 v, i는 $\boldsymbol{V}, \boldsymbol{I}$로 정수 R, L, C는 그대로 두고, 미분기호 $\frac{d}{dt}$ 대신에 $j\omega$로 적분기호 $\int(\ )dt$ 대신에 $\frac{1}{j\omega}$이라 놓으면 페이저 표시식이 얻어진다.

예제 6-8

R만의 회로에서 $v = 100\sin\omega t$[V], $R = 10[\Omega]$일 때 저항에 흐르는 전류를 구하여라.

■ **풀이** ■ $V = \dfrac{100}{\sqrt{2}}\angle 0° = 70.7\angle 0°$ [A]

$I = \dfrac{V}{R} = \dfrac{70.7\angle 0°}{10} = \mathbf{7.07\angle 0°}$ [A]

또 순시값 표시로 나타내면

$i = \mathbf{7.07\sqrt{2}\ \sin\omega t = 10\sin\omega t}$ [A]

예제 6-9

L만의 회로에서 $X_L = 5\,[\Omega]$이고, $i = 10\sin(\omega t + 30°)$ [A]이다. 코일의 전압은 몇 [V]인가?

■ **풀이** ■ $I = 7.07\angle 30°$[A]

$V = j\omega LI = (j5)(7.07\angle 30°) = (5\angle 90°)(7.07\angle 30°)$

$= \mathbf{35.35\angle 120°}$[V]

또 순시값 표시로 나타내면

$v = 35.35\sqrt{2}\ \sin(\omega t + 120°) = \mathbf{50\sin(\omega t + 120°)}$ [V]

예제 6-10

C만의 회로에서 $i = 7\sin(\omega t - 60°)$ [A], $X_C = 0.1\,[\Omega]$일 때 콘덴서에 걸리는 전압은 몇 [V]인가?

■ **풀이** ■ $I \fallingdotseq 4.95\angle -60°$[A]

$V = -j\dfrac{1}{\omega C}(4.95\angle -60°) = -j0.1(4.95\angle -60°)$

$= (0.1\angle -90°)(4.95\angle -60°) = \mathbf{0.495\angle -150°}$[V]

또 순시값 표시로 나타내면

$v = 0.495\sqrt{2}\ \sin(\omega t - 150°) = \mathbf{0.7\sin(\omega t - 150°)}$[V]

6-8 복소 임피던스

[그림 6-10]에서 수동소자만으로 구성된 수동회로에서 두 단자 a, b에서 단자전압과 전류의 최대값 또는 실효값의 비를 임피던스의 크기(magnitude of impedance)라 하고, 단자전압과 전류의 위상차를 임피던스의 각(angle of impedance)이라 한다.

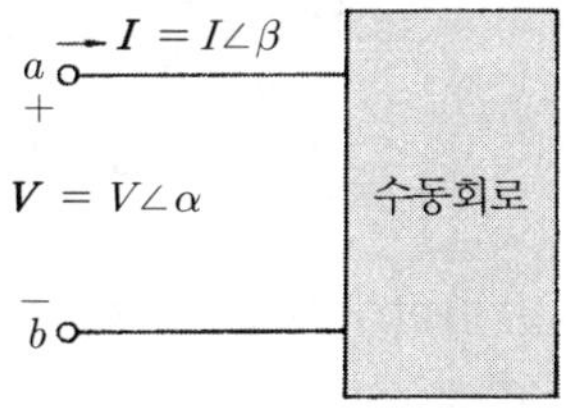

[그림 6-10]

따라서 크기와 각을 함께 고려한 페이저 전압과 페이저 전류의 비는 하나의 복소수가 된다. 이것을 이 수동회로의 **복소 임피던스**(complex impedance) 또는 간단히 **임피던스**(impedance)라 하며, $\boldsymbol{Z}$로 표시한다. 즉

$$\boldsymbol{Z} = \frac{\boldsymbol{V}}{\boldsymbol{I}}, \quad \boldsymbol{I} = \frac{\boldsymbol{V}}{\boldsymbol{Z}}, \quad \boldsymbol{V} = \boldsymbol{Z}\boldsymbol{I} \tag{6-19}$$

이며, 이것은 교류회로에서 복소수로 나타낸 옴의 법칙이라 할 수 있다.

지금 $\boldsymbol{Z}$, $\boldsymbol{V}$, $\boldsymbol{I}$를 극좌표형식으로 나타내면

$$\boldsymbol{Z} = \frac{\boldsymbol{V}}{\boldsymbol{I}} = \frac{V\angle\alpha}{I\angle\beta} = \frac{V}{I}\angle\alpha - \beta = Z\angle\theta \tag{6-20}$$

여기서 임피던스의 크기 Z와 각 θ는 다음과 같다.

$$Z = \frac{V}{I}, \quad V = ZI$$

$$\theta = \text{전압의 위상}(\alpha) - \text{전류의 위상}(\beta)$$

다음에 복소 임피던스 $\boldsymbol{Z}$를 직각좌표형식으로 나타내면

$$\boldsymbol{Z} = Z\angle\theta = Z\cos\theta + jZ\sin\theta = R + jX \tag{6-21}$$

이라면, 여기서 R, X는 각각 임피던스의 실수부, 허수부이며 이들을 임피던스의 **저항성분**(resistance component), **리액턴스 성분**(reactance component)이라고 하며, 간단히 저항, 리액턴스라고도 한다. 단위는 R, X, Z 모두 옴(ohm ; Ω)이다.

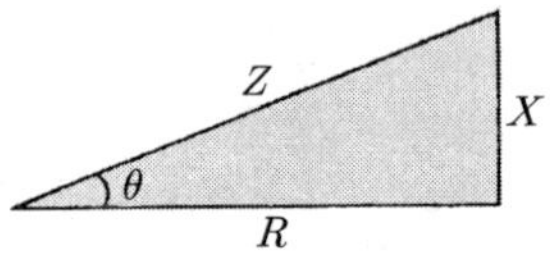

[그림 6-11] 임피던스도

[그림 6-11]은 복소 임피던스의 Z, θ, R, X를 복소평면상에 나타내고 있는 삼각도를 **임피던스 삼각도**(impedance triangle) 또는 간단히 **임피던스도**(impedance diagram)라고 하며, 회로 해석시 매우 유용하게 쓰인다.

또한 단일소자만으로 된 회로의 복소 임피던스는 식 (6-20)~(6-22)에서 $\boldsymbol{V}/\boldsymbol{I}$를 구하면

$$\boldsymbol{Z_R} = R + j0, \quad \boldsymbol{Z_L} = j\omega L = jX_L = \omega L\angle 90°$$

$$\boldsymbol{Z_C} = \frac{1}{j\omega C} = -j\frac{1}{\omega C} = jX_C = \frac{1}{\omega C}\angle -90°$$

이 식들은 단자전압과 전류의 크기의 비와 위상관계를 동시에 나타낸다.

다음에 복소 임피던스의 합성은 순저항(resistance)과 교류저항(reactance)의 합성으로서 넓은 의미의 저항이라 할 수 있는 복소 임피던스의 합성은 저항 R의 합성법이 그대로 적용된다. 즉 n개의 임피던스가 직렬접속되어 있는 경우 합성 임피던스 $\boldsymbol{Z_0}$는

$$\boldsymbol{Z_0} = \boldsymbol{Z_1} + \boldsymbol{Z_2} + \cdots + \boldsymbol{Z_n} \tag{6-22}$$

또한 n개의 임피던스가 병렬접속되어 있는 경우 합성 임피던스 $\boldsymbol{Z_0}$는 식 (6-22)에 의해서

$$\frac{1}{Z_0} = \frac{1}{Z_1} + \frac{1}{Z_2} + \cdots + \frac{1}{Z_n} = \sum_{k=1}^{n} \frac{1}{Z_K}$$

이므로

$$Z_0 = \frac{1}{\frac{1}{Z_1} + \frac{1}{Z_2} + \cdots + \frac{1}{Z_n}} = \frac{1}{\sum_{k=1}^{n} \frac{1}{Z_K}} \tag{6-23}$$

이 된다.

예제 6-11

어떤 회로에 100[V], 60[Hz]인 교류전압을 인가하였더니 20[A]의 전류가 흘렀고, 전류는 전압보다 위상이 40° 늦음을 알았다. 이 회로의 임피던스를 구하고 복소평면상에 그려라.

■ **풀이** ■ 전압을 기준으로 택하면 전압, 전류 페이저는

$\boldsymbol{V} = 100\angle 0°[\mathrm{V}]$, $\boldsymbol{I} = 20\angle -40°[\mathrm{A}]$

따라서 복소 임피던스는

$$\boldsymbol{Z} = \frac{\boldsymbol{V}}{\boldsymbol{I}} = \frac{100\angle 0°}{20\angle -40°} = \mathbf{5\angle 40° = 3.83 + \mathit{j}3.21}\ [\Omega]$$

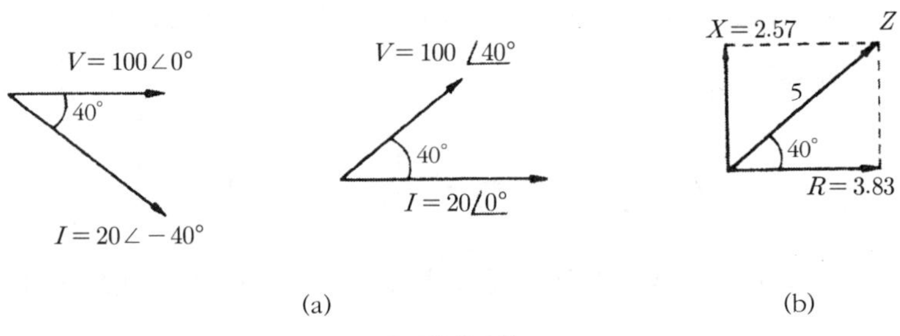

[그림 6-12]

또한 V 및 I를 기준으로 한 페이저도는 [그림 6-12](a)와 같고 그림 (b)는 임피던스를 복소평면상에 나타낸 것이다.

예제 6-12

[그림 6-13]과 같은 $R-L-C$ 직렬회로에서 단자 $a-b$에 대한 합성 임피던스 Z_{ab}를 구하여라. 단 R, ωL, $\dfrac{1}{\omega C}$이 각각 3, 8, 4[Ω]이다.

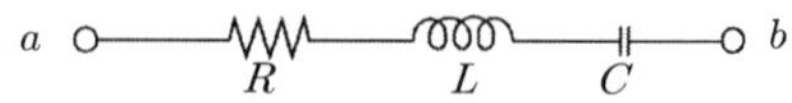

[그림 6-13]

■ **풀이** ■ 식 (6-19)에 의해서 합성 임피던스 Z_{ab}는

$$Z_{ab} = Z_R + Z_L + Z_C = R + jX_L + jX_C$$

$$= R + j\left(\omega L - \frac{1}{\omega C}\right) = 3 + j(8-4) = \mathbf{3 + j4}\ [\Omega]$$

6-9 복소 어드미턴스

저항 R의 역수를 콘덕턴스 G라고 하듯이 복소 임피던스 $\boldsymbol{Z}$의 역수를 복소 어드미턴스(complex admittance) 또는 간단히 어드미턴스(admittance)라 하며, $\boldsymbol{Y}$로 표시한다.

$$\boldsymbol{Y} = \frac{1}{\boldsymbol{Z}} = \frac{1}{Z\angle\theta} = \frac{1}{Z}\angle-\theta = Y\angle\theta' \qquad (6\text{-}24)$$

또한 페이저 전류와 페이저 전압의 비가 복소 어드미턴스이므로

$$\boldsymbol{Y} = \frac{\boldsymbol{I}}{\boldsymbol{V}} = \frac{I\angle\beta}{V\angle\alpha} = \frac{I}{V}\ \angle\beta-\alpha = Y\angle\theta'$$

페이저 전압과 페이저 전류 사이에는

$$\boldsymbol{I} = \boldsymbol{Y}\boldsymbol{V},\ \ \boldsymbol{V} = \frac{\boldsymbol{I}}{\boldsymbol{Y}} \qquad (6\text{-}25)$$

의 관계가 성립된다. 또한 어드미턴스의 크기 Y와 각 θ'는

$$Y = \frac{1}{Z} = \frac{I}{V},\ I = YV,\ V = \frac{I}{Y}$$

$$\theta' = \text{전류의 위상}(\beta) - \text{전압의 위상}(\alpha) = -(\alpha - \beta) = -\theta$$

로서 어드미턴스의 크기는 임피던스 크기의 역수이고, 각은 임피던스의 각 θ와 부호가 반대이다.

다음에 복소 어드미턴스 $\boldsymbol{Y}$를 직각좌표형식으로 나타내면

$$\boldsymbol{Y} = G + jB \tag{6-26}$$

이다. 여기서 실수부 G는 **컨덕턴스 성분**(conductance component), 허수부 B는 **서셉턴스 성분**(susceptance component)이라고 하며, 단순히 컨덕턴스, 서셉턴스라고도 한다. $\boldsymbol{Y}, G, B$의 단위는 모두 모(mho ;℧)이다.

또한 단일소자만으로 된 회로의 어드미턴스는

$$\boldsymbol{Y}_R = \frac{1}{\boldsymbol{Z}_R} = \frac{1}{R} = G$$

$$\boldsymbol{Y}_L = \frac{1}{\boldsymbol{Z}_L} = \frac{1}{j\omega L} = -j\frac{1}{\omega L} = jB_L$$

$$\boldsymbol{Y}_C = \frac{1}{\boldsymbol{Z}_C} = \frac{1}{\dfrac{1}{j\omega C}} = j\omega C = jB_C$$

여기서 B_L을 **유도성 서셉턴스**(inductive susceptance), B_C를 **용량성 서셉턴스**(capacitive susceptance)라고 한다.

단 하나의 소자에서는 컨덕턴스는 저항의 역수와 같고, 서셉턴스는 리액턴스의 역수에 부(−)를 붙인 것과 같으나 일반회로에서는 성립되지 않는다. 즉 임피던스가 $\boldsymbol{Z} = R + jX$일 때 실수부와 허수부를 모두 갖는 회로의 어드미턴스는

$$\boldsymbol{Y} = \frac{1}{R + jX} = \frac{R - jX}{(R + jX)(R - jX)} = \frac{R}{R^2 + X^2} - j\frac{X}{R^2 + X^2}$$

가 되며, 여기서

$$G = \frac{R}{R^2 + X^2} = \frac{R}{Z^2},\ B = -\frac{X}{R^2 + X^2} = -\frac{X}{Z^2}$$

그러므로 저항과 리액턴스만의 회로를 제외하고

$$G \neq \frac{1}{R},\ B \neq \frac{1}{X}$$

다음에 복소 어드미턴스의 합성은 어드미턴스가 컨덕턴스와 유사한 개념으로서 이에 대한 합성법은 컨덕턴스 G의 합성법이 그대로 적용된다. 즉, n개의 어드미턴스가 직렬접속되어 있는 경우 합성 어드미턴스 $\boldsymbol{Y}_0$는

$$\frac{1}{\boldsymbol{Y}_0} = \frac{1}{\boldsymbol{Y}_1} + \frac{1}{\boldsymbol{Y}_2} + \cdots + \frac{1}{\boldsymbol{Y}_n}$$

이므로

$$\boldsymbol{Y}_0 = \frac{1}{\dfrac{1}{\boldsymbol{Y}_1} + \dfrac{1}{\boldsymbol{Y}_2} + \cdots + \dfrac{1}{\boldsymbol{Y}_n}} = \frac{1}{\displaystyle\sum_{k=1}^{n} \boldsymbol{Y}_K} \tag{6-27}$$

또한 n개의 어드미턴스가 병렬접속되어 있는 경우 합성 어드미턴스 $\boldsymbol{Y}_0$는

$$\boldsymbol{Y}_0 = \boldsymbol{Y}_1 + \boldsymbol{Y}_2 + \cdots + \boldsymbol{Y}_n = \sum_{k=1}^{n} \boldsymbol{Y}_K \tag{6-28}$$

여기서 병렬회로의 합성 어드미턴스는 각 소자의 어드미턴스의 합과 같으므로 병렬회로의 해석은 어드미턴스를 사용하는 것이 간편한 경우가 많다.

예제 6-13

$\boldsymbol{Z} = 1 - j2\ [\Omega]$의 어드미턴스 $\boldsymbol{Y}$, 컨덕턴스 G, 서셉턴스 B를 구하여라.

■ 풀이 ■ $\boldsymbol{Y} = \dfrac{1}{\boldsymbol{Z}} = \dfrac{1}{1-j2} = \dfrac{1}{1-j2} \cdot \dfrac{1+j2}{1+j2} = \dfrac{1+j2}{5} = 0.2 + j0.4\ [℧]$

$\therefore\ G = \mathbf{0.2}\ [℧],\quad B = \mathbf{0.4}\ [℧]$

예제 6-14

어떤 회로에 100[V], 60[Hz]인 교류전압을 인가하였더니 5[A]의 전류가 흘렀고, 전류는 전압보다 위상이 60° 늦음을 알았다. 이 회로의 어드미턴스를 구하여라.

■ **풀이** ■ 전압을 기준으로 택할 때 전압, 전류 페이저는

$\boldsymbol{V} = 100\angle 0°$ [V], $\boldsymbol{I} = 5\angle -60°$ [A]

따라서 구하는 어드미턴스는

$$\boldsymbol{Y} = \frac{\boldsymbol{I}}{\boldsymbol{V}} = \frac{5\angle -60°}{100\angle 0°} = \mathbf{0.05\angle -60° = 0.025 - j0.025\sqrt{3}}\ [℧]$$

예제 6-15

[그림 6-14]와 같은 $G-C-L$ 병렬회로에서 단자 $a-b$에 대한 합성 어드미턴스 $\boldsymbol{Y}_{ab}$를 구하여라. 단, G, ωC, $\dfrac{1}{\omega L}$이 각각 4, 5, 12[℧]이다.

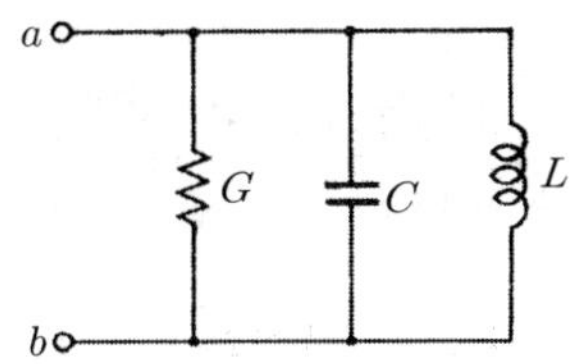

[그림 6-14] $G-C-L$ 병렬회로

■ **풀이** ■ 합성 어드미턴스 $\boldsymbol{Y}_{ab}$는

$$\boldsymbol{Y}_{ab} = \boldsymbol{Y}_R + \boldsymbol{Y}_C + \boldsymbol{Y}_L = G + jB_C + jB_L$$

$$= G + j\left(\omega C - \frac{1}{\omega L}\right)[℧]$$

$$= 4 + j(5-12) = \mathbf{4 - j7}\ [℧]$$

연습문제

6-1 $j50\sqrt{3}\left(-j\dfrac{\sqrt{3}}{2}\right)$을 간단히 하면?

㉮ 15　　㉯ $j15$　　㉰ 75　　㉱ j75

6-2 $\sqrt{-3}\,(\sqrt{-12}+\sqrt{-27}\,)$을 간단히 하면?

㉮ 5　　㉯ −15　　㉰ 15　　㉱ −45

6-3 복소수 $A=-3-j\sqrt{2}$의 공액(켤레)복소수 $\overline{A}$ 는?

㉮ $-3+j\sqrt{2}$　　㉯ $3+j\sqrt{2}$

㉰ $-\sqrt{2}+j3$　　㉱ $-\sqrt{2}-j3$

6-4 $A=1-j\sqrt{3}$의 크기와 편각은?

㉮ $2\angle 60°$　　㉯ $2\angle -60°$　　㉰ $2\angle 30°$　　㉱ $2\angle -30°$

6-5 $A=10\angle -60°$의 $a+jb$ 형식은?

㉮ $5-j8.66$　　㉯ $-5+j8.66$

㉰ $8.66-j5$　　㉱ $-8.66+j5$

6-6 두 전류 $I=4+j3$, $I=3+j4$의 합성전류의 크기[A]는?

㉮ $3\sqrt{2}$　　㉯ 7　　㉰ 21　　㉱ $7\sqrt{2}$

6-7 $I_1=6+j8$, $I_2=20\angle 60°$일 때 I_1+I_2를 직교좌표형식으로 나타내면?

㉮ $6.3-j15$　　㉯ $16-j25.3$

㉰ $6.3+j15$　　㉱ $16+j25.3$

＊ 정답　1 ㉰　2 ㉯　3 ㉮　4 ㉯　5 ㉮　6 ㉱　7 ㉱

6-8 $V_1 = 100\angle \tan^{-1}\frac{4}{3}$, $V_2 = 50\angle \tan^{-1}\frac{3}{4}$일 때 $\boldsymbol{V_1} + \boldsymbol{V_2}$는?

㉮ $90 + j120$　㉯ $100 + j110$
㉰ $110 + j100$　㉱ $120 + j90$

6-9 $\boldsymbol{A} = 50(\cos 30° + j\sin 30°)$인 복소수에 j를 곱한 값은?

㉮ $5\angle 30°$　㉯ $50\angle 30°$　㉰ $5\angle 120°$　㉱ $50\angle 120°$

6-10 $\boldsymbol{A_1} = 5(\cos 30° + j\sin 30°)$와 $\boldsymbol{A_2} = 4(\cos 60° + j\sin 60°)$로 표시되는 두 복소수의 곱 $\boldsymbol{A_1} \cdot \boldsymbol{A_2}$의 값은?

㉮ $20\angle 60°$　㉯ $10\angle 90°$　㉰ $j20$　㉱ $-j20$

6-11 $\boldsymbol{A_1} = 20\left(\cos\frac{\pi}{3} + j\sin\frac{\pi}{3}\right)$와 $\boldsymbol{A_2} = 5\left(\cos\frac{\pi}{6} + j\sin\frac{\pi}{6}\right)$로 표시되는 두 복소수의 나누기 $\boldsymbol{A_1}/\boldsymbol{A_2}$의 값은?

㉮ $4\angle 30°$　㉯ $4\angle -30°$　㉰ $16\angle 60°$　㉱ $16\angle -60°$

6-12 정현파 전류 $i = 10\sqrt{2}\sin(\omega t + 60°)$[A]를 페이저 전류로 표시하면?

㉮ $10\angle 0°$　㉯ $10\angle 60°$　㉰ $-10\angle -60°$　㉱ $10\sqrt{2}\angle 60°$

6-13 페이저 전압 $\boldsymbol{V} = 10e^{j\frac{\pi}{6}}$를 정현파의 순시값으로 표시하면?

㉮ $10\sin\left(\omega t + \frac{\pi}{6}\right)$　㉯ $-10\sin\left(\omega t - \frac{\pi}{6}\right)$
㉰ $10\sqrt{2}\sin\left(\omega t - \frac{\pi}{6}\right)$　㉱ $10\sqrt{2}\sin\left(\omega t + \frac{\pi}{6}\right)$

6-14 전류의 크기가 $i_1 = 30\sqrt{2}\sin\omega t$[A], $i_2 = 40\sqrt{2}\sin\left(\omega t + \frac{\pi}{2}\right)$[A]일 때 $i_1 + i_2$의 실효값[A]은?

㉮ 50　㉯ $50\sqrt{2}$　㉰ 70　㉱ $70\sqrt{2}$

* 정답　*8* ㉯ *9* ㉱ *10* ㉰ *11* ㉮ *12* ㉯ *13* ㉱ *14* ㉮

6-15 $v_1 = 20\sqrt{2}\,\sin\omega t$, $v_2 = 50\sqrt{2}\,\cos\left(\omega t - \frac{\pi}{6}\right)$일 때 $v_1 + v_2$의 실효값[V]은?

㉮ $\sqrt{2400}$ ㉯ $\sqrt{2900}$ ㉰ $\sqrt{3400}$ ㉱ $\sqrt{3900}$

6-16 $i_1 = 5\sqrt{2}\,\sin(\omega t + \theta)$와 $i_2 = 3\sqrt{2}\,\sin(\omega t + \theta - \pi)$와의 차에 상당하는 전류의 실효값 [A]은?

㉮ 3 ㉯ $3\sqrt{2}$ ㉰ 8 ㉱ $9\sqrt{2}$

6-17 $X_L = 4[\Omega]$인 코일에 $I = 5\angle -30°$[A]의 전류가 흐를 때 코일 양단의 페이저 전압 [V]은?

㉮ $20\angle 60°$ ㉯ $20\angle -60°$
㉰ $0.8\angle 60°$ ㉱ $0.8\angle -60°$

6-18 4[F]인 커패시터 양단에 $V = 8\angle 50°$[V] 전압을 가했을 때 흐르는 전류 페이저는? 단, $\omega = 100$[rad/sec]이다.

㉮ $32\angle -40°$ ㉯ $3200\angle 40°$ ㉰ $320\angle 50°$ ㉱ $3200\angle -50°$

6-19 어떤 회로의 전압과 전류가 $V = 10\angle 60°$[V], $I = 5\angle 30°$일 때 이 회로의 임피던스 $[\Omega]$는?

㉮ $2\angle 30°$ ㉯ $50\angle 90°$ ㉰ $2\angle 90°$ ㉱ $50\angle 30°$

6-20 어떤 회로에 $V = 7 + j19$[V]인 교류전압을 가했더니 $I = 3 + j$[A]의 전류가 흘렀다면 이 회로의 임피던스$[\Omega]$는?

㉮ $2 - j3$ ㉯ $2 + j3$ ㉰ $5 + j4$ ㉱ $4 + j5$

6-21 $Z_1 = 10 + j20$, $Z_2 = 5 - j15[\Omega]$, $Z_3 = 5 - j20[\Omega]$의 임피던스가 직렬일 때 합성 임피던스$[\Omega]$는?

㉮ $15 - j20$ ㉯ $15 + j20$ ㉰ $20 - j15$ ㉱ $20 + j15$

6-22 어떤 회로의 전압과 전류가 $V = 10\angle 60°$[V], $I = 5\angle 30°$일 때 이 회로의 어드미턴스 [V]는?

㉮ $0.5\angle 30°$ ㉯ $0.5\angle -30°$ ㉰ $2\angle 30°$ ㉱ $2\angle -30°$

* 정답 15 ㉱ 16 ㉰ 17 ㉮ 18 ㉯ 19 ㉮ 20 ㉱ 21 ㉰ 22 ㉯

6-23 $Z = 4 + j3[\Omega]$의 어드미턴스 $Y[℧]$는?

㉮ $0.016 - j0.012$ ㉯ $0.012 + j0.016$

㉰ $0.16 - j0.12$ ㉱ $0.12 + j0.16$

6-24 $A_1 = 2 + j,\ A_2 = -1 + j2$일 때 다음을 구하여라.

① $A_1 + A_2$ ② $A_1 - A_2$

③ $A_1 \cdot A_2$ ④ $\dfrac{A_1}{A_2}$

6-25 다음 복소수에서 극좌표형식은 직교좌표형식으로 직교좌표형식을 극좌표형식으로 바꾸어라.

① $10\angle 60°$ ② $\sqrt{2}\angle -45°$ ③ $-2-j2$ ④ $\dfrac{1}{1-j}$

6-26 다음과 같은 정현파 교류를 페이저로 나타내어라.

① $v_1 = 10\sin\omega t$ ② $i_2 = 5\sqrt{2}\sin\left(\omega t - \dfrac{\pi}{6}\right)$

③ $i_3 = 5\sqrt{2}\cos\left(\omega t + \dfrac{\pi}{6}\right)$ ④ $v_4 = -10\sqrt{2}\sin\left(\omega t - \dfrac{\pi}{4}\right)$

*** 정답** 23 ㉰ 24 ① $1+j3$ ② $3-j$ ③ $-4+j3$ ④ $-j$

25 ① $5+j5\sqrt{3}$ ② $1-j$ ③ $2\sqrt{2}\angle 225°$ ④ $\dfrac{1}{\sqrt{2}}\angle 45°$

26 ① $V_1 = \dfrac{10}{\sqrt{2}}\angle 0°$ ② $I_2 = 5\angle -\dfrac{\pi}{6}$ ③ $I_3 = 5\angle \dfrac{2}{3}\pi$ ④ $V_4 = 10\angle \dfrac{3}{4}\pi$

제7장

정현파 교류회로의 페이저 해석법

회로 해석은 전원을 포함하는 회로의 구성과 각 소자의 값이 주어졌을 때 회로 각 부의 전압, 전류를 구하는 것을 의미한다. 전력이나 에너지도 해석의 대상이지만 이것들은 전압, 전류의 분포만 알면 쉽게 구할 수 있다.

정현파 교류회로도 페이저를 적용하면 직류 저항회로에서 배운 내용을 그대로 적용할 수 있다. 다만 페이저는 복소수로 표시되기 때문에 교류회로를 배우면서 복소수 연산의 중요성을 계속해서 강조하는 것은 이 때문이다.

이 장에서는 $R-L$, $R-C$, $K-L-C$ 직렬회로와 $R-L-C$ 병렬회로, 직병렬회로, 교류 브리지, 일반적 해석법 및 페이저 해석에 의한 회로망정리를 배운다.

7-1 $R-L$ 직렬회로

[그림 7-1]의 회로에서 전류 $\boldsymbol{I}$와 각 소자에 걸리는 전압 $\boldsymbol{V_R}$, $\boldsymbol{V_L}$을 구해 보자.

만일, 문제가 그림과 같은 페이저 형태가 아니고 순시값 형태로 나왔다면 당연히 그림과 같이 페이저로 변환해서 해석해야 한다.

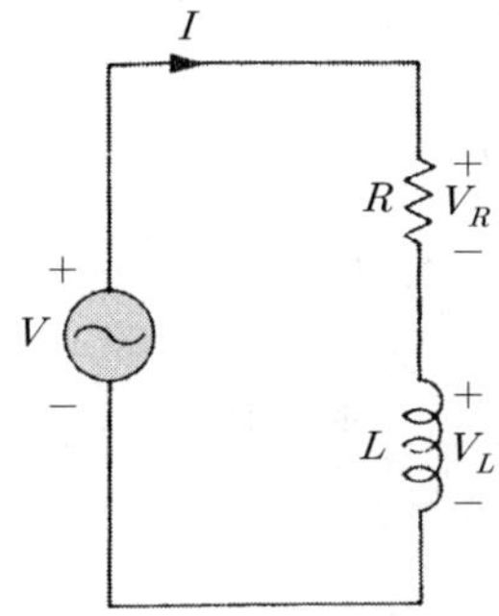

[그림 7-1] $R-L$ 직렬회로의 페이저 표시

KVL과 옴의 법칙을 적용하면

$$\boldsymbol{V} = \boldsymbol{V_R} + \boldsymbol{V_L} = R\boldsymbol{I} + j\omega L\boldsymbol{I} = (R + j\omega L)\boldsymbol{I} = \boldsymbol{Z}\,\boldsymbol{I}$$

$$\therefore \boldsymbol{I} = \frac{\boldsymbol{V}}{\boldsymbol{Z}}$$

따라서 [그림 7-1]을 해석할 경우는 먼저 합성 임피던스를 구하고 전류를 구하는 것이 순서이다. 즉,

$$\begin{aligned}\boldsymbol{Z} &= R + j\omega L \\ &= \sqrt{R^2 + (\omega L)^2} \angle \tan^{-1}\frac{\omega L}{R} = Z \angle \theta \end{aligned} \qquad (7\text{-}1)$$

$$Z = \sqrt{R^2 + (\omega L)^2}$$

$$\theta = \tan^{-1}\frac{\omega L}{R}$$

이므로

$$I = \frac{V}{Z} = \frac{V\angle\ 0}{Z\ \angle\ \theta} = \frac{V}{Z}\angle\ \ -\theta$$

따라서

$$i = \sqrt{2}\,\frac{V}{Z}\sin(\omega t - \theta) = \sqrt{2}\,I\sin(\omega t - \theta)$$

또한 각 소자에 걸리는 전압은

$$\boldsymbol{V_R = Z_R I = RI} \qquad (7\text{-}2)$$

$$\boldsymbol{V_L = ZI = j\omega LI} \qquad (7\text{-}3)$$

이 관계를 페이저도 및 임피던스도로 나타내면 [그림 7-2]와 같다.

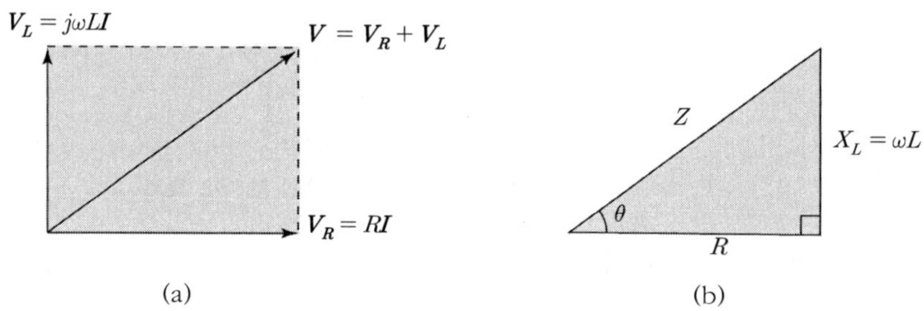

[그림 7-2] 전압 페이저도 및 임피던스도

이상으로부터 $\boldsymbol{V_R}$은 $\boldsymbol{I}$와 동상이고 $\boldsymbol{V_L}$은 $\boldsymbol{I}$보다 위상이 90° 앞서며 $\boldsymbol{V}$는 $\boldsymbol{I}$보다 θ만큼 앞선다(0°≤θ ≤90°). 또한 최대값 V_m과 I_m, 실효값 V와 I의 비는 다음과 같다.

$$\frac{V_m}{I_m} = \frac{V}{I} = Z = \sqrt{R^2 + (\omega L)^2}$$

예제 7-1

$R = 20\ [\Omega]$, $L = 56\ [\text{mH}]$인 $R-L$ 직렬회로에 $v = 100\sqrt{2}\,\sin 377t[\text{V}]$의 전압을 인가하였다.

① 임피던스의 크기와 각을 구하여라.

② 전류의 실효값과 이의 순시값을 구하여라.

■ **풀이** ■ ① 유도성 리액턴스 $X_L = \omega L$에서

$$X_L = 377 \times 56 \times 10^{-3} \fallingdotseq 21.1\ [\Omega]$$

따라서 임피던스의 크기와 각은

$$Z = \sqrt{R^2 + X_L} = \sqrt{20^2 + 21.1^2} \fallingdotseq \mathbf{29.1}\ [\Omega]$$

$$\theta = \tan^{-1}\frac{X_L}{R} = \tan^{-1}\frac{21.1}{20} = \mathbf{46.5°}$$

② 전류의 실효값은

$$I = \frac{V}{Z} = \frac{100}{29.1} \fallingdotseq \mathbf{3.44}\ [\mathrm{A}]$$

전류는 전압보다 위상이 46.5° 늦으므로 전류의 순서는

$$i = \mathbf{3.44\sqrt{2}\sin(377t - 46.5°)}\ [\mathrm{A}]$$

7-2 $R-C$ 직렬회로

[그림 7-3]에서 전류 및 각 소자에 걸리는 전압을 구해보자.

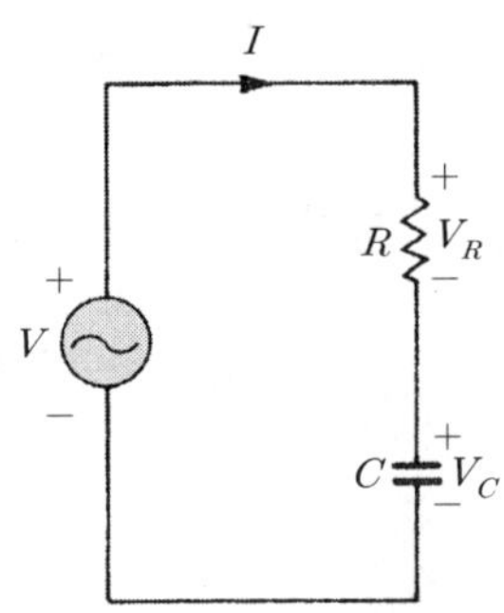

[그림 7-3] $R-C$ 직렬회로

KVL과 옴의 법칙을 적용하면

$$\boldsymbol{V} = \boldsymbol{V_R} + \boldsymbol{V_L} = R\boldsymbol{I} - j\frac{1}{\omega C}\boldsymbol{I} = \left(R - j\frac{1}{\omega C}\right)\boldsymbol{I} = \boldsymbol{Z}\,\boldsymbol{I}$$

$$\therefore \boldsymbol{I} = \frac{\boldsymbol{V}}{\boldsymbol{Z}}$$

따라서 합성 임피던스를 구하고 전류를 구하면

$$\boldsymbol{Z} = R - j\frac{1}{\omega C} = \sqrt{R^2 + \left(\frac{1}{\omega C}\right)^2} \angle -\tan^{-1}\frac{\frac{1}{\omega C}}{R} = Z \angle \theta$$

$$Z = \sqrt{R^2 + \left(\frac{1}{\omega C}\right)^2}$$

$$\theta = -\tan^{-1}\frac{\frac{1}{\omega C}}{R} = -\tan^{-1}\frac{1}{R\omega C}$$

이므로

$$\boldsymbol{I} = \frac{\boldsymbol{V}}{\boldsymbol{Z}} = \frac{V \angle 0}{Z \angle \theta} = \frac{V}{Z} \angle -\theta$$

$$i = \sqrt{2}\frac{V}{Z}\sin(\omega t - \theta)$$

또한 각 소자에 걸리는 전압은

$$\boldsymbol{V_R} = R\boldsymbol{I} \qquad (7\text{-}4)$$

$$\boldsymbol{V_C} = -j\frac{1}{\omega C}\boldsymbol{I} \qquad (7\text{-}5)$$

이 관계를 페이저 및 임피던스도로 나타내면 [그림 7-4]와 같다.

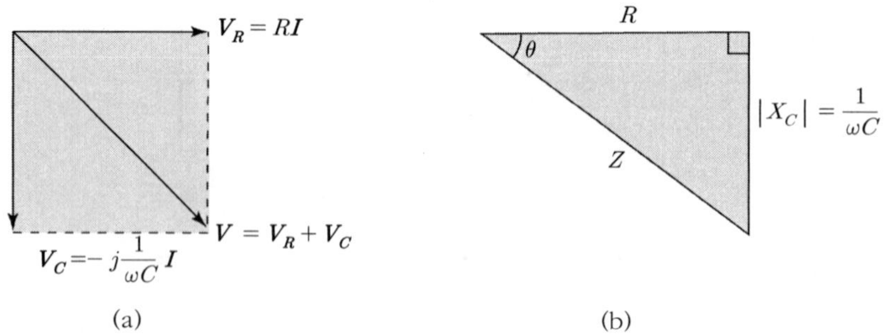

[그림 7-4] 전압 페이저도 및 임피던스도

이상으로부터 V_R은 I와 동상이고 V_c은 I보다 위상이 $90°$ 늦으며 V는 I보다 $-\theta$만큼 늦다($0 \leqq \theta \leqq -90°$). 또한 최대값 V_m과 I_m, 실효값 V와 I의 비는 다음과 같다.

$$\frac{V_m}{I_m} = \frac{V}{I} = Z = \sqrt{R^2 + \left(\frac{1}{\omega C}\right)^2}$$

예제 7-2

$R = 3\,[\Omega]$, $C = 100\,[\mu F]$인 $R-C$ 직렬회로에 $v = \sqrt{2}\,10\sin(2500t + 30°)\,[V]$인 전압을 인가하였다.

① 임피던스의 크기와 각을 구하여라.

② 전류의 실효값과 순시값을 구하여라.

■ **풀이** ■ ① 용량성 리액턴스 $X_C = -\dfrac{1}{\omega C}$에서

$$X_C = -\frac{1}{2500 \times 100 \times 10^{-6}} = -4\,[\Omega]$$

따라서 임피던스의 크기와 각은

$$Z = \sqrt{R^2 + X_C} = \sqrt{3^2 + 4^2} = 5\,[\Omega]^2$$

$$\theta = \tan^{-1}\frac{X_C}{R} = \tan^{-1}\frac{-4}{3} = \mathbf{-53.1°}$$

② 전류의 실효값과 순시값은

$$I = \frac{V}{Z} = \frac{10}{5} = \mathbf{2}\,[A]$$

$$i = 2\sqrt{2}\sin(2500t + 30° + 53.1°) = \mathbf{2\sqrt{2}\sin(2500t + 83.1°)}\,[A]$$

7-3 $R-L-C$ 직렬회로

[그림 7-5]에서 전류 및 각 소자에 걸리는 전압을 구해보자.

합성 임피던스는

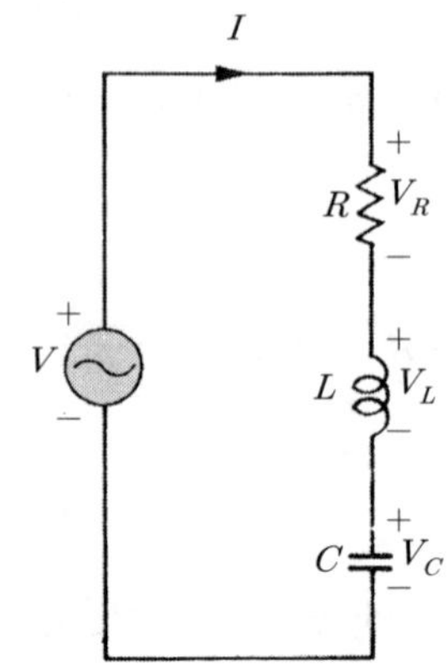

[그림 7-5] $R-L-C$ 직렬회로

$$\boldsymbol{Z} = R + j\omega L - j\frac{1}{\omega C}$$

$$= \sqrt{R^2 + \left(\omega L - \frac{1}{\omega C}\right)^2} \angle \tan^{-1}\frac{\omega L - \frac{1}{\omega C}}{R} = Z\angle\theta$$

$$Z = \sqrt{R^2 + \left(\omega L - \frac{1}{\omega C}\right)^2} = \sqrt{R^2 + X^2}$$

$$\theta = \tan^{-1}\frac{\omega L - \frac{1}{\omega C}}{R} = \tan^{-1}\frac{X}{R}$$

따라서 임피던스 $\boldsymbol{Z}$ 가 결정되면 전류 $\boldsymbol{I}$는 $\boldsymbol{I} = \dfrac{\boldsymbol{V}}{\boldsymbol{Z}}$ 에 의해서 구할 수 있다. 또한 합성리액턴스 X의 부호에 따라서 각 θ의 부호가 결정되며 다음의 3가지 경우를 생각할 수 있다.

① $\boldsymbol{\omega L > \dfrac{1}{\omega C}}$ 인 경우 ; $X > 0$, $\theta > 0$이고, 유도성회로가 되며, 전압은 전류보다 위상이 θ만큼 앞선다. 이 경우의 페이저도는 [그림 7-6]과 같다.

② $\boldsymbol{\omega L < \dfrac{1}{\omega C}}$ 인 경우 ; $X < 0$, $\theta < 0$이고, 용량성 회로가 되며, 전압은 전류보다 위상이 $|\theta|$만큼 늦는다.

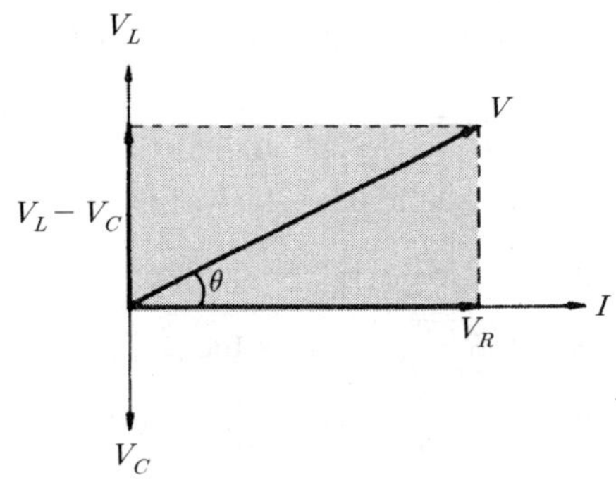

[그림 7-6] $\omega L > \frac{1}{\omega C}$ 인 경우의 페이저도

③ $\omega L = \frac{1}{\omega C}$ 인 경우 ; $X = 0$, $\theta = 0$ 이고, 전압과 전류는 동상이고, R만 존재하는 회로와 같게 된다. 이 상태를 공진(resonance)이라고 하며, 제8장에서 자세히 배우게 된다. $\boldsymbol{V}$, $\boldsymbol{I}$의 페이저도는 [그림 7-6]과 같다.

예제 7-3

$L-C$ 직렬회로에 $X_L = 10\,[\Omega]$, $|X_C| = 5\,[\Omega]$이고, $v = 141.4\sin\omega t\,[\mathrm{V}]$일 때 회로에 흐르는 전류의 실효값과 순시값을 구하여라.

■ 풀이 ■ 합성 임피던스 $\boldsymbol{Z}$는

$$\boldsymbol{Z} = j(X_L + X_C) = j(10-5) = j5 = 5\angle 90°\,[\Omega]$$

$$\therefore\ \boldsymbol{I} = \frac{\boldsymbol{V}}{\boldsymbol{Z}} = \frac{100\angle 0}{5\angle 90°} = \mathbf{20\angle -90°}\,[\mathrm{A}]$$

또 순시값 전류는

$$i = 20\sqrt{2}\sin(\omega t - 90°) = \mathbf{28.28\sin(\omega t - 90°)}\,[\mathrm{A}]$$

예제 7-4

$R = 100[\Omega]$, $L = 25.3\,[\mathrm{mH}]$, $C = 100[\mu\mathrm{F}]$인 $R-L-C$ 직렬회로에 $v = 100\sqrt{2}\sin 628t[\mathrm{V}]$의 전압을 인가하였다.

① 임피던스의 크기와 각을 구하여라.

② 전류의 실효값과 이의 순시값을 구하여라.

■ 풀이 ■ 리액턴스 X_L과 X_C는

$$X_L = \omega L = 628 \times 25.3 \times 10^{-3} \fallingdotseq 15.9\,[\Omega]$$

$$X_C = -\frac{1}{\omega C} = -\frac{1}{628 \times 100 \times 10^{-6}} \fallingdotseq -15.9\,[\Omega]$$

$$\therefore X = X_L + X_C = 0$$

① 따라서 임피던스의 크기와 각은

$$Z = \sqrt{R^2 + X^2} = R = \mathbf{100}\,[\Omega]$$

$$\theta = \tan^{-1}\frac{X}{R} = \tan^{-1}\frac{0°}{100°} = \mathbf{0°}(\text{동상})$$

② 전류의 실효값과 순시값은

$$I = \frac{V}{Z} = \frac{100}{100} = \mathbf{1}\,[\text{A}]$$

$$i = \sqrt{2} \cdot 1\sin(628t + 0°) = \mathbf{\sqrt{2}\sin 628t}\,[\text{A}]$$

7-4 $R-L-C$ 병렬회로

[그림 7-7]과 같은 $R-L-C$ 병렬회로에서 각 소자에 흐르는 전류 $\boldsymbol{I} = \boldsymbol{YV}$ 에서

$$\boldsymbol{I_R} = \boldsymbol{Y_R V} = \frac{\boldsymbol{V}}{R} = G\boldsymbol{V} \tag{7-6}$$

$$\boldsymbol{I_L} = \boldsymbol{Y_L V} = \frac{\boldsymbol{V}}{j\omega L} = -j\frac{\boldsymbol{V}}{\omega L} \tag{7-7}$$

$$\boldsymbol{I_C} = \boldsymbol{Y_C V} = j\omega C\boldsymbol{V} \tag{7-8}$$

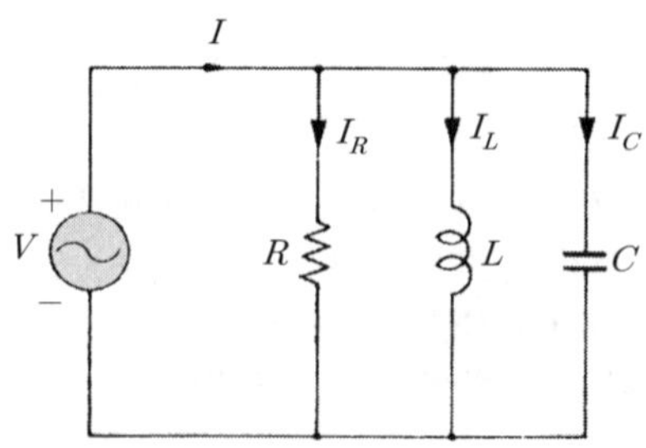

[그림 7-7] $R-L-C$ 병렬회로

따라서 전체전류 $\boldsymbol{I}$는 KCL에 의해서

$$\begin{aligned}\boldsymbol{I} &= \boldsymbol{I}_R+\boldsymbol{I}_C+\boldsymbol{I}_L = \frac{\boldsymbol{V}}{R}+j\left(\omega C-\frac{1}{\omega L}\right)\boldsymbol{V}\\ &= \left\{\frac{1}{R}+j\left(\omega C-\frac{1}{\omega L}\right)\right\}\boldsymbol{V}\\ &= \boldsymbol{YV}\end{aligned}$$

여기서 서셉턴스 B를

$$B = \omega C - \frac{1}{\omega L} = B_C + B_L \tag{7-9}$$

이라 놓으면 복소 어드미턴스 $\boldsymbol{Y}= G+jB = Y\angle\theta'$에서

$$Y = \frac{I}{V} = \sqrt{G^2+B^2} = \sqrt{\left(\frac{1}{R}\right)^2+\left(\omega C-\frac{1}{\omega L}\right)^2} \tag{7-10}$$

$$\theta' = \tan^{-1}\frac{B}{G} = \tan^{-1}R\left(\omega C-\frac{1}{\omega L}\right) \tag{7-11}$$

위 관계식을 보면 어드미턴스가 결정되고 $\boldsymbol{V}$가 주어지면 $\boldsymbol{I}$는 $\boldsymbol{I}=\boldsymbol{YV}$에 의하여 구할 수 있다. I가 주어지면 $\boldsymbol{V}$는 $\boldsymbol{V}=\boldsymbol{I}/\boldsymbol{Y}$에 의하여 구할 수 있다. 또한 B의 부호에 따라서 각 θ'의 부호가 결정되며 다음의 3가지 경우를 생각할 수 있다.

① $\omega C > \dfrac{1}{\omega L}$인 경우 ; $B > 0,\ \theta' > 0$이고, 용량성 회로가 되며, 전류가 전압보다 위상이 θ'만큼 앞선다. 이 경우의 페이저도는 [그림 7-8]과 같다.

② $\omega C < \dfrac{1}{\omega L}$인 경우 ; $B < 0,\ \theta' < 0$이고, 유도성 회로가 되며, 전류가 전압보다 위상이 $|\theta'|$만큼 뒤진다.

③ $\omega C = \dfrac{1}{\omega L}$인 경우 ; $B = 0,\ \theta' = 0$이고, 전압과 전류는 동상이고, 병렬공진이 된다.

$\boldsymbol{V}$, $\boldsymbol{I}$의 페이저도는 [그림 7-8]과 같다.

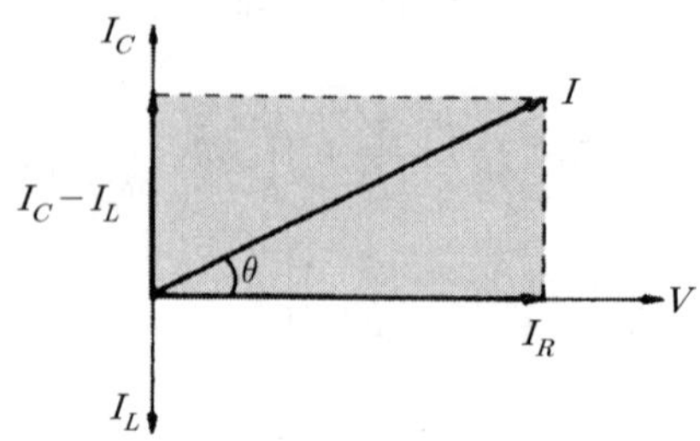

[그림 7-8] $\omega C > \dfrac{1}{\omega L}$ 인 경우의 페이저도

이상에서 $R-L-C$ 직렬회로와 병렬회로를 비교하여 보면 〈표 7-1〉에 다음과 같은 쌍대적 양을 추가할 수 있음을 알 수 있다.

〈표 7-1〉 쌍대적인 양

전압 페이저	$\boldsymbol{V}$	전류 페이저	$\boldsymbol{I}$
페이저로 표시된	KCL	페이저로 표시된	KVL
임피던스	$\boldsymbol{Z}$	어드미턴스	$\boldsymbol{Y}$
저항성분	R	컨덕턴스 성분	G
리액턴스 성분	X	서셉턴스 성분	B
유도성 리액턴스	$X_L = \omega L$	용량성 서셉턴스	$B_C = \omega C$
용량성 리액턴스	$X_C = -\dfrac{1}{\omega C}$	유도성 서셉턴스	$B_L = -\dfrac{1}{\omega L}$

예제 7-5

[그림 7-9]와 같은 $R-L$ 병렬회로에서 $v = 141.4\sin(\omega t + 53.1°)$ [V]이고, $R = 3.3$ [Ω], $X_L = 2.5$ [Ω]이다. 회로에 흐르는 전류 I는 몇 [A]인가?

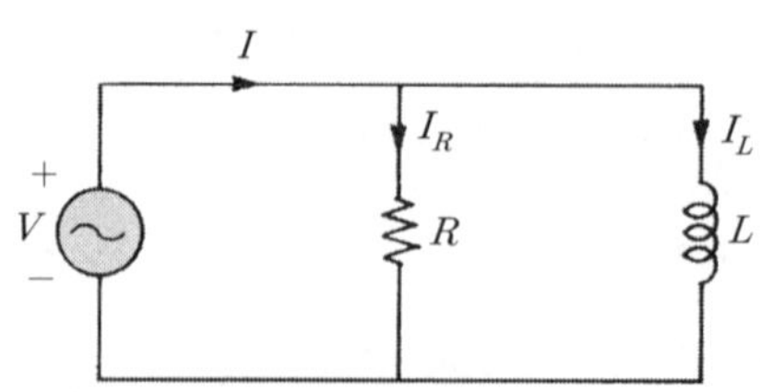

[그림 7-9]

■ **풀이** ■ $Y = G + jB_L = \frac{1}{R} - j\frac{1}{X_L} = \frac{1}{3.3} - j\frac{1}{2.5} = 0.3 - j0.4 = 0.5\angle -53.1°$ [℧]

전압을 극좌표형식으로 나타내면

$V = 100\angle 53.1°$

$\therefore\ I = YV = 0.5\angle -53.1° \times 100\angle 53.1° = \mathbf{50\angle 0°}$[A]

예제 7-6

$R = 100\ [\Omega]$, $L = 0.2\ [\mathrm{H}]$, $C = 20[\mu\mathrm{F}]$이 [그림 7-7]과 같은 병렬회로에 전원전압 $v = 156\sin 377t$를 인가할 때 흐르는 전류 i를 구하여라.

■ **풀이** ■ I_m을 구하기 위하여 페이저 전압의 크기를 $V_m = 156$으로 잡으면 $V = 156\angle 0$이라 놓고 복소 어드미턴스 Y를 구하기 위하여

$$G = \frac{1}{R} = \frac{1}{100} = 10 \times 10^{-3}\ [℧]$$

$$B_C = \omega C = 377 \times 20 \times 10^{-6} = 7.54 \times 10^{-3}\ [℧]$$

$$B_L = -\frac{1}{\omega L} = -\frac{1}{377 \times 0.2} = -13.26 \times 10^{-3}\ [℧]$$

$$\therefore\ Y = (10 + j7.54 - j13.26) \times 10^{-3} = 11.5 \times 10^{-3}\angle -30°$$

따라서 페이저 전류와 순시값 전류는

$$I = YV = (11.5 \times 10^{-3}\angle -30°)(156\angle 0°) = 1.8\angle -30°$$

$$\therefore\ \boldsymbol{i = 1.8\sin(377t - 30°)}\ [\mathrm{A}]$$

7-5 직병렬회로

[그림 7-10]과 같은 직병렬회로에 전원전압 V가 주어졌을 때 회로 각 부분의 전류를 구하여보자.

우선 Z_2, Z_3 병렬부분의 등가 임피던스는

$$Z_{bc} = \frac{Z_2 Z_3}{Z_2 + Z_3}$$

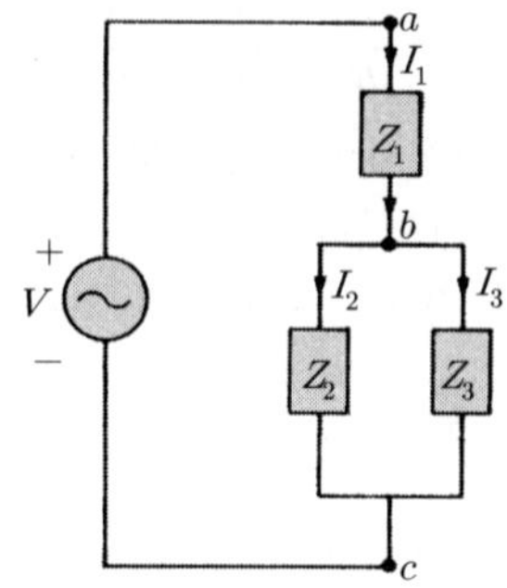

[그림 7-10] 직병렬회로

이므로, 단자 $a-c$간의 전체 합성 임피던스 $\boldsymbol{Z}$는 다음과 같다.

$$\boldsymbol{Z} = \boldsymbol{Z}_1 + \boldsymbol{Z}_{bc} = \boldsymbol{Z}_1 + \frac{\boldsymbol{Z}_1\boldsymbol{Z}_2}{\boldsymbol{Z}_1 + \boldsymbol{Z}_2}$$

그러므로 전전류 $\boldsymbol{I}_1$은

$$\boldsymbol{I}_1 = \frac{\boldsymbol{V}}{\boldsymbol{Z}}$$

로서 구해진다.

다음에 병렬가지의 전류 $\boldsymbol{I}_2$, $\boldsymbol{I}_3$는 전전류 $\boldsymbol{I}_1$이 어드미턴스에 비례 또는 임피던스에 반비례하여 분류한다는 원칙을 이용하면 될 것이다. 즉

$$\left.\begin{aligned} \boldsymbol{I}_2 &= \boldsymbol{I}_1 \cdot \frac{\boldsymbol{Z}_3}{\boldsymbol{Z}_2 + \boldsymbol{Z}_3} \\ \boldsymbol{I}_3 &= \boldsymbol{I}_1 \cdot \frac{\boldsymbol{Z}_2}{\boldsymbol{Z}_2 + \boldsymbol{Z}_3} \end{aligned}\right\} \qquad (7\text{-}12)$$

예제 7-7

[그림 7-11]의 회로에서 각 부분의 전류, 전압을 구하여라.

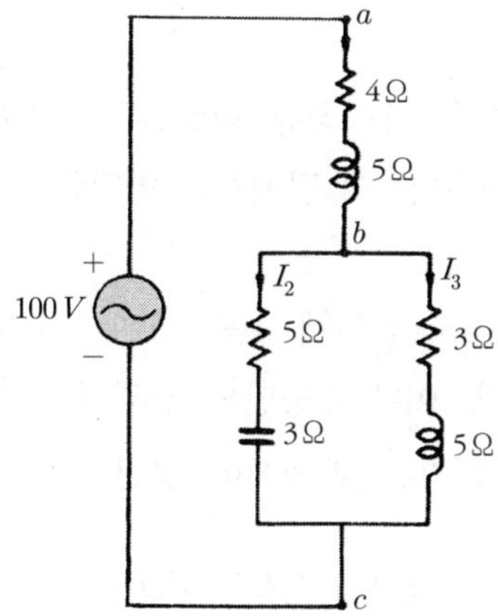

[그림 7-12]

■ **풀이** ■ $b-c$간의 합성 임피던스는 $\boldsymbol{Z_{bc}}$는

$$Z_{bc}=\frac{(5-j3)\times(3+j5)}{(5-j3)+(3+j5)}=\frac{15+j8}{4+j}\ [\Omega]$$

$a-c$간의 전합성 임피던스 $\boldsymbol{Z}$는

$$Z=Z_{ab}+Z_{bc}=4+j5+\frac{15+j8}{4+j}=\frac{26+j32}{4+j}=8+j6\ [\Omega]$$

전전류 $\boldsymbol{I_1}$과 가지전류 $\boldsymbol{I_2}$는

$$I_1=\frac{V}{Z}=\frac{100}{8+j6}=\frac{100(8-j6)}{8^2+6^2}=\mathbf{8-j6}\ [\mathrm{A}]$$

$$I_2=\frac{3+j5}{(5-j3)+(3+j5)}\cdot I_1=\frac{27+j11}{4+j}=\frac{(27+j11)(4-j)}{4^2+1^2}=\mathbf{7+j}\ [\mathrm{A}]$$

$$I_3=I_1-I_2=(8-jb)-(7+j1)=1-j7$$

$a-c$간의 전압 $\boldsymbol{V_{ac}}$는

$$V_{ab}=Z_1I_1=(4+j5)(8-j6)=62+j16$$

$b-c$간의 전압 $\boldsymbol{V_{bc}}$는

$$V_{bc}=Z_2I_2=(5-j3)(7+j)=\mathbf{38-j16}\ [\mathrm{V}]$$

7-6 교류 브리지

미지의 저항을 측정하는 **휘트스톤 브리지**(Wheatstone bridge)에 대해서 제2장 5절에서 배웠다. 이 절에서는 인덕턴스, 주파수 등을 측정하는 **교류 브리지**에 대해서 알아본다.

[그림 7-12]에서 검류계 D를 흐르는 전류가 0일 때 브리지 회로는 **평형상태**가 되었다고 한다. 이때 D양단의 전위가 0이 된다. 따라서 I_1, I_2는 같은 전류가 흐르며 다음과 같은 관계식이 성립한다. 즉

$$Z_1 I_1 = Z_2 I_2, \quad Z_3 I_1 = Z_4 I_2$$

위 식에서

$$\frac{Z_1}{Z_2} = \frac{Z_3}{Z_4}, \quad Z_1 Z_4 = Z_2 Z_3 \tag{7-13}$$

와 같이 서로 마주보고 있는 저항의 곱은 같다.

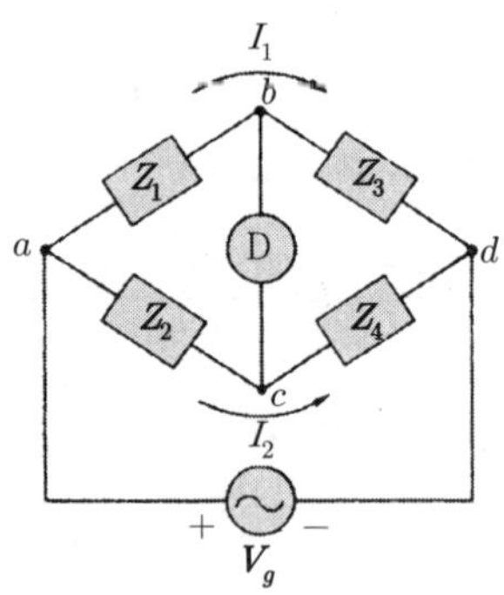

[그림 7-12] 브리지 회로

이것이 브리지 회로의 **평형조건**(condition of balance)이다.

Z_1, Z_2, Z_3, Z_4는 일반적으로 복소수이므로 평형조건은 실수부와 허수부로 나누어 2개의 조건을 구한다.

예제 7-8

[그림 7-13]과 같은 맥스웰 브리지 회로에서 미지 코일의 저항 R_4 및 인덕턴스 L_4를 결정하여라.

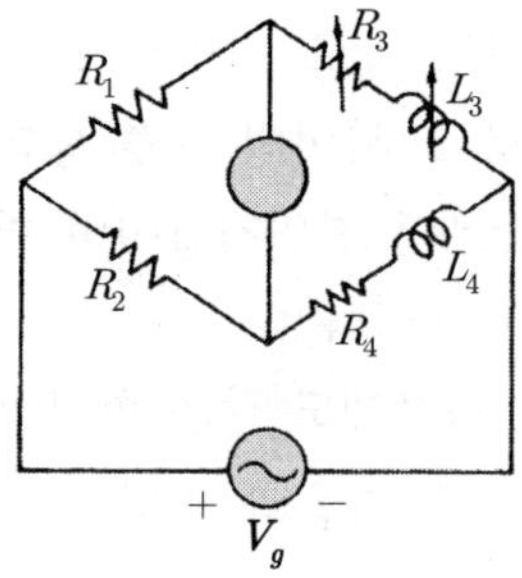

[그림 7-13]

■ **풀이** ■ R_3, L_3를 조정하여 브리지 회로가 평형상태가 되었다면

$$R_1(R_4+j\omega L_4) = R_2(R_3+j\omega L_3)$$
$$R_1R_4+j\omega R_1L_4 = R_2R_3+j\omega R_2L_3$$

따라서 위 식은

$$R_1R_4 = R_2R_3, \ R_1L_4 = R_2L_3$$
$$\therefore \ \boldsymbol{R_4 = \frac{R_2}{R_1}R_3, \quad L_4 = \frac{R_2}{R_1}L_3}$$

7–7 망로해석법

페이저로 표시된 교류회로에서 **망로해석법**(mesh analysis)을 이용할 때에도 제3장 3-2의 저항회로에서의 망로해석법과 똑같은 과정을 거치면 된다. 다만 저항회로에서 $i \to \boldsymbol{I}$, $v \to \boldsymbol{V}$, $R \to \boldsymbol{Z}$로 대치하면 된다.

예컨대 망로가 2개인 경우 망로방정식은 다음과 같다.

$$\left.\begin{aligned} Z_{11}I_1 + Z_{12}I_2 &= V_1 \\ Z_{21I_1} + Z_{22}I_2 &= V_2 \end{aligned}\right\} \tag{7-14}$$

여기서$Z_{11,}$ Z_{22}는 각각 망로 1, 망로 2의 **자기 임피던스**(self impedance), Z_{12}, Z_{21}을 망로 1과 망로 2 사이의 **상호 임피던스**(mutual impedance)라고 한다. 또한 V_1, V_2는 각 망로의 전원전압이며 망로전류 방향으로 전압상승이면 (+)이고, 전압강하이면 (−)이다.

망로가 3개 이상인 경우에도 같은 형식의 망로방정식이 성립하며, 망로가 3개인 회로의 망로방정식은 다음과 같다.

$$\left.\begin{aligned} Z_{11}I_1 + Z_{12}I_2 + Z_{13}I_3 &= V_1 \\ Z_{21}I_1 + Z_{22}I_2 + Z_{23}I_3 &= V_2 \\ Z_{31}I_1 + Z_{32}I_2 + Z_{33}I_3 &= V_3 \end{aligned}\right\} \tag{7-15}$$

예제 7-9

[그림 7-14]의 회로에서 망로해석법을 써서 5[Ω]의 저항에 흐르는 전류를 구하여라.

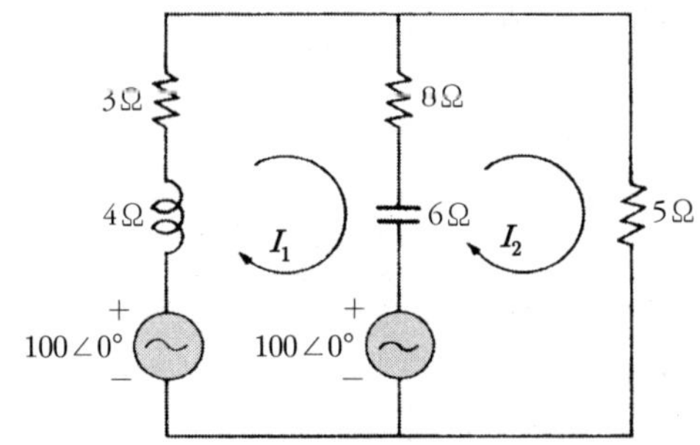

[그림 7-14]

■ 풀이 ■ 그림과 같이 망로전류를 정해서 망로방정식을 세우면

$(3+8+j4-j6)I_1-(8-j6)I_2=100\angle 0°-100\angle 0°$

$-8(-j6)I_1+(8+5-j6)I_2=100\angle 0°$

이 식들을 정리하면

$(11-j2)I_1-(8-j6)I_2=0$

$-(8-j6)I_1+(13-j6)I_2=0$

따라서 5[Ω]에 흐르는 전류 I_2를 크라머의 공식을 이용하면

$$I_2=\frac{\begin{vmatrix} 11-j2 & 0 \\ -(8-j6) & 100 \end{vmatrix}}{\begin{vmatrix} 11-j2 & -(8-j6) \\ -(8-j6) & 13-j6 \end{vmatrix}}=\frac{100(11-j2)}{103+j4}$$

$$=\frac{100(1125-j250)}{10625}=\mathbf{10.85\angle-12.53}[\mathrm{A}]$$

7-8 절점해석법

페이저로 표시된 교류회로에서 **절점해석법**(node analysis)을 이용할 때에도 제 3장 3-3 저항회로의 절점해석법과 똑같은 과정을 거치면 된다. 다만 저항회로에서 $i\to \boldsymbol{I}$, $v\to \boldsymbol{V}$, $G\to \boldsymbol{Y}$로 대치하면 된다.

예컨대 절점이 3개인 경우 **절점방정식**은 다음과 같다.

$$\left.\begin{aligned} \boldsymbol{Y}_{11}\boldsymbol{V}_1+\boldsymbol{Y}_{12}\boldsymbol{V}_2=\boldsymbol{I}_1 \\ \boldsymbol{Y}_{21\boldsymbol{V}_1}+\boldsymbol{Y}_{22}\boldsymbol{V}_2=\boldsymbol{I}_2 \end{aligned}\right\} \tag{7-16}$$

여기서 $\boldsymbol{Y}_{11}$, $\boldsymbol{Y}_{22}$는 각각 절점 ①, ②에 직접 연결된 모든 어드미턴스의 합으로 **자기 어드미턴스**(self admittance), $\boldsymbol{Y}_{12}$, $\boldsymbol{Y}_{21}$은 절점 ①과 절점 ② 사이에 직접 연결된 어드미턴스에 (−)의 부호를 붙인 것으로 **상호 어드미턴스**(mutual admittance)라 한다. 그리고 $\boldsymbol{I}_1$, $\boldsymbol{I}_2$는 전류전원으로 절점으로 유입할 때는 (+), 유출할 때는 (−)를 붙인다.

절점이 4개 이상인 경우에도 같은 형식의 절점방정식이 성립하며, 절점이 4개인 회로의 절점방정식은 다음과 같다.

$$\left.\begin{array}{l} \boldsymbol{Y}_{11}\boldsymbol{V}_1+\boldsymbol{Y}_{12}\boldsymbol{V}_2+\boldsymbol{Y}_{13}\boldsymbol{V}_3=\boldsymbol{I}_1 \\ \boldsymbol{Y}_{21}\boldsymbol{V}_1+\boldsymbol{Y}_{22}\boldsymbol{V}_2+\boldsymbol{Y}_{23}\boldsymbol{V}_3=\boldsymbol{I}_2 \\ \boldsymbol{Y}_{31}\boldsymbol{V}_1+\boldsymbol{Y}_{32}\boldsymbol{V}_2+\boldsymbol{Y}_{33}\boldsymbol{V}_3=\boldsymbol{I}_3 \end{array}\right\} \qquad (7\text{-}17)$$

예제 7-10

[그림 7-15]와 같이 기준절점 O를 잡고 절점전압 $\boldsymbol{V}_1$, $\boldsymbol{V}_2$를 구하여라.

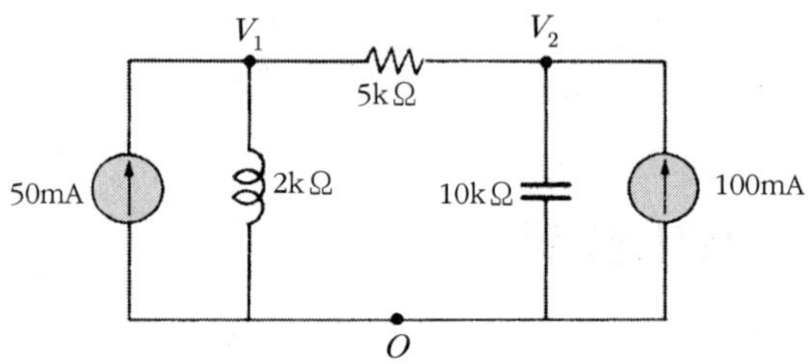

[그림 7-15]

■ 풀이 ■ 절점방정식을 세우면

$$\left(\frac{1}{j2\times10^3}+\frac{1}{5\times10^3}\right)\boldsymbol{V}_1-\frac{1}{5\times10^3}\boldsymbol{V}_2=50\times10^{-3}$$

$$-\frac{1}{5\times10^3}\boldsymbol{V}_1+\left(\frac{1}{-j10\times10^3}+\frac{1}{5\times10^3}\right)\boldsymbol{V}_2=100\times10^{-3}$$

이 식들을 정리하면

$$(5+j2)\boldsymbol{V}_1-j2\boldsymbol{V}_2=j500$$

$$-j2\boldsymbol{V}_1+(-1+j2)\boldsymbol{V}_2=j1000$$

따라서 절점전압 $\boldsymbol{V}_1$, $\boldsymbol{V}_2$는

$$\boldsymbol{V}_1=\frac{\begin{vmatrix} j500 & -j2 \\ j1000 & -1+j2 \end{vmatrix}}{\begin{vmatrix} 5+j2 & -j2 \\ -j2 & -1+j26 \end{vmatrix}}=\frac{(j500)(-1+j2)-(-j2)(j1000)}{(5+j2)(-1+j2)-(-j2)(-j2)}$$

$$=\frac{3041.38\angle-170.54^\circ}{9.43\angle122.01^\circ}=\mathbf{322.52\angle67.45^\circ}\,[\mathrm{V}]$$

$$\boldsymbol{V}_2=\frac{\begin{vmatrix} 5+j2 & j500 \\ j2 & j1000 \end{vmatrix}}{9.43\angle122.01^\circ}=\frac{(j1000)(5+j2)-(-j2)(j500)}{9.43\angle122.01^\circ}$$

$$= \frac{5030.95 \angle -120.96^\circ}{9.43 \angle 122.01^\circ} = \mathbf{533.50 \angle -1.05^\circ} \,[\mathrm{V}]$$

7-9 중첩의 원리

제3장 3-4에서 직류인 저항회로에 대해 중첩의 원리를 다루었다. **중첩의 원리**(princeple of superposition)는 한 회로망 내에 포함된 전원의 주파수가 다른 경우에 이용하는 정리이다.

예컨대 직류전원만의 회로와 정현파 전원만이 존재하는 회로를 각각 구해 중첩하는 것이다. 그런데 한 회로망 내에 서로 다른 주파수의 전원이 존재할 때는 반드시 모든 표시를 순시값으로 표시해야 된다. 왜냐하면 페이저 표시의 전제 조건은 한 가지 주파수라는 조건이 붙어 있기 때문이다.

예제 7-11

[그림 7-16]에서 전류 I_2를 중첩의 원리를 써서 구하여라. 단, $Z_1 = 4\,[\Omega]$, $Z_2 = 8 + j6\,[\Omega]$이다.

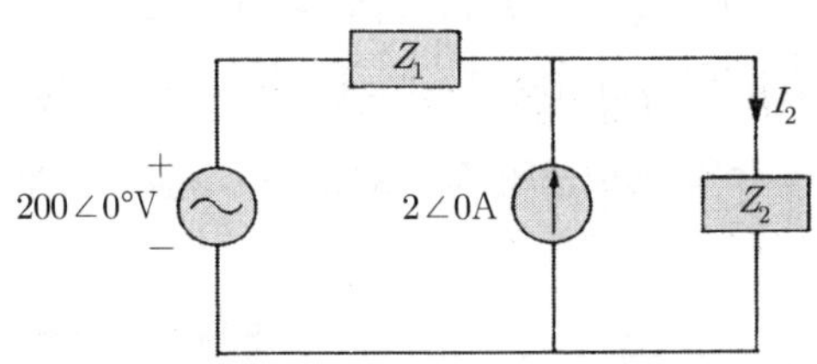

[그림 7-16]

■ 풀이 ■ 전류원을 제거하고 전압원에 의한 전류

$$I'_2 = \frac{V}{Z_1 + Z_2} = \frac{200 \angle 0^\circ}{12 + j6} = \frac{200 \angle 0^\circ}{13.4 \angle 26.3^\circ} = 15 \angle -26.3^\circ$$

다음 전압원을 제거하고 전류원에 의한 전류

$$I''_2 = I \times \frac{Z_1}{Z_1 + Z_2} = 2\angle 0° \times \frac{4}{12+j6} = \frac{8\angle 0°}{13.4\angle 26.3°} = 0.6\angle -26.3°$$

$$\therefore\ I_2 = I'_2 + I''_2 = 15\angle -26.3° + 0.6\angle -26.3° = \mathbf{15.6\angle -26.3°}$$

7-10 테브난의 정리와 노튼의 정리

교류에서도 많은 경우 회로 전체의 전압이나 전류를 구하기보다는 특정한 지로의 전압이나 전류를 구할 때가 많다. 이러한 경우 제4장 4-3의 직류 저항 회로와 같이 테브난의 정리와 노튼의 정리를 적용하면 매우 편리하다.

(1) 테브난의 정리(Thevenin's theorem)

[그림 7-17](a)와 같은 어떠한 구조를 갖는 **능동회로망**도 그 임의의 두 단자 $a-b$에서 외부회로에 대해서는 이것을 등가적으로 하나의 전압전원 V_0에 하나의 임피던스 Z_0가 직렬로 된 것으로 대치할 수 있다.

여기서 전압 V_0는 단자 $a-b$를 개방했을 때 $a-b$의 단자전압인 **개방전압**(open voltage)과 같고, Z_0는 회로망 내의 모든 전원을 제거하고 단자 $a-b$에 회로망 쪽을 본 임피던스인 테브난의 **등가 임피던스**(equivalent impedance)와 같다. 이와 같은 **테브난의 등가회로**는 [그림 7-17](b)와 같다.

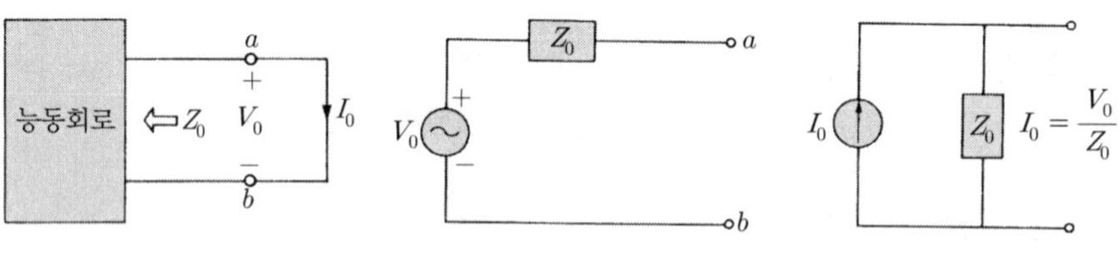

(a) 능동회로 (b) 테브난의 등가회로 (c) 노튼의 등가회로

[그림 7-17]

(2) 노튼의 정리(Norton's theorem)

[그림 7-17](a)와 같은 어떠한 구조를 갖는 능동회로망도 그 임의의 두 단자 $a-b$에서 외부회로에 대해서는 이것을 등가적으로 하나의 전류전원 I_0에 하나 임피던스 Z_0가 병렬로 접속된 것으로 대치할 수 있다.

여기서 전류 I_0는 단자 $a-b$를 단락했을 때 흐르는 **단락전류**(short current)와 같고, Z_0는 테브난의 등가회로와 마찬가지로 등가 임피던스와 같다. 이와 같은 노튼의 등가회로는 [그림 7-17](c)와 같다.

개방전압 V_0와 단락전류 I_0는 다음과 같은 관계가 있다.

$$V_0 = I_0 Z_0, \quad I_0 = \frac{V_0}{Z_0} \tag{7-18}$$

예제 7-12

[그림 7-18](a)의 테브난의 등가회로가 [그림 7-18](b)일 때 V_0, Z_0 및 전류 I를 구하여라.

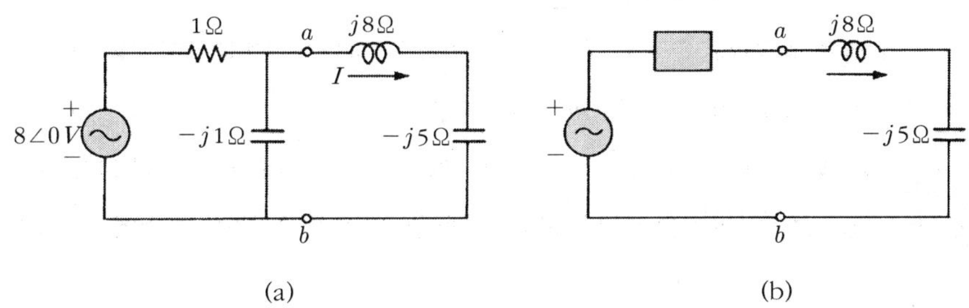

[그림 7-18]

■ **풀이** ■ $V_0 = 8\angle 0° \times \dfrac{-j}{1-j} = 4-j4, \quad Z_0 = \dfrac{1(-j)}{1-j} = \dfrac{-j(1+j)}{1^2+1^2} = \dfrac{1-j}{2}$

$$\therefore\ I = \frac{4-j4}{\dfrac{1-j}{2}+(j8-j5)} = \frac{8-j8}{1+j5} = \mathbf{2.22\angle -123.7°}\ [\mathrm{A}]$$

예제 7-13

[그림 7-19](a)의 노튼의 등가회로가 [그림 7-19](b)일 때 I_0, Z_0를 구하여라.

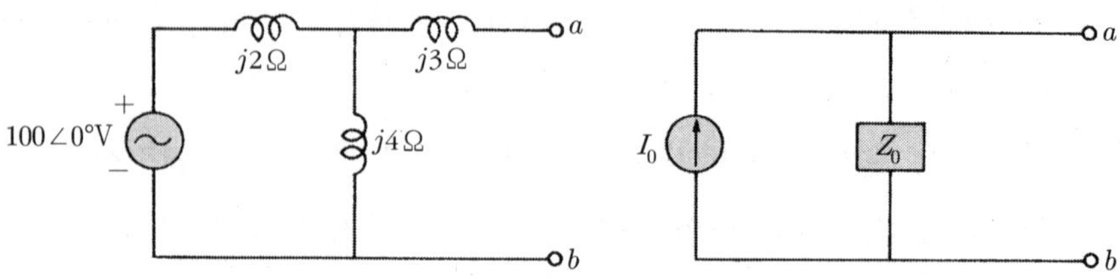

(a) (b)

[그림 7-19]

■ **풀이** ■ $I_0 = \dfrac{100}{j2+\dfrac{j3(j4)}{j3+j4}} \times \dfrac{j4}{j3+j4} = \dfrac{100}{j2-\dfrac{12}{j7}} \times \dfrac{4}{7} = \dfrac{j700}{-26} \times \dfrac{4}{7} = -j\dfrac{400}{26}$

$= \boldsymbol{-j15.4}[\text{A}]$

$Z_0 = j3 + \dfrac{j2(j4)}{j2+j4} = j3 - \dfrac{8}{j6} = j3 + j\dfrac{4}{3} = j\dfrac{13}{3}$

$= \boldsymbol{j4.3}[\Omega]$

7-11 밀만의 정리

제3장 3-6에서 직류회로에 대한 밀만의 정리(Millman's theorem)를 배웠다. [그림 7-20]과 같이 교류전원이 여러 개인 병렬회로에서 단자 $a-b$간에 나타나는 전압은 다음과 같다.

$$V_{ab} = \frac{I_1 + I_2 + \cdots\cdots + I_n}{Y_1 + Y_2 + \cdots\cdots + Y_n} = \frac{\dfrac{V_1}{Z_1} + \dfrac{V_2}{Z_2} + \cdots\cdots + \dfrac{V_n}{Z_n}}{\dfrac{1}{Z_1} + \dfrac{1}{Z_2} + \cdots\cdots + \dfrac{1}{Z_n}} \quad (7\text{-}19)$$

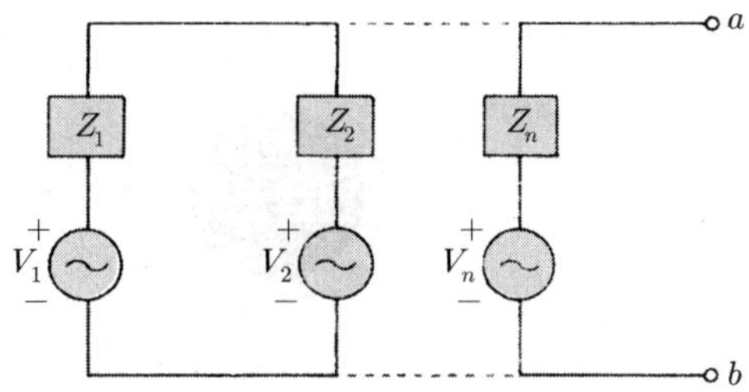

[그림 7-20] 밀만의 정리에 관한 회로

예제 7-14

[그림 7-21]에서 단자 $a-b$ 사이의 전압을 밀만의 정리를 써서 구하여라.

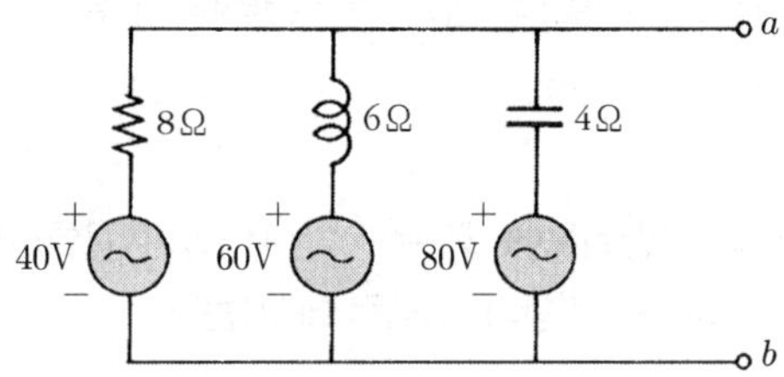

[그림 7-21]

■ 풀이 ■ $$I_{ab}=\frac{\frac{40}{8}+\frac{60}{j6}-\frac{80}{j4}}{\frac{1}{8}+\frac{1}{j6}-\frac{1}{j4}}=\frac{5+j10}{\frac{1}{8}+j\frac{1}{12}}=\frac{120+j240}{3+j2}$$

$$=\frac{(120+j240)(3-j2)}{(3+j2)(3-j2)}=\frac{840+j480}{13}$$

$$=64.6+j36.9=\mathbf{10.1\angle 29.7^{\circ}}\ [\mathrm{V}]$$

연습문제

7-1 $R=7[\Omega]$, $\omega L=24[\Omega]$의 직렬회로에서 임피던스의 크기[Ω]는?

㉮ 5 ㉯ 7 ㉰ 14 ㉱ 25

7-2 저항 5[Ω]과 유도성 리액턴스 5[Ω]인 직렬회로의 임피던스 각은?

㉮ 5° ㉯ 30° ㉰ 45° ㉱ 60°

7-3 저항과 리액턴스의 직렬회로에 $V=7+j19$[V]인 교류전압을 가하니 $I=3+j$[A]의 전류가 흐른다. 이 회로의 저항과 리액턴스[Ω]는?

㉮ $R=4$, $X_L=5$ ㉯ $R=5$, $X_L=4$

㉰ $R=6$, $X_L=3$ ㉱ $R=7$, $X_L=2$

7-4 $R=10[\Omega]$, $L=0.045$[H]의 직렬회로에 실효값 100[V], 주파수 25[Hz]의 정현파 전압을 인가했을 때 임피던스의 크기[Ω]는?

㉮ 10.41 ㉯ 12.25 ㉰ 15.31 ㉱ 17.26

7-5 $R=3[\Omega]$, $X_L=4[\Omega]$의 직렬회로에 교류 100[V]를 가할 때 흐르는 전류[A]는?

㉮ 5 ㉯ 10 ㉰ 15 ㉱ 20

7-6 저항 4[Ω], 유도성 리액턴스 3[Ω]의 직렬회로에 5[A]의 전류가 흐른다면 이 회로에 가한 전압[V]은?

㉮ 35 ㉯ 25 ㉰ 20 ㉱ 15

7-7 저항 3[Ω], 인덕턴스 8[mH]의 직렬회로에 60[Hz], 100[V]의 전압을 가할 때 흐르는 전류와 위상각은?

㉮ 4.2[A], 90° ㉯ 16.7[A], 60° ㉰ 23.6[A], 45° ㉱ 33.3[A], 30°

* 정답 1 ㉱ 2 ㉰ 3 ㉮ 4 ㉯ 5 ㉱ 6 ㉯ 7 ㉰

7-8 어떤 코일에 100[V]의 교류전압을 인가하니 10[A]의 전류가 흐르고 전압과 전류의 위상차는 $\frac{\pi}{3}$[rad]이 되었다. 이 코일의 저항값[Ω]은?

㉮ 5 ㉯ 8 ㉰ 12 ㉱ 15

7-9 $R-L$ 직렬회로에 60[Hz], 100[V]의 교류전압을 가했더니 위상이 30°뒤진 50[A]의 전류가 흘렀다. 이때 리액턴스[Ω]는?

㉮ 5 ㉯ 10 ㉰ 15 ㉱ 30

7-10 $R-L$ 직렬회로에 10[V]의 교류전압을 인가하였을 때 저항에 걸리는 전압이 6[V]이었다면 인덕턴스에 유기되는 전압[V]은?

㉮ 4 ㉯ 6 ㉰ 8 ㉱ 10

7-11 $R=9$[Ω], $|X_C|=12$[Ω]의 직렬회로의 임피던스[Ω]는?

㉮ 3 ㉯ 15 ㉰ 27 ㉱ 45

7-12 $R=9$[Ω], $|X_C|=5$[Ω]이 직렬로 접속된 회로에 15[A]의 전류가 흐를 때 공급전압[V]은?

㉮ 68.2 ㉯ 94.5 ㉰ 108.6 ㉱ 154.5

7-13 $R=100$[Ω], $C=30$[μF]의 직렬회로에 $f=60$[Hz], $V=100$[V]의 교류전압을 인가할 때 전류 [A]는?

㉮ 0.45 ㉯ 0.56 ㉰ 0.75 ㉱ 1.96

7-14 그림과 같은 회로에 전압이 $V=120$[V]일 때 전류 I[A]는?

㉮ $3-j4$
㉯ $3+j4$
㉰ $30-j40$
㉱ $30+j40$

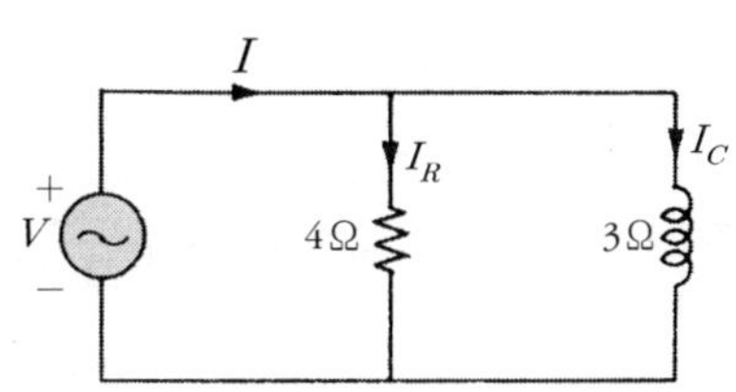

* 정답 8 ㉮ 9 ㉯ 10 ㉰ 11 ㉯ 12 ㉱ 13 ㉰ 14 ㉰

7-15 그림과 같은 회로에서 전류 I[A]는?

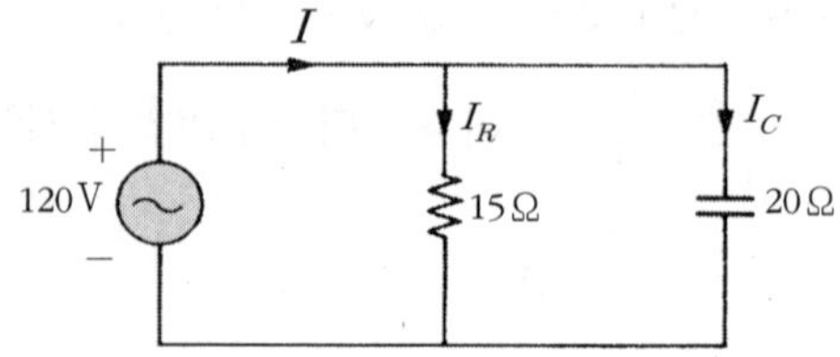

㉮ $8+j6$
㉯ $8-j6$
㉰ $12+j6$
㉱ $12-j16$

7-16 $R=15[\Omega]$인 $R-C$ 직렬회로에 6[Hz], 100[V]의 전압을 가하니 4[A]의 전류가 흘렀다면 용량성 리액턴스 $|X_C|[\Omega]$는?

㉮ 10 ㉯ 15 ㉰ 20 ㉱ 25

7-17 임피던스 5[Ω]인 $R-C$ 직렬회로의 저항과 콘덴서 양단의 전압이 각각 80[V], 60[V]이었다. 용량성 리액턴스 $|X_C|[\Omega]$는?

㉮ 3 ㉯ 4 ㉰ 5 ㉱ 7

7-18 용량성 리액턴스 8[Ω]에 교류전압을 가하니 10[A]의 전류가 흘렀다. 저항 R을 여기에 직렬로 접속하고 같은 전압을 가하니 8[A]로 되었다. 저항 $R[\Omega]$의 값은?

㉮ 2 ㉯ 6 ㉰ 8 ㉱ 10

7-19 $\omega L=5[\Omega]$, $\dfrac{1}{\omega C}=25[\Omega]$의 $L-C$ 직렬회로에 100[V]의 교류를 가할 때 전류는?

㉮ 3.3[A], 용량성 ㉯ 5[A], 용량성
㉰ 3.3[A], 유도성 ㉱ 5[A], 유도성

7-20 $Z_1=4+j3[\Omega]$, $Z_2=3+j4[\Omega]$인 병렬회로에 100[V]의 정현파 전압을 가할 때 전원에 흐르는 합성전류[A]는?

㉮ $4+j8$ ㉯ $4-j8$ ㉰ $28+j28$ ㉱ $28-j28$

7-21 $R=3[\Omega]$, $\omega L=8[\Omega]$, $\dfrac{1}{\omega C}=4[\Omega]$인 $R-L-C$ 직렬회로의 임피던스[Ω]는?

㉮ 5 ㉯ 8 ㉰ 12 ㉱ 15

7-22 $R-L-C$ 직렬회로에서 $R=8$[V], $L=2$[V], $C=6$[V]가 걸린다면 전체 전압[V]은?

㉮ 5 ㉯ 8 ㉰ 10 ㉱ 20

* 정답 15 ㉮ 16 ㉰ 17 ㉮ 18 ㉯ 19 ㉯ 20 ㉱ 21 ㉮ 22 ㉰

7-23 $R=4[\Omega]$, $X_L=8[\Omega]$, $|X_C|=5[\Omega]$의 $R-L-C$ 직렬회로에 20[V]의 교류전압을 가할 때 흐르는 전류[A]는?

㉮ 2　　㉯ 4　　㉰ 8　　㉱ 12

7-24 $R-L-C$ 병렬회로에서 $I_R=I_L=I_C=10$[A]일 때 전체 전류[A]는?

㉮ 10　　㉯ $10\sqrt{2}$　　㉰ $10\sqrt{3}$　　㉱ 30

7-25 $R=10[\Omega]$, $\omega L=8[\Omega]$, $\dfrac{1}{\omega C}=20[\Omega]$이 병렬로 접속된 회로에 80[V]의 피교류전압을 가하면 전원에 흐르는 전류[A]는?

㉮ 5　　㉯ 8　　㉰ 10　　㉱ 16

7-26 그림과 같은 회로의 합성 임피던스[Ω]는?

㉮ $3+j4$
㉯ $5-j10$
㉰ $7+j14$
㉱ $10+j20$

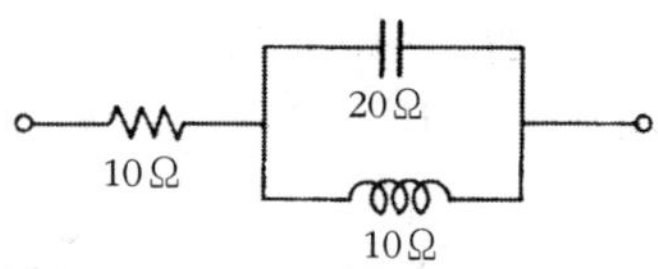

7-27 그림과 같은 회로에서 전류 I[A]는?

㉮ 20
㉯ $20\sqrt{2}$
㉰ 40
㉱ $40\sqrt{2}$

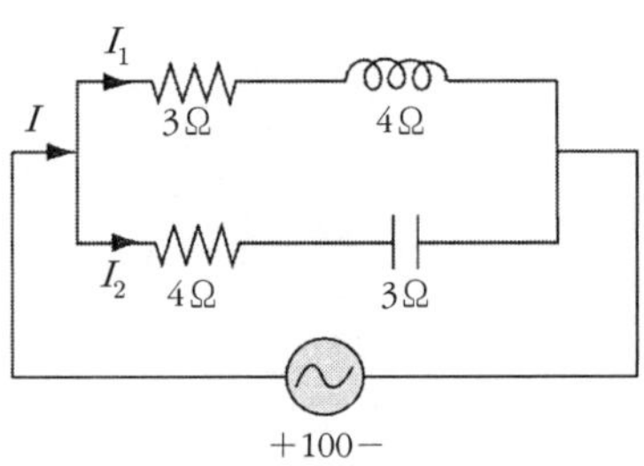

7-28 그림과 같은 브리지가 평형되기 위해서는 임피던스 $Z_2=R+jX$를 얼마로 하면 되는가? 단, $Z_1=3+j2[\Omega]$

㉮ $2.3-j4.2$
㉯ $3.5+j6.4$
㉰ $4.6-j3.1$
㉱ $6.3+j8.6$

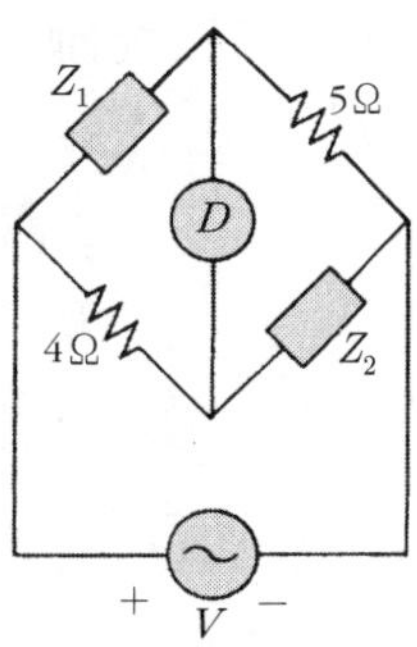

＊ 정답 23 ㉯ 24 ㉮ 25 ㉰ 26 ㉱ 27 ㉯ 28 ㉰

7-29 그림과 같은 회로에서 단자 $a-b$간의 전압[V]은?

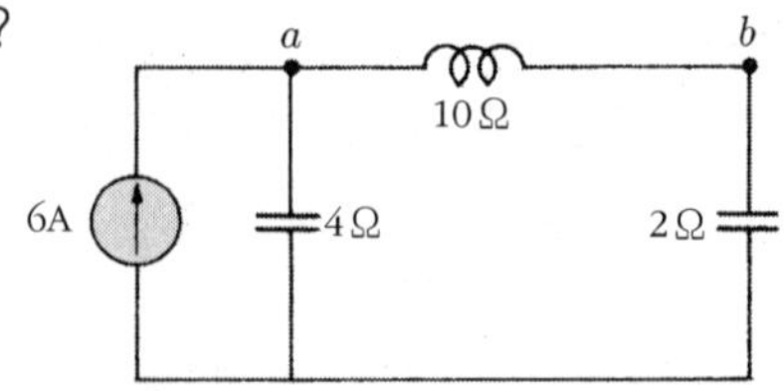

㉮ $j10$
㉯ $-j20$
㉰ $j40$
㉱ $-j60$

7-30 그림 (a)의 등가회로가 그림 (b)일 때 전류전원 I[A]는?

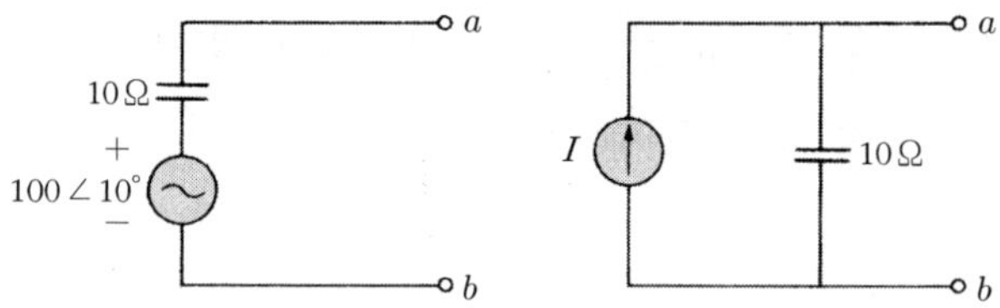

(a) (b)

㉮ $j10$ ㉯ $-j20$ ㉰ $j30$ ㉱ $-j40$

7-31 그림과 같은 회로에서 전류 I는 몇 [A]인가?

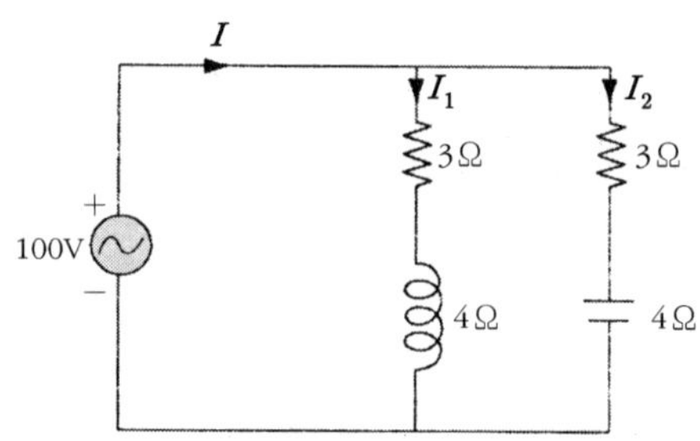

7-32 그림에서 $R_1=2[\Omega]$이고, $R_2=1[\Omega]$이고, $R_3=4[\Omega]$, $L_3=1[\text{mH}]$일 때 회로가 평행이다. 이때 R_4와 L_4의 값을 구하여라.

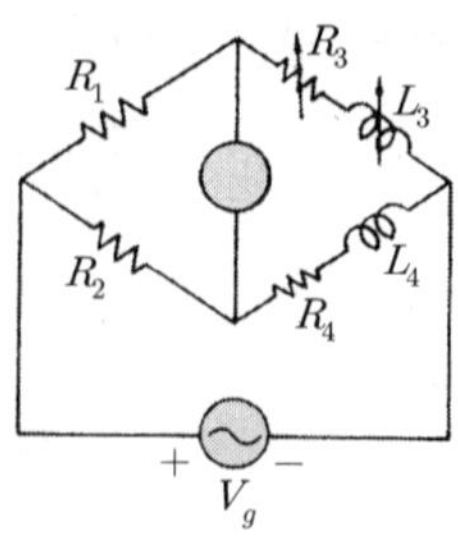

정답 29 ㉮ 30 ㉯ 31 $I=28-j4$[A] 32 $R_4=2[\Omega]$, $L_4=0.5[\text{mH}]$

7-33 그림과 같은 회로의 테브난 등가회로를 그려라.

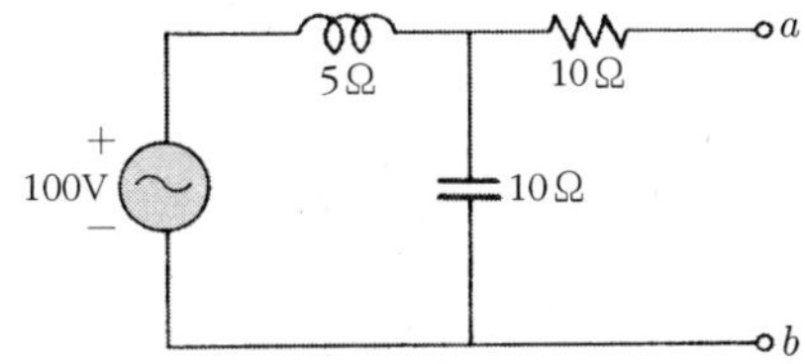

7-34 그림의 회로에서 저항 10[Ω]에 흐르는 전류 I를 테브난의 정리를 써서 구하여라.

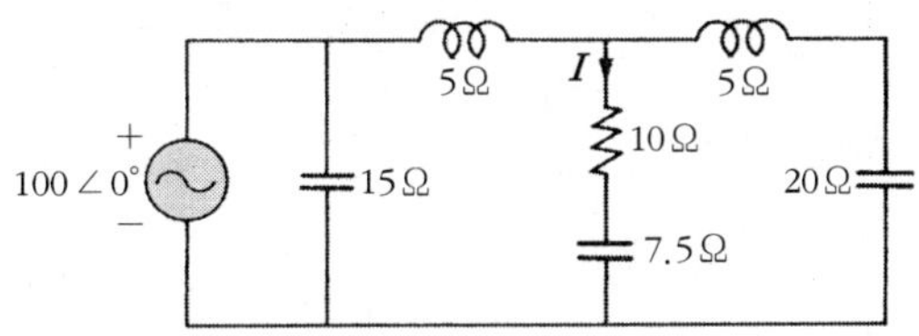

7-35 그림에서 단자 $a-b$를 단락할 때 노튼 등가회로의 단락전류 I_0 는 몇 [A]인가?

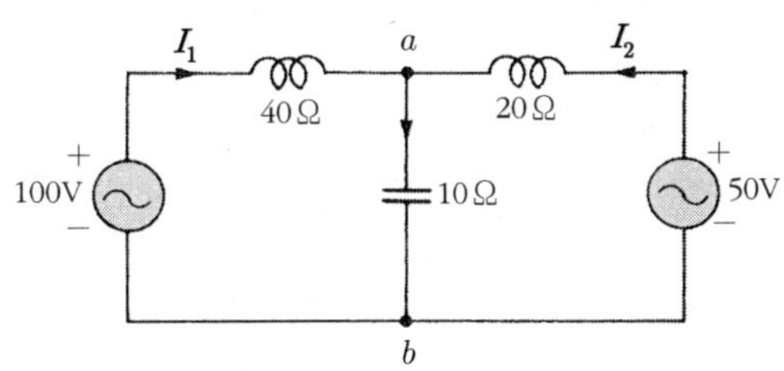

7-36 그림에서 단자 $a-b$ 사이의 전압을 밀만의 정리를 써서 구하여라.

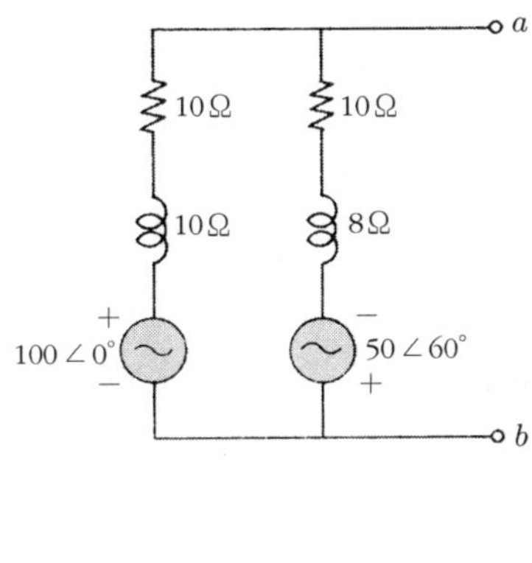

* 정답 33 풀이 참조 34 $I=15\angle 0°$[A] 35 $I_0=-j\,5$[A] 36 $V_{ab}=35.5-j\,26.1$[V]

제8장

공진과 주파수응답

지금까지 회로를 해석할 때에는 회로소자의 값이나 전원주파수는 일정하다는 조건 아래서 이루어졌다.

전자기기를 설계할 경우 가장 주의깊게 살펴보는 것이 주파수 변동에 대한 그 기기의 반응일 것이다. 그러나 실제 통신공학에서는 전력계통과 달라서 보통 고정된 단일 주파수가 아니라, 어떤 범위 내에 여러 주파수를 동시에 다루게 된다.

이 장에서는 주파수 선택성이 강한 **직렬공진회로**와 실제 전자공학에서 많이 취급되는 **병렬공진회로**의 특성을 고찰하고, 전원주파수의 변화에 따라 정상적 전류 및 전압의 진폭과 위상에 어떤 현상이 발생하는가를 살핀다. 끝으로 **궤적도**에 대해 알아본다.

8-1 공진의 의미

어떤 물체에 주기적인 힘은 외부에서 가하는 경우 그 힘의 주기를 물체가 진동하는 주기인 고유주기와 일치시키면 작은 힘으로도 큰 진동을 일으킬 수 있다. 이와 같은 현상은 외나무다리를 건널 때 다리의 상하진동에 보조를 맞추어 걸으면 순식간에 큰 진동이 일어나는 현상을 느낄 수 있다. 이와 같은 현상을 공진(resonance)이라고 하며(음의 경우는 **공명**), 이러한 현상은 전기계에도 존재한다.

전기회로에 인가되는 전원의 주파수가 회로 자체의 **고유주파수**(natual frequency)와 일치하면 회로에는 큰 전기적 진동이 일어난다. 그리고 기계적 진동이 일어나려면 물체의 운동에너지와 위치에너지 사이에 에너지 교환이 있어야 하는 것처럼 전기적 진동이 일어나려면 유도기에 축적되는 자기에너지와 용량기에 축적되는 전기에너지 사이에 에너지 교환이 있어야 한다.

그러므로 전기적 공진회로에는 L과 C의 공존이 필요하며 이것들이 연결되는 방식에 따라서 직렬공진, 병렬공진, 직병렬공진회로 등으로 나누어진다.

특히 공진회로는 통신공학에서 주파수선택, 잡음제거 또는 주파수변환용으로 널리 사용된다.

8-2 직렬공진회로

[그림 8-1]과 같은 $R-L-C$ 직렬회로에서 전원전압의 크기는 일정하고 주파수만 변화시킬 때 입력 임피던스 $\boldsymbol{Z}$는

$$\boldsymbol{Z} = R + jX = R + j\left(\omega L - \frac{1}{\omega C}\right) = Z\angle\theta$$

$$Z = \sqrt{R^2 + \left(\omega L - \frac{1}{\omega C}\right)^2}$$

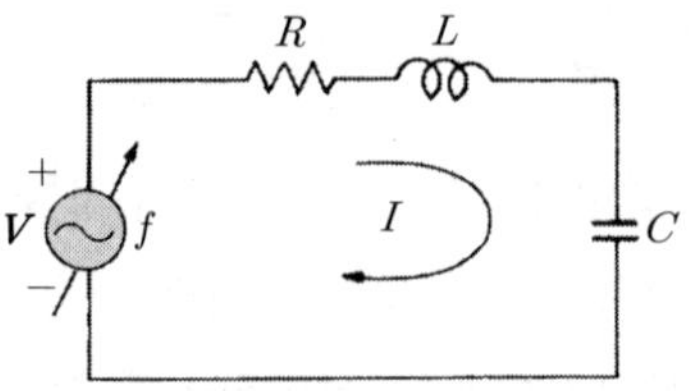

[그림 8-1] $R-L-C$ 직렬공진회로

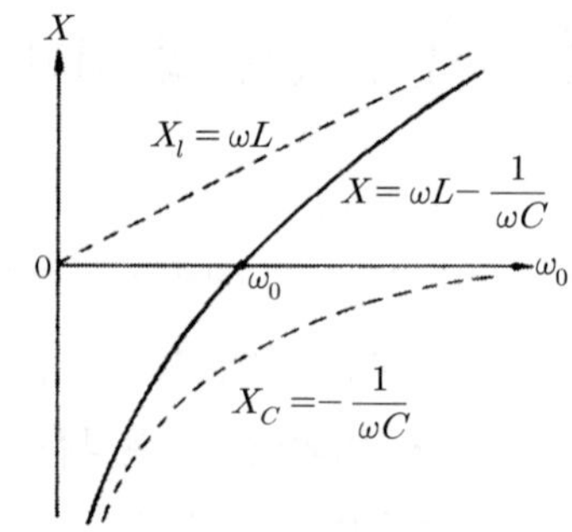

[그림 8-2] 공진시 X와 ω의 관계

$$\theta = \tan^{-1}\frac{\omega L - \dfrac{1}{\omega C}}{R}$$

여기서 각주파수 ω를 변화시켜 $\omega L = \dfrac{1}{\omega C}$이 되었다면, 즉 $X = \omega L - \dfrac{1}{\omega C} = 0$ 일 때 임피던스는 순저항과 같이 $\boldsymbol{Z} = R$이고, $\theta = 0$이면 $I = \dfrac{V}{R}$로서 회로에는 최대전류가 흐르며, $\boldsymbol{V}$와 $\boldsymbol{I}$는 동상일 때 이 회로는 공진상태에 있다고 하며, 이 상태를 **직렬공진**(series resonance), **전압공진**(voltage resonance) 또는 간단히 **공진**(resonance)이라고도 한다.

각주파수 ω를 0에서 ∞까지 변화시킬 때 리액턴스 X의 변화를 나타내면 [그림 8-2]와 같이 된다. 이 그림에서 알 수 있듯이 낮은 주파수에서는 용량성 리액턴스가 우세하므로 $X < 0$이고, 높은 주파수에서는 유도성 리액턴스가 우세하므로 $X > 0$이다.

그리고 중간에 $X = 0$되는 점, 즉 $X_L = |X_C|$가 되는 점 ω_0가 존재하며, 이때는 전압과 전류가 동상이 된다.

일반적으로 2단자회로의 단자전압과 전류가 어떤 특정한 주파수에서 동상이 될 때 이 회로는 그 주파수의 공진상태에 있다고 말하며, 이때의 주파수를 **공진 주파수**(resonant frequency)라고 한다. $R-L-C$ 직렬회로의 공진각주파수 ω_0, 공진주파수 f_0라 하면 다음과 같다.

$$\omega_0 L - \frac{1}{\omega_0 C} = 0$$

$$\therefore \omega_0 = \frac{1}{\sqrt{LC}}, \ f_0 = \frac{1}{2\pi\sqrt{LC}} \tag{8-1}$$

[그림 8-3]은 R, X, Z와 ω의 관계를 나타낸 것이다. 공진각주파수에서 $X=0$이므로 $Z=R$이고 임피던스는 최소가 된다.

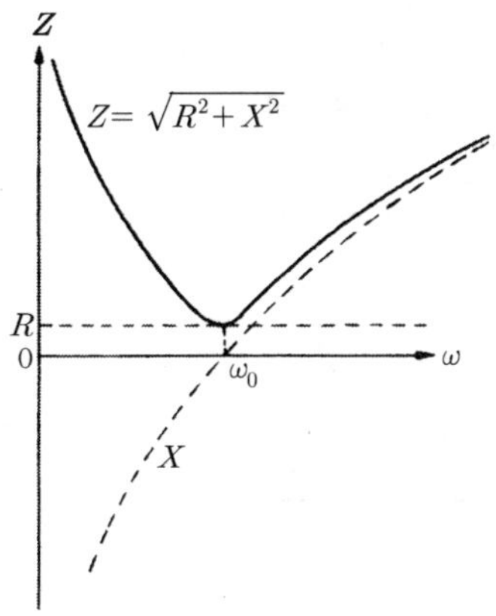

[그림 8-3] 공진시 R, X, Z와 ω의 관계

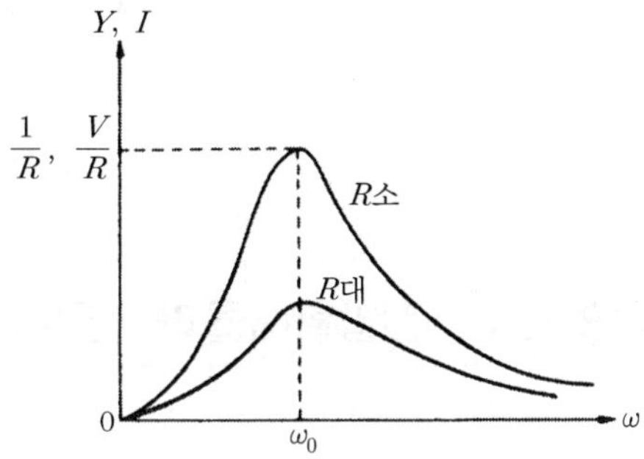

[그림 8-4] 공진시 Y, I와 ω의 관계

[그림 8-4]는 어드미턴스의 주파수 특성곡선으로서 임피던스 곡선의 역이 되고, $\omega=\omega_0$에서 어드미턴스 Y는 최대가 되며, 그 값은 $\frac{1}{R}$이 된다. 따라서 회로손실과 관계되는 R이 적을수록 Y곡선은 더욱 뾰족하게 되는데, 이러한 특성곡선을 **공진곡선**(resonance curve)이라고 한다.

또한 회로의 저항이 적으면 공진전류는 매우 크게 되며, 그 결과 L 또는 C의 양단에는 공진전압의 수십 배 또는 그 이상의 매우 큰 전압이 나타난다.

예제 8-1

직렬공진회로의 $R=20[\Omega]$, $L=0.25[\text{mH}]$, $C=281.4[\mu\text{F}]$이다. 이 회로의 공진주파수 f_0는 몇 [Hz]인가?

■ 풀이 ■ $f_0 = \dfrac{1}{2\pi\sqrt{LC}} = \dfrac{1}{2\pi\sqrt{0.25\times10^{-3}\times281.4\times10^{-6}}} = \mathbf{600}[\mathrm{Hz}]$

예제 8-2

$R-L-C$ 직렬공진회로에서 커패시턴스가 $3[\mu\mathrm{F}]$일 때 주파수 500[Hz]에서 공진현상이 일어났다. 공진시의 인덕턴스 L은 몇 [mH]인가?

■ 풀이 ■ $f_0 = \dfrac{1}{2\pi\sqrt{LC}}$ 로부터

$$L = \frac{1}{4\pi^2 f_0{}^2 C} = \frac{1}{4\pi^2\times500^2\times3\times10^{-6}} = \mathbf{33.8}[\mathrm{mH}]$$

8-3 전압확대율과 선택도

직렬공진시의 V_L 및 V_C의 공진전압 V에 대한 비율을 **전압확대율**이라 하고, 일반적으로 기호는 Q_0로 표시하며 **양호도**(quality factor)라고도 한다. 즉

$$Q_{0L} = \frac{V_L}{V} = \frac{\omega_0 L I_0}{RI_0} = \frac{\omega_0 L}{R}$$

$$Q_{0C} = \frac{V_C}{V} = \frac{\dfrac{1}{\omega_0 C}I_0}{RI_0} = \frac{1}{R\omega_0 C}$$

이 되고, $\omega_0 L = \dfrac{1}{\omega_0 C}$의 관계가 있으므로 $Q_{0L} = Q_{0C} = Q_0$로 되어

$$\boldsymbol{Q_0 = \frac{\omega_0 L}{R} = \frac{1}{R\omega_0 C}} \tag{8-2}$$

이 된다.

따라서 L, C에서의 전압확대율 또는 직렬공진회로의 양호도 Q_0의 값은 R

에 비해서 $\omega_0 L$ 또는 $\dfrac{1}{\omega_0 C}$이 클수록 커짐을 알 수 있다.

또한 $R-L-C$ 직렬회로에서 크기는 같지만 주파수가 다른 여러 가지의 전압을 인가하면 공진주파수 ω_0의 전압에 대한 전류가 가장 큰 공진전류 I_0가 되고, 다른 주파수의 전류는 I_0에 비해 매우 작다. 따라서 공진각주파수 ω_0인 전압만이 Q_0배로 확대되어 L과 C의 양단에 나타나지만 다른 주파수의 전압은 매우 작다.

즉 $R-L-C$ 직렬회로에서는 공진각주파수 ω_0의 전류만이 선택되어 확대된다. 이 선택성이 [그림 8-5]의 공진곡선이 뾰족할수록 크다. 그런데 이 뾰족한 정도를 나타내는 방법으로서 공진곡선에서 ω_0에 아주 가까운 곳에 같은 전류 I에 대한 각주파수 ω_1, ω_2를 [그림 8-5]와 같이 택하고 $\omega_2-\omega_1$을 대폭 또는 대역폭 $\Delta\omega$라 하면 다음과 같다.

$$S=\frac{\omega_0}{\omega_2-\omega_1}=\frac{\omega_0}{\Delta\omega}$$

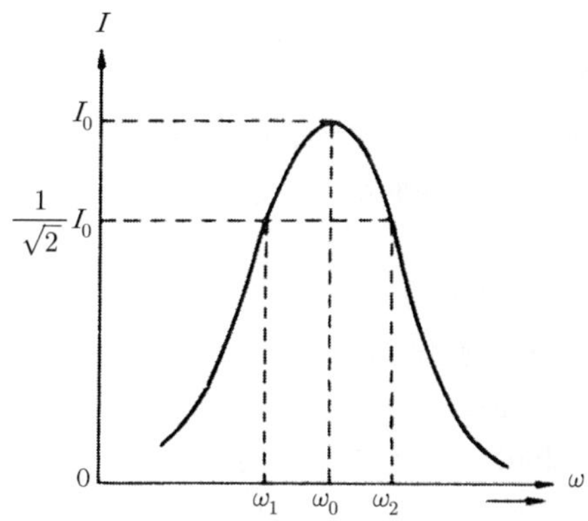

[그림 8-5] 공진곡선

여기서 이 S가 클수록 공진곡선이 뾰족하게 됨을 알 수 있다. 이때 S를 **첨예도**(sharpness) 또는 **선택도**(selectivity)라고 한다.

일반적으로 선택도는 I_0의 $\dfrac{1}{\sqrt{2}}=0.707$인 때의 각주파수 ω_1, ω_2로 표시하는 경우가 많으므로 이런 경우의 S와 Q의 관계는

$$\omega_1 \omega_2 = {\omega_0}^2, \ \Delta\omega = \omega_2 - \omega_1 = \frac{\omega_0}{Q_0}$$

가 있으므로, 이를 식 (8-3)에 대입하면

$$\boldsymbol{S = \frac{\omega_0}{\omega_2 - \omega_1} = \frac{\omega_0}{\Delta\omega} = Q_0} \qquad (8\text{-}3)$$

가 된다. 즉 전압확대율 Q_0와 선택도 S는 같음을 알 수 있다.

이상의 결과에서 Q_0가 큰 $R-L-C$ 직렬회로는 전압확대율과 선택도가 모두 크다는 것을 알 수 있다.

또한 $\omega = \omega_1, \ \omega_2$에서는 $\omega = \omega_0$인 때의 전류의 $\frac{1}{\sqrt{2}}$배의 전류가 흐르므로 회로에 공급되는 전력은 $P = RI^2$의 관계식에 의하여 공진전력의 $\frac{1}{2}$이 된다. 이런 의미에서 ω_1, ω_2을 **반전력각주파수**(half-power frequency)라 하고, $\Delta\omega = \omega_2 - \omega_1$을 **반전력대폭**(half-power band-width)이라고 할 때가 있다.

예제 8-3

$R = 2[\Omega]$, $L = 1.6\,[\text{mH}]$, $C = 4[\mu\text{F}]$의 $R-L-C$ 직렬회로가 전원전압 100 [V]에 연결되어 있다. 다음을 구하여라.

① 공진각주파수 ω_0

② 공진회로의 선택도 Q_0

③ 공진시 C의 양단전압 V_C

④ 반전력대폭 $\Delta\omega$

⑤ 반전력주각파수 $\omega_1, \ \omega_2$

■ **풀이** ■ ① $\omega_0 = \frac{1}{\sqrt{LC}} = \frac{1}{\sqrt{1.6 \times 10^{-3} \times 4 \times 10^{-6}}} = \mathbf{12.5}[\text{kHz}]$

② $Q_0 = \frac{\omega_0 L}{R} = \frac{12.5 \times 10^3 \times 1.6 \times 10^{-3}}{2} = \mathbf{10}$

③ $V_C = Q_0 V = 10 \times 100 = \mathbf{1000}[\text{V}]$

④ $\Delta\omega = \frac{\omega_0}{Q_0} = \frac{12.5}{10} = \mathbf{1.25}[\text{kHz}]$

⑤ $\omega_1 = 12.5 - \dfrac{1.25}{2} = \mathbf{11.875}[\text{kHz}]$

$\omega_2 = 12.5 + \dfrac{1.25}{2} = \mathbf{13.125}[\text{kHz}]$

8-4 병렬공진회로

[그림 8-6]과 같은 $R-L-C$ 병렬회로에서 전원전압의 크기는 일정하고 주파수만 변화시킬 때 입력 어드미턴스 $\boldsymbol{Y}$는

$$\boldsymbol{Y} = \frac{1}{R} + j\left(\omega C - \frac{1}{\omega L}\right) = Y\angle\theta'$$

$$Y = \sqrt{\left(\frac{1}{R}\right)^2 + \left(\omega C - \frac{1}{\omega L}\right)^2}$$

$$\theta' = \tan^{-1} R\left(\omega C - \frac{1}{\omega L}\right)$$

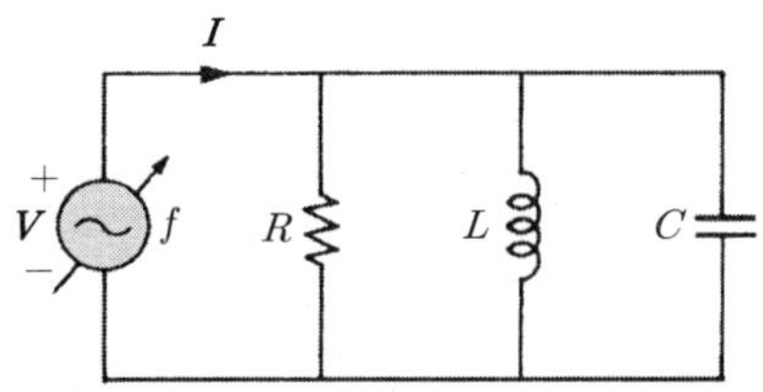

[그림 8-6] $R-L-C$ 병렬공진회로

여기서 각주파수 ω를 변화시켜 $\omega C = \dfrac{1}{\omega L}$이 되었다면, 즉 $B = \omega C - \dfrac{1}{\omega L} = 0$일 때 어드미턴스는 순컨덕턴스 $G = \dfrac{1}{R}$이고, $\theta = 0$이며 $I = \dfrac{V}{R}$로서 전원에는 최소전류가 흐르며 $\boldsymbol{V}$와 $\boldsymbol{I}$는 동상이다. 이때 회로는 공진상태에 있다고 하며, 이 상태를 **병렬공진**(parallel resonance), **전류공진**(current resonance) 또는 간단

히 반공진(antiresonance)이라고도 한다.

한편 일반적인 통신회로에서의 병렬공진회로는 $R-L-C$ 각 소자를 병렬로 연결하지 않고 [그림 8-7]과 같이 약간의 저항이 포함된 코일과 커패시터를 병렬로 연결하여 공진시킨다.

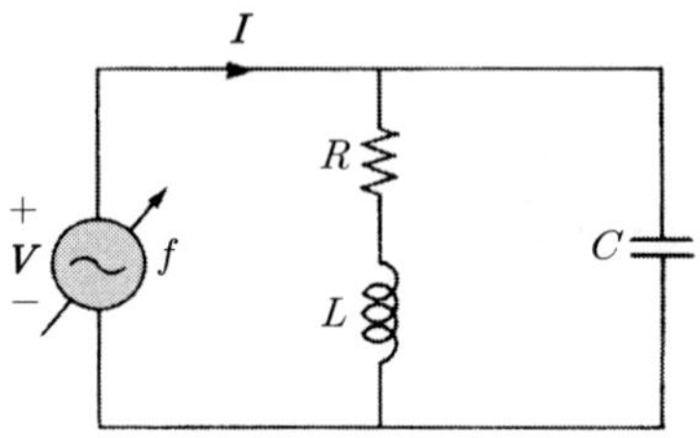

[그림 8-7] $R-L-C$ 병렬공진회로

[그림 8-7]에서 입력 어드미턴스 $\boldsymbol{Y}$는

$$\boldsymbol{Y} = \frac{1}{R+j\omega L} + j\omega C = \frac{R}{R^2+\omega^2 L^2} + j\left(\omega C - \frac{\omega L}{R^2+\omega^2 L^2}\right)$$

여기서 어드미턴스의 허수부인 서셉턴스 성분이 $B=0$이면($\boldsymbol{Z}$를 구해서 $X=0$으로 해도 같다) 병렬공진이 된다.

따라서 병렬공진 각주파수 ω_0는 $B=0$일 때의 주파수는

$$\omega_0 C = \frac{\omega_0 L}{R^2+{\omega_0}^2 L^2}$$

이므로

$$\omega_0 = \sqrt{\frac{1}{LC} - \frac{R^2}{L^2}}, \quad f_0 = \frac{1}{2\pi}\sqrt{\frac{1}{LC} - \frac{R^2}{L^2}} \tag{8-4}$$

그러나 저항값이 매우 작아서 무시할 수 있다면

$$\boldsymbol{\omega_0 = \frac{1}{\sqrt{LC}}, \quad f_0 = \frac{1}{2\pi\sqrt{LC}}} \tag{8-5}$$

이 되어 직렬공진회로의 공진주파수와 같은 식이 된다.

한편 병렬공진회로에서 공진 임피던스 Z_0는 식 (8-19)에서

$$Z_0 = \frac{1}{Y_0} = \frac{R^2 + {\omega_0}^2 L^2}{R}$$

로 이루어진다. 그러나 실제의 경우 R은 대체로 매우 작으며, 특히 고주파에서는 R^2에 비해 ${\omega_0}^2 L^2$은 대단히 크기 때문에

$$R^2 + {\omega_0}^2 L^2 \fallingdotseq {\omega_0}^2 L^2$$

이라고 생각해도 무방하다. 따라서

$$Z_0 = \frac{{\omega_0}^2 L^2}{R}$$

로 주어지면, 또한 식 (8-21)로부터 Z_0는

$$\boldsymbol{Z_0 = \frac{L}{RC}} \qquad (8\text{-}6)$$

로 표시될 수 있다.

병렬공진시는 회로의 어드미턴스가 최소로 되므로 일정 전압 아래에서 전전류 I에 대한 공진곡선은 [그림 8-8]과 같이 된다. 그림에서 보는 바와 같이 이 경우의 공진곡선은 직렬공진시의 공진곡선과는 반대로 $\omega = \omega_0$에서 전류 I는 최소가 되므로 병렬공진을 반공진이라고 하는 이유가 여기에 있다.

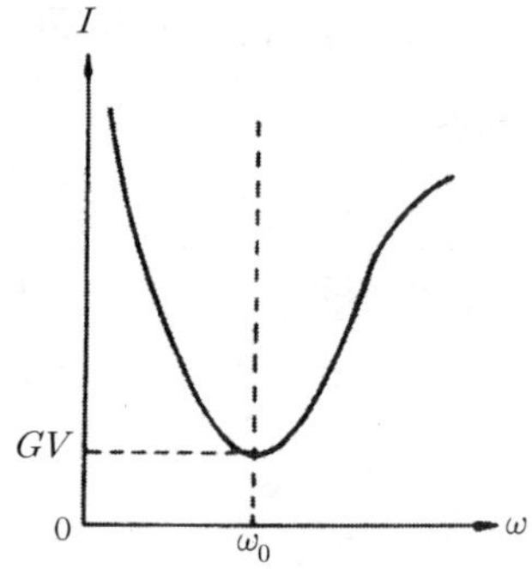

[그림 8-8] 전류공진곡선

병렬공진시는 이와같이 회로 유입전류가 최소가 되는데 이때 회로를 흐르는 I_L, I_C 및 공진시의 전류 I_0의 크기에 대해서 알아보자.

일반적인 경우로서 $\omega_0 L \gg R$, $\omega_0 C = \dfrac{1}{\omega_0 L}$ 이라고 하면

$$I_L = \frac{V}{\omega_0 L},\ I_C = \omega_0 CV,\ I_0 = \frac{CR}{L} V$$

여기서 공진전류 I_0에 대한 I_L, I_C의 비를 구하면

$$\frac{I_L}{I_0} = \frac{I_C}{I_0} = \frac{\omega_0 L}{R} = \frac{1}{R\omega_0 C} = Q_0 \tag{8-7}$$

가 되어 직렬공진시의 전압확대율과 마찬가지로 병렬공진에서 I_L 및 I_c의 **전류** 확대율은 $\dfrac{\omega_0 L}{R}$ 또는 $\dfrac{1}{R\omega_0 C}$ 배로 커지며, 아울러 병렬공진회로의 양호도도 직렬공진회로의 양호도와 역시 같음을 알 수 있다. 이와 같은 의미에서 병렬공진을 전류공진이라고도 한다.

예제 8-4

$R = 10[\Omega]$, $L = 0.4[\text{mH}]$의 코일과 $C = 250[\text{pF}]$의 콘덴서와의 병렬공진회로에서 공진주파수와 공진 임피던스를 구하여라.

■ **풀이** ■ $R << \omega_0 L$의 조건이 성립하므로 공진주파수는

$$f_0 = \frac{1}{2\pi\sqrt{LC}} = \frac{1}{2\pi\sqrt{0.4\times10^{-3}\times250\times10^{-12}}} = \frac{10^7}{2\pi\sqrt{10}} \fallingdotseq 500\,[\text{kHz}]$$

공진 임피던스는

$$Z_0 = \frac{L}{RC} = \frac{0.4\times10^{-3}}{10\times250\times10^{-12}} = \frac{4\times10^7}{250} = \mathbf{160}[\text{k}\Omega]$$

예제 8-5

[그림 8-9]와 같은 회로에서 다음을 구하여라.

① 공진상태일 때 C의 값

② 양호도 Q_0 및 공진 임피던스 Z_0

③ 공진전류 I_0

④ 공진시 C에 흐르는 전류 I_C

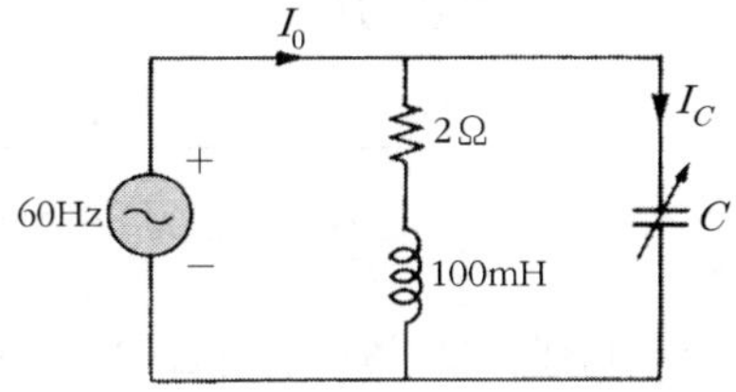

[그림 8-9]

■ **풀이** ■ ① $R \ll \omega_0 L$이므로

$$C = \frac{1}{\omega_0^2 L} = \frac{1}{(2\pi f_0)^2 L} = \frac{1}{(2\pi \times 60)^2 \times 100 \times 10^{-3}} = \mathbf{70.3 \times 10^{-6}}[\mathrm{F}]$$

② $Q_0 = \dfrac{\omega_0 L}{R} = \dfrac{2\pi \times 60 \times 100 \times 10^{-6}}{2} = \dfrac{12\pi}{2} = \mathbf{18.85}$

$$Z_0 = \frac{L}{RC} = \omega_0 L \cdot \frac{1}{RC\omega_0} = \omega_0 L \cdot Q_0 = 377 \times 100 \times 10^{-3} \times 18.85 = \mathbf{710.6}[\Omega]$$

③ $I_0 = \dfrac{V}{Z_0} = \dfrac{220}{710.6} = \mathbf{0.31}[\mathrm{A}]$

④ $I_C = Q_0 \cdot I_0 = 18.85 \times 0.31 = \mathbf{5.84}[\mathrm{A}]$

8-5 주파수응답

[그림 8-10]과 같은 $R-C$ 직렬회로에서 전원전압의 크기를 일정하게 유지하고, 주파수를 변화시킬 때 정상상태에서 C 양단의 전압이 어떻게 변하는가를 알아보자.

전압분배의 법칙에 의해

$$\boldsymbol{V}_2 = \frac{\dfrac{1}{j\omega C}}{R + \dfrac{1}{j\omega C}} \boldsymbol{V}_1 = \frac{1}{1 + j\omega CR} \boldsymbol{V}_1$$

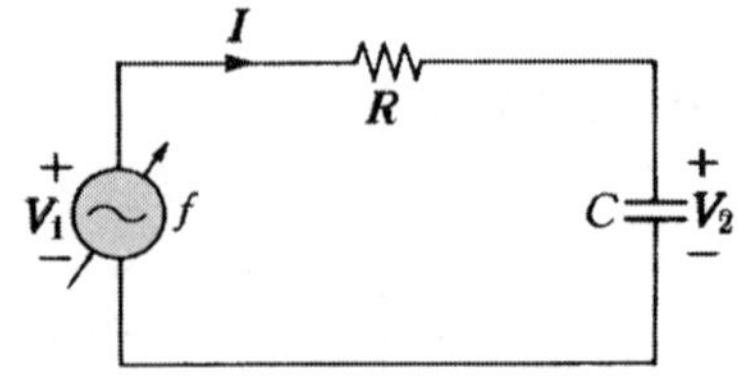

[그림 8-10] $R-C$ 직렬회로

따라서 페이저 전압의 크기와 위상을 $\boldsymbol{V}_1 = V_1 \angle 0$이라 하면

$$\boldsymbol{V}_2 = \frac{1}{\sqrt{1+\omega^2 R^2 C^2}} \boldsymbol{V}_1$$

$$\phi = -\tan^{-1}\omega RC$$

여기서 ϕ는 출력전압 $\boldsymbol{V}_2$와 입력전압 $\boldsymbol{V}_1$과의 위상차이다. 식 (8-2), (8-3)으로부터 출력전압의 크기 V_2와 위상차 ϕ는 모두 주파수 ω의 함수임을 알 수 있다.

[그림 8-11]은 주파수의 변화에 따라 출력전압의 크기와 위상을 나타낸 그래프이며, [그림 8-11](a)를 **진폭응답곡선**(amplitude response curve), [그림 8-11](b)를 **위상응답곡선**(phase response curve)이라 하며, 이 두 곡선을 통틀어 **주파수응답곡선**(frequency response curve)이라 한다.

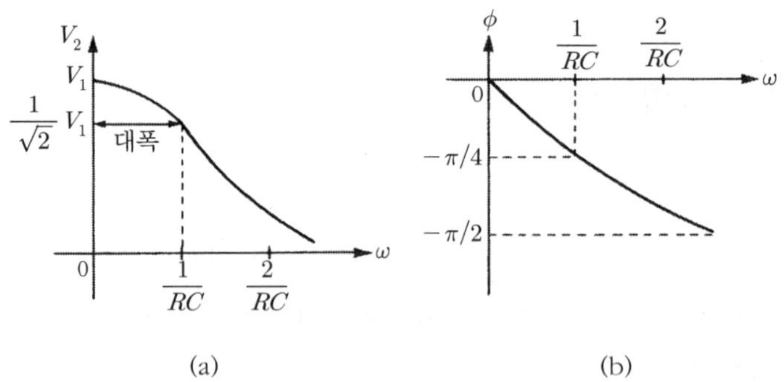

[그림 8-11] $R-C$ 회로의 주파수응답곡선

[그림 8-11]에서와 같이 출력전압의 크기는 $\omega = 0$에서 입력전압과 같지만 주파수가 높아짐에 따라 점차로 작아진다. 한편 출력전압의 위상은 주파수가 높아짐에 따라 입력전압보다 더욱 늦어지며 $\omega = \infty$에서는 90°만큼 늦어진다. 즉 낮은 주파수에서는 용량성 리액턴스가 크므로 입력전압의 대부분은 C 양단에

걸리나, 주파수가 높아짐에 따라 $1/\omega C$은 R에 비하여 자꾸만 적어지므로 입력 전압은 R 양단에 더욱 많이 분배되고 C 양단에는 더욱 작은 전압이 나타난다.

식 (8-1)의 분모에서 허수부가 실수부와 같게 되는 주파수를 ω_c라 하면

$$\omega_c = \frac{1}{RC} \tag{8-8}$$

이 되며, 이때 $V_2 = \frac{1}{\sqrt{2}} V_1$이 되고 $\phi = -45°$가 된다.

이 $R-C$회로는 대체로 보아서 $\omega < \omega_c$의 범위에 있는 낮은 주파수는 출력에 잘 나타나지만, $\omega \geq \omega_c$의 범위에 있는 높은 주파수는 많이 감소되어 나타나는 주파수 선택성을 갖는다. 이와 같은 회로를 **저역통과회로**(low-pass filter)라고 하고, 주파수 $0 \sim \omega_c$의 범위를 필터의 **대폭**(band width), $\frac{1}{RC}$를 필터의 **차단주파수**(cut-off frequency)라고 한다. 그리고 진폭이 비교적 감쇠되지 않고 잘 통과되는 주파수 범위를 **통과대역**(pass band), 저지되어 진폭이 작아지는 주파수 범위를 **저지대역**(stop band)이라 한다.

한편 주파수 선택성이 있는 필터는 일반적으로 주파수 특성에 따라 다음과 같이 분류한다.

① **저역통과필터**(Low-Pass Filter, LPF) ; 낮은 주파수 신호는 잘 통과시키나 높은 주파수 신호는 저지하는 필터(여파기). [그림 8-12](a)

② **고역통과필터**(High-Pass Filter, HPF) ; 높은 주파수 신호는 잘 통과시키나 낮은 주파수 신호는 저지하는 필터로 [그림 8-12](b)이다.

③ **대역통과필터**(Band-Pass Filter, BPF) ; 중간 범위의 주파수 신호는 잘 통과시키나 이보다 낮거나 높은 주파수를 잘 통과시키지 않는 필터로 [그림 8-12](c)이다.

④ **대역저지필터**(Band-Stop Filter, BSF) ; 중간 범위의 주파수 신호는 잘 통과시키지 않으나 이보다 낮거나 높은 주파수를 잘 통과시키는 필터로 [그림 8-12](d)이다.

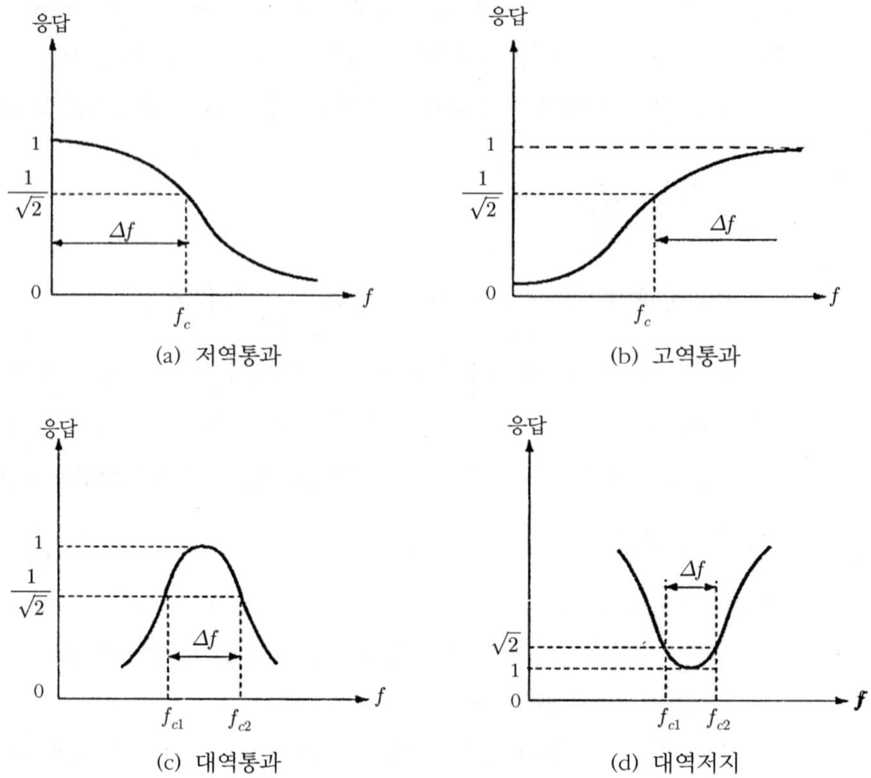

[그림 8-12] $R-L-C$ 직렬회로

8-6 주파수가 가변인 궤적

[그림 8-13]과 같은 $R-L-C$ 직렬회로에서 임피던스 $\boldsymbol{Z}$는

$$\boldsymbol{Z}=R+j\left(\omega L-\frac{1}{\omega C}\right)$$

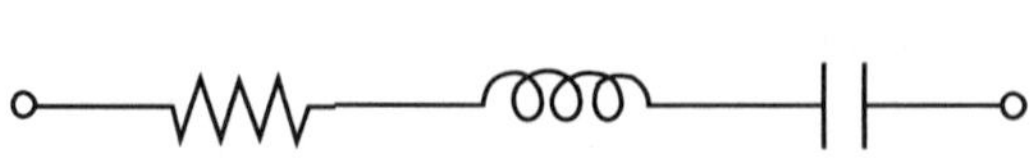

[그림 8-13] $R-L-C$ 직렬회로

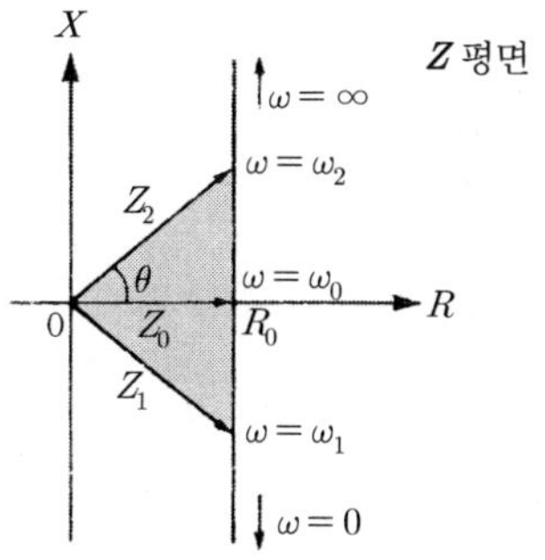

[그림 8-14] 주파수가 변할 때 Z궤적

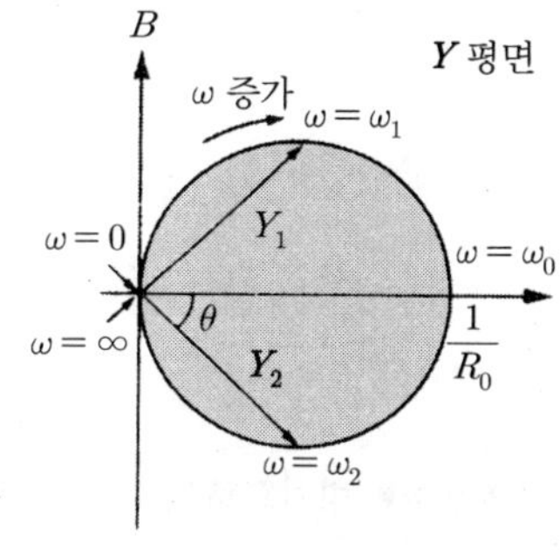

[그림 8-15] 주파수가 변할 때 Y궤적

여기서 $R = R_0$로 고정시키고 ω를 0에서 ∞까지 증가함에 따라 X의 값은 $-\infty$에서 ∞까지 변화한다. 이 경우의 $\boldsymbol{Z}$벡터의 끝점이 ω의 연속적인 변화에 따라 그리는 **임피던스 궤적**(impedance locus)은 [그림 8-14]와 같이 허축에서 R_0만큼 떨어져 허축의 평행인 직선이 된다.

임피던스 궤적으로부터 **어드미턴스 궤적**(admittance locus)은

$$\boldsymbol{Y} = \frac{1}{\boldsymbol{Z}} = \frac{1}{Z\angle\theta} = \frac{1}{Z}\angle -\theta$$

의 관계를 이용하여 임피던스 궤적상의 대표적인 몇 개의 점, 예컨대 R_0는 $\frac{1}{R_0}$, $Z_1\angle\theta_1$는 $\frac{1}{Z_1}\angle -\theta_1$, $\infty\angle 90°$는 $0\angle -90°$와 같이 대응하는 어드미턴스를 대표하는 점을 또 하나의 복소평면인 Y평면상에 점을 찍어서 이것을 매끈하게 연결하면 [그림 8-15]와 같이 어드미턴스 궤적은 중심이 $\left(\frac{1}{2R_0},\ 0\right)$이고 지름이 $\frac{1}{R_0}$인 원이 된다. 임피던스와 어드미턴스는 서로 역수 관계에 있으므로 양궤적을 서로 **역궤적**(inverse locus)이라 한다.

예제 8-6

[그림 8-16]과 같은 $R-L$ 병렬회로에서 R_0을 고정시키고, ω를 0에서 ∞까지 변화시킬 때 임피던스 및 어드미턴스 궤적을 그려라.

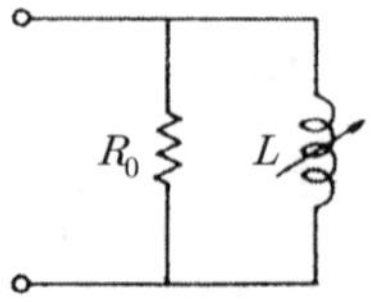

[그림 8-16]

■ **풀이** ■ 병렬회로이므로 $\boldsymbol{Y}$궤적을 먼저 그리면

$$\boldsymbol{Y} = G_0 + jB_L = G_0 - \frac{1}{j\omega L},\ G_0 = \frac{1}{R_0},\ B_L = -\frac{1}{\omega L}$$

지금 G_0를 고정시키고, ω를 0에서 ∞까지 변화시키면 B_L은 0에서 $-\infty$까지 변하므로 [그림 8-17](a)와 같이 제4분면의 반직선이 되고, 그의 역궤적인 Z궤적은 [그림 8-17](b)와 같은 반지름이 $\dfrac{R_0}{2}$인 제1사분면 내의 반원이다.

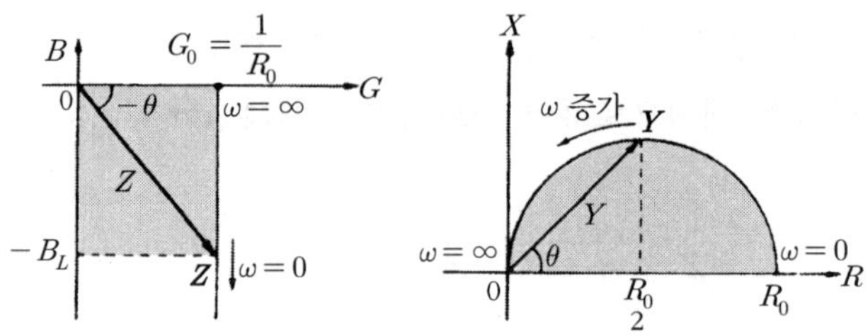

(a) $\boldsymbol{Y}$ 궤적　　　(b) $\boldsymbol{Z}$ 궤적

[그림 8-17] 주파수가 변할 때

연습문제

8-1 $R=5[\Omega]$, $L=10[\text{mH}]$, $C=1[\mu\text{F}]$의 직렬회로에서 공진주파수 $f_0[\text{Hz}]$는 약 얼마인가?

㉮ 1432 ㉯ 1592 ㉰ 1820 ㉱ 3181

8-2 $R=10[\text{k}\Omega]$, $L=10[\text{mH}]$, $C=1[\mu\text{F}]$의 직렬회로에 $V=100[\text{V}]$이 전압을 가하고 그 주파수를 변화시켰을 때 최대전류[mA]는?

㉮ 0.01 ㉯ 0.1 ㉰ 10 ㉱ 100

8-3 $R=100[\Omega]$, $X_C=100[\Omega]$이고 L만을 가변할 수 있는 $R-L-C$ 직렬회로가 있다. 이때 $f=500[\text{Hz}]$, $V=100[\text{V}]$를 인가하여 L을 변화시킬 때 L의 단자전압 V_L의 최대값은?

㉮ 100 ㉯ 150 ㉰ 200 ㉱ 300

8-4 $R-L-C$ 직렬공진회로에서 $R=10[\Omega]$, $L=10[\text{mH}]$, $C=1[\mu\text{F}]$이다. 직렬공진회로의 선택도 Q는?

㉮ 2 ㉯ 5 ㉰ 8 ㉱ 10

8-5 $R=18[\Omega]$, $L=150[\mu\text{H}]$인 코일과 손실을 무시할 수 있는 가변 콘덴서를 710[kHz], 1[mV]인 전원에 직렬로 연결한 회로가 있다. 이 회로가 전원주파수에서 공진하는 데 필요한 가변 콘덴서의 C의 값[pF]은?

㉮ 125 ㉯ 335 ㉰ 625 ㉱ 1035

8-6 $R=5[\Omega]$, $C=1.3[\mu\text{F}]$와 L로 구성된 $R-L-C$ 직렬회로에서 주파수 1[kHz]인 교류전압을 가하여 공진시켰다. 이때 L의 값과 선택도 Q는?

㉮ 17.5[mH], 12.5 ㉯ 17.5[mH], 24.5

㉰ 19.5[mH], 24.5 ㉱ 24.5[mH], 19.5

* 정답 1 ㉯ 2 ㉰ 3 ㉮ 4 ㉱ 5 ㉯ 6 ㉰

8-7 $R-L-C$ 직렬공진회로에서 선택도 Q가 35.5이고, 공진주파수 f_0가 711[kHz]일 때 반전력주파수 f_1과 f_2는 몇 [kHz]인가?

㉮ 526, 546 ㉯ 701, 121 ㉰ 911, 931 ㉱ 1201, 1221

8-8 $R=5[\Omega]$, $L=20$[mH]인 코일과 콘덴서 $C=5[\mu\text{F}]$가 병렬로 연결된 병렬공진회로의 공진주파수[Hz]는?

㉮ 100 ㉯ 250 ㉰ 500 ㉱ 650

8-9 $R=100[\Omega]$, $L=100$[mH]의 코일과 가변 콘덴서를 병렬로 접속한 동조회로가 있다. 가변 콘덴서의 용량을 변화시켜 500[kHz]에 동조시켰다. 이때의 공진 임피던스 $Z_0[\Omega]$는?

㉮ 10^2 ㉯ 10^3 ㉰ 10^6 ㉱ 10^9

8-10 $R=4[\Omega]$, $L=8$[H]가 직렬연결된 회로에서 각주파수 ω가 0에서 ∞까지 변하는 교류 전압을 가할 때 이 회로의 어드미턴스 궤적의 지름은 몇 $[\Omega]$인가?

㉮ 0.2 ㉯ 0.25 ㉰ 0.5 ㉱ 0.75

8-11 그림과 같은 회로에서 $R=10[\Omega]$, $X_L=20[\Omega]$일 때 $X_C[\Omega]$가 얼마이면 입력 어드미턴스가 순컨덕턴스로 되는가?

㉮ 0.04
㉯ 0.02
㉰ 0.4
㉱ 0.2

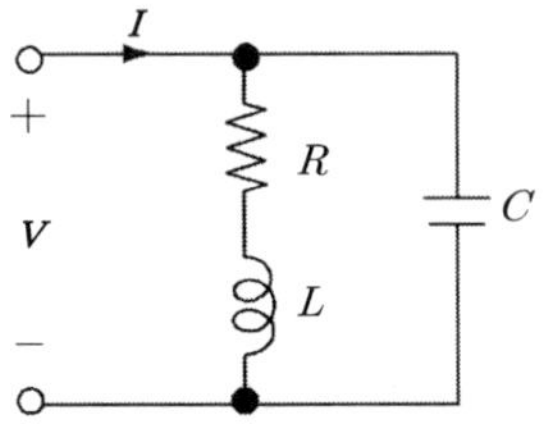

8-12 그림과 같은 2단자회로에서 반공진 각주파수 ω_r[rad/sec]는?

㉮ 100
㉯ 200
㉰ 400
㉱ 800

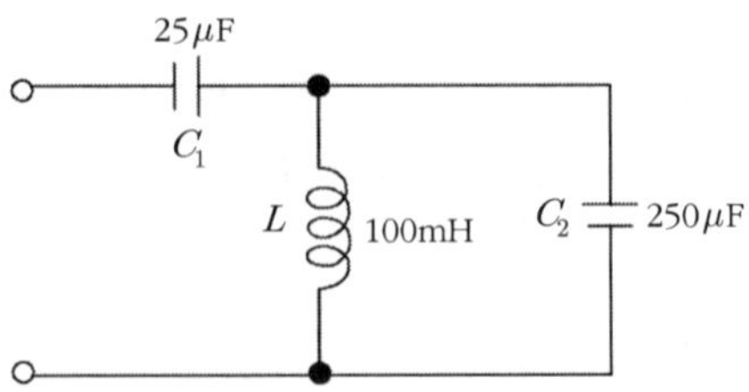

8-13 그림과 같은 회로에 교류전압을 인가하여 I가 최소로 될 때 리액턴스 X_C의 값을 구하여라.

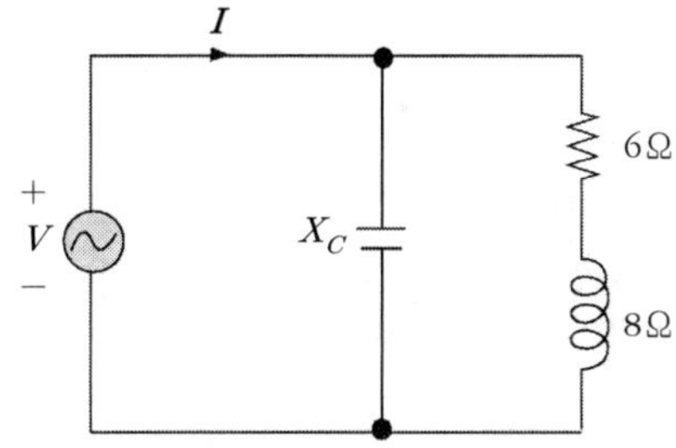

8-14 그림과 같은 저역통과 필터에서 차단주파수 f_c를 구하고, 주파수 f가 f_c, 50[kHz] 및 1[MHz]일 때의 출력전압 V_2를 구하여라.

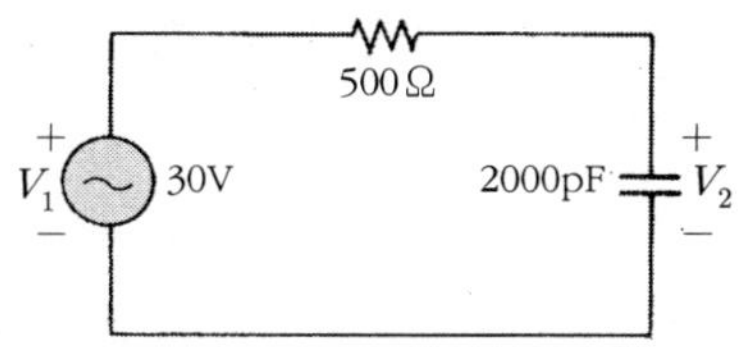

8-15 $R-L$ 직렬회로에서 저항 R이 변화할 때 임피던스 및 어드미턴스 궤적을 그려라.

---

* 정답 *13* $X_C=12.5[\Omega]$ *14* $f=f_c$일 때 21.21[V], 50[kHz]일 때 28.62[V], 1[MHz]일 때 4.72[V]
15 풀이 참조

제9장

교류회로의 전력

- 9-1 저항에서의 전력과 에너지
- 9-2 인덕턴스에서의 전력과 에너지
- 9-3 커패시턴스에서의 전력과 에너지
- 9-4 일반회로에서의 전력
- 9-5 역 률
- 9-6 유효전력, 무효전력, 피상전력
- 9-7 복소전력
- 9-8 역률개선
- 9-9 최대전력전달
- • 연습문제

이제까지는 전압, 전류를 구하는 것을 주로 취급하여 왔으나, 전력과 에너지를 구하는 것 또한 중요한 문제이다. 그러나 일단 회로의 각 부분의 전압, 전류분포가 알려지면 **순시전력**(instrantaneous power)은 $p = vi$에 의해서 구할 수 있고, 또 에너지는 p를 시간에 대하여 적분함으로써 구할 수 있다. 실제적으로 p는 평균값, 즉 **평균전력**(average power)이 더 문제가 된다.

어떤 회로의 한 부분에 있어서 전류 i의 방향으로 전압강하가 일어날 때에는 이 부분에 순시전력이 공급되고 있음을 의미하며 이때는 $p > 0$이다. 실제로 $p > 0$이면 이 회로에 에너지가 공급되고 반대로 $p < 0$이면 이 회로에서 외부회로로 에너지가 반환됨을 의미한다.

이 장에서는 각각의 수동소자 및 일반회로에서의 전력과 에너지에 대해서 살펴보고, 부하에 최대전력을 전송하기 위한 조건들을 알아본다. 아울러 이 장을 통하여 전압, 전류의 순시값, 실효값, 페이저에 대한 기호의 구별(예 v, V, $\boldsymbol{V}$)을 항상 명심해야 한다.

9-1 저항에서의 전력과 에너지

[그림 9-1](a)의 저항 R만의 회로에

$$v = \sqrt{2}\, V \sin \omega t$$

로 표시되는 전압이 인가될 때 흐르는 전류는 전압과 동상이므로

$$i = \sqrt{2}\, \frac{V}{R} \sin \omega t = \sqrt{2}\, I \sin \omega t$$

가 된다. 따라서 저항에서 소비되는 순시전력 p는 $\sin^2 x = \frac{1}{2}(1 - \cos 2x)$의 삼각함수 공식을 이용하면

$$p = vi = 2VI \sin^2 \omega t = VI(1 - \cos 2\omega t) \tag{9-1}$$

가 되고, 순시전력의 주파수는 전압이나 전류의 주파수에 2배가 된다.

순시전력 p에서 제2항인 $VI \cos 2\omega t$는 대칭파인 정현항이므로 1주기간의 평균값은 0이 되어 저항에서의 **평균전력** P는 제1항과 같다. 즉

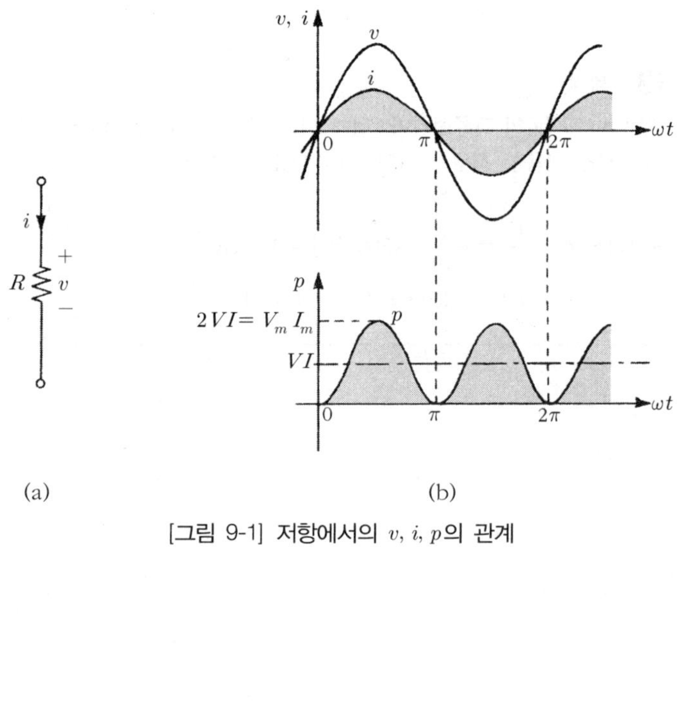

(a) (b)

[그림 9-1] 저항에서의 v, i, p의 관계

$$P = VI = RI^2 = \frac{V^2}{R} = GV^2 \qquad (9\text{-}2)$$

등 여러 가지로 표현할 수 있다. 여기서 $V = RI$, $I = GV$의 관계를 이용하였다.

일반적으로 전력이라고 할 때에는 평균전력을 의미하며, 순시전력과 구별하기 위하여 대문자 P를 쓴다.

[그림 9-1]은 저항에서의 v, i, p의 관계를 나타낸 것으로 p의 부호는 항상 $p > 0$이고, 최대값 $2VI = V_m I_m$의 반인 VI를 중심으로 하여 상하로 v, i의 2배의 주파수를 가지고 변동하며, VI값이 곧 평균전력이 된다.

다음 저항에서의 에너지 소비는

$$W_R = \int_0^t VI(1 - \cos 2\omega t)dt = VI\left(t - \frac{1}{2\omega}\sin 2\omega t\right)$$

가 되지만 $t \gg T$일 때 $t > \frac{1}{2\omega}\sin 2\omega t$이므로 저항에서의 소비되는 에너지 W_R은

$$W_R = Pt = VIt\,[\text{J}] \text{ 또는 } [\text{W} \cdot \text{S}]$$

Watt · sec의 단위는 너무 작으므로 [kWh](＝1000×3600 [W · S])가 많이 쓰인다.

예제 9-1

60[Hz], 100[V]의 교류전압이 20[Ω]의 전열기에 가해질 경우의 전력을 구하여라. 또 전열기를 2시간 사용할 경우 소비되는 에너지는 몇 [kWh]인가?

■ 풀이 ■ $P = \frac{V^2}{R} = \frac{100^2}{20} = 500\,[\text{W}] = 0.5\,[\text{kW}]$

$W = Pt = 5\,[\text{kW}] \times 2\,[\text{h}] = 1\,[\text{kWh}]$

9-2 인덕턴스에서의 전력과 에너지

[그림 9-2](a)의 인덕턴스 L만의 회로에

$$i = \sqrt{2}\, I \sin \omega t$$

로 표시되는 전류가 흐른다면 전압은 전류보다 위상이 90° 앞서므로

$$v = \sqrt{2}\,\omega L I \sin(\omega t + 90°) = \sqrt{2}\, V \sin(\omega t + 90°) = \sqrt{2}\, V \cos\omega t$$

가 된다. 따라서 유도기에 공급되는 순시전력 p는 $\sin 2x = 2\sin x \cos x$의 공식을 이용하면

$$p = vi = 2VI \sin\omega t \cos\omega t = VI \sin 2\omega t \tag{9-3}$$

가 되고, 평균전력은 대칭파인 정현항이 0이므로

$$\boldsymbol{P = 0} \tag{9-4}$$

또한 시간 t_1에서 t_2 사이에 인덕턴스에서의 에너지는 다음과 같이 구할 수 있다. 즉

$$P = vi = L\frac{di}{dt}i$$

$$w_L = \int_{t_1}^{t_2} Li\frac{di}{dt}dt = \int_{i_1}^{i_2} Lid_i = \frac{1}{2}Li - \frac{1}{2}Li_1^2 2^2$$

여기서 i_1, i_2는 각각 t_1, t_2에서의 전류이다.

인덕턴스에서의 에너지는 최초값과 최종값에만 관계가 되고 도중의 값과는 아무 관계가 없다는 것이다. 또한 두 값의 차는 전류의 크기에 따라서 (+) 또는 (−)가 될 수 있어서 결과적으로 유도기에 에너지가 유입할 수도 있고, 유도기로부터 에너지가 유출할 수 있음을 보여준다.

또 t_1에서의 전류를 0이라 하고, t_2에서의 전류를 i라 하면

$$W_L = \frac{1}{2}Li^2[\text{J}]$$

이 식에 전류 $i = \sqrt{2}\,I\sin\omega t[\text{A}]$를 대입하면

$$W_L = LI^2\sin^2\omega t = \frac{1}{2}LI^2(1-\cos 2\omega t) \tag{9-5}$$

이고, 평균에너지 $\boldsymbol{W_L}$은 제2항은 대칭파인 정현항이므로 제1항이 평균에너지가 된다. 즉

$$W_L = \frac{1}{2}LI^2[\text{J}] \tag{9-6}$$

[그림 9-2]를 보면 v, i는 90°의 상차가 있고, 그 곱인 P는 v, i의 주파수의 2배의 주파수를 가지고 양(+), 음(−)의 값을 교대로 취하면서 변한다. 전력의 부호가 (+)인 경우는 자기에너지의 형태로 전력을 소비하며, (−)의 경우는 자기에너지의 형태로 축적되어 있던 것을 외부회로로 에너지가 반환되는 것을 의미한다.

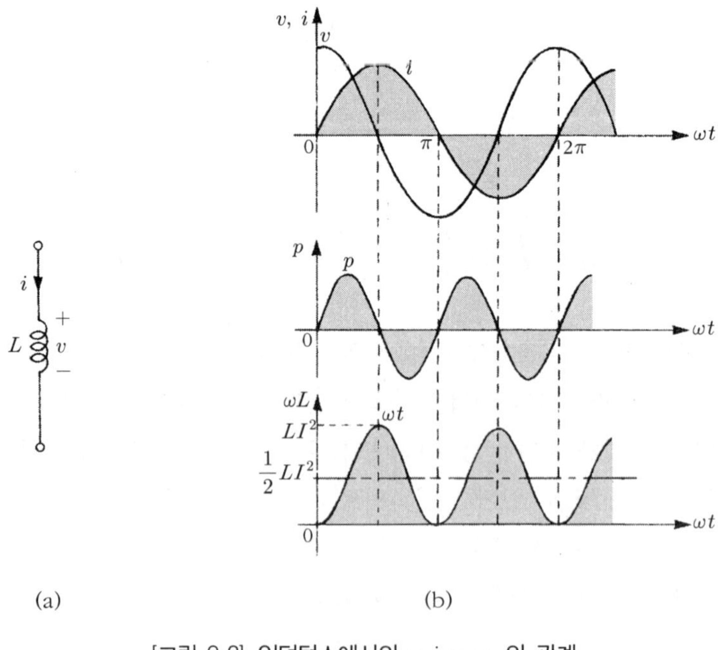

(a) (b)

[그림 9-2] 인덕턴스에서의 v, i, p, w_R의 관계

예제 9-2

10 [H]의 인덕터에 $i=5\sqrt{2}\,\sin\omega t$[A]의 전류가 흐를 때 평균에너지는 몇 [J]인가?

■ **풀이** ■ $W_L=\frac{1}{2}LI^2=\frac{1}{2}\times 10\times 5^2=\mathbf{125}$ [J]

9–3 커패시턴스에서의 전력과 에너지

[그림 9-3]의 커패시턴스 C만의 회로에

$$v=\sqrt{2}\,V\sin\omega t$$

로 표시되는 전압이 인가될 때 흐르는 전류는 전압보다 위상이 90° 앞서므로

$$i=\sqrt{2}\,\omega CV\sin(\omega t+90°)=\sqrt{2}\,I\sin(\omega t+90°)=\sqrt{2}\,I\cos\omega t$$

가 된다. 따라서 용량기에 공급되는 순시전력 p는

$$p=vi=VI\sin\omega t\cos\omega t=VI\sin 2\omega t \tag{9-7}$$

가 되고, 평균전력은 유도기에서와 마찬가지로

$$\boldsymbol{P=0} \tag{9-8}$$

또한 시간 t_1에서 t_2사이에 커패시턴스에서의 에너지는 다음과 같이 구할 수 있다. 즉

$$P=vi=Cv\frac{dv}{dt}$$

$$w_L=\int_{t_1}^{t_2}Cv\frac{dv}{dt}dt=\int_{v_1}^{v_2}Cvdv=\frac{1}{2}Cv_2^2-\frac{1}{2}Cv_1^2$$

여기서 v_1, v_2는 각각 t_1, t_2에서의 전압이다.

커패시턴스에서의 에너지는 최초값과 최종값에만 관계가 되고 도중의 값과

는 아무 관계가 없다. 또한 두 값의 차는 전압의 크기에 따라서 (+) 또는 (−)가 될 수 있어서 결과적으로 용량기에 에너지가 유입할 수도 있고, 용량기로부터 에너지가 유출할 수 있음을 보여준다.

또 t_1에서의 전압을 0이라 하고, t_2에서의 전압을 v라 하면

$$w_c = \frac{1}{2}Cv^2[\text{J}]$$

이 식에 전압 $v = \sqrt{2}\,V\sin\omega t$[V]를 대입하면

$$w_c = CV^2\sin^2\omega t = \frac{1}{2}CV^2(1-\cos 2\omega t) \tag{9-9}$$

이고, 평균에너지는

$$\boldsymbol{W_c = \frac{1}{2}CV^2}[\text{J}] \tag{9-10}$$

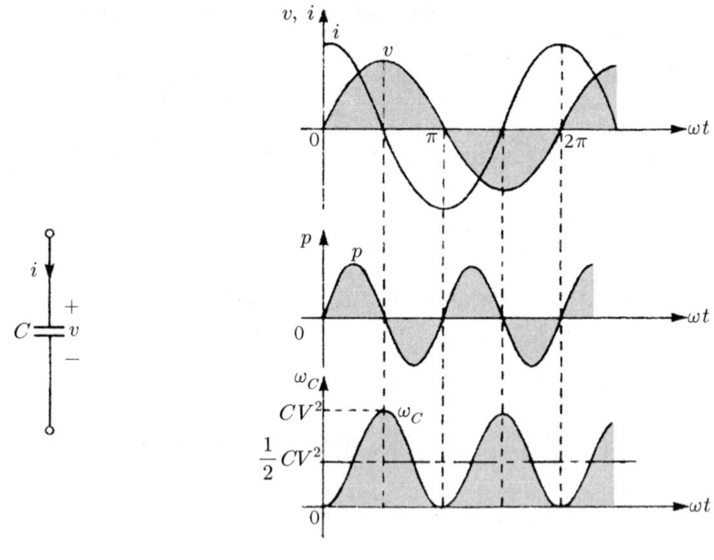

[그림 9-3] 커패시턴스에서의 v, i, p, ω_c의 관계

[그림 9-3](a)는 v, i, p 및 w_c의 관계를 나타낸 것으로서 용량기에서의 p와 w_c의 표시식은 유도기에서의 p와 w_L의 표시식과 동일형식을 가지며, 다만 전압과 전류, L과 C가 바뀌었을 뿐이다.

또한 용량기는 유도기와 마찬가지로 평균전력이 0이므로 용량기에서 전력의 소비는 없음을 의미한다.

예제 9-3

100[μF]의 커패시터에 $v = 220\sqrt{2}\sin\omega t$[V]의 전압이 인가될 때 평균에너지는 몇 [J]인가?

■ **풀이** ■ $W = \frac{1}{2}CV^2 = \frac{1}{2} \times 100 \times 10^{-6} \times 220^2 = \mathbf{2.42}$ [J]

9-4 일반회로에서의 전력

임의의 일반적인 2단자회로에서 등가 임피던스 $\boldsymbol{Z} = Z\angle\theta$인 회로에

$$v = \sqrt{2}\,V\sin\omega t$$

인 전압이 인가될 때 흐르는 전류는 전압보다 위상이 θ만큼 늦으므로

$$i = \sqrt{2}\,I\sin(\omega t - \theta)$$

가 된다. 이때에 회로에 공급되는 순시값 전력 p는 $\sin x \sin y = \frac{1}{2}\{\cos(x-y) - \cos(x+y)\}$인 삼각함수 공식을 적용하면

$$p = vi = 2\,VI\sin\omega t\sin(\omega t - \theta) = VI\cos\theta - VI\cos(2\omega t - \theta) \quad (9\text{-}11)$$

가 된다. 이 식의 제1항은 시간에 관계없는 일정값이며, 제2항은 전압이나 전류의 2배가 되는 주파수인 진폭비 VI의 정현파이다.

이때 제2항의 1주기간의 평균값은 0이므로 평균전력 P는

$$\boldsymbol{P = VI\cos\theta} \quad (9\text{-}12)$$

가 된다. 앞 절에서 배운 R, L, C소자에서의 순시전력과 평균전력을 구하는 식들은 식 (9-11), (9-12)에서 $\theta = 0°$, $\theta = \pm 90°$의 특수한 경우에 해당된다.

예제 9-4

어떤 소자에 가한 전압이 $v = 110\sqrt{2}\sin\left(377t + \frac{\pi}{6}\right)$일 때에 흐르는 전류가 $i = 5\sqrt{2}\sin\left(377t - \frac{\pi}{6}\right)$이면 소자에서 소비되는 전력은 몇 [W]인가?

■ 풀이 ■ v와 i의 위상차

$$\theta = \frac{\pi}{6} - \left(-\frac{\pi}{6}\right) = \frac{\pi}{3}$$

$$\therefore\ P = VI\cos\theta = 110 \times 5 \times \cos\frac{\pi}{3} = 550 \times \frac{1}{2} = \mathbf{275}\,[\mathrm{W}]$$

9-5 역 률

평균전력 $P = VI\cos\theta$에서 교류회로의 전력계산에서는 직류회로와 달리 전압과 전류의 실효값에 $\cos\theta$라는 계수를 곱해야 한다. 이 계수를 **역률**(power factor)이라고 하며, 약자로 p.f로 표기한다. 즉

$$\mathrm{p.f} = \cos\theta = \frac{P}{VI} \tag{9-13}$$

로 표현하는데 이를 백분율[%]로 표시하는 때도 있다.

여기서 θ는 전압과 전류의 위상차로서 임피던스의 각이며, θ의 범위는 $-90°$에서 $90°$ 사이이므로

$$0 \leqq \mathrm{p.f} \leqq 1 \tag{9-14}$$

인 관계가 성립된다.

$\theta = 0°$이면 $\mathrm{p.f} = 1$, $P = VI$가 되어 순저항회로와 같으며 $\theta = \pm 90°$이면 $\mathrm{p.f} = 0$, $P = 0$이 되어 순리액턴스 회로가 된다.

$\theta > 0°$이면 전류가 전압보다 위상이 늦으므로 이때의 역률을 **지상역률**(lagging power factor)이라고 한다.

$\theta < 0°$이면 전류가 전압보다 위상이 앞서므로 이때의 역률을 **진상역률**(leading power factor)이라고 한다.

[그림 9-4]의 임피던스와 어드미턴스로부터

$$\text{p.f} = \cos\theta = \frac{R}{Z} = \frac{G}{Y} \tag{9-15}$$

와 같이 표시할 수 있다. 따라서 이 관계식을 이용하면 평균전력 P는

$$P = VI\cos\theta = VI \cdot \frac{R}{Z} = RI^2 = VI \cdot \frac{G}{Y} = GV^2 \tag{9-16}$$

등 여러 가지로 표시할 수 있다. 여기서 $R = Re(\boldsymbol{Z})$, $G = Re(\boldsymbol{Y})$이며 $G \neq \frac{1}{R}$이라는 사실을 특히 유의하여야 한다.

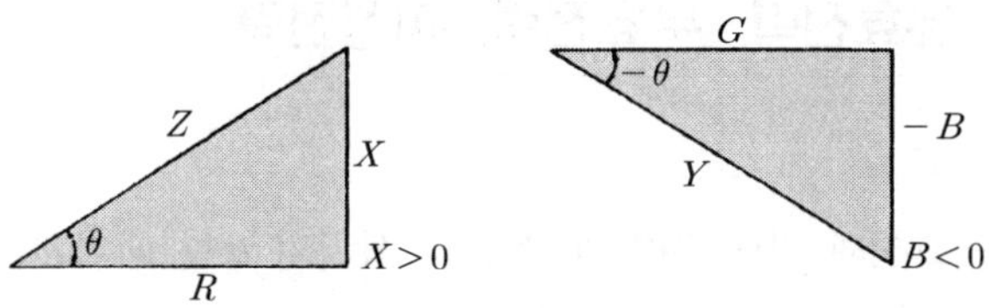

[그림 9-4] 임피던스와 어드미턴스도

예제 9-5

어떤 부하에 교류전압 100 [V]를 가했을 때 흐르는 전류가 20 [A]이었다. 이 회로의 전력이 1800 [W]이라면 역률은 몇 [%]인가?

■ **풀이** ■ 역률 $\frac{P}{VI} \times 100 = \frac{1800}{100 \times 20} \times 100 = \mathbf{90}$ [%]

예제 9-6

$R = 20$ [Ω], $L = 0.1$ [H]인 직렬회로에 60 [Hz], 115 [V]의 교류전압이 인가될 때 다음을 구하여라.

① 이 회로의 역률

② 회로에 공급되는 평균전력

③ 저항에 공급되는 평균전력

④ 인덕턴스에 공급되는 평균전력

■ 풀이 ■ ① $X_L = \omega L = 377 \times 0.1 = 37.7\ [\Omega]$

$\therefore\ Z = 20 + j37.7 = 42.6\angle 62.1^\circ\ [\Omega]$

$\therefore\ \text{p.f} = \cos\theta = \cos 62.1^\circ = 0.47$

또는 $\text{p.f} = \dfrac{R}{Z} = \dfrac{20}{42.6} = \mathbf{0.47}$

② $I = \dfrac{V}{Z} = \dfrac{115}{42.6} = 2.7\ [\text{A}]$

$\therefore\ P = VI\cos\theta = 115 \times 2.7 \times 0.47 = \mathbf{146}\ [\text{W}]$

③ $P_R = RI^2 = 20 \times 2.7^2 = \mathbf{146}\ [\text{W}]$

이것은 (b)의 회로에 공급되는 평균전력과 같다.

④ $P = \mathbf{0}$

9-6 유효전력, 무효전력, 피상전력

[그림 9-5]와 같이 전압과 전류의 상차가 θ인 페이저도에서 전류가 전압과 동상인 성분 $I\cos\theta$와 90° 상차를 갖는 $I\sin\theta$ 성분으로 나누어보면, $I\cos\theta$는 평균전력 $P = VI\cos\theta$의 계수로서 관계되므로 **유효전류**(active current)라 하고, $I\sin\theta$는 V와 90° 상차이므로 $\theta = 90°$에서 평균전력 $P = VI\cos 90°$에서 0이므로 전혀 관계가 없다는 뜻에서 이 성분을 **무효전류**(reactive current)라고 한다.

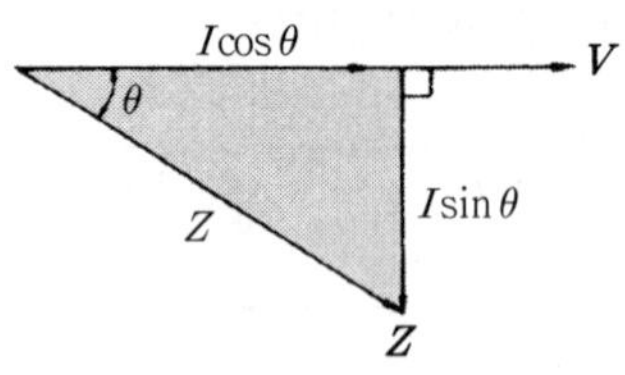

[그림 9-5] 유효전류와 무효전류

그리고 공급전압 V와 **유효전류**의 곱인 $VI\cos\theta$을 **유효전력**(active power), **평균전력** 또는 단순히 **전력**이라 한다. 즉 유효전력 P는

$$P = VI\cos\theta\ [\text{W}] \tag{9-17}$$

이다. 전압 V와 무효전류의 곱인 $VI\sin\theta$를 회로에서 직접적인 전력소모와는 관계가 없으므로 이를 **무효전력**(reactive power)이라고 한다. 무효전력은 보통 P_r로 표시하고 단위는 바알(Var : Volt ampere reactive)이다. 즉

$$P_r = VI\sin\theta[\mathrm{Var}] \tag{9-18}$$

무효전력의 표시식에 나타나는 계수 $\sin\theta$를 **무효율**(r.f ; reactive factor)이라고 한다. 즉

$$\mathrm{r.f} = \sin\theta = \frac{P_r}{VI} \tag{9-19}$$

이 된다.

역률과 무효율의 관계는 $\sin^2\theta + \cos^2\theta = 1$의 관계식에서 $\sin\theta = \sqrt{1-\cos^2\theta}$ 이므로

$$\mathrm{r.f} = \sqrt{1-(\mathrm{p.f})^2}$$

2단자회로의 임피던스 또는 어드미턴스를 알고 있을 때에는 [그림 9-5]에서

$$\mathrm{r.f} = \sin\theta = \frac{X}{Z} = -\frac{B}{Y}$$

와 같이 표시된다. 이 식을 이용하면 무효전력 P_r은

$$P_r = VI\sin\theta = VI \cdot \frac{X}{Z} = XI^2 = VI\left(-\frac{B}{Y}\right) = -BV^2 \tag{9-20}$$

과 같이 표시된다.

또한 전압의 실효값과 전류의 실효값의 곱을 **피상전력**(apparent power)이라 하며, 보통 P_a 또는 VA로 표시하고, 단위는 볼트-암페어(VA ; Volt Ampere)를 사용한다. 즉

$$P_a = VI = ZI^2 = YV^2\ [\mathrm{VA}]$$

이상에서 P, P_r, P_a 사이에는

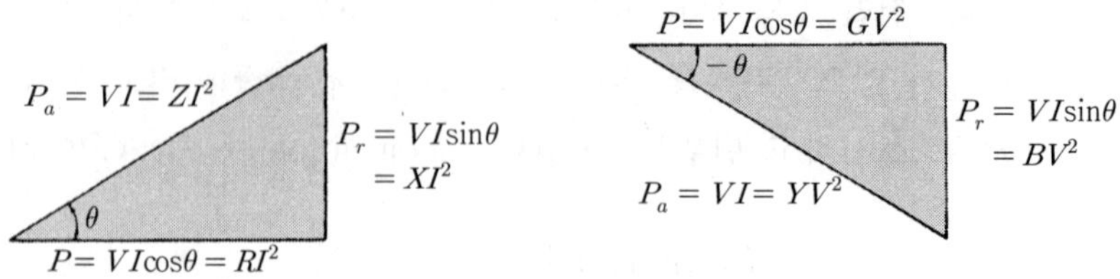

[그림 9-6] 전력삼각도

$$P^2 + P_r^{\,2} = (VI\cos\theta)^2 + (VI\sin\theta)^2 = P_a^{\,2}$$

$$\therefore\ P_a = \sqrt{P^2 + P_r^{\,2}} \tag{9-21}$$

이 3가지 전력의 상호관계는 [그림 9-6]의 **전력삼각도**(power triangle)에 의하여 기억하면 편리하다. 이것들은 임피던스도에 I^2, 어드미턴스도에 V^2을 곱하여 얻은 것이다. 즉

$$\begin{aligned} P &= VI\cos\theta = RI^2 = GV^2 [\mathrm{W}] \\ P_r &= VI\sin\theta = XI^2 = -BV^2 [\mathrm{Var}] \\ P_a &= VI = ZI^2 = YV^2 [\mathrm{VA}] \end{aligned} \tag{9-22}$$

직류발전기의 출력은 $P = VI[\mathrm{W}]$로 표시할 수 있으나 교류의 경우에 교류발전기나 변압기의 정격출력은 부하의 역률에 좌우되기 때문에 [W]로 표시할 수 없다. 따라서 교류발전기와 변압기 등의 정격 또는 용량은 피상전력 [VA]로 표시한다.

또한 전력을 구할 때 유의할 점은 회로에 공급되는 P, P_r은 각 소자에서의 P, P_r의 합과 같으나 P_a는 각 소자를 통해서 부분적으로 구할 수 없으며, 반드시 회로 전체의 P와 P_r에 의해서 구해야 한다는 점이다.

예제 9-7

20 [Ω]의 저항에 최대값이 140 [V]인 정현파 전압을 인가했을 때 이 저항에서 소비되는 유효전력을 구하여라.

■ **풀이** ■ 정현파의 실효값은 최대값의 $\dfrac{1}{\sqrt{2}}$ 이므로

전압 $V=\dfrac{140}{\sqrt{2}}[\mathrm{V}]$

전류 $I=\dfrac{V}{R}=\dfrac{\frac{140}{\sqrt{2}}}{20}=\dfrac{7}{\sqrt{2}}[\mathrm{A}]$

$\therefore\ P=VI\cos\theta=\dfrac{140}{\sqrt{2}}\cdot\dfrac{7}{\sqrt{2}}=\dfrac{980}{2}=\mathbf{490}[\mathrm{W}]$

예제 9-8

[그림 9-7]의 회로에서 다음을 구하여라.

① 회로의 역률, 무효율

② 회로에 공급되는 유효전력, 무효전력, 피상전력

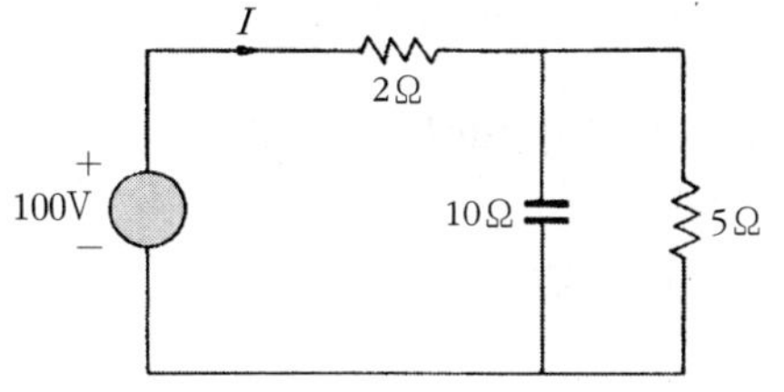

[그림 9-7]

■ **풀이** ■ ① 우선 회로 전체의 임피던스 $\boldsymbol{Z}$를 구하면

$$\boldsymbol{Z}=2+\frac{5(-j10)}{5-j10}=2-\frac{j10}{1-j2}=6-j2=6.324\tan^{-1}\frac{1}{3}$$

따라서 역률 p.f와 무효율 r.f는

$$\mathrm{p.f}=\cos\theta=\frac{R}{Z}=\frac{6}{6.324}=\mathbf{0.95}$$

$$\mathrm{r.f}=\sin\theta=\frac{X}{Z}=\frac{2}{6.324}=\mathbf{0.316}$$

② 회로전류 $I=\dfrac{V}{Z}=\dfrac{100}{6.324}=15.81[\mathrm{A}]$이므로

유효전력 $P=VI\cos\theta=100\times15.81\times0.95 \fallingdotseq \mathbf{1502}[\mathrm{W}]$

무효전력 $P_r=VI\sin\theta=100\times15.81\times0.316 \fallingdotseq \mathbf{500}[\mathrm{Var}]$

피상전력 $P_a=VI=100\times15.81 \fallingdotseq \mathbf{1581}[\mathrm{VA}]$

9-7 복소전력

2단자회로의 전력계산에서 복소수를 도입하여 회로에 공급되는 유효전력을 실수부로 잡고, 무효전력을 허수부로 잡는 복소수를 그 회로에 대한 **복소전력**(complex power)이라 한다. 이것을 보통 $\boldsymbol{P_a}$ 또는 S로 표시한다. 즉

$$\begin{aligned} \boldsymbol{P_a} &= P + jP_r \\ &= VI\cos\theta + j\,VI\sin\theta \\ &= RI^2 + j\,XI^2 = \boldsymbol{Z}I^2 \\ &= GV^2 - j\,BV^2 = Y\,V^2 \end{aligned} \tag{9-23}$$

등 여러 가지 표시식이 얻어진다. 식 (9-23)을 고쳐 쓰면

$$\boldsymbol{P_a} = ZI^2 = ZI\overline{I} = V\overline{I}$$

이다. 그러므로

$$P = Re(V\overline{I}), \quad P_r = I_m(V\overline{I}) \tag{9-24}$$

이라는 중요한 관계식들이 얻어진다.

위 식들은 2단자회로의 단자전압 $\boldsymbol{V}$와 전류 $\boldsymbol{I}$를 알았을 때 유효전력이나 무효전력을 구하는 데 유용한 식이 되며, 복소전력 $\boldsymbol{P}_a$의 절대값인 크기는 피상전력 P_a와 같음을 알 수 있다.

예제 9-9

어떤 2단자회로에 $\boldsymbol{V} = 5 + j3\,[\mathrm{V}]$의 전압이 인가되어 $\boldsymbol{I} = 3 + j4\,[\mathrm{A}]$의 전류가 흐르고 있을 때 이 회로에서의 유효전력, 무효전력, 피상전력을 구하여라.

■ **풀이** ■ 먼저 복소전력 $\boldsymbol{P}_a$는

$\boldsymbol{P}_a = \boldsymbol{V}\bar{\boldsymbol{I}} = (5 + j3)(3 - j4) = 27 - j11$

이므로

유효전력 $P = \mathbf{27}\,[\mathrm{W}]$

무효전력 $P_r = \mathbf{11}$ [Var]

피상전력 $P_a = \sqrt{P^2 + {P_r}^2} = \sqrt{27^2 + 11^2} \fallingdotseq \mathbf{29.2}$[VA]

9-8 역률개선

유효전력을 나타내는 $I = \dfrac{P}{V\cos\theta}$ 의 관계식에서 보는 바와 같이 어떤 부하에 일정한 전력을 공급해야 할 때 부하의 역률이 낮으면 큰 전류를 흘려야 한다. 큰 전류가 흐르면 발전기, 송전선, 변압기 등을 포함한 송전 계통에서의 열손실이 커지고 기기의 용량이 커져야 하며, 송전선에서의 전압강하가 증가하여 전압변동률이 커지므로 손해가 많다.

전력계통 공업용 부하는 대개 유도선부하로 지상역률을 가지므로 이 경우 부하와 병렬로 콘덴서를 연결하여 역률을 1에 가깝게 높이는 것을 **역률개선**이라 하며, 실제에 있어서 0.9 이상을 목표로 하고 있다.

[그림 9-8]의 회로에서 역률을 θ_1에서 θ_2로 개선하기 위하여 부하에 병렬로 연결한 콘덴서의 용량은 전력삼각도를 참고로 다음 식을 구할 수 있다.

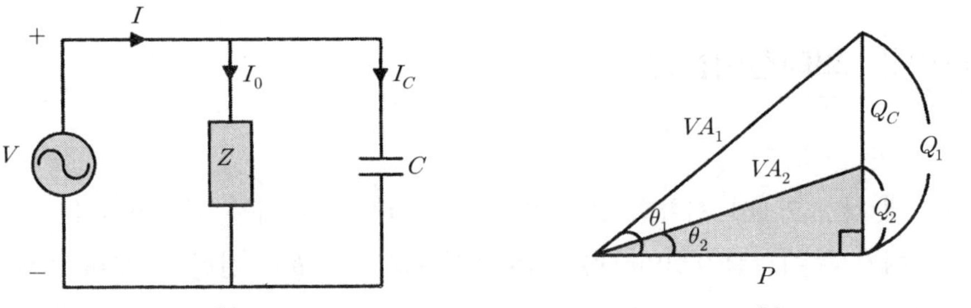

(a) (b)

$$Q_C = P(\tan\theta_1 - \tan\theta_2)[\text{Var}] \tag{9-25}$$

또한 콘덴서에서의 무효전력은

$$Q_C = VI_C = \omega CV^2 = P(\tan\theta_1 - \tan\theta_2)[\text{Var}]$$

이므로

$$C = \frac{Q_C}{\omega} V^2 = \frac{P(\tan\theta_1 - \tan\theta_2)}{\omega} V^2 \tag{9-26}$$

이 되고, 여기서 $\omega = 2\pi f$ 이다.

예제 9-10

전력 600[kW], 역률 60[%]인 부하를 역률 80[%]로 개선하기 위한 콘덴서의 용량[kVar]을 구하여라. 또 이 부하에 100[V], 60[Hz]의 전압이 공급되고 있다면 이 콘덴서의 커패시턴스는 얼마인가?

■ 풀이 ■ $\cos\theta_1 = \frac{3}{5}$ 이면 $\tan\theta_1 = \frac{4}{3}$

$\cos\theta_2 = \frac{4}{5}$ 이면 $\tan\theta_2 = \frac{3}{4}$

$\therefore Q_C = 600\left(\frac{4}{3} - \frac{3}{4}\right) \fallingdotseq 350[\text{kVar}]$

$C = \frac{350 \times 10^3}{2\pi \times 60 \times 100^2} = 0.093[\text{F}]$

9-9 최대전력전달

제3장 3-7에서 저항회로에서의 최대전력전달 문제를 취급하였다.

여기서는 [그림 9-9]와 같은 회로에서 단자 $a - b$에 전원 및 부하 임피던스가 각각 $\boldsymbol{Z}_s = R_s + jX_s$, $\boldsymbol{Z}_L = R_L + jX_L$일 때 부하에 공급되는 전력이 최대가 되기 위한 조건을 구하여보자.

전원전압을 V라 하면 흐르는 전류 I는

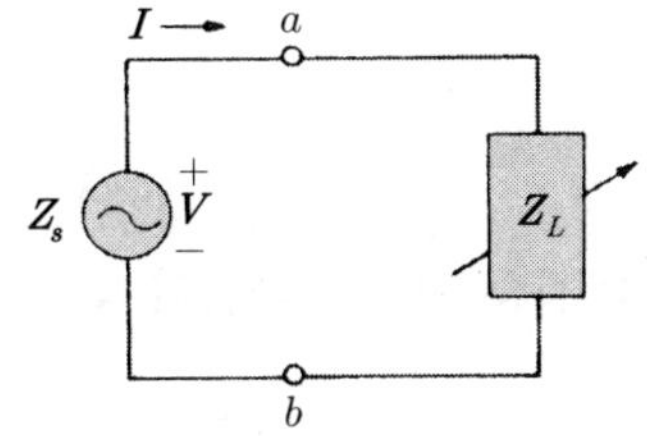

[그림 9-9]

$$I=\frac{V}{Z}=\frac{V}{Z_s+Z_L}=\frac{V}{(R_s+R_L)+j\,(X_s+X_L)}$$

$$\therefore\ I=\frac{V}{Z}=\frac{V}{\sqrt{(R_s+R_L)^2+(X_s+X_L)^2}}$$

따라서 부하전력 P_L은

$$P_L=R_LI^2=\frac{R_LV^2}{(R_s+R_L)^2+(X_s+X_L)^2}$$

여기서 V가 일정할 때 우선 R_L을 고정시키고 X_L만을 변화시켜서 P_L을 최대로 하려면 분모의 크기가 최소가 되어야 P_L은 최대가 되므로 $X_s+X_L=0$일 때이다. 즉 $\boldsymbol{X}_L=-X_s$가 성립될 때 분모는 최소이고 P_L은 최대이다. 이때는

$$P_L=\frac{R_LV^2}{(R_s+R_L)^2}$$

이다. 여기서 다시 R_L을 변화시켜서 P_L을 최대로 하는 조건을 구하면

$$\frac{dP_L}{dR_L}=V^2\cdot\frac{(R_s+R_L)^2-2R_L(R_s+R_L)}{(R_s+R_L)^2}=0$$

위 식이 성립하기 위해서는 $(R_s+R_L)^2-2R_L(R_s+R_L)=0$일 때이므로 이 조건은

$$R_L=R_s$$

따라서 최대출력을 전송하기 위한 $\boldsymbol{Z}_L$의 조건은 식 (9-29)에서 $X_L=-X_s$이

고, $R_L = R_s$ 이다. 즉

$$\boldsymbol{Z}_L = R_s - jX_s = \overline{\boldsymbol{Z}_s}$$

이때 부하의 최대전송전력은 다음과 같다.

$$P_{L\max} = R_L I^2 = \frac{R_L V^2}{(R_s + R_L)^2} = \frac{V^2}{4R_L} = \frac{V^2}{4R_s} \tag{9-27}$$

이상으로 최대전력의 전송조건을 요약하면 다음과 같다.

① $Z_s = R_s + jX_s$ 이고, $\boldsymbol{Z}_L = R_L + jX_L$ 일 때

$$\boldsymbol{Z}_L = \overline{\boldsymbol{Z}_s} \tag{9-28}$$

② $Z_s = R_s$ 이고, $\boldsymbol{Z}_L = R_s$ 일 때

$$R_L = R_s \tag{9-29}$$

③ $Z_s = R_s + jX_s$ 이고, $Z_L = R_L$ 일 때

$$R_L = |Z_s| = \sqrt{R_s^{\,2} + X_s^{\,2}} \tag{9-30}$$

이다. 부하에 최대전력을 공급하기 위해서 회로의 임피던스를 적당히 조정하는 것을 임피던스 정합(impedance matching)이라고 한다.

예제 9-11

내부 임피던스가 $2+j3$인 전원전압이 임피던스가 $3+j5$인 선로를 통해 $\boldsymbol{Z}_L$에 연결되었다.

① 부하에 최대전력을 전송하기 위한 $\boldsymbol{Z}_L$의 값을 구하여라.

② 전원전압의 크기가 100 [V]일 때 최대전력 전달시 부하에 공급되는 최대전력을 구하여라.

■ 풀이 ■ ① 부하단자에서 전원 쪽 임피던스가 $\boldsymbol{Z}_s$라고 하면

$\boldsymbol{Z}_s = (2+j3) + (3+j5) = 5+j8$ [Ω]

최대전력 전송조건은 $\boldsymbol{Z}_L = \overline{\boldsymbol{Z}_s}$ 이므로

$\boldsymbol{Z}_L = 5-j8$ [Ω]

② 따라서 $P_{L\max} = \dfrac{V^2}{4R_L} = \dfrac{100^2}{4\times 5} = \mathbf{500}$ [W]

연습문제

9-1 100[Ω]의 저항을 가지고 있는 전열기에 $v = 100\sqrt{2}\,\sin\omega t$[V]의 전압을 가할 때 소비전력[W]은?

㉮ 10　　㉯ 100　　㉰ 141　　㉱ 200

9-2 인덕턴스가 5[mH]인 인덕터에 $i = 4\sqrt{2}\,\sin(\omega t + 30°)$[A]의 전류가 흐를 때 평균에너지[mJ]는?

㉮ 10　　㉯ 20　　㉰ 30　　㉱ 40

9-3 10[μF]의 커패시터에 $v = 100\sqrt{2}\,\sin\omega t$[V]의 전압이 인가될 때 평균에너지[J]는?

㉮ 0.05　　㉯ 0.5　　㉰ 5　　㉱ 50

9-4 공급전압이 100[V]이고 회로를 흐르는 전류가 50[A]일 때 이 회로의 소비전력[W]은? 단, 전압과 전류의 위상차는 60°이다.

㉮ 2.5　　㉯ 3.5　　㉰ 4.5　　㉱ 5

9-5 저항 $R = 3[\Omega]$과 유도성 리액턴스 $X_L = 4[\Omega]$이 직렬로 연결된 회로 $v = 100\sqrt{2}\,\sin\omega t$[V]인 전압을 가하였다. 이 회로에서 소비되는 전력[kW]은?

㉮ 0.2　　㉯ 1.2　　㉰ 2.2　　㉱ 4.2

9-6 어떤 회로에서 전압과 전류의 실효값이 각각 50[V], 10[A]이고 역률이 0.8이다. 소비전력[W]은?

㉮ 100　　㉯ 200　　㉰ 400　　㉱ 800

* 정답 1 ㉯ 2 ㉱ 3 ㉮ 4 ㉮ 5 ㉯ 6 ㉰

9-7 $R = 10[\Omega]$, $\omega L = 15[\Omega]$, $\dfrac{1}{\omega C} = 5[\Omega]$인 직렬회로의 소비전력[W]은? 단, 인가전압은 100[V]이다.

㉮ 250 ㉯ 500 ㉰ 780 ㉱ 1000

9-8 어떤 회로에 $v = 200\sin\omega t$[V]의 전압을 가하여 $i = 2\sin\left(\omega t - \dfrac{\pi}{4}\right)$[A]의 전류가 흘렀을 때의 유효전력[W]은?

㉮ 100 ㉯ $100\sqrt{2}$ ㉰ 200 ㉱ $200\sqrt{2}$

9-9 어느 회로의 전압과 전류가 각각 $v = 50\sin\omega t[\mathrm{V}]$, $i = 4\sin(\omega t - 30°)$[A]일 때 무효전력[Var]은?

㉮ 0.2 ㉯ 0.4 ㉰ 0.6 ㉱ 0.8

9-10 피상전력이 10[kVA], 유효전력이 8[kW]이면 역률은?

㉮ 0.2 ㉯ 0.4 ㉰ 0.6 ㉱ 0.8

9-11 저항 5[Ω]과 8[Ω]의 유도성 리액턴스가 직렬로 접속된 회로의 역률은?

㉮ 0.2 ㉯ 0.4 ㉰ 0.6 ㉱ 0.8

9-12 저항 3[Ω]과 용량성 리액턴스 4[Ω]을 병렬로 접속한 회로의 역률은?

㉮ 0.2 ㉯ 0.4 ㉰ 0.6 ㉱ 0.8

9-13 지상역률 60[%], 100[kVA]인 부하가 있다. 역률을 90[%]로 개선하기 위한 콘덴서의 용량[kVar]은?

㉮ 509.4 ㉯ 609.8 ㉰ 826.4 ㉱ 1204.8

9-14 역률이 70[%]인 부하에 전압 100[V]를 인가하니 전류 5[A]가 흘렀다. 이 부하의 피상전력[VA]은?

㉮ 100 ㉯ 200 ㉰ 400 ㉱ 500

9-15 피상전력 120[kVA], 유효전력 90[kW]이면 무효율[%]은?

㉮ 57.7 ㉯ 66.1 ㉰ 75 ㉱ 86.6

* 정답 7 ㉯ 8 ㉯ 9 ㉰ 10 ㉱ 11 ㉰ 12 ㉱ 13 ㉮ 14 ㉱ 15 ㉯

9-16 역률 60[%]인 부하의 유효전력이 120[kW]일 때 무효전력[kVar]은?

㉮ 160　㉯ 320　㉰ 480　㉱ 640

9-17 60[μF]의 콘덴서에 100[V], 60[Hz]의 교류를 가할 때 무효전력[Var]은?

㉮ 113　㉯ 165　㉰ 226　㉱ 274

9-18 $\boldsymbol{V} = 100 + j30[\mathrm{V}]$의 전압을 어떤 회로에 인가하니 $\boldsymbol{I} = 16 + j3[\mathrm{A}]$의 전류가 흘렀다. 이 회로에서 소비되는 유효전력 및 무효전력은?

㉮ 1510[W], 180[Var]　㉯ 1510[W], 780[Var]

㉰ 1690[W], 180[Var]　㉱ 1690[W], 780[Var]

9-19 어떤 부하에 $100\angle 60°[\mathrm{V}]$의 전압을 인가했을 때 $10\angle 30°$의 전류가 흘렀다. 이 부하의 유효전력[W]과 무효전력[Var]은 각각 얼마인가?

㉮ 400, 680　㉯ 680, 400　㉰ 800, 866　㉱ 866, 500

9-20 내부 임피던스가 $6 - j8[\Omega]$, 전압 100[V]인 정현파 전원에 순저항 부하를 연결하여 최대 전력을 전송할 때 부하저항 $R_L[\Omega]$은?

㉮ 10　㉯ 20　㉰ 30　㉱ 50

9-21 그림과 같은 회로의 부하 R_L에서 소비되는 최대전력[W]은?

㉮ 50

㉯ 125

㉰ 250

㉱ 350

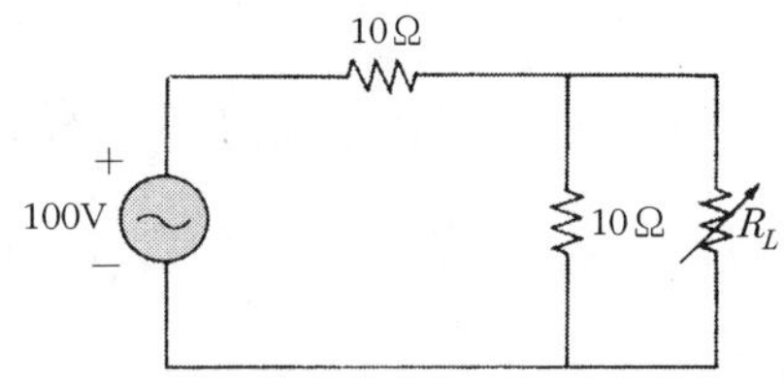

9-22 그림과 같은 회로에서 유효전력 P, 무효전력 P_r, 복소전력 $\boldsymbol{P_a}$, 피상전력 P_a를 구하여라. 단, $\boldsymbol{I} = 14.14\angle 30°$[A]이다.

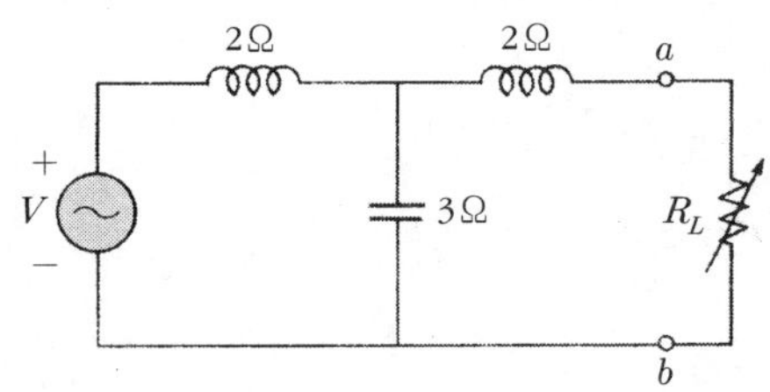

* 정답 16 ㉮ 17 ㉰ 18 ㉰ 19 ㉱ 20 ㉮ 21 ㉯
22 P=300[W], P_r =400[Var], $\boldsymbol{P_a}$=300+j400, P_a =500[VA]

9-23 그림에서 유효전력, 무효전력, 피상전력을 구하여라.

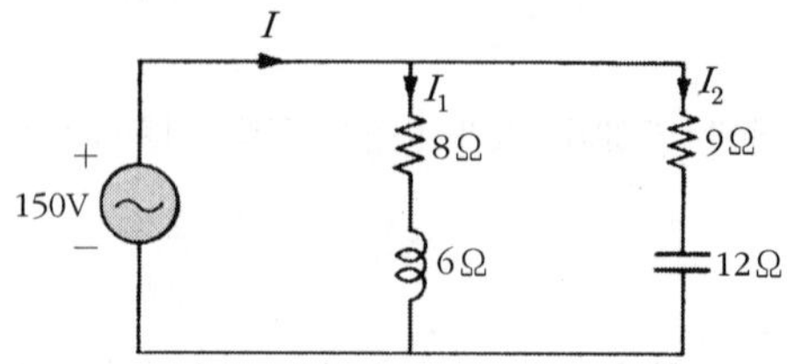

9-24 어떤 코일에 직류 40[V]를 가했더니 100[W]를 소비되고, 교류 100[V]를 가했더니 400[W]가 소비되었다. 이 코일의 저항과 리액턴스는 각각 몇 [Ω]인가?

9-25 그림과 같은 회로에서 R_L에 최대전력을 공급할 때 R_L의 값 [Ω]과 공급되는 최대전력 $P_{L\max}$[W]는 얼마인가? 단, $V = 100\angle 0°$이다.

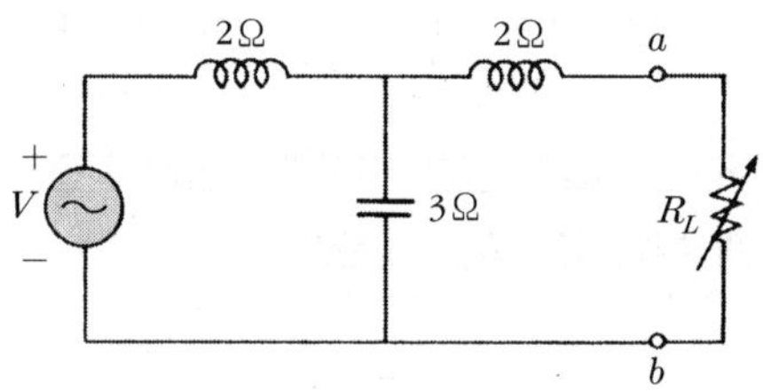

*** 정답** 23 $P = 2.7$[kW], $P_r = 150$[Var], $P_a = 2.7$[kVA] 24 $R = 16$[Ω], $X_L = 12$[Ω]
25 $R_L = -8$[Ω] $P_{L\max} = 312.5$[W]

제10장

유도결합회로

두 개의 코일이 서로 인접해 있을 때 한 코일에 전류가 흐르면 이 전류에 의해서 발생한 자속이 다른 코일과 쇄교할 때 이 두 코일은 유도적으로 결합되었다고 하며, 이 경우 한 회로에서 다른 회로로 에너지 전달이 일어나게 된다. 이때 코일의 양단에는 패러데이(Faraday)의 법칙에 의해서 자속쇄교수의 시간적 변화율에 비례하는 유기전압 $v = \dfrac{d\lambda}{dt}$가 발생한다는 사실을 알 수 있다.

이러한 현상을 **상호유도작용**(mutual inductance)이라 하고, 이와같이 유도적으로 결합된 회로를 **유도결합회로**(inductively coupled circuit)라고 한다.

이 장에서는 유도결합회로의 해석과 이에 따른 여러 가지 전기적 현상에 대해서 알아보기로 한다.

10–1 상호 인덕턴스

지금 두 코일 1, 2가 인접한 [그림 10-1](a)와 같은 회로에서 코일 2는 개방되어 있고, 전류 i_1에 의해서 1차회로의 코일 1에 생긴 자속쇄교수를 λ_1, 2차회로의 코일 2에 생긴 자속쇄교수를 λ_2라 할 때 λ_1, λ_2의 자속쇄교수들은 전류 i_1에 비례하므로 이때 비례계수를 각각 L_1, M_{12}라 하면

$$\boldsymbol{\lambda_1 = L_1 i_1, \quad \lambda_2 = M_{12} i_1}$$

와 같이 나타나므로 비례계수 L_1, M_{12}는

$$\boldsymbol{L_1 = \frac{\lambda_1}{i_1}, \ M_{12} = \frac{\lambda_2}{i_1}} \tag{10-1}$$

가 되며, 여기서 L_1은 이미 정의한 바와 같이 코일 1의 자기 인덕턴스(self inductance)이며, M_{12}는 새로운 회로정수로서 코일 1과 코일 2의 상호 인덕턴스(mutual inductance)라고 한다. 이 상호 인덕턴스의 단위는 L과 마찬가지로 Henry(H)이다.

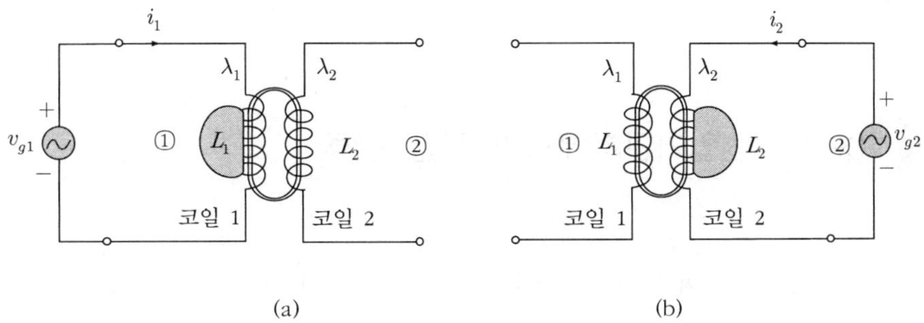

[그림 10-1] 유도결합회로

또한 [그림 10-1](b)와 같이 코일 2쪽을 1차회로로 하고, 코일 1이 개방되었다고 하여도 마찬가지로 다음의 관계식들이 성립한다.

$$\lambda_2 = L_2 i_2, \ \lambda_1 = M_{21} i_2$$

$$L_2 = \frac{\lambda_2}{i_2}, \; M_{21} = \frac{\lambda_1}{i_2} \tag{10-2}$$

이 경우 L_2는 코일 2의 자기 인덕턴스이며, M_{21} 코일 2와 코일 1의 상호 인덕턴스이다.

이상으로 정의한 바와 같이 두 상호 인덕턴스 M_{12}, M_{21}은 매질의 투자율이 일정할 때는 일반적으로 동일한 값을 가진다. 즉,

$$M_{12} = M_{21} = M$$

두 코일간의 상호 인덕턴스의 크기는 두 코일의 크기, 각 권수, 두 코일간의 거리, 두 코일축의 상대적 위치 및 주위 매질의 투자율에 의해서 결정된다.

예제 10-1

어떤 코일의 자속쇄교수는 100[Weber-Turn]이고, 자기 인덕턴스는 10[H]이다. 이 코일에 흐르는 전류는 몇 [A]인가?

■ 풀이 ■ $\lambda = Li$ 관계식에서 $i = \dfrac{\lambda}{L}$ 이므로

$$i = \frac{100}{10} = 10[\text{A}]$$

10-2 변압기단자에서의 전압-전류

[그림 10-2]는 두 코일이 유도적으로 결합되어 있는 대표적인 유도결합회로로서 하나의 변압기(transformer)를 형성한다. 1차측에는 전원, 2차측에는 부하가 연결되어 있으므로 두 코일에는 다 같이 전류가 흐른다.

각 전류에 의하여 생기는 자속을 상호자속과 누설자속으로 분류하면 코일 1의 총자속쇄교수 λ_1은 다음과 같다.

$$\lambda_1 = L_1 i_1 \pm M_{21} i_2$$

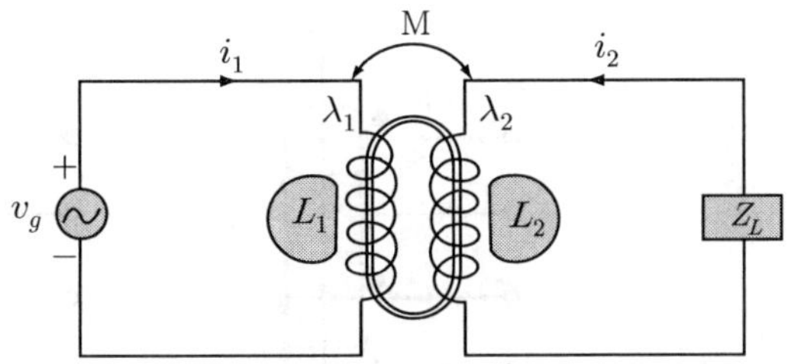

[그림 10-2] 유도결합회로

여기서 (±)의 기호는 두 전류에 의한 자속이 같은 방향이면 (+), 반대 방향이면 (−)가 된다.

지금 i_1에 의해 생기는 코일 1에서의 전압강하를 v_1이라 하면 패러데이(Faraday)의 법칙에 의하여

$$v_1 = \frac{d\lambda_1}{dt} = L_1\frac{di_1}{dt} \pm M_{21}\frac{di_2}{dt} \tag{10-3}$$

마찬가지로 코일 2의 총자속쇄교수 λ_2는

$$\lambda_2 = L_2 i_2 \pm M_{12} i_1$$

이고, i_2에 의해 생기는 코일 2에서의 전압강하를 v_2라 하면

$$v_2 = \frac{d\lambda_2}{dt} = L_2\frac{di_2}{dt} \pm M_{12}\frac{di_1}{dt} \tag{10-4}$$

식 (10-3), (10-4)에서 제1항은 자기유도에 의한 전압강하이고, 제2항은 상호유도에 의한 전압강하이다.

유도결합회로의 해석에서 **상호유도전압**의 크기와 방향은 매우 중요하며, 그 방향은 권선의 방향과 흐르는 전류의 방향에 따라 결정된다. 그러므로 회로해석에 앞서 두 코일의 권선방향이 결정되어야 하므로 각 코일의 한쪽 단자에 [그림 10-3]과 같이 점을 찍어 극성을 표시하는 것을 **코일의 극성표시**라고 한다.

점을 찍는 규칙은 점을 찍은 단자로부터 각 코일에 유입하는 전류에 의해서 생기는 자속이 서로 같은 방향이 되도록 점을 찍는다.

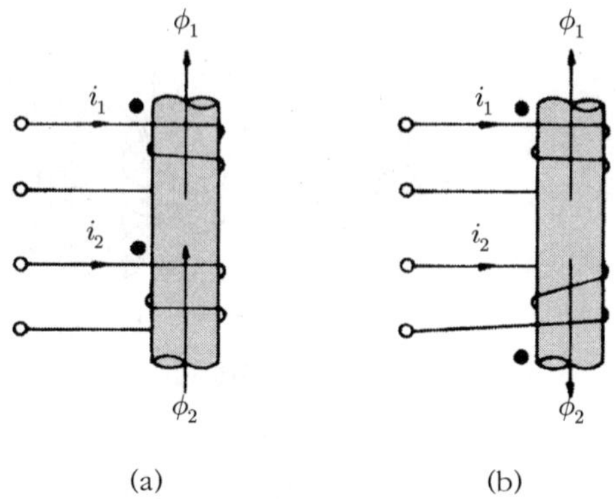

[그림 10-3] 코일의 극성 표시

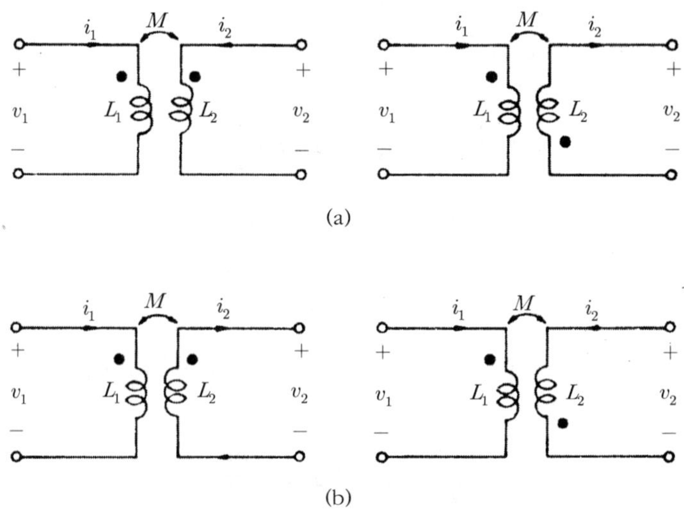

[그림 10-4] 변압기단자에서의 전압-전류

따라서 유도결합 해석에서 두 코일의 점이 찍힌 단자에서 전류가 다 같이 유입 또는 유출하였다면 M의 부호는 (+)가 되고, 만일 한쪽 전류는 점이 찍힌 단자에서 유입하고 다른 쪽 전류는 점이 찍힌 단자로부터 유출하였다면 M의 부호는 (−)가 된다.

[그림 10-4]는 코일의 극성과 전류의 방향에 따라 변압기단자에서의 전압-전류의 관계식이 어떻게 달라지는가를 표시한 것이다. 즉 [그림 10-4](a)에서는 두 전류에 의한 자속의 방향이 같으므로

$$v_1 = L_1\frac{di_1}{dt} + M\frac{di_2}{dt}$$

$$v_2 = L_2\frac{di_2}{dt} + M\frac{di_1}{dt}$$

로 표시되며, [그림 10-4](b)에서는 두 전류에 의한 자속의 방향이 반대이므로

$$v_1 = L_1\frac{di_1}{dt} - M\frac{di_2}{dt}$$

$$v_2 = L_2\frac{di_2}{dt} - M\frac{di_1}{dt}$$

로 표시된다.

예제 10-2

유도결합되어 있는 두 코일이 있다. 한쪽 코일의 전류가 매초 2[A]의 비율로 변화하여 다른쪽 코일 양단에 7[V]의 기전력이 발생하였다. 이때 두 코일의 상호 인덕턴스 M을 구하여라.

■ 풀이 ■ 유도기전력은 $e = M\frac{di}{dt}$ 이고, $e = 7$[V], $\frac{di}{dt} = 2$[A]이므로

$$7 = 2M$$

$$\therefore M = \frac{7}{2} = 3.5\text{[H]}$$

10-3 두 코일의 직렬접속

[그림 10-5](a)에서 두 코일의 자기 인덕턴스는 각각 L_1, L_2이고, 또 두 코일의 상호 인덕턴스는 M이다. 이 두 코일을 [그림 10-5](b), (c)의 두 가지 방법으로 직렬 접속하고, 각 경우에 있어서 개방단자의 등가 임피던스를 구해보자.

우선 [그림 10-5](b)에서 흐르는 전류를 i_1이라 하고, i_1에 의한 두 코일의 전압강하를 v_1, v_2라고 하면 $v_{ab} = v_1 + v_2$이다. 그런데 $M \langle 0$이므로

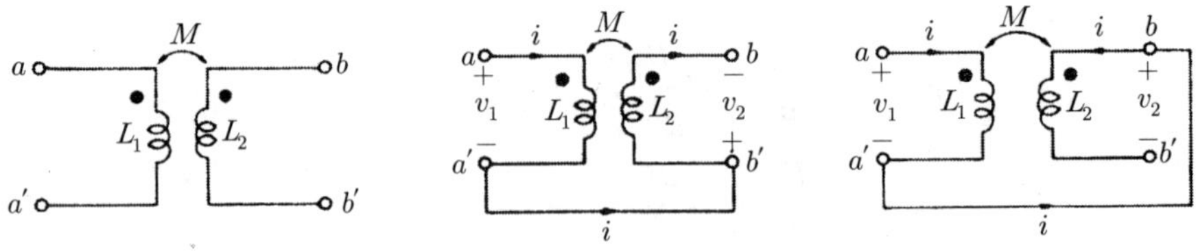

(a) (b) (c)

[그림 10-5] 두 코일의 직렬접속

$$v_1 = L_1\frac{di}{dt} - M\frac{di}{dt}$$

$$v_2 = L_2\frac{di}{dt} - M\frac{di}{dt}$$

그러므로

$$v_{ab} = v_1 + v_2 = (L_1 + L_2 - 2M)\frac{di}{dt} = L^-\frac{di}{dt}$$

마찬가지로 [그림 10-5](c)에서 전류 i는 두 코일에 다같이 점이 찍힌 단자로 유입하고 있으므로

$$v_1 = L_1\frac{di}{dt} + M\frac{di}{dt}$$

$$v_2 = L_2\frac{di}{dt} + M\frac{di}{dt}$$

그러므로

$$v_{ab'} = v_1 + v_2 = (L_1 + L_2 + 2M)\frac{di}{dt} = L^+\frac{di}{dt}$$

여기서

$$L^+ = L_1 + L_2 + 2M$$

$$L^- = L_1 + L_2 - 2M$$

가 된다. 따라서 상호 인덕턴스 M은

$$M = \frac{L^+ - L^-}{4} \tag{10-5}$$

이 식은 상호 인덕턴스를 측정하는 데 이용할 수 있다.

예제 10-3

자기 인덕턴스 L_1, L_2가 각각 5[H], 3[H]인 두 코일을 직렬로 연결하고 인덕턴스를 측정하였더니 15[H]였다. 두 코일간의 상호 인덕턴스 M을 구하여라.

■ **풀이** ■ $L^+ = L_1 + L_2 + 2M$에서

$$M = \frac{L^+ - L_1 - L_2}{2} = \frac{15-5-3}{2} = \mathbf{3.5}[\mathrm{H}]$$

예제 10-4

두 인덕턴스를 직렬연결하는 경우 같은 방향으로 연결하면 합성 인덕턴스 16[mH], 반대방향으로 연결하면 합성 인덕턴스가 6[mH]가 된다. 이 두 코일간의 상호 인덕턴스는 몇 [mH]인가?

■ **풀이** ■ $L^+ = 16[\mathrm{mH}]$, $L^- = 6[\mathrm{mH}]$

$$M = \frac{L^+ - L^-}{4} = \frac{16-6}{4} = \mathbf{2.5}[\mathrm{mH}]$$

10-4 정현파 전원을 갖는 유도결합회로

지금까지는 전압, 전류의 파형에 아무런 제한을 두지 않았으나 이제부터는 정현파 전원을 갖는 유도결합회로에 대하여 알아보기로 한다.

[그림 10-6]에서 변압기 단자에서의 전압 $v_1 = L_1\frac{di_1}{dt} + M\frac{di_2}{dt}$ 에서 페이저 전압 $\boldsymbol{V}_1$은

$$\boldsymbol{V}_1 = j\omega L_1 \boldsymbol{I}_1 + j\omega M \boldsymbol{I}_2 \tag{10-6}$$

마찬가지로

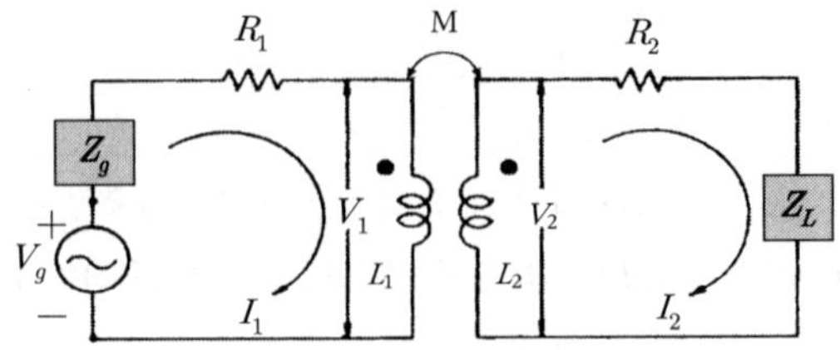

[그림 10-6] 정현파 전원을 갖는 유도결합회로

$$\boldsymbol{V}_2 = j\omega L_2 \boldsymbol{I}_2 + j\omega M \boldsymbol{I}_1 \tag{10-7}$$

따라서 [그림 10-6]의 회로에서 폐로방정식을 세우면 다음과 같다.

$$\left.\begin{aligned} R_1\boldsymbol{I}_1 + j\omega L_1\boldsymbol{I}_1 + j\omega M\boldsymbol{I}_2 + \boldsymbol{Z}_g\boldsymbol{I}_1 &= \boldsymbol{V}_g \\ R_2\boldsymbol{I}_2 + j\omega L_2\boldsymbol{I}_2 + j\omega M\boldsymbol{I}_1 + \boldsymbol{Z}_L\boldsymbol{I}_2 &= 0 \end{aligned}\right\} \tag{10-8}$$

여기서

$$\left.\begin{aligned} \boldsymbol{Z}_{11} &= R_1 + \boldsymbol{Z}_g + j\omega L_1 \\ \boldsymbol{Z}_{12} &= \boldsymbol{Z}_{21} = j\omega M \\ \boldsymbol{Z}_{22} &= R_2 + \boldsymbol{Z}_L + j\omega L_2 \end{aligned}\right\}$$

라고 하면 식 (10-8)은

$$\left.\begin{aligned} \boldsymbol{Z}_{11}\boldsymbol{I}_1 + \boldsymbol{Z}_{12}\boldsymbol{I}_2 &= \boldsymbol{V}_g \\ \boldsymbol{Z}_{21}\boldsymbol{I}_1 + \boldsymbol{Z}_{22}\boldsymbol{I}_2 &= 0 \end{aligned}\right\} \tag{10-9}$$

식 (10-9)에서 폐로전류 $\boldsymbol{I}_1$, $\boldsymbol{I}_2$를 구하면 다음과 같다.

$$\boldsymbol{I}_1 = \frac{\boldsymbol{Z}_{22}\boldsymbol{V}_g}{\boldsymbol{Z}_{11}\boldsymbol{Z}_{22} - \boldsymbol{Z}_{12}^2}$$

$$\boldsymbol{I}_2 = \frac{-\boldsymbol{Z}_{21}\boldsymbol{V}_g}{\boldsymbol{Z}_{11}\boldsymbol{Z}_{22} - \boldsymbol{Z}_{12}^2}$$

다음에 1차측의 전원단자(단자 $a-b$)에서 본 회로의 임피던스를 **구동점 임피던스**(driving-point impedance)라고 하며, 이를 Z_d 또는 Z_{ab}로 표시하면

$$Z_d = Z_{ab} = \frac{V_g}{I_1} = \frac{Z_{11}Z_{22} - Z_{12}^2}{Z_{22}} = Z_{11} - \frac{Z_{12}}{Z_{22}}$$

여기서 $Z_{12} = j\omega M$을 대입하면 다음과 같다.

$$Z_d = Z_{11} + \frac{(\omega M)^2}{Z_{22}} \tag{10-10}$$

즉 구동점 임피던스는 1차회로가 단독적으로 존재할 때의 자기 임피던스 Z_{11}과 2차회로와의 결합으로 인한 $(\omega M)^2/Z_{22}$에 해당하는 임피던스와의 합으로 되어 있다. 이때의 임피던스를 결합 임피던스(coupled impedance) 또는 반사 임피던스(reflected impedance)라고 한다.

예제 10-5

[그림 10-7]에서 $\omega M = 2[\Omega]$일 때 구동점 임피던스 Z_d를 구하여라.

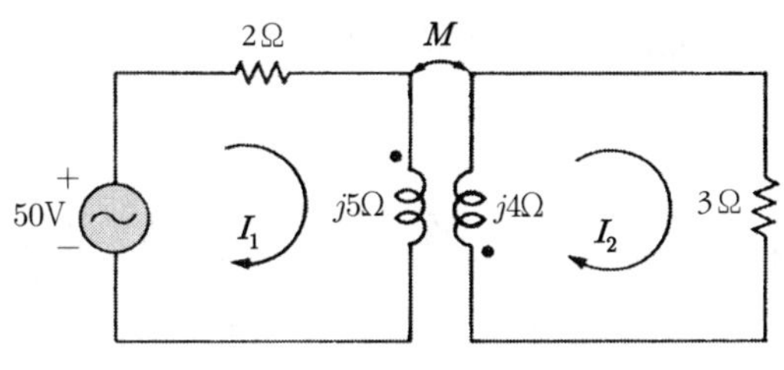

[그림 10-7]

■ **풀이** ■ 망로전류의 방향을 그림과 같이 가정하면 망로방정식은

$$(2+j5)I_1 + j2I_2 = 50$$

$$j_2 I_1 + (3+j4)I_2 = 0$$

$$\therefore\ I_1 = \frac{\begin{vmatrix} 50 & j2 \\ 0 & 3+j4 \end{vmatrix}}{\begin{vmatrix} 2+j5 & j2 \\ j2 & 3+j4 \end{vmatrix}} = \frac{50(3+j4)}{(2+j5)(3+j4)} + 4$$

$$Z_d = \frac{V}{I} = 2 + j5 + \frac{4}{3+j4} = \mathbf{2.48 + j4.36}\ [\Omega]$$

10-5 변압기의 등가 T회로

유도적으로 결합된 회로에서 변압기 부분을 이와 등가인 T형회로로 대치하면 해석에서 편리할 때가 많다.

[그림 10-8](a)와 같이 두 코일에 전류가 다같이 점이 찍힌 방향으로 유입할 때, 즉 $M>0$일 때 변압기 단자에서의 전압-전류 관계는

$$\boldsymbol{V}_1 = j\omega L_1 \boldsymbol{I}_1 + j\omega M \boldsymbol{I}_2$$
$$\boldsymbol{V}_2 = j\omega L_2 \boldsymbol{I}_2 + j\omega M \boldsymbol{I}_1$$

와 같다. 위 식을 변형시키면

$$\boldsymbol{V}_1 = j\omega (L_1 - M)\boldsymbol{I}_1 + j\omega M(\boldsymbol{I}_1 + \boldsymbol{I}_2)$$
$$\boldsymbol{V}_2 = j\omega (L_2 - M)\boldsymbol{I}_2 + j\omega M(\boldsymbol{I}_1 + \boldsymbol{I}_2)$$

여기서 $\boldsymbol{V}_1$, $\boldsymbol{V}_2$는 [그림 10-8](b)의 양쪽의 단자전압과 같으므로 [그림 10-8](a), (b)의 양쪽 회로에서 두 쌍의 단자 1-1′와 2-2′에서의 전압-전류의 관계가 동일하므로 양쪽 회로는 단자전류와 단자전압에 관한 한 단자 외측에 대해서 등가적이다.

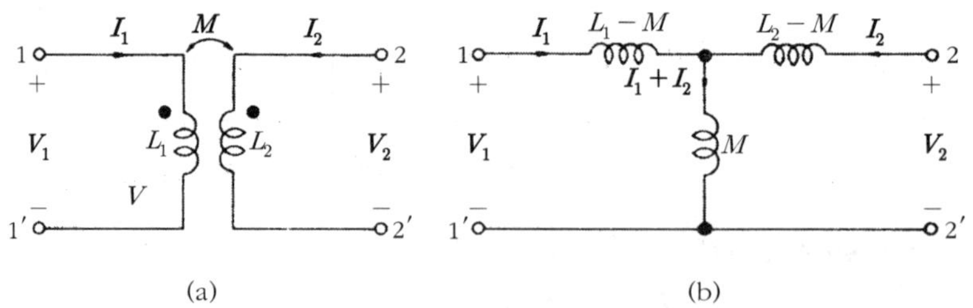

[그림 10-8] 변압기의 등가 T회로($M>0$)

마찬가지로 [그림 10-9]의 (a), (b) 양쪽 회로도 단자전류와 전압에 관한 한 단자 외측에 대해서 등가적이다.

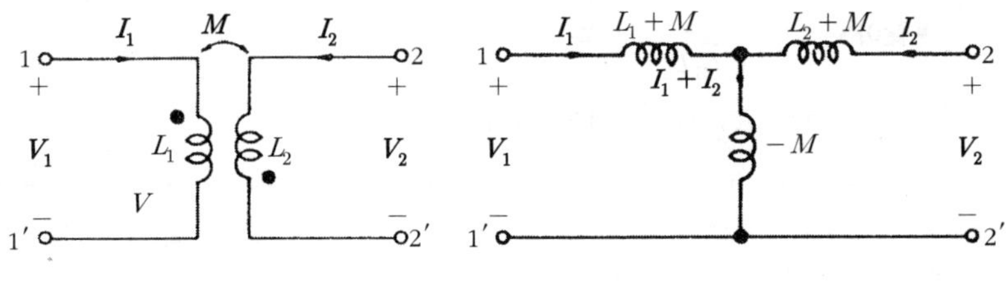

[그림 10-9] 변압기의 등가 T회로(M<0)

10-6 결합계수

두 코일간의 유도결합의 정도를 나타내는 양으로서 **결합계수**(coefficient of coupling)의 정의는 다음과 같으며 k로 표시할 때

$$k = \frac{M}{\sqrt{L_1 L_2}} \tag{10-11}$$

여기서 k값의 범위는

$$0 \leqq k \leqq 1$$

$k=0$는 상호자속이 전혀 없는 경우, 즉 유도결합이 없는 경우에 해당되고 $k=1$은 누설자속이 전혀 없는 경우, 즉 **완전결합**(perfect coupling)의 경우에 해당한다. 철심을 사용한 전력용 변압기나 가청주파수 변압기에서는 누설자속이 매우 적으므로 k는 1에 가깝다. 일반적으로 $k > 0.5$이었을 때는 **밀결합**(close coupling)되었다고 말하며, $k \fallingdotseq 0.01$ 정도일 때는 **소결합**(loose coupling)이라 한다.

예제 10-6

두 코일이 있다. 각각의 L은 4[μH], 25[μH]이고, 결합계수 K는 0.5이다. 두 코일의 상호 인덕턴스 M을 구하여라.

■ 풀이 ■ $K=\dfrac{M}{\sqrt{L_1L_2}}$ 이므로

$M=K\sqrt{L_1L_2}=0.5\times\sqrt{4\times25}=5[\mu\text{H}]$

10-7 이상변압기

다음 세 가지 조건을 만족하는 가상적인 변압기를 **이상변압기**(ideal transformer)라고 한다.

① 두 코일의 결합계수가 1일 것, 즉 누설자속이 전혀 없을 것

② 코일에 관계되는 손실이 0일 것, 즉 코일의 권선저항이 0이고 자기회로에서의 히스테리 손실이나 와류 손실이 없을 것

③ 각 코일의 인덕턴스가 무한대일 것

이와 같은 조건을 만족하는 완전한 이상변압기는 실현될 수 없으나 잘 설계된 철심변압기는 이상변압기에 가깝다고 할 수 있다.

이상변압기의 조건 ①로부터 이상변압기의 **권선비**(ratio of turn) n은 다음과 같이 구해진다.

$$n=\frac{n_1}{n_2}=\frac{L_1}{M}=\frac{M}{L_2}=\sqrt{\frac{L_1}{L_2}} \tag{10-12}$$

[그림 10-10]의 회로가 이상변압기를 갖은 회로라 할 때 단자전압과 단자전류의 기준방향을 그림과 같이 가정하면 다음의 관계가 성립한다.

$$\frac{\boldsymbol{V}_2}{\boldsymbol{V}_1}=\frac{1}{n}=\frac{n_2}{n_1} \tag{10-13}$$

$$\frac{\boldsymbol{I}_2}{\boldsymbol{I}_1}=n=\frac{n_1}{n_2} \tag{10-14}$$

다음으로 식 (10-14)를 식 (10-13)으로 나누면

$$\frac{I_2}{I_1} / \frac{V_2}{V_1} = \frac{I_2}{I_1} \times \frac{V_1}{V_2} = n^2 \tag{10-15}$$

가 되며, 1차측의 전원단자에서 본 회로의 **구동점 임피던스**(driving-point impedance)를 Z_{ab}, 부하 임피던스를 Z_L이라 하면

$$Z_{ab} = \frac{V_1}{I_1}, \quad Z_L = \frac{V_2}{I_2}$$

이므로 이를 식 (10-15)에 대입하면

$$Z_{ab} = n^2 Z_L = \left(\frac{n_1}{n_2}\right)^2 Z_L \tag{10-16}$$

이 된다. 이상변압기의 표시는 [그림 10-11]과 같이 극성표시와 권선비로서 나타낸다.

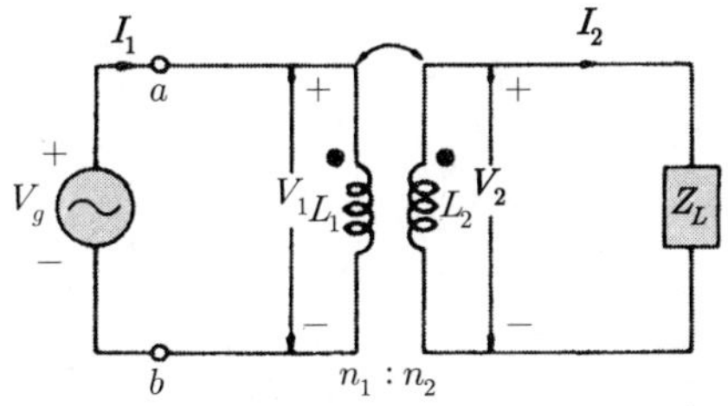

[그림 10-10] 이상변압기를 가진 회로

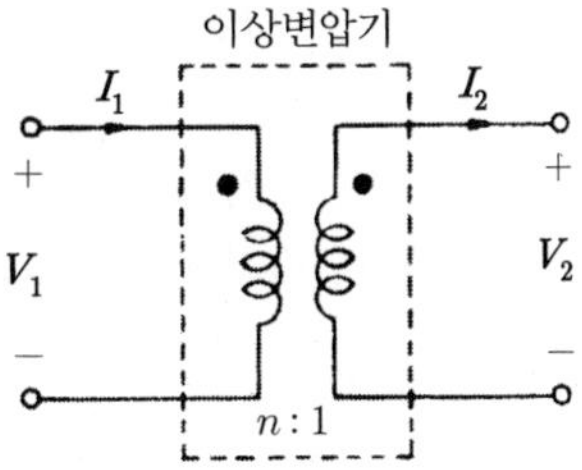

[그림 10-11] 이상변압기의 표시

예제 10-7

이상변압기의 1차측 코일의 권수 $n_1 = 50$, 자기 인덕턴스 $L_1 = 100[\mu\text{H}]$이다. 2차측 코일의 권수 $n_2 = 25$일 때 2차측 자기 인덕턴스 L_2 및 상호 인덕턴스 M을 구하여라.

■ 풀이 ■ $n = \frac{n_1}{n_2} = \frac{50}{25} = 2, \qquad n = \sqrt{\frac{L_1}{L_2}}$ 에서

$$L_2 = \frac{L_1}{n^2} = \frac{100}{4} = 25[\mu\text{H}]$$

$$\therefore \; M = \sqrt{L_1 L_2} = \sqrt{100 \times 25} = 50[\mu\text{H}]$$

예제 10-8

이상변압기의 1차측 권선수 n_1과 2차측 권선수 n_2와의 비가 1:2일 때 부하 임피던스는 200[Ω]이다. 입력에서 본 구동점 임피던스는 몇 [Ω]인가?

■ **풀이** ■ $Z_{ab}= n^2 Z_L = \left(\frac{n_1}{n_2}\right)^2 Z_L$에서

$$Z_{ab}= \left(\frac{1}{2}\right)^2 \times 200 = \mathbf{50}[\Omega]$$

연습문제

10-1 상호 인덕턴스 100[mH]인 회로의 1차 코일에 3[A]의 전류가 0.3초 동안에 18[A]로 변화할 때 2차 코일의 유도기전력[V]은?

㉮ 5　　㉯ 10　　㉰ 15　　㉱ 18

10-2 그림과 같은 회로에서 $i_1 = I_m \sin\omega t$[A]일 때 개방된 2차 단자에 나타나는 유기전압 v_2[V]는?

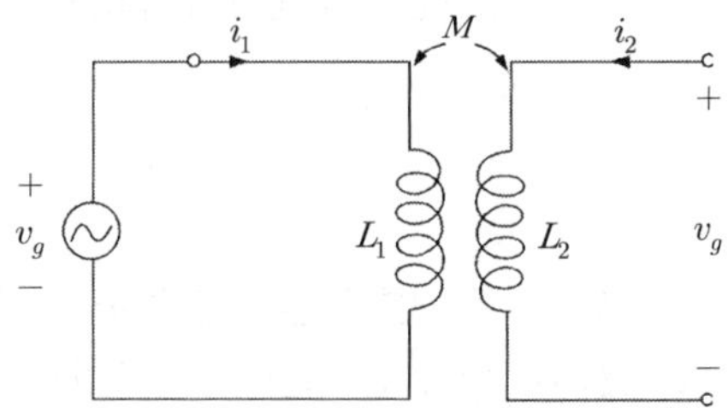

㉮ $\omega M \sin\omega t$　　㉯ $\omega M \cos\omega t$

㉰ $\omega M I_m \sin(\omega t - 90°)$　　㉱ $\omega M I_m \sin(\omega t + 90°)$

10-3 코일이 두 개 있다. 한 코일의 전류가 매초 150[A]의 비율로 변화할 때 다른 코일에는 30[V]의 전압이 발생하였다면 두 코일의 상호 인덕턴스[H]는?

㉮ 1　　㉯ 0.2　　㉰ 0.25　　㉱ 0.5

10-4 그림과 같은 결합회로에서 $L_1 = 20$[mH], $L_2 = 10$[mH], M=5[mH]일 때 합성 인덕턴스[mH]는?

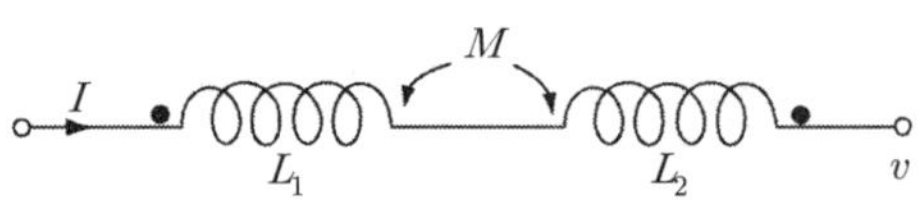

㉮ 5　　㉯ 10　　㉰ 20　　㉱ 40

* 정답 1 ㉮ 2 ㉰ 3 ㉯ 4 ㉰

10-5 인덕턴스가 각각 5[H], 3[H]인 두 코일을 직렬로 연결하고 인덕턴스를 측정하였더니 15[H]였다. 두 코일간의 상호 인덕턴스[H]는?

㉮ 0.5 ㉯ 1.5 ㉰ 2.5 ㉱ 3.5

10-6 두 코일을 직렬로 하여 합성 인덕턴스를 측정하였더니 95[mH]였고, 한쪽 코일만 반대가 되도록 단자를 바꾸어 접속하고 합성 인덕턴스를 측정하였더니 15[mH]가 되었다고 한다. 두 코일간의 상호 인덕턴스[mH]는?

㉮ 10 ㉯ 20 ㉰ 30 ㉱ 40

10-7 인덕턴스 L_1, L_2가 각각 4[mH], 9[mH]인 두 코일간의 상호 인덕턴스 M이 3[mH]라고 하면 결합계수 K는?

㉮ 0.5 ㉯ 1 ㉰ 1.5 ㉱ 2.5

10-8 자기 인덕턴스 L_1, L_2가 4[mH], 9[mH]인 두 코일이 이상 결합되었다면 상호 인덕턴스[mH]는?

㉮ 2 ㉯ 3 ㉰ 6 ㉱ 12

10-9 두 개의 코일 a, b가 있다. 두 개를 직렬로 접속하였더니 합성 인덕턴스가 119[mH]이었다. 극성을 반대로 했더니 합성 인덕턴스가 11[mH]이다. 코일 a의 자기 인덕턴스가 20[mH]라 하면 결합계수 K는?

㉮ 0.6 ㉯ 0.7 ㉰ 0.8 ㉱ 0.9

10-10 5[mH]인 두 개의 자기 인덕턴스가 있다. 결합계수 0.2로부터 0.8까지 변화시킬 수 있다면 이것을 접속하여 얻을 수 있는 합성 인덕턴스의 최대값과 최소값은 각각 몇 [mH]인가?

㉮ 18, 2 ㉯ 18, 8 ㉰ 20, 2 ㉱ 20, 8

10-11 자기 인덕턴스가 $L_1 = 0.8$[H], $L_2 = 0.2$[H]인 두 코일이 이상 결합되었다면 권선비 n은?

㉮ 1 ㉯ 2 ㉰ 3 ㉱ 4

---

* 정답 5 ㉱ 6 ㉯ 7 ㉮ 8 ㉰ 9 ㉱ 10 ㉮ 11 ㉯

10-12 이상변압기의 1차측과 2차측의 권선비가 $\frac{1}{3}$ 이고, 부하저항은 360[Ω]이다. 이때 입력에서 본 등가 임피던스[Ω]는?

㉮ 10 ㉯ 20 ㉰ 30 ㉱ 40

10-13 그림과 같은 회로에서 합성 인덕턴스를 구하여라.

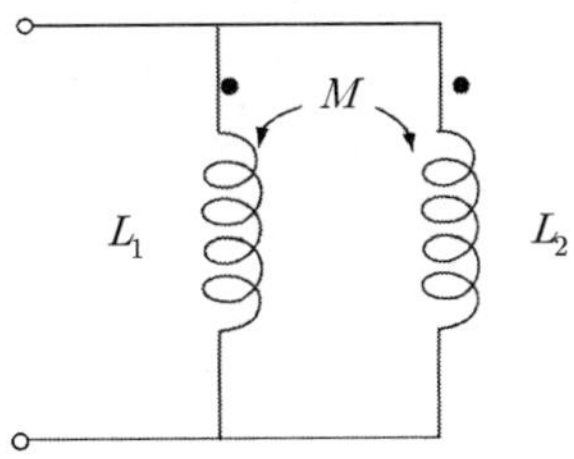

＊ 정답

12 ㉱ 13 $L = \dfrac{L_1 L_2 - M^2}{L_1 + L_2 - 2M}$

제11장

3상교류회로

주파수가 같으나 위상이 다른 여러 개의 기전력이 동시에 존재하는 교류방식을 **다상방식**(poly-phase system)이라고 하는데, 다상방식 중에서도 실제로 많이 사용하는 것은 **3상방식**(three-phase system)이다.

지금까지 취급한 **단상방식**(single-phase system)에 비하여 3상방식은 다음과 같은 이점을 갖는다.

① 평형 3상방식에서 순시전력의 총합은 일정하므로 3상전동기는 일정한 회전력을 받게 되어 진동이 적다.

② 3상방식은 단상방식이나 기타의 다상방식에 비하여 전체적으로 경제적이고, 동작상 편리하며 효율이 좋다.

③ 3상전력은 적당한 변압기에 의하여 다른 다상전력으로 변환이 용이하다.

이 장에서는 3상회로의 평형회로 및 불평형회로의 해석법, 회전자계의 특성 및 대칭 좌표법 등 일반적인 해석법에 대하여 알아보기로 한다.

11-1 3상기전력의 발생

[그림 11-1](a)와 같이 2극의 발전기에 권수가 같은 3개의 코일 aa', bb', cc'를 서로 $\frac{2}{3}\pi$만큼 떨어지게 배치하고 이들을 자계 내에서 반시계 방향으로 일정한 각속도 ω로 회전시키면 각 코일에서는 다음과 같은 3개의 기전력이 발생한다.

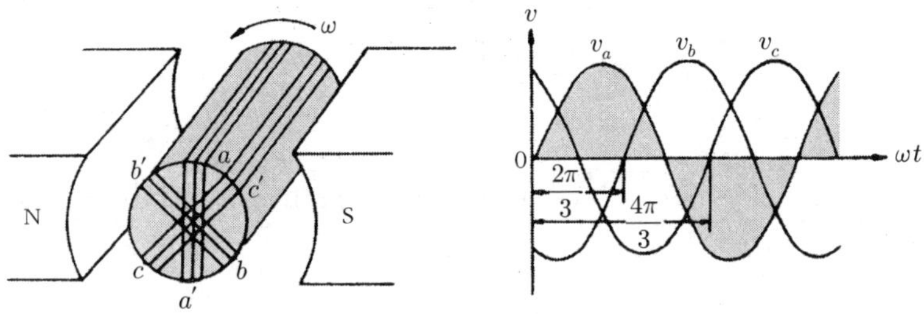

(a) (b)

[그림 11-1] 3상기전력의 발생

$$\left.\begin{aligned} v_a &= \sqrt{2}\,V_a\sin\omega t \\ v_b &= \sqrt{2}\,V_b\sin\left(\omega t - \frac{2}{3}\pi\right) \\ v_c &= \sqrt{2}\,V_c\sin\left(\omega t - \frac{4}{3}\pi\right) \end{aligned}\right\} \tag{11-1}$$

여기서 V_a, V_b, V_c는 실효값이며, 이들 전압의 순시값곡선은 [그림 11-1](b)와 같이 된다.

이와같이 각 전압의 크기가 같고, 서로 $\frac{2}{3}\pi$[rad]만큼씩 위상차가 있는 것을 **대칭3상교류**(symmetrical three-phase alternating current)라고 한다. 이때 각 순시기전력의 합은

$$v_a + v_b + v_c = \sqrt{2}\,V_a \sin\omega t + \sqrt{2}\,V_b \sin\left(\omega t - \frac{2}{3}\pi\right)$$

$$+ \sqrt{2}\,V_c \sin\left(\omega t - \frac{4}{3}\pi\right) = 0 \tag{11-2}$$

이다. 즉 대칭 3상기전력의 총합은 어느 순간에 있어서도 0이다. 식 (11-1)을 V_a를 기준으로 하여 페이저로 나타내면 $V_a = V_b = V_c$일 때

$$\begin{aligned}
\boldsymbol{V_a} &= Ve^{j\theta} = V \\
\boldsymbol{V_b} &= Ve^{-j\frac{2}{3}\pi} = V\left(\cos\frac{2}{3}\pi - j\sin\frac{2}{3}\pi\right) \\
&= V\left(-\frac{1}{2} - j\frac{\sqrt{3}}{2}\right) \\
\boldsymbol{V_c} &= Ve^{-j\frac{4}{3}\pi} = V\left(\cos\frac{4}{3}\pi - j\sin\frac{4}{3}\pi\right) = V\left(-\frac{1}{2} + j\frac{\sqrt{3}}{2}\right)
\end{aligned} \tag{11-3}$$

지금

$$a = e^{j\frac{2}{3}\pi} = \cos\frac{2}{3}\pi + j\frac{2}{3}\pi = -\frac{1}{2} + j\frac{\sqrt{3}}{2} \tag{11-4}$$

이라고 하면

$$\left.\begin{aligned}
a^2 &= e^{j\frac{4}{3}\pi} = \cos\frac{4}{3}\pi + j\sin\frac{4}{3}\pi = -\frac{1}{2} - j\frac{\sqrt{3}}{2} \\
a^3 &= e^{j\frac{6}{3}\pi} = \cos 2\pi + j\sin 2\pi = 1 \\
&1 + a + a^2 = 0,\ \ a^2 = a^{-1}
\end{aligned}\right\} \tag{11-5}$$

로 되므로 식 (11-3)은 다음과 같이 나타낼 수 있다.

$$\left.\begin{aligned}
V_a &= V \\
V_b &= a^2 V \\
V_c &= aV
\end{aligned}\right\} \tag{11-6}$$

식 (11-1)을 페이저도로 나타내면 [그림 11-2](a)와 같다. 또한 식 (11-6)에서

페이저도를 [그림 11-2](b)와 같이 나타낼 수 있으며, 이때 a는 $e^{j\frac{2}{3}\pi}$를 나타내므로 a를 곱하면 페이저의 위상을 $\frac{2}{3}\pi$[rad]만큼 앞서게 할 수 있다. 이런 이유로 a를 $\frac{2}{3}\pi$[rad]의 연산자라고도 한다.

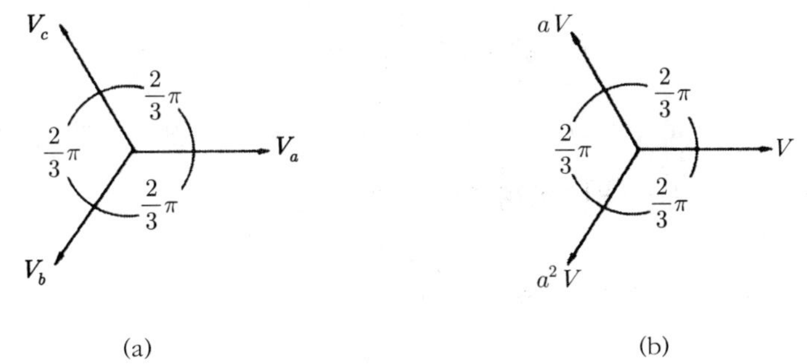

[그림 11-2] 페이저도

식 (11-1)에서 v_a, v_b, v_c의 위상이 0, $-\frac{2}{3}\pi$, $-\frac{4}{3}\pi$이므로 위상 $v_a \to v_b \to v_c$의 순으로 $\frac{2}{3}\pi$[rad]만큼씩 뒤진다. 이 순서를 **상순**(phase sequence)이라 하며, 각 기전력을 이 상순에 따라 a상, b상, c상 또는 제1상, 제2상, 제3상의 기전력이라 한다. a, b, c의 상순을 **정상순**(positive phase sequence)이라 하고, c, b, a의 상순을 **역상순**(negative phase sequence)이라고 한다.

예제 11-1

다음과 같은 3개의 전압 V_a, V_b, V_c가 대칭3상전압이 됨을 증명하여라.

$V_a = 50\sqrt{3} + j50$[V]

$V_b = -j100$[V]

$V_c = -50\sqrt{3} + j50$[V]

■ 풀이 ■ 각 전압의 실효값 V_a, V_b, V_c 및 위상 ϕ_a, ϕ_b, ϕ_c를 구하면

$$V_a = \sqrt{(50\sqrt{3})^2 + 50^2} = 100[\mathrm{V}]$$

$$V_b = 100[\mathrm{V}]$$

$$V_c = \sqrt{(50\sqrt{3})^2 + 50^2} = 100[\text{V}]$$

$$\phi_a = \tan^{-1}\frac{50}{50\sqrt{3}} = \frac{\pi}{6}$$

$$\phi_b = \tan^{-1}(-\infty) = -\frac{\pi}{2}$$

$$\phi_c = \tan^{-1}\frac{50}{-50\sqrt{3}} = -\frac{7}{6}\pi$$

$$\therefore\ \phi_c - \phi_b = \phi_b - \phi_c = \frac{2}{3}\pi$$

따라서 각 상의 전압은 실효값이 같고, 위상이 각각 $\frac{2}{3}\pi$씩 다르므로 이 전압은 대칭3상전압이다.

11-2 3상회로의 구성

3상발전기에서 발생된 전압을 이용할 때에는 [그림 11-3](a), (b)와 같이 연결하여 사용하는 2가지 방법이 있다.

[그림 11-3](a)와 같은 결선방법을 Y결선(Y connection) 또는 **성형결선**(star connection)이라 한다. 여기서 공통접속점 0을 **중성점**(neutral point)이라 하고, 중성점에서 또 하나의 도선을 빼내는 경우 이 선을 **중성선**(neutral line)이라고 한다. [그림 11-3](b)와 같은 결선방법을 Δ결선(Δ connection) 또는 **환상결선**(ring connection)이라고 한다.

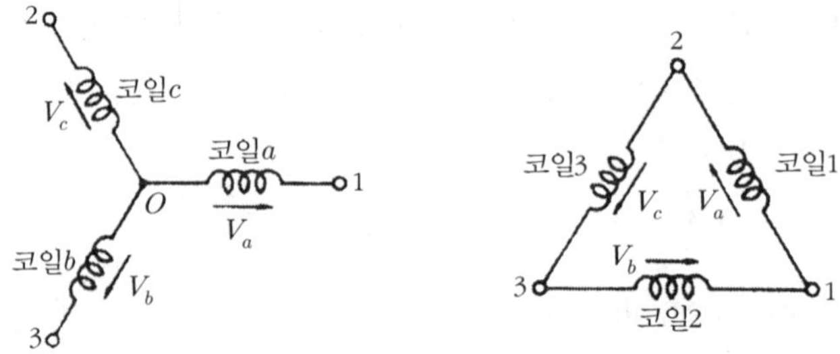

(a) (b)

[그림 11-3] 교류발전기의 코일 접속법

3상전원에서 각 상전압의 크기가 같고, 상전압의 상차가 $\frac{2}{3}\pi$씩이며, 각 상전원의 내부 임피던스가 동일한 경우 이것을 **평형3상전원**(balanced 3-phase sourse) 또는 **대칭3상전원**(symmetrical 3-phase source)이라고 한다.

3상전원에 부하를 접속하여 구성되는 3상회로는 부하측도 Y결선 또는 Δ결선이 될 수 있으므로 전원부와의 조합방식에 따라 Y-Y, Y-Δ, Δ-Y, Δ-Δ형 방식으로 구분된다. 이 경우 부하측도 전원과 마찬가지로 평형3상부하로 되어 있을 때 이를 **평형3상회로**(balanced 3-phase circuit)라 하며, 그렇지 못한 때를 **불평형3상회로**(unbalanded 3-phase circuit)라고 한다.

11-3 평형3상교류의 전압과 전류

3상회로의 Y결선과 Δ결선의 상전압(phase voltage)과 선간전압(line voltage) 그리고 상전류(phase current)와 선전류(line current)에 대해 알아보기로 한다.

(1) Y결선의 전압과 전류

[그림 11-4]에서 V_a, V_b, V_c를 상전압(phase voltage)이라고 하고, a, b, c선의 상호간의 전압 V_{ab}, V_{bc}, , V_{ca}를 **선간전압**(line voltage)이라 한다.

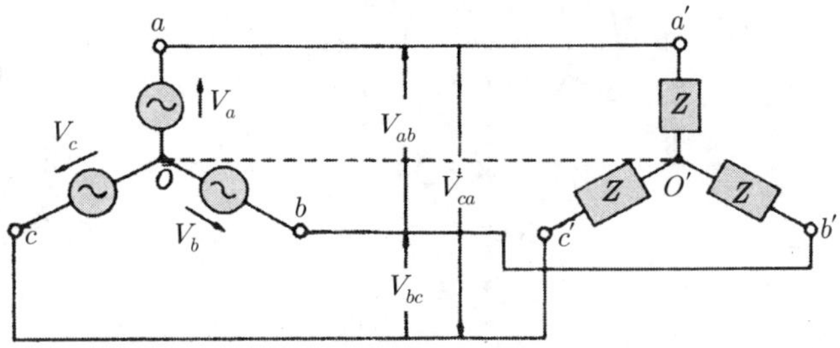

[그림 11-4] Y결선

각 상의 상전압, 선간전압의 정(+)의 방향을 그림과 같이 정하면 평형3상회로이므로 각 상의 전압 $\boldsymbol{V}_a$, $\boldsymbol{V}_b$, $\boldsymbol{V}_c$는 다음과 같은 관계가 있다.

$$\left.\begin{aligned} \boldsymbol{V}_{ab} &= \boldsymbol{V}_a - \boldsymbol{V}_b \\ \boldsymbol{V}_{bc} &= \boldsymbol{V}_b - \boldsymbol{V}_c \\ \boldsymbol{V}_{ca} &= \boldsymbol{V}_c - \boldsymbol{V}_a \end{aligned}\right\} \tag{11-7}$$

이들 관계는 $\boldsymbol{V}_a$를 기준으로 벡터도를 그리면 [그림 11-5]와 같이 된다.

각 상의 전압의 절대값을 V라 하면 식 (11-7)은 [그림 11-5]와 같이 $\boldsymbol{V}_{ab}$의 크기는

$$\boldsymbol{V}_{ab} = 2V\cos 30° = 2V\frac{\sqrt{3}}{2} = \sqrt{3}\,V$$

선간전압 $\boldsymbol{V}_{ab}$, $\boldsymbol{V}_{bc}$, $\boldsymbol{V}_{ca}$의 크기는 같으므로 다음과 같이 표시할 수 있다.

$$\left.\begin{aligned} \boldsymbol{V}_{ab} &= \sqrt{3}\,\boldsymbol{V}_a \angle \frac{\pi}{6} \\ \boldsymbol{V}_{bc} &= \sqrt{3}\,\boldsymbol{V}_b \angle \frac{\pi}{6} = \sqrt{3}\,\boldsymbol{V}_a \angle \frac{\pi}{6} - \frac{2}{3}\pi \\ \boldsymbol{V}_{ca} &= \sqrt{3}\,\boldsymbol{V}_c \angle \frac{\pi}{6} = \sqrt{3}\,\boldsymbol{V}_a \angle \frac{\pi}{6} - \frac{4}{3}\pi \end{aligned}\right\} \tag{11-8}$$

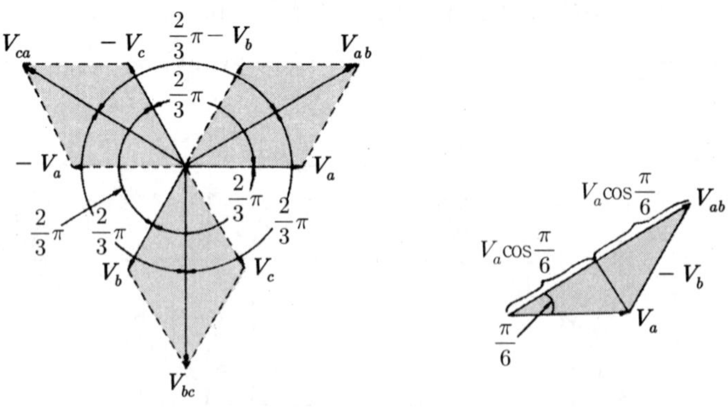

(a) (b)

[그림 11-5] Y결선의 벡터도

선간전압을 V_l[V], 상전압을 V_p[V]라 하면

$$V_{ab} = V_{bc} = V_{ca} = V_l \ , \qquad V_a = V_b = V_c = V_p \tag{11-9}$$

로 되므로

$$V_l = \sqrt{3}\ V_p \tag{11-10}$$

이다. 즉 Y결선의 선간전압은 상전압의 $\sqrt{3}$배의 크기를 가지며 상전압보다 $\frac{\pi}{6}$앞선 3상전압이 된다.

또 식 (11-8)의 3개의 식을 서로 더하면 그 합은 0이 된다. 즉,

$$\boldsymbol{V}_a + \boldsymbol{V}_b + \boldsymbol{V}_c = 0, \qquad \boldsymbol{V}_{ab} + \boldsymbol{V}_{bc} + \boldsymbol{V}_{ca} = 0 \tag{11-11}$$

전원 및 부하의 각 상에 흐르는 전류를 **상전류**(phase current)라고 하며, 각 선 $a-a'$, $b-b'$, $c-c'$에 흐르는 전류를 **선전류**(line current)라 한다. Y결선 시 선전류는 상전류와 같다.

다음에 전류 $\boldsymbol{I}_a$, $\boldsymbol{I}_b$, $\boldsymbol{I}_c$를 구해보자.

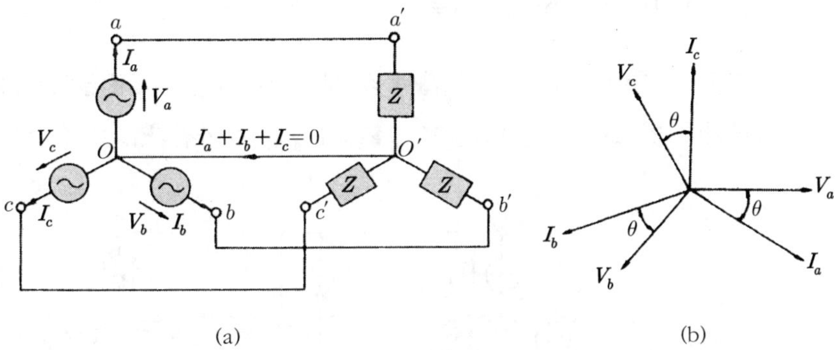

[그림 11-6] Y결선의 선전류와 상전류

[그림 11-6](a)와 같이 Y결선의 $O-O'$ 사이를 접속하면 $a-a'-O'-O$의 회로를 단상회로로서 다룰 수 있다.

지금 부하에서 각 상의 임피던스를 $\boldsymbol{Z}=R+jX$[Ω]이라 하고, 그 위상각을 $\theta=\tan^{-1}\frac{X}{R}$[rad]이라 하면

$$\left.\begin{aligned} \boldsymbol{I_a} &= \frac{\boldsymbol{V_a}}{\boldsymbol{Z}} = \frac{V_a}{Z}\angle -\theta[\mathrm{A}] \\ \boldsymbol{I_b} &= \frac{\boldsymbol{V_b}}{\boldsymbol{Z}} = \frac{V_b}{Z}\angle -\theta - \frac{2}{3}\pi[\mathrm{A}] \\ \boldsymbol{I_c} &= \frac{\boldsymbol{V_c}}{\boldsymbol{Z}} = \frac{V_c}{Z}\angle -\theta - \frac{4}{3}\pi[\mathrm{A}] \end{aligned}\right\} \tag{11-12}$$

로 된다. 이것을 페이저도로 나타내면 [그림 11-6](b)와 같이 된다.

3상회로에서 부하 각 상의 임피던스가 같을 때 **평형3상부하**(balanced 3-phase load)라 한다. [그림 11-6](b)로부터 알 수 있는 바와 같이 평형3상부하에 대칭3상전압을 가하면 흐르는 전류도 대칭3상전류가 된다. 따라서

$$\boldsymbol{I_a} + \boldsymbol{I_b} + \boldsymbol{I_c} = 0 \tag{11-13}$$

로 되어 $O-O'$ 사이에는 전류가 흐르지 않으므로 접속했을 때나 하지 않을 때나 회로에 흐르는 전류에는 아무런 영향이 없다.

(2) Δ결선의 전압과 전류

[그림 11-7]에서 보는 바와 같이 각 상의 전원 $\boldsymbol{V_a}$, $\boldsymbol{V_b}$, $\boldsymbol{V_c}$들이 직접 선 사이에 연결되어 있으므로 선간전압 $\boldsymbol{V_{ab}}$, $\boldsymbol{V_{bc}}$, $\boldsymbol{V_{ca}}$와 같아진다.

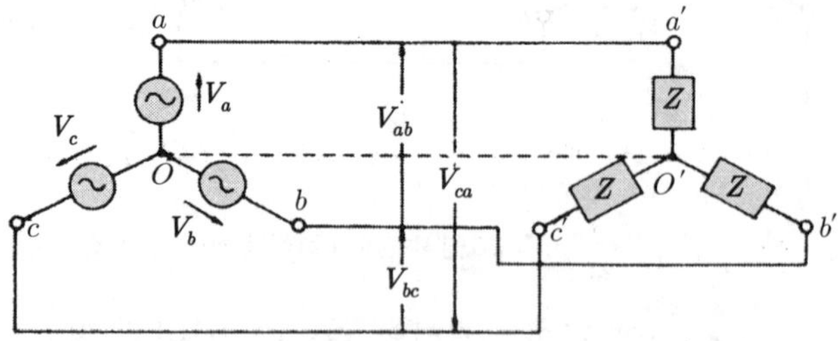

[그림 11-7] Δ결선

따라서 선간전압을 $V_l[\mathrm{V}]$, 상전압을 $V_p[\mathrm{V}]$라 하면

$$V_l = V_p \tag{11-14}$$

또한 각 상의 전원의 합은 0이므로 $a-c-b-a$의 폐회로에 작용하는 기전력은 항상 0이 되기 때문에 순환전류는 흐르지 않으므로, Δ결선시는 Y결선과 반대로 선전류와 상전류가 같지 않다.

다음으로 선전류와 상전류에 대해서 알아보자.

[그림 11-7]에서 부하 임피던스를 $\boldsymbol{Z}=R+jX[\Omega]$이라 하고, 그 위상각을 $\theta=\tan^{-1}\dfrac{X}{R}$[rad]이라 하고, 상전류 $\boldsymbol{I}_{ab}$, $\boldsymbol{I}_{bc}$, $\boldsymbol{I}_{ca}$라 하면

$$\left.\begin{aligned} \boldsymbol{I}_{ab} &= \frac{\boldsymbol{V}_a}{\boldsymbol{Z}} = \frac{V_a}{Z}\angle -\theta \\ \boldsymbol{I}_{bc} &= \frac{\boldsymbol{V}_b}{\boldsymbol{Z}} = \frac{V_b}{Z}\angle -\theta - \frac{2}{3}\pi \\ \boldsymbol{I}_{ca} &= \frac{\boldsymbol{V}_c}{\boldsymbol{Z}} = \frac{V_c}{Z}\angle -\theta - \frac{4}{3}\pi \end{aligned}\right\} \tag{11-15}$$

이 되며, 선전류 $\boldsymbol{I}_a$, $\boldsymbol{I}_b$, $\boldsymbol{I}_c$는 다음과 같다.

$$\left.\begin{aligned} \boldsymbol{I}_a &= \boldsymbol{I}_{ab} - \boldsymbol{I}_{ca} \\ \boldsymbol{I}_b &= \boldsymbol{I}_{bc} - \boldsymbol{I}_{ab} \\ \boldsymbol{I}_c &= \boldsymbol{I}_{ca} - \boldsymbol{I}_{bc} \end{aligned}\right\} \tag{11-16}$$

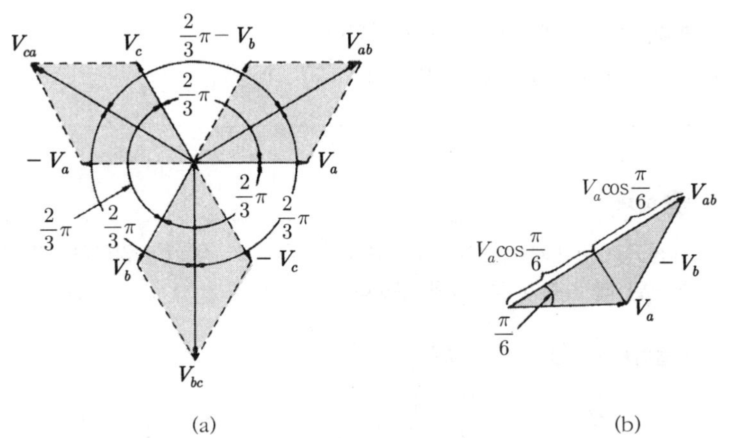

[그림 11-8] Δ결선의 벡터도

이들 관계를 V_a를 기준으로 벡터도를 나타내면 [그림 11-8](a)와 같이 된다.

벡터I_{ab}, I_{bc}, I_{ca}는 각각 $\frac{2}{3}\pi$[rad]만큼 위상차가 있으며, 또한 I_a, I_b, I_c도 각각 $\frac{2}{3}\pi$[rad]만큼 위상차가 있다. I_a는 I_{ab}보다 $\frac{\pi}{6}$[rad]만큼 뒤진다.

I_a의 크기는 [그림 11-8](b)로부터

$$I_a = 2I_{ab}\cos\frac{\pi}{6} = \sqrt{3}\,I_{ab} \tag{11-17}$$

가 된다. 여기서 선전류를 I_l [A], 상전류를 I_p [A]라 하면

$$I_{ab} = I_{bc} = I_{ca} = I_p$$
$$I_a = I_b = I_c = I_l$$

이므로

$$I_l = \sqrt{3}\,I_p \tag{11-18}$$

로 표시된다.

예제 11-2

Y결선의 각 상전압이 100[V]일 때 선간전압은 얼마인가?

■ **풀이** ■ 선간전압 $V_l = \sqrt{3}\,V_p$로부터

$V_l = \sqrt{3} \times 100 \fallingdotseq \mathbf{173}$[V]

예제 11-3

대칭3상 Y결선에서 선간전압이 $100\sqrt{3}$[V]이고, 각 상의 임피던스가 $Z = 30 + j40$의 평형부하일 때 각각의 선전류를 구하여라.

■ **풀이** ■ Y결선시 전류 I_a는

$$I_a = \frac{V_a}{Z} = \frac{\text{상전압}}{\text{임피던스}} = \frac{100}{\sqrt{30^2+40^2}\angle\tan^{-1}\frac{4}{3}} = 2\angle -53.1°\text{[A]}$$

$$I_b = 2\angle -53.1° - 120° = \mathbf{2\angle -173.1°}\text{[A]}$$

$$I_c = 2\angle -53.1° - 240° = \mathbf{2\angle 66.9°}[\text{A}]$$

11-4 평형3상회로

대칭3상 기전력을 발생하는 전원에 3상평형 부하를 접속한 3상평형회로의 취급방법을 알아보자.

(1) Y-Y결선

[그림 11-9](a)와 같이 3개의 임피던스 $\boldsymbol{Z} = Z\theta[\Omega]$이 Y형으로 접속된 부하에 평형Y형 기전력이 접속되고 중성점 O, O'가 중성선으로 연결된 경우를 보자. 전원과 선로의 임피던스를 무시하고 전원의 각 상의 기전력 $\boldsymbol{V}_a, \boldsymbol{V}_b, \boldsymbol{V}_c$의 실효값을 V라 하고 $\boldsymbol{V}_a$를 기준 벡터로 하여 각 상의 기전력을

$$\boldsymbol{V}_a = V\angle 0°,\ \ \boldsymbol{V}_b = V\angle -\frac{2}{3}\pi,\ \ \boldsymbol{V}_c = V\angle -\frac{4}{3}\pi \tag{11-19}$$

이라 하면 선전류 $\boldsymbol{I}_a$, $\boldsymbol{I}_b$, $\boldsymbol{I}_c$는

$$\left.\begin{aligned} \boldsymbol{I}_a &= \frac{\boldsymbol{V}_a}{\boldsymbol{Z}} = \frac{V}{Z\angle\theta} = \frac{V}{Z}\angle -\theta \\ \boldsymbol{I}_b &= \frac{\boldsymbol{V}_b}{\boldsymbol{Z}} = \frac{V\angle -\frac{2}{3}\pi}{Z\angle\theta} = \frac{V}{Z}\angle -\frac{2}{3}\pi - \theta \\ \boldsymbol{I}_c &= \frac{\boldsymbol{V}_c}{\boldsymbol{Z}} = \frac{V\angle -\frac{4}{3}\pi}{Z\angle\theta} = \frac{V}{Z}\angle -\frac{4}{3}\pi - \theta \end{aligned}\right\} \tag{11-20}$$

로 되어 성형전류도 같게 된다. 또 중성선 OO'의 전류 $\boldsymbol{I}_N$은 $\boldsymbol{I}_N = \boldsymbol{I}_a + \boldsymbol{I}_b + \boldsymbol{I}_c = 0$이 되어 중성선에는 전류가 흐르지 않으며 OO' 점은 같은 전위로 된다.

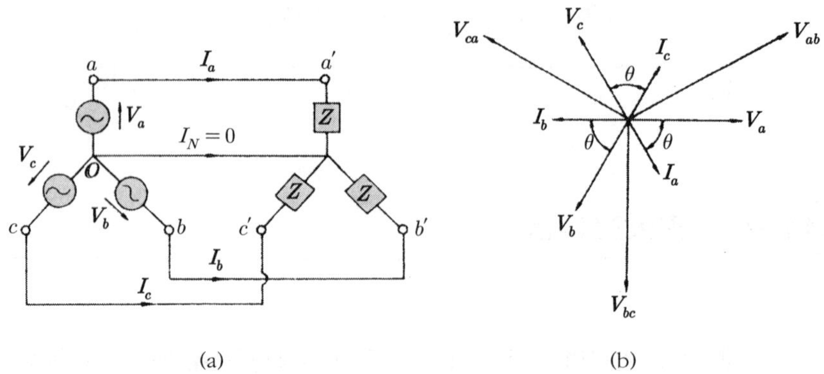

[그림 11-9] Y-Y회로 및 벡터도

따라서 중성선을 제거하여도 각 상전류는 변하지 않으며 이 경우 전압, 전류 벡터도는 [그림 11-9](b)와 같다.

예제 11-4

[그림 11-9](a)와 같은 회로에서 상전압의 크기가 100[V]인 대칭3상교류에 부하 임피던스가 $Z = 3 + j4[\Omega]$의 평형부하일 때 각각의 선전류를 구하여라.

■ **풀이** ■ $I_a = \dfrac{V_a}{Z} = \dfrac{100\angle 0°}{3+j4} = \dfrac{100\angle 0°}{5\angle 53.1°} = 20\angle -53.1°[\text{A}]$

$$I_b = \frac{V_b}{Z} = \frac{100\angle 120°}{5\angle 53.1°} = 20 \angle -120° -53.1° = 20\angle -173.1°[\text{A}]$$

$$I_c = \frac{V_c}{Z} = \frac{100\angle 240°}{5\angle 53.1°} = 20\angle -293.1° = 20\angle 66.9°[\text{A}]$$

---

(2) Δ-Δ결선

[그림 11-10](a)와 같이 3개의 임피던스 $Z = Z\angle\theta[\Omega]$의 Δ형으로 접속된 부하에 전원의 각 상의 기전력 V_{ab}, V_{bc}, V_{ca}의 실효값을 V라 하고, V_{ab}를 기준 벡터로 하여 각 상의 기전력 $V_{ab} = V\angle 0°$, $V_{bc} = V\angle -\frac{2}{3}\pi$, $V_{ca} = V\angle -\frac{4}{3}\pi$라 하면 상전류와 선전류는 각각 다음과 같이 구할 수 있다.

폐회로 $a - a' - b' - a$에서

$$\boldsymbol{I_{ab}} = \boldsymbol{I_{a'b'}} = \frac{\boldsymbol{V_{ab}}}{\boldsymbol{Z}} = \frac{V\angle 0^\circ}{Z\angle\theta} = \frac{V}{Z}\ -\theta \tag{11-21}$$

폐회로 $b-b'-c'-c-b$에서

$$\boldsymbol{I_{bc}} = \boldsymbol{I_{b'c'}} = \frac{\boldsymbol{V_{bc}}}{\boldsymbol{Z}} = \frac{V\angle -\frac{2}{3}\pi}{Z\angle\theta} = \frac{V}{Z}\angle -\frac{2}{3}\pi-\theta \tag{11-22}$$

폐회로 $c-c'-a-a-c$에서

$$\boldsymbol{I_{ca}} = \boldsymbol{I_{c'a'}} = \frac{\boldsymbol{V_{ca}}}{\boldsymbol{Z}} = \frac{V\angle -\frac{4}{3}\pi}{Z\angle\theta} = \frac{V}{Z}\angle -\frac{4}{3}\pi-\theta \tag{11-23}$$

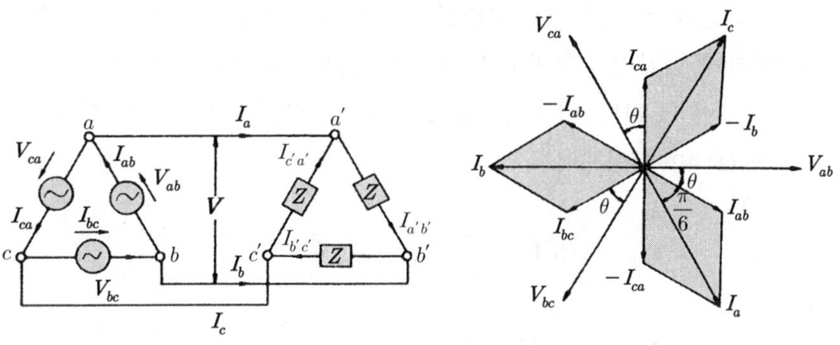

(a) (b)

[그림 11-10] $\Delta-\Delta$회로 및 벡터도

이들을 벡터로 나타낸 것이 [그림 11-10](b)이다. 이 벡터도에서 알 수 있는 바와 같이 선전류는 상전류의 $\sqrt{3}$ 배의 크기이고, 이것과 $\frac{\pi}{6}$의 상차가 있다. 즉

$$\boldsymbol{I_a} = \boldsymbol{I_{ab}} - \boldsymbol{I_{ca}} = \sqrt{3}\,\boldsymbol{I_{ab}}\ \angle -\frac{\pi}{6} = \sqrt{3}\,\frac{\boldsymbol{V_{ab}}}{\boldsymbol{Z}}\angle -\frac{\pi}{6}-\theta \tag{11-24}$$

$$\boldsymbol{I_b} = \boldsymbol{I_{bc}} - \boldsymbol{I_{ab}} = \sqrt{3}\,\boldsymbol{I_{bc}}\angle\frac{\pi}{6} = \sqrt{3}\,\frac{\boldsymbol{V_{ab}}}{\boldsymbol{Z}}\angle -\frac{\pi}{6}-\theta-\frac{2}{3}\pi \tag{11-25}$$

$$\boldsymbol{I_c} = \boldsymbol{I_{ca}} - \boldsymbol{I_{bc}} = \sqrt{3}\,\boldsymbol{I_{ca}}\angle -\frac{\pi}{6} = \sqrt{3}\,\frac{\boldsymbol{V_{ab}}}{\boldsymbol{Z}}\angle -\frac{\pi}{6}-\theta-\frac{4}{3}\pi \tag{11-26}$$

예제 11-5

전원과 부하가 다같이 Δ결선된 3상평형회로에서 전원전압이 220[V]이고 환상 부하 임피던스 $Z=3+j4[\Omega]$인 경우 선전류의 절대값의 크기는 얼마인가?

■ 풀이 ■ 상전류 I_p는

$$I_p=\frac{V}{Z}=\frac{220}{3+j4}=\frac{220}{5}[\mathrm{A}]$$

선전류는 상전류의 $\sqrt{3}$ 배이므로 선전류 I_l은

$$I_l=\sqrt{3}\,I_p=\mathbf{44\sqrt{3}}\,[\mathrm{A}]$$

---

(3) Y-Δ회로

전원과 부하가 같은 Y결선 방식이나 Δ결선 방식이 아닌 경우에는 전원과 부하를 다같이 Y-Y회로로 고치거나 Δ-Δ회로로 바꾸어서 계산하여야 한다.

[그림 11-11](a)와 같은 회로인 경우 Y결선의 상전압을 선간전압으로 고치면 식 (11-8)에 의해서

$$\left.\begin{aligned} V_{ab}&=\sqrt{3}\,V_a\angle\frac{\pi}{6}=\sqrt{3}\,V\angle\frac{\pi}{6}\\ V_{bc}&=\sqrt{3}\,V_b\angle\frac{\pi}{6}=\sqrt{3}\,V\angle\left(-\frac{2}{3}\pi+\frac{\pi}{6}\right)\\ V_{ca}&=\sqrt{3}\,V_c\angle\frac{\pi}{6}=\sqrt{3}\,V\angle\left(-\frac{4}{3}\pi+\frac{\pi}{6}\right)\end{aligned}\right\}\qquad(11\text{-}27)$$

이때 Z에 흐르는 상전류는

$$I_{ab}=\frac{V_{ab}}{Z},\qquad I_{bc}=\frac{V_{bc}}{Z},\qquad I_{ca}=\frac{V_{ca}}{Z}\qquad(11\text{-}28)$$

따라서 선전류 I_a, I_b, I_c는 식 (11-24)에서 식 (11-28)의 관계로부터

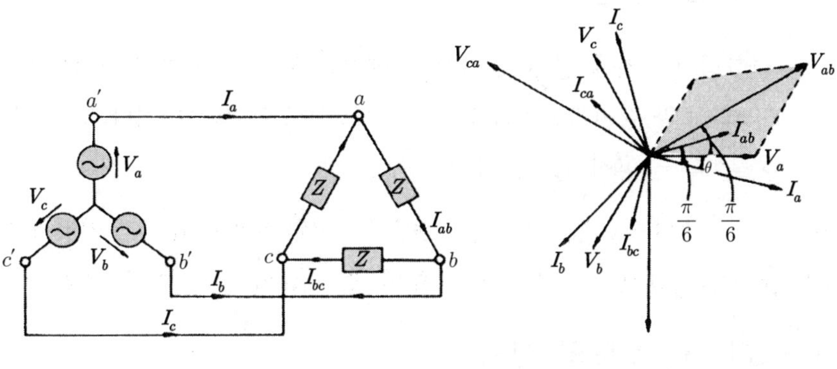

(a) (b)

[그림 11-11] Y-Δ회로 및 벡터도

$$\left.\begin{aligned} I_a &= \sqrt{3}\, I_{ab}\angle -\frac{\pi}{6} = \frac{\sqrt{3}\, V_{ab}}{Z}\angle -\frac{\pi}{6} = \frac{V_a}{Z\angle 3} \\ I_b &= \sqrt{3}\, I_{bc}\angle -\frac{\pi}{6} = \frac{\sqrt{3}\, V_{bc}}{Z}\angle -\frac{\pi}{6} = \frac{V_b}{Z\angle 3} \\ I_c &= \sqrt{3}\, I_{ca}\angle -\frac{\pi}{6} = \frac{\sqrt{3}\, V_{ca}}{Z}\angle -\frac{\pi}{6} = \frac{V_b}{Z\angle 3} \end{aligned}\right\} \qquad (11\text{-}29)$$

이 됨을 알 수 있다. 그리고 [그림 11-11](b)는 식 (11-27), (11-28), (11-29)의 관계를 벡터도로 나타낸 것이다.

또한 식 (11-29)는 [그림 11-12]와 같은 Y결선이 전원 V_a, V_b, V_c가 $Z/3\,[\Omega]$인 Y결선의 부하에 가해진 것과 등가임을 알 수 있다.

이상의 결과로부터 [그림 11-13]과 같이 임피던스 Z의 Δ결선은 $Z/3$인 Y결선의 부하로 바꾸어놓을 수 있다.

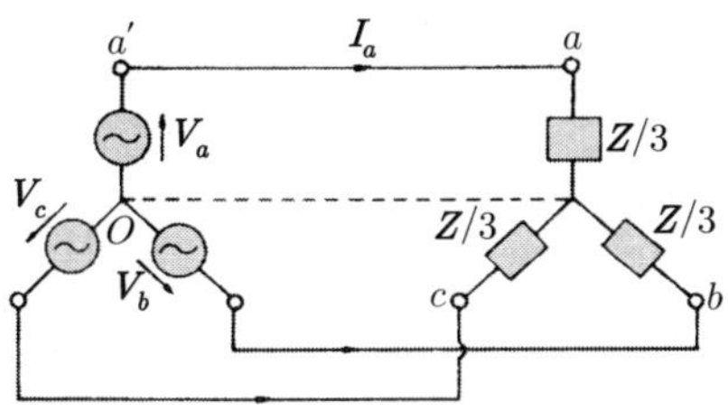

[그림 11-12] [그림 8-11]의 등가회로

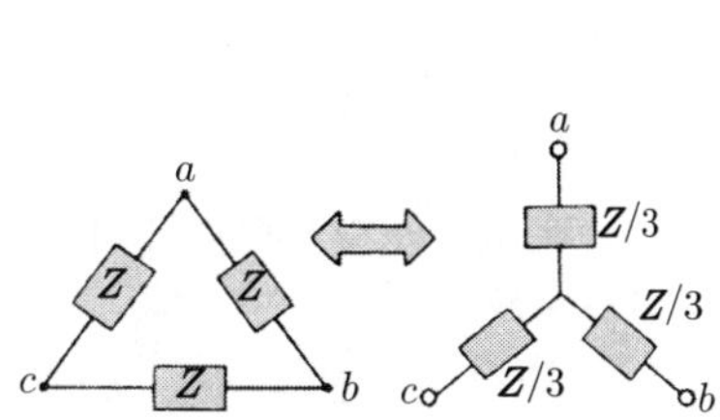

[그림 11-13] Δ-Y 등가변환

(4) Δ-Y회로

[그림 11-13]과 같이 Δ결선된 평형3상전원에 평형3상부하가 Y결선된 경우 Y-Δ회로와 같이 3상전원을 Y결선으로 바꾸어 생각하거나 또는 평형3상부하를 Δ결선으로 고쳐서 생각하면 된다.

11-5 3상회로의 전력

3상회로의 전력은 Y, Δ결선 또는 평형과 불평형에 관계없이 각 상에 대한 평균전력의 합을 구하면 된다.

부하에서의 상전압이 V_a, V_b, V_c이고 상전류가 I_a, I_b, I_c일 때 상전압과 상전류의 위상차가 θ_a, θ_b, θ_c라면 3상회로의 유효전력 P는

$$P = V_a I_a \cos\theta_a + V_b I_b \cos\theta_b + V_c I_c \cos\theta_c [\mathrm{W}] \tag{11-30}$$

로서 구할 수 있다. 그런데 3상평형회로에서는

$$V_a = V_b = V_c = V_p, \quad I_a = I_b = I_c = I_p, \quad \theta_a = \theta_b = \theta_c = \theta$$

이므로

$$P = 3 V_p I_p \cos\theta [\mathrm{W}] \tag{11-31}$$

이다. 다음에 부하의 전압을 선간전압 $V_l[\mathrm{V}]$, 전류를 선전류 $I_l[\mathrm{A}]$로 표시하면 Y결선회로에서는

$$V_l = \sqrt{3}\, V_p, \; I_l = I_p \tag{11-32}$$

이고, Δ결선회로에서는

$$V_l = V_p, \; I_l = \sqrt{3}\, I_p \tag{11-33}$$

이므로 식 (11-32), (11-33)을 (11-31)에 대입하면 두 경우 다같이 유효전력 P는

$$P = \sqrt{3}\,V_l\,I_l\cos\theta[\mathrm{W}]$$
$$= \sqrt{3}\times(\text{선간전압})\times(\text{선전류})\times(\text{역률})[\mathrm{W}] \quad (11\text{-}34)$$

그리고 3상회로에서 무효전력 P_r, 피상전력 P_a는

$$\left.\begin{aligned} P_r &= \sqrt{3}\,V_l\,I_l\sin\theta[\mathrm{Var}] \\ P_a &= \sqrt{3}\,V_l\,I_l[\mathrm{VA}] \end{aligned}\right\} \quad (11\text{-}35)$$

이다. 따라서 피상전력 $= \sqrt{(\text{유효전력})^2 + (\text{무효전력})^2}$ 의 관계가 성립된다.

예제 11-6

Y결선회로의 부하에 $200\sqrt{3}$[V]의 전압을 인가하고, 각 상의 임피던스가 $Z=3+j4[\Omega]$인 경우 유효전력 P를 구하여라.

■ 풀이 ■ $P = \sqrt{3}\,VI\cos\theta = 3I^2R$에서

$$I = \frac{V_p}{Z} = \frac{200}{\sqrt{3^2+4^2}} = 40[\mathrm{V}]$$

$$\therefore\ P = 3\times 40^2\times 3 = 14400[\mathrm{V}] = \mathbf{14.4}[\mathrm{kW}]$$

예제 11-7

6600[V], 1000[kVA]의 3상발전기의 전류용량과 역률이 70[%]일 때의 출력은 각각 얼마인가?

■ 풀이 ■ 3상회로의 피상전력은 $P_a = \sqrt{3}\,V_l\,I_l$이므로 전류용량 I_l은

$$I_l = \frac{P_a}{\sqrt{3}\,V_l} = \frac{1000\times 10^3}{\sqrt{3}\times 6600} \fallingdotseq \mathbf{87.6}[\mathrm{A}]$$

3상전력은 $P = \sqrt{3}\,V_l\,I_l\cos\theta$이므로

$$P = \sqrt{3}\,V_l\,I_l\cos\theta = P_a\cos\theta$$
$$= 1000\times 10^3\times 0.7 = 700\times 10^3 = \mathbf{700}[\mathrm{kW}]$$

11-6 3상전력의 측정법

전력계를 사용하여 3상전력을 측정하는 방법에 대하여 알아보자. 여기서는 가장 널리 사용하는 **2전력계법**(two wattmeter method)을 설명하기로 한다.

브론델(Blondel)의 정리에 의하면 n선식회로의 전력은 평형이든 불평형이든 관계없이 $(n-1)$개의 전력계 지시값의 합으로 구해진다. 따라서 3상 3선식회로의 전력은 2개의 전력계로 측정할 수 있으며 이 방법을 2전력계법이라 한다.

[그림 11-14](a)에서 각각의 전력계 P_1과 P_2는 아주 적은 전류 코일은 직렬로 연결하고, 임피던스가 아주 큰 전압 코일은 병렬로 연결하므로 전력계를 회로에 연결해도 회로의 전류, 전압의 변화는 아주 적다.

전력계는 두 코일에서 전류와 선간전압에 비례하고 위상차에 의한 소비전력이 나타나므로 P_1과 P_2의 값은

$$\left.\begin{aligned} P_1 &= |V_{ca}||I_c|\cos\theta_1 \\ P_2 &= |V_{ab}||I_a|\cos\theta_2 \end{aligned}\right\} \tag{11-36}$$

이다. 여기서 θ_1은 V_{cb}와 I_c와의 위상차이고, θ_2는 V_{ab}와 I_a와의 위상차이다.

[그림 11-14](b)는 각각의 상전압과 선간전압 및 선전류들의 벡터도로서 여기서

$$\theta_1 = 30° - \theta, \quad \theta_2 = 30° + \theta \tag{11-37}$$

이다. 따라서 P_1과 P_2는

$$\left.\begin{aligned} P_1 &= |V_{ca}||I_c|\cos(30° - \theta) \\ P_2 &= |V_{ab}||I_a|\cos(30° + \theta) \end{aligned}\right\} \tag{11-38}$$

이다. 그러므로 W_1과 W_2의 합을 구하면

$$\begin{aligned} P = P_1 + P_2 &= V_l I_l \{\cos(30° - \theta) + \cos(30° + \theta)\} \\ &= 2\, V_l I_l \cos 30° \cos\theta = \sqrt{3}\; V_l I_l \cos\theta [\mathrm{W}] \end{aligned} \tag{11-39}$$

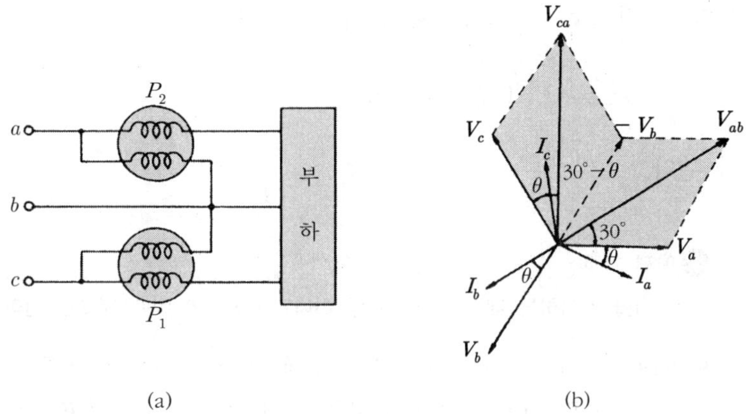

[그림 11-14] 2전력계법 및 벡터도

가 된다. 식 (11-39)는 식 (11-34)와 같으므로 3상전력의 값과 같다. 이 경우 θ가 60° 이상, 즉 역률이 0.5 이하가 되면 식 (11-38)에서 $30° + \theta > 90°$이므로 $\cos(30° + \theta) < 0$으로 되어 P_2는 부(−)로 되기 때문에 이때는 P_1과 P_2의 차가 전체 소비전력이 된다. 또한 이 2전력계법은 부하의 평형, 불평형, Y결선, Δ결선에 관계없이 3상전력을 측정할 수 있다.

다음으로 2전력계법으로 무효전력 P_r을 측정하는 방법이다. [그림 11-15](a)는 결선도이며, [그림 11-15](b)는 벡터도이다. 따라서

$$P_r = \boldsymbol{V_{bc}} \boldsymbol{I_a} cos\left(\frac{\pi}{2} - \theta\right) = V_l\, I_l \sin\theta [\mathrm{Var}] \tag{11-40}$$

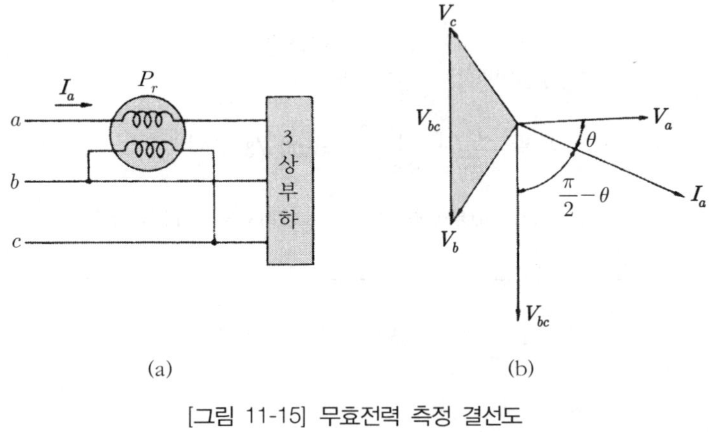

[그림 11-15] 무효전력 측정 결선도

이다. 그러므로 P_r의 $\sqrt{3}$ 배가 유효전력이 된다. 즉

$$P_r = \sqrt{3}\, V_l I_l \sin\theta [\mathrm{Var}] \qquad (11\text{-}41)$$

가 된다.

예제 11-8

3상전력을 측정하는 데 두 전력계 중 하나가 0이라면 이때 역률은 얼마인가?

■ 풀이 ■ $P_1 = VI\cos(30° - \theta)$, $P_2 = VI\cos(30° + \theta)$이며, P_1과 P_2 중 어느 하나가 0이 되려면 cos함수이므로 $\cos(30° + \theta) = 0$이다. 따라서 $\theta = 60°$가 되어야 한다.

$\therefore\ \cos 60° = \mathbf{0.5}$

예제 11-9

2전력계법으로 평형3상전력을 측정하였더니 한쪽의 지시가 400[W], 다른 쪽의 지시가 800[W]이었다. 이때 피상전력 및 무효전력을 구하여라.

■ 풀이 ■ $P = P_1 + P_2 = 400 + 800 = 1200[\mathrm{W}]$

$$P_1 = VI\cos(30° + \theta) = VI(\cos 30° \cos\theta - \sin 30° \sin\theta)$$

$$= VI\left(\frac{\sqrt{3}}{2}\sin\theta - \frac{1}{2}\sin\theta\right) = 400$$

$$P_2 = VI\cos(30° - \theta) = VI(\cos 30° \cos\theta + \sin 30° \sin\theta)$$

$$= VI\left(\frac{\sqrt{3}}{2}\cos\theta + \frac{1}{2}\cos\theta\right) = 800$$

위 식에서

$$\frac{\sin\theta}{\cos\theta} = \tan\theta = \frac{1}{\sqrt{3}} = \tan 30°$$

$$\therefore\ P_a = \frac{P}{\cos\theta} = \frac{1200}{\cos 30°} = \mathbf{800\sqrt{3}}[\mathrm{VA}]$$

$$P_r = P_a \sin\theta = 800\sqrt{3} \times \frac{1}{2} = \mathbf{400\sqrt{3}}[\mathrm{Var}]$$

11-7 3상 V결선

(1) V결선과 전압

Δ결선에서 1상의 전원을 제거하면 [그림 11-16](a)와 같은 회로가 되며, 이때 전압의 벡터도는 [그림 11-16](b)와 같이 되므로 $\boldsymbol{V}_{ab}$와 $\boldsymbol{V}_{ca}$의 합은 $\boldsymbol{V}_{cb}$가 되어 그 크기는 $\boldsymbol{V}_{ab}$, $\boldsymbol{V}_{cb}$의 절대값의 크기와 같게 되고 $b-c$단자 사이에 ab와 ca 사이에 같은 크기의 전압이 걸리게 될 것이다. 즉

$$\boldsymbol{V}_{cb} = \boldsymbol{V}_{ab} + \boldsymbol{V}_{ca} \tag{11-42}$$

이다. 그런데 $\boldsymbol{V}_{cb} = -\boldsymbol{V}_{bc}$이므로

$$\boldsymbol{V}_{ab} + \boldsymbol{V}_{bc} + \boldsymbol{V}_{ca} = 0 \tag{11-43}$$

가 된다.

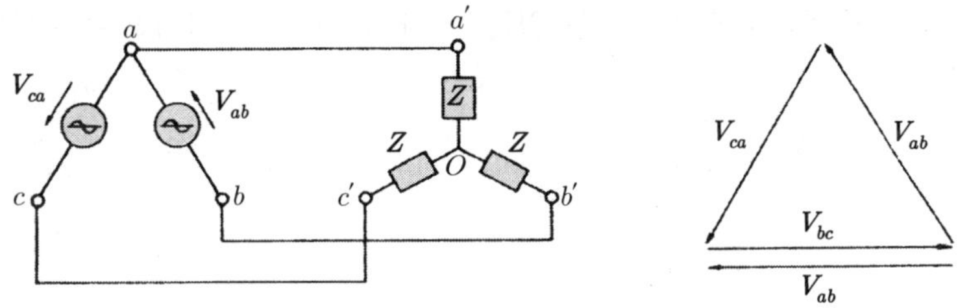

(a) (b)

[그림 11-16] V결선과 전압

따라서 Δ결선의 경우와 같은 결과가 되며, 이때에도 대칭3상전원으로 사용할 수 있다. 이와 같은 결선을 V결선(V connection)이라 한다. 이 결선은 단상 변압기 2개를 결합하여 3상전력을 변압할 경우에 많이 사용된다.

(2) V결선전압의 전류

[그림 11-17](a)에서 ab, bc, ca 사이의 전압은 대칭3상전압으로서 작용하므로 부하의 상전류 및 선전류는 각각 대칭3상전류가 된다. 따라서 그들의 크기 사

이에는 다음과 같은 관계가 있다.

$$V_{ab}= V_{bc}= V_{ca}, \quad I_a= I_b= I_c, \quad I_{a'b'}= I_{b'c'}= I_{c'a'} \tag{11-44}$$

또한 [그림 11-17](a)에서 전원을 흐르는 상전류 I_{ab}, I_{ca}와 선전류 I_a, I_b, I_c 사이에는 다음과 같은 관계가 성립한다.

$$\left.\begin{aligned} & I_a=-I_{ab}, \quad I_c= I_{ca} \\ & I_a= I_{ab}- I_{ca}=-(I_b+ I_c) \end{aligned}\right\} \tag{11-45}$$

따라서 식 (11-44)와 식 (11-45)로부터 선전류와 전원의 상전류의 크기는 다음과 같다.

$$I_a= I_b= I_c= I_{ab}= I_{ca} \tag{11-46}$$

여기서 Δ 결선의 경우와 비교하면 선전류가 같을 때는 전원의 상전류는 $\sqrt{3}$ 배가 되는 것을 알 수 있다.

θ를 각 상의 부하의 임피던스각이라 하면 그 벡터도는 [그림 11-17](b)와 같다. 이 벡터도에서 알 수 있는 바와 같이 I_{ab}가 V_{ab}보다 앞선 각 θ_{ab}는

$$\theta_{ab} = \frac{\pi}{6} - \theta \tag{11-47}$$

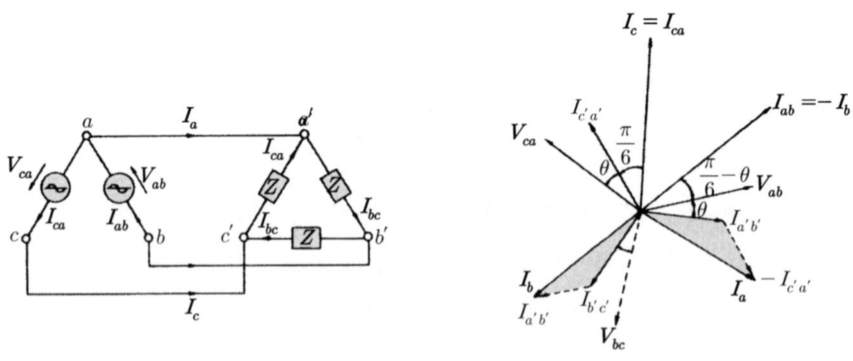

(a) (b)

[그림 11-17] V결선과 전압

I_{ca}가 V_{ca}보다 뒤진 각 θ_{ca}는 다음과 같다.

$$\theta_{ca} = \frac{\pi}{6} + \theta \tag{11-48}$$

(3) V결선전원의 출력

[그림 11-17](b)에서 알 수 있는 바와 같이 전원에서 인출할 수 있는 전력 P는 다음과 같다.

$$\begin{aligned} P &= V_{ab}I_{ab}\cos\theta_{ab} + V_{ca}I_{ca}\cos\theta_{ca} \\ &= V_{ab}I_{ab}\cos\left(\frac{\pi}{6} - \theta\right) + V_{ca}I_{ca}\cos\left(\frac{\pi}{6} - \theta\right) \\ &= \sqrt{3}\,V_{ab}I_{ab}\cos\theta = \sqrt{3}\,V_{ab}I_{ab}\cos\theta[\mathrm{W}] \end{aligned} \tag{11-49}$$

위 식 (11-49)로부터 전원에서 인출할 수 있는 전력 P는 부하의 전력과 같다.

(4) V결선변압기의 이용률

V결선전원은 단상변압기 2개로 3상을 얻고자 할 때 많이 사용된다. 2차전압이 V[V]이고, 2차전류가 I[A]인 변압기 3개를 3상결선하여 이것에 역률 $\cos\theta$의 평형3상부하를 접속하면 $3VI\cos\theta$까지의 전력을 사용할 수 있다. 그런데 이들과 같은 변압기 2개를 V결선으로 하여 이에 역률 $\cos\theta$의 평형3상부하를 접속하면 식 (11-49)로 알 수 있는 바와 같이 $\sqrt{3}\,VI\cos\theta$까지만 전력을 사용할 수 있다. 따라서 용량 VI[VA]의 변압기 2개를 V결선으로 사용할 경우에 변압기의 이용률 η는 다음 식에서 알 수 있는 바와 같이 86.7[%]이다.

$$\eta = \frac{\sqrt{3}\;VI\cos\theta}{2\;VI\cos\theta} = \frac{\sqrt{3}}{2} = 0.867 \tag{11-50}$$

예제 11-10

용량 5[kVA]의 단상변압기 3대로 평형3상부하에 전력을 공급하는 경우와 2대로 V결선으로 공급하는 경우에는 각각 몇 [kVA]의 전력을 공급할 수 있는가?

■ **풀이** ■ 변압기 1대의 용량 $V_p I_p = 5[\mathrm{kVA}]$이므로 3대로 공급하는 경우에는

$$P_3 = 3V_p I_p = 3 \times 5 = \mathbf{15}[\mathrm{kVA}]$$

2대로 V결선을 할 경우에는

$$P_2 = \sqrt{3}\, V_p I_p = \sqrt{3} \times 5 = \mathbf{8.65}[\mathrm{kVA}]$$

예제 11-11

용량이 30[kVA]인 2대의 단상변압기를 V결선하여 역률이 0.8인 전력 20[kW]의 평형3상부하에 전력을 공급할 때 각 변압기의 분담전력은 얼마인가?

■ **풀이** ■ 1대의 변압기가 부담하는 피상전력은

$$VI = \frac{P}{\sqrt{3}\,\cos\theta} = \frac{20 \times 10^3}{\sqrt{3} \times 0.8} = 14.4[\mathrm{kVA}]$$

이므로 각 상의 분담전력 P_1 및 P_2는

$$P_1 = VI\cos\left(\frac{\pi}{6} + \theta\right) = VI\left(\cos\frac{\pi}{6}\cos\theta - \sin\frac{\pi}{6}\sin\theta\right)$$
$$= 14.4\left(\frac{\sqrt{3}}{2} \times 0.8 - \frac{1}{2} \times 0.6\right) = \mathbf{5.63}[\mathrm{kW}]$$
$$P_2 = VI\cos\left(\frac{\pi}{6} - \theta\right) = VI\left(\cos\frac{\pi}{6}\cos\theta + \sin\frac{\pi}{6}\sin\theta\right)$$
$$= 14.4\left(\frac{\sqrt{3}}{2} \times 0.8 + \frac{1}{2} \times 0.6\right) = \mathbf{14.28}[\mathrm{kW}]$$

연습문제

11-1 선전류가 1,732[A]의 3상교류발전기가 Δ결선일 때 그의 환상전류는 몇 [A]인가?

㉮ 10　　㉯ 100　　㉰ 500　　㉱ 1000

11-2 12상 성형전압이 100[V]일 때 단자전압은 몇 [V]인가?

㉮ 25.88　　㉯ 51.76　　㉰ 75.88　　㉱ 100.05

11-3 200[V]의 3상3선식회로에 $R = 8[\Omega]$, $X_L = 6[\Omega]$의 부하 3조를 Y 접속했을 때 성형전압과 부하전류는?

㉮ 115.5[V], 11.55[A]　　㉯ 225.5[V], 22.55[A]

㉰ 11.55[V], 115.5[A]　　㉱ 22.55[V], 225.5[A]

11-4 대칭3상부하에서 각 상의 임피던스가 $Z = 16 + j12[\Omega]$이고, 부하전류 10[A]일 때 이 부하의 선간전압은 몇 [V]인가?

㉮ 154　　㉯ 264　　㉰ 346　　㉱ 446

11-5 전원과 부하가 다같이 Δ결선된 3상평형회로가 있다. 전원전압이 220[V]이고, 환상 부하 임피던스가 $3 + j4[\Omega]$인 경우 선전류는 몇 [V]인가?

㉮ 54.6　　㉯ 76.2　　㉰ 88.4　　㉱ 96.2

11-6 변압비가 20 : 1의 단상변압기 3개를 1차는 Δ결선, 2차는 Y결선하고 1차 선간전압에 220[V]를 가할 때 무부하 2차 선간전압은 몇 [V]인가?

㉮ 9　　㉯ 13　　㉰ 19　　㉱ 29

---

* 정답　1 ㉱　2 ㉯　3 ㉮　4 ㉰　5 ㉯　6 ㉰

11-7 $Z = 8 + j6[\Omega]$인 평형 Y부하에 선간전압 200[V]인 대칭3상전압을 인가할 때 선전류는 몇 [H]인가?

㉮ 11.5 ㉯ 22.5 ㉰ 17.5 ㉱ 31.5

11-8 $Z = 3 + j4[\Omega]$인 Δ로 접속된 회로에 100[V]의 대칭3상전압을 인가할 때 선전류는 몇 [A]인가?

㉮ 7.26 ㉯ 14.64 ㉰ 24.46 ㉱ 34.64

11-9 그림에서 $R = 60[\Omega]$, $X_L = 80[\Omega]$인 대칭부하회로에서 선간전압이 100[V]인 대칭3상전압을 가하면 선전류는 몇 [A]인가?

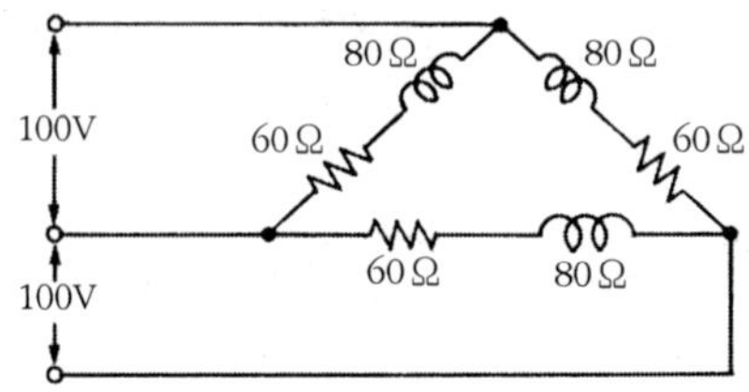

㉮ $\sqrt{2}$ ㉯ $\sqrt{3}$ ㉰ $\sqrt{5}$ ㉱ $\sqrt{7}$

11-10 한 상의 임피던스가 $Z = 20 + j10[\Omega]$인 Y결선부하에 대칭3상 선간전압 200[V]를 가할 때 소비전력은 몇 [W]인가?

㉮ 400 ㉯ 800 ㉰ 1200 ㉱ 1600

11-11 한 상의 임피던스가 $14 + j48[\Omega]$인 Δ부하에 대칭3상 선간전압 200[V]를 가한 경우의 3상전력은 몇 [W]인가?

㉮ 124 ㉯ 362 ㉰ 672 ㉱ 782

11-12 전압이 200[V], 전류가 $10\sqrt{3}$ [A], 역률이 80[%]인 3상평형부하의 무효전력은 몇 [Var]인가?

㉮ 1200 ㉯ 1600 ㉰ 3600 ㉱ 7200

＊ 정답 7 ㉮ 8 ㉱ 9 ㉯ 10 ㉱ 11 ㉰ 12 ㉰

11-13 Δ결선된 변압기의 1개가 고장으로 제거되어 V결선으로 할 경우 공급할 수 있는 전력과 고장 전의 전력과의 비율은 몇 [%]인가?

㉮ 27.7 ㉯ 57.7 ㉰ 78.2 ㉱ 84.6

11-14 단상변압기 3개(50[kVA]×3)를 Δ결선으로 운전중 한 대가 고장이 생겨 V결선으로 한 경우 출력은 얼마인가?

㉮ $15\sqrt{2}$ ㉯ $25\sqrt{3}$ ㉰ $45\sqrt{2}$ ㉱ $50\sqrt{3}$

11-15 용량이 1000[kVA]인 단상변압기 3대를 Δ결선하여 사용하던 중 1대가 고장이 생겨 V결선으로 변환하여 사용하게 되는 경우 출력은 몇 [kVA]인가?

㉮ 1732 ㉯ 2372 ㉰ 4632 ㉱ 8732

11-16 대칭3상Δ형 부하에서 선간전압이 200[V], 역률 0.8, 20[kW]의 전력을 소비할 때 부하 전류를 구하여라.

11-17 Y결선되어 있는 대칭3상전원에서 한 상의 전압이 $\boldsymbol{V}_a = 110\angle 30°[\mathrm{V}]$라 하면 선간전압은 얼마인가?

11-18 같은 방향으로 접속한 두 전력계의 지시값 W_a, W_b가 각각 800, 600 [W]인 경우 부하에 공급되는 전력과 무효전력 및 역률을 구하여라.

11-19 그림과 같이 순저항으로 된 회로에 대칭3상전압을 가했을 때 각 선에 흐르는 전류가 같으려면 R의 값은 몇 [Ω]인가?

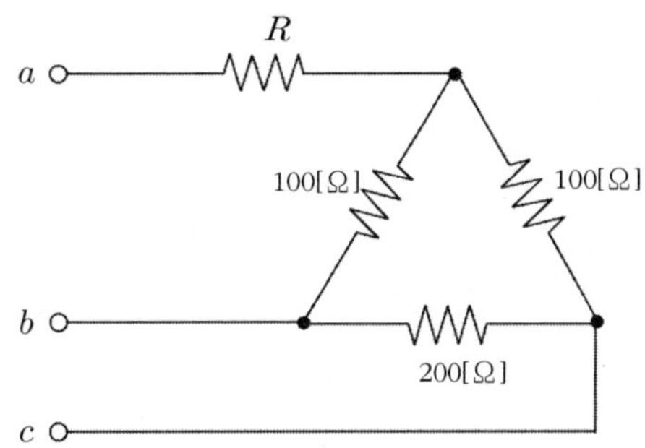

*** 정답** 13 ㉯ 14 ㉱ 15 ㉮ 16 $I_L = 41.7$[A]
17 $\boldsymbol{V}_{ab} = 110\sqrt{3}\angle 60°$[V], $\boldsymbol{V}_{bc} = 110\sqrt{3}\angle -60°$[V], $\boldsymbol{V}_{ca} = 110\sqrt{3}\angle -180°$[V]
18 $P = 1400$[W], $P_r = 200\sqrt{3}$[Var], $\cos\theta = 0.97$ 19 $R = 25$[Ω]

제12장

비정현파의 해석

일반적으로 교류는 **정현파**(sine wave 또는 sinusoial wave)와 **비정현파**(non-sinusoial)의 두 가지로 구분할 수 있다. 실제 발전기에서 발생되는 교류는 정현파이고, 전력용 교류는 다소 일그러짐은 있어도 통상 정현파로서 취급한다.

지금까지 취급한 정현파 교류에 관한 이론은 모든 교류의 기본이 되는 동시에 회로해석에 대한 기초지식인 것이다. 하지만 전자공학 분야에서는 특히 비정현파를 취급하는 경우가 많다. 즉 비정현파를 사용하지 않으면 안 되는 텔레비전의 동기 펄스가 있으며, 증폭기의 비직선곡선같이 회로의 성질상 비정현파 교류가 나타나는 경우도 있다.

이와같이 회로나 기기에 있어서는 정현파와 마찬가지로 비정현파를 취급하여야 할 경우가 많으므로, 이 장에서는 비정현파의 기초적인 이론을 착실히 익혀둘 필요가 있다.

12-1 비정현파의 분해

2개 또는 그 이상의 주파수가 다른 **정현파**(sine wave)를 합치면 **비정현주기파**(nonsinusoial periodic wave)가 생긴다.

특히 어떤 주파수의 정현파 $f_i(t)$가 그 정수배의 주파수를 갖는 정현파 $f_i(t)$ $(i=2, 3, 4, \cdots)$들을 합치면 $f_i(t)$와 동일한 주기를 갖는 비정현주기파가 얻어진다. 이때 $f_i(t)$를 **기본파**(fundamental wave), $f_i(t)$들을 **고조파**(higher harmonic wave)라고 한다.

[그림 12-1]은 기본파와 제3고조파를 합해서 **비정현주기파**(non-sinusoial periodic wave)가 얻어짐을 보였다. 앞으로 비정현주기파를 단순히 **비정현파**(non-sinusoial)라고 하기로 한다.

이와같이 주파수가 다른 정현파들을 진폭이나 위상을 변화시키면서 합성하면 여러 가지 파형의 비정현파를 얻을 수 있다. 이 사실을 반대로 생각하여도 성립하며 [그림 12-1]의 비정현파는 여러 개의 정현파로 분해할 수 있다.

일반적으로 비정현파의 분해를 하면 다음과 같다.

① **평균값** : 직류성분으로 파형의 평균값

② **기본파** : 비정현파와 주기가 같은 파

③ **고조파** : 기본파주파수의 정수배의 주파수를 갖는 파

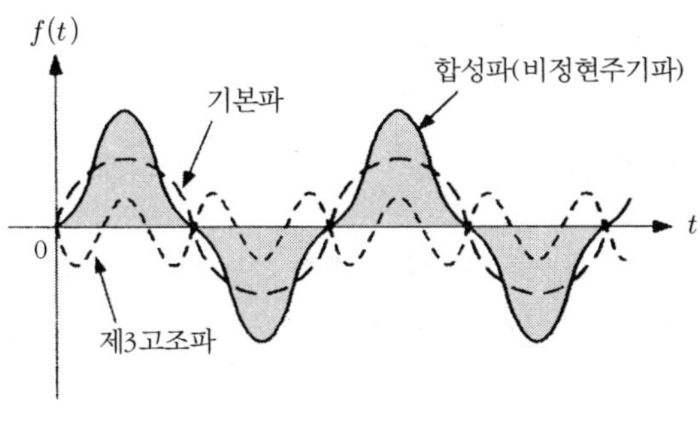

[그림 12-1] 비정현파의 합성

12-2 비정현파의 푸리에 급수 전개

일반적으로 주기 T인 비정현파를 $f(t)$라 하면

$$f(t) = f(t \pm T)$$

이고, 이것은 다음과 같은 **푸리에 급수**(Fourier series)로 전개할 수 있다.

$$\begin{aligned} f(t) &= a_0 + a_1\cos\omega_0 t + a_2\cos 2\omega_0 t + \cdots\cdots + a_n\cos n\omega_0 t + \cdots\cdots \\ &\quad + b_1\sin\omega_0 t + b_2\sin 2\omega_0 t + \cdots\cdots + b_n\sin n\omega_0 t + \cdots\cdots \\ &= a_0 + \sum_{n=1}^{\infty} a_n\cos n\omega_0 t + \sum_{n=1}^{\infty} b_n\sin n\omega_0 t \end{aligned} \tag{12-1}$$

이와같이 전개할 수 있는 비정현파 $f(t)$는 다음과 같은 **디리끄레**(Dirichlet) 조건을 만족하는 주기함수이어야 한다.

① 불연점이 1주기 사이에 유한개일 것

② 1주기 사이에서 극대 · 극소점이 유한개일 것

③ $\int_0^T |f(t)|dt$가 유한값을 가질 것

대체로 공학적으로 나타나는 거의 모든 비정현파는 이 조건을 만족한다. 비정현파가 주어지면 주기 T와 각주파수 ω_0를 알 수 있으므로 **푸리에 계수**(Fourier coefficient) a_0, a_n, b_n을 구하는 것이 문제가 된다.

(1) a_0의 결정

식 (12-1)의 양변을 0에서 T까지 1주기 동안 적분하면 sin항 및 cos항은 0이 되고 직류성분인 일정항만 남으므로

$$\int_0^T f(t)dt = \int_0^T a_0 dt = a_0 T$$

$$\therefore a_0 = \frac{1}{T}\int_0^T f(t)dt = \frac{1}{2\pi}\int_0^{2\pi} f(\omega_0 t)d(\omega_0 t) \tag{12-2}$$

가 되어 a_0는 주기함수의 1주기 동안의 평균값임을 알 수 있다. 이것을 보통 직류성분이라고도 하며, 파형의 관찰로부터 평균값을 쉽게 구할 수 있는 경우가 많다.

(2) a_n의 결정

식 (12-1)의 양변에 $\cos m\omega_0 t$를 곱하고 이것을 0에서 T까지 적분하면

$$\int_0^T f(t)\cos m\omega_0 t\,dt = a_0\int_0^T \cos m\omega_0 t\,dt + \sum_{n=1}^{\infty} a_n \int_0^T \cos n\omega_0 t \cdot \cos m\omega_0 t\,dt + \sum_{n=1}^{\infty} b_n \int_0^T \sin n\omega_0 t \cdot \cos m\omega_0 t\,dt \quad (12\text{-}3)$$

우변의 제1항은 명백히 0이고 제2항, 제3항은

$$\int_0^T \cos m\omega_0 t \cdot \cos m\omega_0 t\,dt$$

$$= \frac{1}{2}\int_0^T [\cos(m+n)\omega_0 t + \cos(m-n)\omega_0 t]\,dt$$

$$= \begin{cases} 0 & : m \neq n \text{일 때} \\ \dfrac{T}{2} & : m = n \text{일 때} \end{cases}$$

$$\int_0^T \sin n\omega_0 t \cdot \cos m\omega_0 t\,dt$$

$$= \frac{1}{2}\int_0^T [\sin(m+n)\omega_0 t + \sin(m-n)\omega_0 t]\,dt = 0$$

따라서 식 (12-3)의 우변은 제2항 중 $m = n$인 항만 남고 $a_n\dfrac{T}{2}$가 된다.

$$\therefore\ a_n = \frac{2}{T}\int_0^T f(t)\cos n\omega_0 t\,dt$$

$$= \frac{1}{\pi}\int_0^{2\pi} f(\omega_0 t)\cos n\omega_0 t\,d(\omega_0 t) \qquad (12\text{-}4)$$

$$(n = 1,\ 2,\ 3,\ \cdots)$$

(3) b_n의 결정

식 (12-1)의 양변에 $\sin m\omega_0 t$를 곱하고, 이것을 0에서 T까지 적분하면

$$\int_0^T f(t)\sin m\omega_0 t\,dt$$

$$= a_0\int_0^T \sin m\omega_0 t\,dt + \sum_{n=1}^{\infty} a_n\int_0^T \cos n\omega_0 t\cdot\sin m\omega_0 t\,dt \qquad (12\text{-}5)$$

$$+ \sum_{n=1}^{\infty} b_n\int_0^T \sin n\omega_0 t\cdot\sin m\omega_0 t\,dt$$

전과 마찬가지로 우변의 제1, 제2항은 0이고 제3항은

$$\int_0^T \sin m\omega_0 t\cdot\sin m\omega_0 t\,dt$$

$$= \frac{1}{2}\int_0^T [\cos(m-n)\omega_0 t - \cos(m+n)\omega_0 t]dt$$

$$= \begin{cases} 0 & : m \neq n \text{일 때} \\ \dfrac{T}{2} & : m = n \text{일 때} \end{cases}$$

따라서 식 (12-5)의 우변은 제3항 중 $m = n$인 항만 남고 $b_n\dfrac{T}{2}$가 된다.

$$\therefore\ b_n = \frac{2}{T}\int_0^T f(t)\sin n\omega_0 t\,dt = \frac{1}{\pi}\int_0^{2\pi} f(\omega_0 t)\sin n\omega_0 t\,d(\omega_0 t)$$

$$(n = 1,\ 2,\ 3,\ \cdots) \qquad (12\text{-}6)$$

이상과 같은 푸리에 계수 a_0, a_n, b_n을 결정하는 데 유의하여야 할 점은 다음과 같다.

① 함수가 시간 t의 함수인가 또는 전기각 $\omega_0 t$의 함수인가를 유의하여 적분변수를 명확히 택해야 한다.

② 적분구간은 주기함수이므로 $0 \sim T$가 아니고, 임의의 시점에서부터 1주기 동안을 택하여도 무방하다.

(4) 푸리에 급수의 sin항만의 표시

푸리에 급수의 식 (12-1)을 cos항과 sin항을 합하여 sin항만으로 표시할 수 있다.

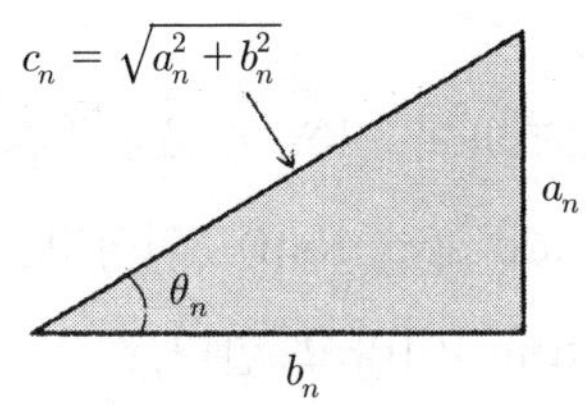

[그림 12-2] 푸리에 계수의 관계

[그림 12-2]를 참고로 하여

$$
\begin{aligned}
& a_n \cos n\omega_0 t + b_n \sin n\omega_0 t \\
& = \sqrt{a_n^2 + b_n^2}\left(\frac{a_n}{\sqrt{a_n^2 + b_n^2}} \cos n\omega_0 t + \frac{b_n}{\sqrt{a_n^2 + b_n^2}} \sin n\omega_0 t\right) \\
& = c_n\left(\sin\theta_n \cdot \cos n\omega_0 t + \cos\theta_n \cdot \sin n\omega_0 t\right) \\
& = c_n \sin\left(n\omega_0 t + \theta_n\right)
\end{aligned}
$$

단, $c_n = \sqrt{a_n^2 + b_n^2}$, $\theta_n = \tan^{-1}\dfrac{a_n}{b_n}$ $(n = 1, 2, 3, \cdots)$

따라서 식 (12-1)은 다음과 같이 쓸 수 있다.

$$
f(t) = a_0 + \sum_{n=1}^{\infty} c_n \sin(n\omega_0 t + \theta_n) \tag{12-7}
$$

이 식에서 $n=1$인 경우, 즉 $c_1 \sin(\omega_0 t+\theta_1)$이 주기함수 $f(t)$와 같은 주파수 ω_0를 가진 **기본파**(fundamental wave)가 되고, $n=2, 3, 4, \cdots$의 경우, 즉 $f(t)$의 주파수 ω_0의 2배, 3배, …가 되는 항들을 각각 제2고조파, 제3고조파, …라고 하고 이들을 총칭하여 **고조파**(higher harmonic wave)라 한다.

이와같이 비정현주기파는 일정항과 기본파 및 고조파로 분해할 수 있으며, 이러한 분해를 **푸리에 분석**(Fourier analysis) 또는 **조파분석**(harmonic analysis)이라고 한다. 이상의 푸리에 급수에 의한 전개식은 다음과 같다.

$$f(t) = a_0 + \sum_{n=1}^{\infty} a_n \cos n\omega_0 t + \sum_{n=1}^{\infty} b_n \sin n\omega_0 t$$

$$= a_0 + \sum_{n=1}^{\infty} c_n \sin(n\omega_0 t + \theta_n) \qquad (12\text{-}8)$$

식 (12-8)에서 고조파의 진폭 C_n은 각주파수 $n\omega_0$에 대해서 그린 그림을 **진폭 스펙트럼**(amplitude spectrum), 위상각 θ_n의 $n\omega_0$에 대한 그래프를 **위상 스펙트럼**(phase spectrum)이라고 한다.

예제 12-1

[그림 12-3]과 같은 직사각파를 푸리에 급수로 전개하고 진폭 스펙트럼을 그려라.

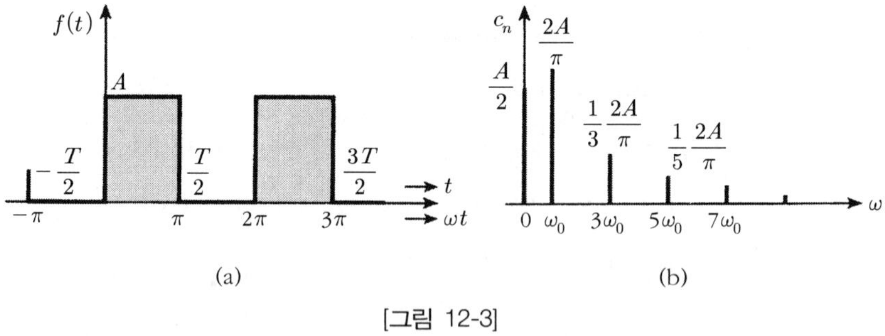

[그림 12-3]

■ **풀이** ■ 먼저 주어진 파형에 대한 1주기 동안($0 < t < T$)의 표시식은

$$f(t) = \begin{cases} A, & 0 < t < T/2 \\ 0, & T/2 < t < T \end{cases}$$

평균값인 직류성분은 파형의 관찰로부터

$$a_0 = \frac{A \times \frac{T}{2}}{T} = \frac{A}{2}$$

다음 cos항의 계수 a_n은 식 (12-4)에 의하여

$$a_n = \frac{2}{T}\int_0^T f(t)\cos n\omega_0 t dt = \frac{2}{T}\int_0^{T/2} A\cos n\omega_0 t dt$$

$$= \frac{2A}{n\omega_0 T}[\sin n\omega_0 t]_0^{T/2} = \frac{A}{n\pi}\sin n\pi = 0$$

마지막으로 sin항의 계수 b_n은 식 (12-6)에 의하여

$$b_n = \frac{2}{T}\int_0^T f(t)\sin n\omega_0 t dt = \frac{2}{T}\int_0^{T/2} A\sin n\omega_0 t dt$$

$$= \frac{2A}{n\omega_0 T}[-\cos n\omega_0 t]_0^{T/2} = \frac{A}{n\pi}(1-\cos n\pi)$$

$$= \begin{cases} 0 & : n = 2, 4, 6, \cdots \\ \dfrac{2A}{n\pi} & : n = 1, 3, 5, \cdots \end{cases}$$

$$\therefore\ \boldsymbol{f(t) = \frac{A}{2} + \frac{2A}{\pi}\left(\sin\omega_0 t + \frac{1}{3}\sin 3\omega_0 t + \frac{1}{5}\sin 5\omega_0 t + \cdots\cdots\right)}$$

여기서 ω_0는 직사각파의 주기 T와 $\omega_0 = \frac{2\pi}{T}$의 관계가 있다.

[그림 12-3](b)의 진폭 스펙트럼에서 $\omega = 0$에 대한 성분은 직류성분(평균값)으로 $a_0 = \frac{A}{2}$임을 나타내고, 기본파 ω_0에서 진폭 C_n은 $\frac{2A}{\pi}$이고, 주파수가 증가함에 따라 진폭이 감소함을 알 수 있다. 또한 구형파에 영향을 미치는 주파수는 기본파, 3고조파 및 5고조파임을 말해주고 있다.

12-3 푸리에 계수와 파형의 대칭

주어진 비정현파 $f(t)$의 함수가 어떤 형태의 대칭성을 가질 때에는 그 푸리에 계수 중 어떤 것이 0이 된다. 이러한 대칭성은 파형을 관찰함으로써 쉽게 알 수 있고, 푸리에 분석에 앞서 대칭성을 알아보아 0이 되는 계수들에 대해서는 구할 필요가 없다.

파형의 대칭성에는 여러 가지가 있으나, 그 중 **여현대칭(우함수파)**, **정현대칭(기함수파)** 및 **반파대칭**이 가장 중요하며, [그림 12-4]에 3가지 예를 들었다.

일반적으로 t의 함수 $f(t)$가

$$f(t)=f(-t)$$

인 조건을 만족하는 경우 $f(t)$를 **우(짝)함수**(even function)라고 한다. 우함수의 예를 들어보면 t^2, t^4, $\cos\omega t$ 등이 있으며, 우함수는 원점을 지나는 수직선 $f(t)$축에 관해서 대칭이며, 우함수인 파형을 **우함수파** 또는 **여현대칭파**라고 한다.

다음으로 t의 함수 $f(t)$가

$$f(t)=-f(t)$$

인 조건을 만족하는 경우 $f(t)$를 **기(홀)함수**(odd function)라고 한다. 기함수의 예를 들어보면 t, t^3, $\sin\omega t$ 등이 있으며, 기함수는 원점에 관해서 대칭이며, 기함수인 파형을 **기함수파** 또는 **정현대칭파**라고 한다.

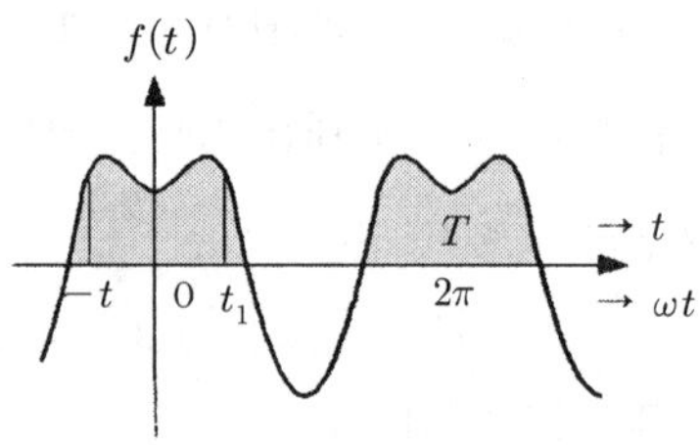

(a) 우함수

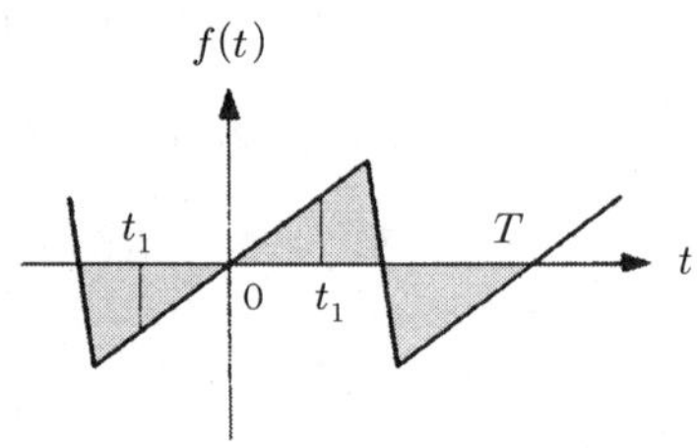

(b) 기함수

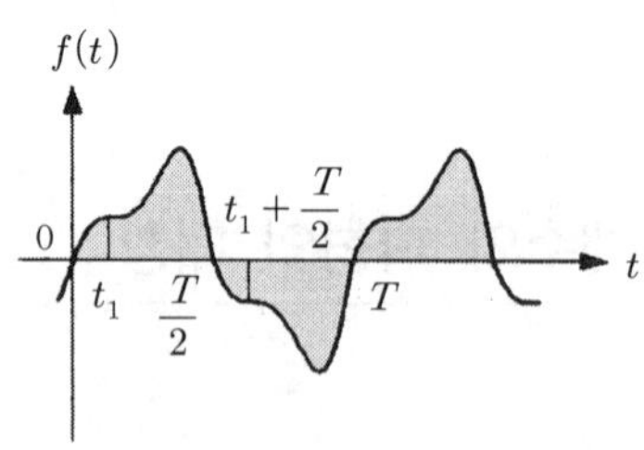

(c) 반파대칭

[그림 12-4] 여러 가지 함수

이상에서 우함수(우)와 기함수(기)는 다음과 같은 관계가 있다.

$$\int_{-t_1}^{t_1}(\text{우})dt = 2\int_{t_1}^{0}(\text{우})dt$$

$$\int_{-t_1}^{t_1}(\text{기})dt = 0$$

(우)±(우)=(우), (우)±(기)=(우)도 (기)도 아님.
(기)±(기)=(기), (우)×(우)=(우)
(우)×(기)=(기), (기)×(기)=(우)

푸리에 급수를 두 부분으로 구분하면

$$a_0 + \sum_{n=1}^{\infty} a_n \cos n\omega_0 t \ ; (\text{우})$$

$$\sum_{n=1}^{\infty} b_n \sin n\omega_0 t \ : (\text{기})$$

(1) 우함수인 경우

우함수인 여현대칭인 경우에는 푸리에 계수를 구하는 경우에 있어서 적분구간을 $-T/2$에서 $T/2$까지 취해도 좋으므로 푸리에 계수는

$$a_0 = \frac{1}{T}\int_{-T/2}^{T/2} f(t)dt = \frac{2}{T}\int_{0}^{T/2} f(t)dt$$

$$a_n = \frac{2}{T}\int_{-T/2}^{T/2} f(t)\cos n\omega_0 t\,dt \tag{12-9}$$

$$= \frac{4}{T}\int_{0}^{T/2} f(t)\cos n\omega_0 t\,dt$$

$$b_n = \frac{2}{T}\int_{-T/2}^{T/2} f(t)\sin n\omega_0 t\,dt = 0$$

가 성립하므로 비정현파가 우함수인 경우에는 푸리에 계수 중에서 sin항들은 없어지고, 직류성분 및 cos항만 남으며 이들을 구할 때는 반주기만 적분하여 2배

하면 된다. 이때 푸리에 급수는

$$f(t) = a_0 + a_1 \cos\omega_0 t + a_2 \cos 2\omega_0 t + a_3 \cos 3\omega_0 t + \cdots\cdots$$

로 전개된다.

(2) 기함수인 경우

기함수인 정현대칭인 경우에도 우함수의 경우와 같은 방법으로 구하면

$$a_0 = 0,\ a_n = 0$$

$$b_n = \frac{4}{T}\int_0^{\frac{T}{2}} f(t) \sin n\omega_0 t\, dt = 0 \qquad (12\text{-}10)$$

가 성립하므로 기함수의 경우에는 푸리에 급수에서 직류성분과 cos항들은 없어지고, sin항만 남으며 이들을 구할 때도 반주기만 적분하여 2배 하면 된다. 이때 푸리에 급수는

$$f(t) = b_1 \cos\omega_0 t + b_2 \cos 2\omega_0 t + b_3 \cos 3\omega_0 t + \cdots\cdots$$

로 전개된다.

(3) 반파대칭

주기 T인 비정현파가

$$f(t) = -f\left(t \pm \frac{T}{2}\right) \qquad (12\text{-}11)$$

이라는 조건을 만족하면 **반파대칭**(half-wave symmetry)이라고 한다.

[그림 12-4](c)는 반파대칭으로 반주기마다 그 값의 크기가 같고 부호가 반대이므로 (+)의 반파를 180°만큼 수평축으로 평행이동하면 (−)반파와 수평축에 대해서 대칭이 된다.

반파대칭은 (+)반파와 (−)반파의 넓이가 같으므로 $a_0 = 0$이 된다. 또

$$f(t)=\sum_{n=1}^{\infty}a_n\cos n\omega_0 t+\sum_{n=1}^{\infty}b_n\sin n\omega_0 t-f\left(t+\frac{T}{2}\right)$$

$$=-\left\{\sum_{n=1}^{\infty}a_n\cos n\left(\omega_0 t+\frac{T}{2}\right)+\sum_{n=1}^{\infty}b_n\sin n\left(\omega_0 t+\frac{T}{2}\right)\right\}$$

$$=-\sum_{n=1}^{\infty}a_n(-1)^n\cos n\omega_0 t-\sum_{n=1}^{\infty}b_n(-1)^n\sin n\omega_0 t$$

에서 $f(t)=-f\left(t+\dfrac{T}{2}\right)$의 관계가 성립하려면 a_n, b_n의 푸리에 계수에서 n이 홀수라야 한다. 따라서

$$a_n=\frac{4}{T}\int_0^{T/2}f(t)\cos n\omega_0 t\,dt\ :\ n=1,3,5,\cdots$$

$$b_n=\frac{4}{T}\int_0^{T/2}f(t)\sin n\omega_0 t\,dt\ :\ n=1,3,5,\cdots \quad (12\text{-}12)$$

가 성립하므로 반파대칭인 경우에는 푸리에 급수에서 직류성분은 없어지고 cos항이나 sin항에서는 기수만 존재하고, 반주기만 적분하여 2배 하면 된다.

이밖의 파형의 변화에 따른 푸리에 급수의 변화를 살펴보면

① $f(t)$의 파형은 상하로 이동시키면 a_0만 변할 뿐 a_n, b_n은 불변이다.

② $f(t)$의 파형은 좌우로 이동시키면 a_0는 불변이나 a_n, b_n은 변한다.

이상의 결과를 요약하면 〈표 12-1〉과 같다.

〈표 12-1〉 대칭파의 성질

종 류	우함수	기함수	반파대칭
조건	$f(t)=f(-t)$	$f(t)=-f(-t)$	$f(t)=-f\left(t\pm\dfrac{T}{2}\right)$
특징	직류성분과 cos항만 존재	sin항만 존재	기수 고조파만 존재
a_0	$\dfrac{2}{T}\int_0^{T/2}f(t)dt$	0	0
a_n	$\dfrac{4}{T}\int_0^{T/2}f(t)\cos n\omega_0 t\,dt$ $n=1,2,3,\cdots$	0	$\dfrac{4}{T}\int_0^{T/2}f(t)\cos n\omega_0 t\,dt$ $n=1,3,5,\cdots$
b_n	0	$\dfrac{4}{T}\int_0^{T/2}f(t)\sin n\omega_0 t\,dt$ $n=1,2,3,\cdots$	$\dfrac{4}{T}\int_0^{T/2}f(t)\sin n\omega_0 t\,dt$ $n=1,2,3,\cdots$

예제 12-2

[그림 12-5]와 같은 톱니파 전압을 푸리에 급수로 전개하여라.

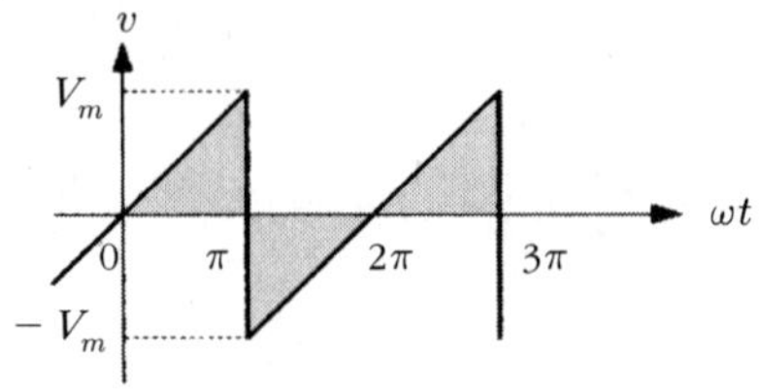

[그림 12-5]

■ **풀이** ■ 파형은 기함수이므로

$$a_0 = 0, \quad a_n = 0$$

이고, b_n은 반주기 적분에 의해서 구할 수 있으므로 먼저 반주기 동안의 함수를 표시하면

$$v(\omega_0 t) = \frac{V_m}{\pi}\omega_0 t \qquad (0 < \omega_0 t < \pi)$$

이므로

$$b_n = \frac{2}{\pi}\int_0^{\pi} \frac{V_m}{\pi}\omega_0 t \cdot \sin n\omega_0 t d(\omega_0 t) = \frac{2V_m}{\pi^2}\left[-\frac{\omega_0 t \cos n\omega_0 t}{n} + \frac{\sin n\omega_0 t}{n^2}\right]_0^{\pi}$$

$$= \frac{2V_m}{\pi}\left\{-\frac{(-1)^n}{n}\right\}$$

그러므로

$$b_1 = \frac{2V_m}{\pi}, \quad b_2 = \frac{2V_m}{2\pi}, \quad b_3 = \frac{2V_m}{3\pi}, \quad \cdots\cdots$$

따라서 구하는 파형의 푸리에 급수는

$$v(\omega_0 t) = \frac{2V_m}{\pi^2}\left\{\sin\omega_0 t - \frac{1}{2}\sin 2\omega_0 t + \frac{1}{3}\sin 3\omega_0 t - \cdots\cdots + \frac{(-1)^{n+1}}{n}\sin n\omega_0 t\right\}$$

〈표 12-2〉는 회로해석 시 중요한 비정현파에 대한 푸리에 급수 전개식을 나열한 것이다.

〈표 12-2〉 대표적인 비정현파의 푸리에 급수 전개

파 형		푸리에 급수 전개식
직사각형파	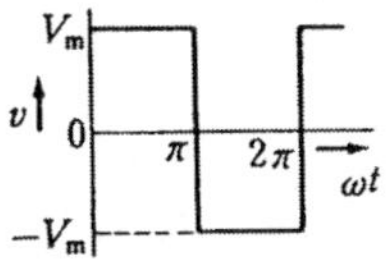	$v=\frac{4}{\pi}V_m\left\{\sin\omega_0 t+\frac{1}{3}\sin 3\omega_0 t+\frac{1}{5}\sin 5\omega_0 t+\cdots+\frac{1}{2n-1}\sin(2n-1)\omega t+\cdots\right\}$
삼각파	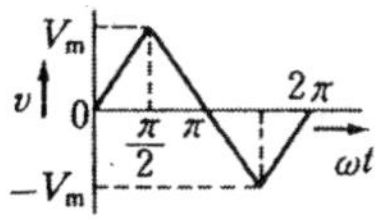	$v=\frac{8}{\pi^2}V_m\left\{\sin\omega_0 t-\frac{1}{9}\sin 3\omega_0 t+\frac{1}{25}\sin 5\omega_0 t+\cdots+\frac{(-1)^{n+1}}{(2n-1)^2}\sin(2n-1)\omega_0 t+\cdots\right\}$
톱니파	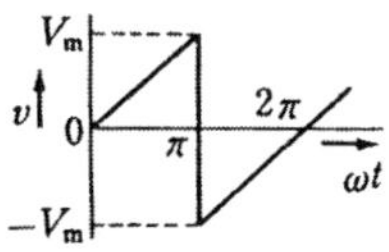	$v=\frac{2}{\pi}V_m\left\{\sin\omega_0 t-\frac{1}{2}\sin 2\omega_0 t+\frac{1}{3}\sin 3\omega_0 t+\cdots-\frac{1}{4}\sin 4\omega_0 t+\cdots+\frac{(-1)^{n+1}}{n}\sin n\omega_0 t+\cdots\right\}$
반파 정류파	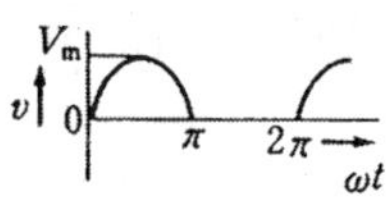	$v=V_m\left\{\frac{1}{\pi}+\frac{1}{2}\sin\omega_0 t-\frac{2}{\pi}\left(\frac{1}{3}\cos 2\omega_0 t+\frac{1}{15}\cos 4\omega_0 t+\cdots+\frac{1}{4n^2-1}\cos 2n\omega_0 t+\cdots\right)\right\}$
전파 정류파	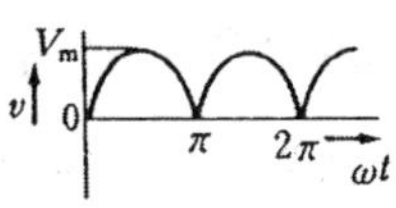	$v=\frac{2}{\pi}V_m\left\{1-2\left(\frac{1}{3}\cos 2\omega_0 t+\frac{1}{15}\cos 4\omega_0 t+\frac{1}{35}\cos 6\omega_0 t+\cdots+\frac{1}{4n^2-1}\cos 2n\omega_0 t+\cdots\right)\right\}$

12-4 비정현파의 실효값

주기적으로 변하는 전류의 실효값은 정현파이든 비정현파이든 그 파형에 관계없이 식 (12-13)과 정의한다.

$$I_{\mathrm{rms}}=\sqrt{\frac{1}{T}\int_0^T i^2\,dt} \tag{12-13}$$

지금 $i=I_0+\sum_{n=1}^{\infty}I_{mn}\sin(n\omega_0 t+\theta_n)$로 표시되는 비정현파가 있을 때 i^2은

① I_0^2의 항

② I_0와 각 정현파의 곱의 항

③ 각 정현파의 제곱의 항

④ 주파수가 다른 두 정현파의 곱의 항

위의 각 항의 평균값을 구해보면

① $\frac{1}{T}\int_0^T I_0^2 dt = I_0^2$

② $\frac{1}{T}\int_0^T I_0 I_{mn} \sin(n\omega_0 t + \theta_n) dt = 0$

③ $\frac{1}{T}\int_0^T I_{mn}^2 \sin^2(n\omega_0 t + \theta_n) dt = \frac{I_{mn}^2}{2} = I_n^2$

④ $\frac{1}{T}\int_0^T I_{mn} I_{mk} \sin(n\omega_0 t + \theta_n)\sin(k\omega_0 t + \theta_k) dt = 0 \quad (n \neq k)$

여기서 ③항은 $\sin^2 x = \frac{1}{2}(1-\cos 2x)$, ④항은 $\sin x \sin y = \frac{1}{2}\{\cos(x-y) - \cos(x+y)\}$의 관계식을 이용하였다. 따라서 실효값은 다음 결과를 얻을 수 있다.

$$I_{\mathrm{rms}} = I = \sqrt{I_0^2 + I_1^2 + I_2^2 + \cdots\cdots} \tag{12-14}$$

여기서 I_1, I_2, ⋯ 등은 각 고조파의 실효값이다.

즉 비정현주기 전류의 실효값은 직류성분 및 각 고조파의 실효값의 제곱의 합의 제곱근과 같다. 마찬가지로 비정현파 전압의 실효값은

$$V_{\mathrm{rms}} = V = \sqrt{V_0^2 + V_1^2 + V_2^2 + \cdots\cdots} \tag{12-15}$$

여기서 V_0, V_1, V_2, ⋯ 등은 전압파의 직류성분 및 각 고조파의 실효값이다. 결국 비정현주기파의 실효값은 직류성분과 기본파 그리고 각 고조파 실효값의 제곱의 합의 제곱근과 같다.

한편 비정현파의 평균값은 그 구하는 목적에 따라서 정의가 달라진다. 일반적으로 직류성분을 포함하는 정현파일 때는 1주기분의 산술평균을 취하며, 대칭파일 때는 정현파와 같이 반주기 평균을 취한다.

비정현파에서 기본파에 비해 고조파성분이 어느 정도 포함되어 있는가 하는 것은 다음 식으로 정의되는 **왜율**(distortion factor)로서 평가한다.

$$\text{왜율} = \frac{\text{전 고조파의 실효값}}{\text{기본파의 실효값}} = \frac{\sqrt{I_2^2 + I_3^2 + \cdots}}{I_1} \tag{12-16}$$

때로는 왜율을 백분율[%]로도 나타낸다.

예제 12-3

비정현파 전류 $i = 5 + 10\sin\omega_0 t + 20\sqrt{2}\sin\left(3\omega_0 t - \frac{\pi}{6}\right)$[A]일 때 이 전류의 실효값을 구하여라.

■ **풀이** ■ 실효값 I는 $I = \sqrt{I_0^2 + I_1^2 + I_2^2 + \cdots\cdots}$ 에서

$$I = \sqrt{5^2 + \left(\frac{10}{\sqrt{2}}\right)^2 + 0^2 + 20^2} = \sqrt{475} \fallingdotseq \mathbf{21.8}[\text{A}]$$

예제 12-4

$v = 100\sin(\omega_0 t - 60°) + 50\sin(3\omega_0 t + 30°) + 25\sin(5\omega_0 t - 15°)$인 비정현파 전압의 실효값과 왜형률 D를 구하여라.

■ **풀이** ■ $V = \sqrt{\dfrac{100^2 + 50^2 + 25^2}{2}} = \mathbf{81}[\text{V}]$

$$D = \frac{\sqrt{50^2 + 25^2}}{100} = \mathbf{0.56}$$

12-5 비정현파에 의한 전력

회로의 2단자 사이의 전압과 전류가 각각

$$v(t) = V_0 + V_{m1}\sin(\omega_0 t + \alpha_1) + V_{m2}\sin(2\omega_0 t + \alpha_2) + \cdots\cdots$$
$$i(t) = I_0 + I_{m1}\sin(\omega_0 t + \beta_1) + I_{m2}\sin(2\omega_0 t + \beta_2) + \cdots\cdots$$

와 같이 표시되는 비정현파일 때 회로에 공급되는 순시전력은 $P = vi$가 되고 평균전력은

$$\begin{aligned} P &= \frac{1}{T}\int_0^T vi\,dt \\ &= \frac{1}{T}\int_0^T \{V_0 + V_{m1}\sin(\omega_0 t + \alpha_1) + V_{m2}\sin(2\omega_0 t + \alpha_2) + \cdots\cdots\} \cdot \\ &\quad \{I_0 + I_{m1}\sin(\omega_0 t + \beta_1) + I_{m2}\sin(2\omega_0 t + \beta_2) + \cdots\cdots\}dt \end{aligned}$$

이다. 이것을 전개하면 다음 4가지 항으로 분류할 수 있음을 알 수 있다.

① $V_0 I_0$

② 직류성분과 정현파의 곱의 항

③ 주파수가 같은 두 정현파의 곱의 항

④ 주파수가 다른 두 정현파의 곱의 항

이들 각 항의 1주기 동안의 평균값을 구해보면 ①의 평균값은 $V_0 I_0$, ②와 ④의 평균값은 앞 절에서와 마찬가지로 0이다. 나머지 ③의 평균값은

$$\begin{aligned} &\frac{1}{T}\int_0^T V_{mn} I_{mn}\sin(n\omega_0 t + \alpha_n)\sin(n\omega_0 t + \beta_n)dt \\ &= \frac{V_{mn} I_{mn}}{T}\int_0^T \sin(n\omega_0 t + \alpha_n)\sin(n\omega_0 t + \alpha_n - \theta_n)dt \\ &(n = 1, 2, 3, \cdots) \end{aligned}$$

단, $\theta_n = \alpha_n - \beta_n$ (제 n고조파의 전압과 전류의 위상차)

여기서 삼각함수 공식인

$$\sin x \sin y = \frac{1}{2}\{\cos(x-y) - \cos(x+y)\}$$

를 이용하여 ③의 평균값을 계산하면 그 결과는

$$\frac{1}{2} V_{mn} I_{mn} \cos\theta_n = V_n I_n \cos\theta_n$$

과 같게 된다. 결국 평균전력은 ①항과 ③항의 결과로부터

$$\begin{aligned} \boldsymbol{P} &= \boldsymbol{V_0 I_0} + \boldsymbol{V_1 I_1 \cos\theta_1} + \boldsymbol{V_2 I_2 \cos\theta_2} + \cdots\cdots \\ &= \boldsymbol{P_0} + \boldsymbol{P_1} + \boldsymbol{P_2} + \cdots\cdots \end{aligned} \tag{12-17}$$

가 된다. 여기서 P_0, P_1, P_2, ……는 평균전력의 직류성분과 고조파성분이다.

이상으로 비정현파에 의하여 회로에 공급되는 평균전력은 각 고조파의 개별적인 평균전력의 합과 같음을 알 수 있다.

또한 비정현파에 대한 무효전력 P_r[Var]는 평균전력을 구하는 것과 같은 방법에 의해서

$$\boldsymbol{P_r} = \boldsymbol{V_1 I_1 \sin\theta_1} + \boldsymbol{V_2 I_2 \sin\theta_2} + \cdots\cdots \tag{12-18}$$

가 되며, 피상전력 P_a나 역률 p.f도 정현파일 때와 마찬가지로 정의된다. 즉

$$\boldsymbol{P_a} = \boldsymbol{V_0 I_0} + \boldsymbol{V_1 I_1} + \boldsymbol{V_2 I_2} + \cdots\cdots \tag{12-19}$$

$$\text{p.f} = \cos\theta = \frac{\text{유효전력}}{\text{피상전력}} = \frac{P}{P_a} \tag{12-20}$$

이상으로 비정현파에 대한 전력관계를 알아보았지만 비정현파의 전력은 각 고조파별로 따질 수 있기 때문에 비정현파가 주파수 선택회로를 통하는 경우 통과대역에 속하는 고조파의 전력은 비교적 크게 전달되고, 이에 속하지 않는 고조파의 전력은 크게 저지됨을 알 수 있다.

예제 12-5

어떤 회로의 단자전압과 단자전류가 각각

$v = 100\sin\omega_0 t + 40\sin 2\omega_0 t + 30\sin(3\omega_0 t + 60°)$

$i = 10\sin(\omega_0 t - 60°) + 2\sin(3\omega_0 t + 135°)$

일 때 다음을 구하여라.
① 전압파의 왜율 ② 회로에 공급되는 평균전력 ③ 역률

■ 풀이 ■ ① $V_1 = \dfrac{100}{\sqrt{2}}, \quad V_2 = \dfrac{40}{\sqrt{2}}, \quad V_3 = \dfrac{30}{\sqrt{2}}$

$\therefore$ 왜율$= \dfrac{\sqrt{40^2 + 30^2}}{100} = \dfrac{1}{2} \times 100 = \mathbf{50}[\%]$

② $P_1 = \dfrac{100}{\sqrt{2}} \times \dfrac{10}{\sqrt{2}} \cos 60° = 250[\text{W}], \quad P_2 = \dfrac{40}{\sqrt{2}} \times 0 = 0$

$P_3 = \dfrac{30}{\sqrt{2}} \times \dfrac{2}{\sqrt{2}} cos(60° - 135°) = 7.8[\text{W}]$

$\therefore \; P = 250 + 7.8 = \mathbf{257.8}[\text{W}]$

③ $V = \dfrac{\sqrt{100^2 + 40^2 + 30^2}}{2} = 79[\text{V}]$

$I = \dfrac{\sqrt{10^2 + 2^2}}{2} = 7.2[\text{A}]$

$\therefore$ 역률$= \dfrac{257.8}{79 \times 7.2} = \mathbf{0.45}$

12-6 비정현파 회로의 해석

비정현파에서 회로정수 R, L, C가 전압이나 전류의 크기에 따라 변화하지 않는 선형회로의 해석은 중첩의 원리를 이용하여 직류분은 직류분만의 회로로, 교류분은 각 주파수마다의 개별회로로 분해하여 해석한 후 이들을 합하면 된다.

(1) 저항 R의 회로

저항 R만의 회로에 비정현파 전압

$$v = V_0 + V_{m1} \sin(\omega_0 t + \theta_1) + V_{m2} \sin(2\omega_0 t + \theta_2) + \cdots \qquad (12\text{-}21)$$

이 인가될 때 저항 R에 흐르는 전류는 중첩의 원리에 의해

$$i = \frac{v}{R} = \frac{V_0}{R} + \frac{V_{m1}}{R}\sin(\omega_0 t + \theta_1) + \frac{V_{m2}}{R}\sin(2\omega_0\, t + \theta_2) + \cdots$$

가 된다. 이때의 전류는 전압과 동상인 같은 형태의 파형이 된다.

(2) 인덕턴스 L의 회로

인덕턴스 L만의 회로에 식 (12-21)의 전압이 인가되면 직류분전압 V_0에 대한 전류값은 나타나지 않고, 각 교류분에 대한 전류만이 나타난다. 이들 각 성분 전류를 합하면

$$i = \frac{V_{m1}}{\omega L}\sin\left(\omega_0 t + \theta_1 - \frac{\pi}{2}\right) + \frac{V_{m2}}{2\omega L}\sin\left(2\omega_0 t + \theta_2 - \frac{\pi}{2}\right)$$
$$+ \frac{V_{m3}}{3\omega L}\sin\left(3\omega_0 t + \theta_3 - \frac{\pi}{2}\right) + \cdots$$

가 되며, 이때 각 고조파의 유도성 리액턴스 $n\omega_0 L$은 주파수에 비례한다. 따라서 고조파의 차수가 높게 될수록 고조파 전류의 비율이 감소하여 전류의 파형은 전압의 파형보다 일그러짐이 작아져서 정현파에 가까워진다.

(3) 커패시턴스 C의 회로

커패시턴스 C만의 회로에 식 (12-21)의 전압이 인가되면 역시 직류분전압에 대한 전류는 나타나지 않으며 교류분에 대한 전압만이 나타난다. 이들 각 성분 전류의 합은

$$i = \omega C V_{m1}\left(\omega t + \theta_1 + \frac{\pi}{2}\right) + 2\omega C V_{m2}\left(2\omega t + \theta_2 + \frac{\pi}{2}\right)$$
$$+ 3\omega C V_{m3}\left(3\omega t + \theta_3 + \frac{\pi}{2}\right) + \cdots$$

으로 주어지며, 이때 용량성 리액턴스 $\dfrac{1}{n\omega_0 L}$은 주파수에 반비례하므로 고조파의 차수가 높게 될수록 고조파 전류의 비율이 크게 된다. 따라서 이때의 전류파형은 전압의 파형보다 일그러짐이 크게 된다.

(4) $R-L-C$ 직렬회로

$R-L-C$ 직렬회로에

$$v=\sum_{n=1}^{\infty}\sqrt{2}\,V_n\sin(n\omega_0 t+\theta_n)\;\;(n=1,\,2,\,3,\;\cdots\cdots)$$

의 전압을 가할 때 회로의 임피던스 Z_n은

$$\boldsymbol{Z}_n=R+j\left(n\omega_0 L-\frac{1}{n\omega_0 C}\right)\tag{12-22}$$

$$Z_n=\sqrt{R^2+\left(n\omega_0 L-\frac{1}{n\omega_0 C}\right)^2}\tag{12-23}$$

$$\phi_n=\tan^{-1}\frac{n\omega_0 L-\dfrac{1}{n\omega_0 C}}{R}\tag{12-24}$$

이므로, 회로에 흐르는 전류 i는

$$\boldsymbol{i=\sum_{n=1}^{\infty}\frac{\sqrt{2}\,V_n}{Z_n\sin(n\omega t+\theta_n-\phi_n)}}$$

가 된다. 식 (12-23)에서 만약 Z_n의 리액턴스 성분이 0이 되었을 때, 즉 $\left(n\omega L-\dfrac{1}{n\omega C}\right)=0$의 조건이 있으면 제$n$차 고조파에 대한 직렬공진이 발생되어 제$n$차의 고조파 전류가 증가한다. 이것을 **고조파 공진**(higher harmonic resonance)이라 한다.

예제 12-6

$R=5[\Omega]$인 순저항 회로에

$v=3+10\sqrt{2}\,\sin\omega_0 t+15\sqrt{2}\,\sin\left(3\omega_0 t-\dfrac{\pi}{3}\right)$[V]

와 같은 비정현파 전압이 인가될 때 회로에 흐르는 순시값 및 실효값의 전류를 구하여라.

■ **풀이** ■ 순시값 전류 i 및 실효값 I는 각각

$$i=\frac{v}{R}=\frac{3+10\sqrt{2}\,\sin\omega_0 t+15\sqrt{2}\,\sin\left(3\omega_0 t-\frac{\pi}{3}\right)}{5}$$

$$=\mathbf{0.6+2\sqrt{2}\,\sin\omega_0 t+3\sqrt{2}\,\sin\left(3\omega_0 t-\frac{\pi}{3}\right)}[\mathrm{A}]$$

$$I=\sqrt{I_0^2+I_1^2+I_2^2+I_3^2}=\sqrt{(0.6)^2+2^2+0^2+3^2}\fallingdotseq \mathbf{3.66}[\mathrm{A}]$$

예제 12-7

$R=4[\Omega]$, $\omega L=4[\Omega]$, $\dfrac{1}{\omega C}=36[\Omega]$을 직렬로 연결한 회로에 $v=120\sqrt{2}\,\sin\omega_0 t+60\sqrt{2}\,\sin(3\omega_0 t+\theta_3)+30\sqrt{2}\,\sin(5\omega_0 t+\theta_5)[\mathrm{V}]$ 를 인가될 때 회로에 흐르는 전류의 실효값을 구하여라.

■ 풀이 ■ 각 고조파의 임피던스 Z_1, Z_3, Z_5는

$$Z_1=\sqrt{4^2+(4-36)^2}=32.2[\Omega]$$

$$Z_3=\sqrt{4^2+\left(4\times 3-\frac{36}{3}\right)^2}=4[\Omega]$$

$$Z_5=\sqrt{4^2+\left(5\times 4-\frac{36}{5}\right)^2}=13.4[\Omega]$$

각 고조파 전류 I_1, I_3, I_5 및 합성전류 I는

$$I_1=\frac{V_1}{Z_1}=\frac{120}{32.2}=3.73[\mathrm{A}],\qquad I_3=\frac{V_3}{Z_3}=\frac{60}{4}=15[\mathrm{A}]$$

$$I_5=\frac{V_5}{Z_5}=\frac{30}{13.4}=2.24[\mathrm{A}]$$

$$I=\sqrt{I_1^2+I_3^2+I_5^2}=\sqrt{3.73^2+15^2+2.24^2}\fallingdotseq \mathbf{15.6}[\mathrm{A}]$$

예제 12-8

200[kHz]의 직사각형파 전압을 $L=159[\mu\mathrm{H}]$의 코일과 $C=159[\mathrm{pF}]$인 콘덴서의 직렬회로에 가하였더니 고조파 공진이 일어났다. 공진회로는 직사각형파 전압의 제 몇 고조파에서 공진하고 있는가?

■ 풀이 ■ 제n고조파에서 공진조건은 $n\omega_0 L=\dfrac{1}{n\omega_0 C}$에서 $n^2=\dfrac{1}{\omega_0^2 LC}$이므로

$$n = \frac{1}{\omega_0\sqrt{LC}} = \frac{1}{2\times3.14\times200\times10^3\times\sqrt{159\times10^{-6}\times159\times10^{-12}}} = \mathbf{5}$$

∴ 제5고조파에서 공진현상이 일어난다.

예제 12-9

어떤 회로에 흐르는 비정현파 전류가
$i = 20\sin(\omega_0 t - 30°) + 15\sin(3\omega_0 t + 30°) + 10\sin(5\omega_0 t - 60°)[\mathrm{A}]$
일 때 이 전류와 등가정현파 전류의 최대값을 구하여라.

■ 풀이 ■ 최대값 I_m은

$$I_m = \sqrt{20^2 + 15^2 + 15^2} = \mathbf{26.83}[\mathrm{A}]$$

연습문제

12-1 비정현파의 일반적인 구성이 아닌 것은?

㉮ 직류분 ㉯ 교류분 ㉰ 기본파 ㉱ 고조파

12-2 반파대칭의 왜형파에 포함되는 고조파는?

㉮ 제2고조파 ㉯ 제4고조파 ㉰ 제5고조파 ㉱ 제6고조파

12-3 ωt가 0에서 π까지 $i=10$[A], π에서 2π까지는 $i=0$[A]인 파형을 푸리에 급수로 전개하면 a_0는?

㉮ 14.14 ㉯ 10 ㉰ 7.05 ㉱ 5

12-4 $v=5+10\sqrt{2}\sin\omega t+5\sqrt{2}\sin\left(3\omega t+\dfrac{\pi}{3}\right)$일 때 실효값[V]은?

㉮ 12.25 ㉯ 14.15 ㉰ 18.35 ㉱ 24.15

12-5 $i=30\sin\omega t+40\sin(3\omega t+45°)$일 때 실효값[A]은?

㉮ 25 ㉯ $25\sqrt{2}$ ㉰ $35\sqrt{2}$ ㉱ 50

12-6 비정현파 전압 $v=100\sin\omega t+40\sin 2\omega t+30\sin(2\omega t+60°)$의 왜형률은?

㉮ 0.05 ㉯ 0.25 ㉰ 0.5 ㉱ 0.75

12-7 기본파의 30[%]인 제3고조파와 20[%]인 제5고조파를 포함하는 전압파의 왜형률은?

㉮ 0.26 ㉯ 0.36 ㉰ 0.46 ㉱ 0.76

* 정답 1 ㉯ 2 ㉰ 3 ㉱ 4 ㉮ 5 ㉯ 6 ㉰ 7 ㉯

12-8 $v=10\sqrt{2}\sin\left(\omega t+\frac{\pi}{3}\right)$[V]이고 $i=20\sqrt{2}\sin2\omega t$[A]일 때 평균전력[W]은?

㉮ 0 ㉯ 10 ㉰ 20 ㉱ 300

12-9 $v=100\sqrt{2}\sin\omega t+50\sqrt{2}\sin\left(3\omega t+\frac{\pi}{6}\right)$[V], $i=40\sqrt{2}\sin\left(3\omega t-\frac{\pi}{6}\right)+100\sqrt{2}\sin5\omega t$[A]일 때 소비전력[kW]은?

㉮ 1 ㉯ 2 ㉰ 4.2 ㉱ 5.1

12-10 다음과 같은 비정현파 전압(v), 전류(i)에 의한 전력[W]은?

$v=100\sin\omega t-50\text{sine}(3\omega t+30°)+20\sin(5\omega t+45°)$[V]

$i=20\sin(\omega t+30°)+10\sin(3\omega t-30°)+5\cos5\omega t$[A]

㉮ 705.4 ㉯ 725.8 ㉰ 763.2 ㉱ 776.4

12-11 다음과 같은 비정현파 전압(v), 전류(i)로부터 피상전력[VA]은?

$v=100\sin(\omega t+30°)-50\sin(3\omega t+60°)+25\sin6\omega t$[V]

$i=20\sin(\omega t-30°)+15\sin(3\omega t+30°)+10\cos(5\omega t-60°)$

㉮ 742 ㉯ 1542 ㉰ 3284 ㉱ 4141

12-12 $v=20\sin\omega t+30\sin3\omega t$[V]이고 $i=20\sin\omega t+20\sin3\omega t$[A]인 비정현파 교류전압, 전류간의 역률은?

㉮ 0.42 ㉯ 0.64 ㉰ 0.86 ㉱ 0.92

12-13 $R-L-C$ 직렬공진회로에서 제3고조파의 공진주파수[Hz]는?

㉮ $\frac{1}{2\pi\sqrt{LC}}$ ㉯ $\frac{1}{3\pi\sqrt{LC}}$

㉰ $\frac{1}{6\pi\sqrt{LC}}$ ㉱ $\frac{1}{9\pi\sqrt{LC}}$

12-14 5[Ω]의 저항에 흐르는 전류가 $i=5+14.14\sin t+7.07\sin2t$[A]일 때 저항에서 소비되는 평균전력[W]은?

㉮ 150 ㉯ 250 ㉰ 625 ㉱ 750

＊ 정답 8 ㉮ 9 ㉮ 10 ㉱ 11 ㉯ 12 ㉱ 13 ㉰ 14 ㉱

12-15 $R-L$ 직렬회로에 $v=10+5\sqrt{2}\sin\omega t+50\sqrt{2}\sin(3\omega t+60°)+60\sqrt{2}\sin(6\omega t+30°)$[V]인 전압을 가할 때 제3고조파 전류의 실효값[A]는? 단, $R=8[\Omega]$, $\omega L=2[\Omega]$이다.

㉮ 5 ㉯ 10 ㉰ 15 ㉱ 20

12-16 $R-C$ 직렬회로에 $v=50+141.1\sin 2\omega t+282\sin 4\omega t$[V]인 전압을 인가할 때 제2고조파 전류의 실효값[A]은?

㉮ 6 ㉯ 8 ㉰ 10 ㉱ 12

12-17 R=4[Ω], ωL=3[Ω]의 직렬회로에 $v=100\sqrt{2}\sin\omega t+50\sqrt{2}\sin\omega t$[V]의 전압을 가했을 때 흐르는 전류의 실효값[A]은?

㉮ 10.2 ㉯ 20.6 ㉰ 40.1 ㉱ 60.4

12-18 문제 12-17과 같은 회로에서 소비되는 전력[W]은?

㉮ 984 ㉯ 1204 ㉰ 1464 ㉱ 1704

12-19 100[Ω]만으로 구성된 회로에 $v=100\sqrt{2}\sin\omega t+10\sqrt{2}\sin 3\omega t$[V] 전압을 가했을 때 회로에서 소비되는 전력[W]은?

㉮ 41 ㉯ 92 ㉰ 101 ㉱ 202

12-20 전류 $i=5+10\sqrt{2}\sin 100t+5\sqrt{2}\sin 200t$가 1[H]인 코일에 흐르고 있을 때 코일에 축적되는 에너지[J]는?

㉮ 45 ㉯ 75 ㉰ 95 ㉱ 105

12-21 비정현파 전류가 $i=3.5\sin\omega t+0.5\sin(3\omega t-30°)$[A]일 때 이 전류와 등가정현파 전류의 최대값[A]은?

㉮ 3.54 ㉯ 4.27 ㉰ 6.84 ㉱ 9.26

* 정답 15 ㉮ 16 ㉰ 17 ㉯ 18 ㉱ 19 ㉰ 20 ㉯ 21 ㉮

제13장

2단자망과 4단자망

많은 경우 회로망의 내부구조는 불문에 붙이고 외부회로가 연결되는 몇 쌍의 단자에서의 전압-전류가 관심의 대상이 된다.

한 쌍의 단자를 가지는 회로망인 **1단자쌍 회로망**(one terminal pair network), **2단자회로망**(two terminal network) 또는 간단히 **2단자망**은 한 쌍의 단자에서의 전압-전류관계가 문제가 된다.

그러나 특히 통신회로나 제어회로에서는 한 쌍의 단자에 신호가 가해지고 다른 한 쌍의 단자에서 그것을 받는 경우가 많으며, 이 경우 두 쌍의 단자에서 전압-전류관계에 관심을 가지게 된다. 이와 같이 단자가 두 쌍, 즉 4개인 회로망을 **2단자 쌍회로망**(two terminal pair network), **4단자회로망**(four terminal network) 또는 간단히 4단자망이라 한다.

회로망 내부에 기전력을 가지는 **능동회로망**(passive network)과 내부에 기전력이 존재하지 않는 **수동회로망**(passive network) 등으로 나눌 수 있다.

이 장에서는 2단자망에 있어서 주로 고찰의 대상이 되는 **주파수함수**(frequency function)로서의 구동점 임피던스와 어드미턴스의 주파수특성에 대해서 알아보고, 4단자망의 각종 **파라미터**(parameter)의 정의와 이들 상호관계를 고찰한다.

13–1 복소주파수

오일러의 공식(Euler's theorem)

$$e^{j\omega t} = \cos\omega t + j\sin\omega t \tag{13-1}$$

로부터 지수함수 $e^{j\omega t}$의 실수부(Re) 또는 허수부(I_m)를 취함으로써 $\cos\omega t$ 또는 $\sin\omega t$라는 정현파 함수가 구해진다. 즉

$$\cos\omega t = Re\,(e^{j\omega t})$$
$$\sin\omega t = I_m\,(e^{j\omega t})$$

여기서 지수함수 $e^{j\omega t}$에서 순허수인 지수 $j\omega$를 복소수

$$S = \sigma + j\omega \tag{13-2}$$

로 확장시키면 식 (13-1)은

$$e^{st} = e^{\sigma + j\omega t} = e^{\sigma t}e^{j\omega t} = e^{\sigma t}(\cos\omega t + j\sin\omega t)$$

가 되며, 이것의 실수부와 허수부를 취하면 이들은 각각

$$e^{\sigma t}\cos\omega t = Re\,(e^{st}) \tag{13-3}$$

$$e^{\sigma t}\sin\omega t = I_m\,(e^{st}) \tag{13-4}$$

와 같이 각주파수는 일정하지만 진폭이 지수함수적으로 변하는 진동파형이 된다. 식 (13-3), (13-4)와 같이 지수함수 e^{st}에 있어서 복소수 s의 실수부와 허수부의 값에 따라 지수함수 e^{st}는 진폭과 주파수를 달리하는 여러 가지 파형의 함수를 대표할 수 있기 때문에 s를 **복소주파수**(complex frequency)라 한다.

[그림 13-1]에서 보는 것처럼 복소주파수 s의 실수부 또는 허수부의 값에 따라 e^{st}는 여러 가지 파형을 대표할 수 있다.

(1) $\omega=0$인 경우

[그림 13-1](a)에서 보듯이 $e^{st}=e^{\sigma t}$가 되어 전형적인 지수함수가 되며 σ값에 따라 $\sigma>0$이면 지수증가함수, $\sigma<0$이면 지수감쇠함수, $\sigma=0$이면 상수함수($e^0=1$)로서 직류파(DC)가 된다.

(2) $\sigma=0$인 경우

[그림 13-1](b)에서 보듯이 $e^{st}=e^{j\omega t}$가 되며 $Re(e^{j\omega t})=\cos\omega t$, $I_m(e^{j\omega t})=\sin\omega t$가 되므로 진폭이 일정한 정현파를 대표한다.

(3) $\sigma\neq 0$, $\omega\neq 0$인 경우

[그림 13-1](c), (d)에서 보듯이 $e^{st}=e^{\sigma t}e^{j\omega t}=e^{\sigma t}(\cos\omega t+j\sin\omega t)$이므로 $Re(e^{st})=e^{\sigma t}\cos\omega t$, $I_m(e^{st})=e^{\sigma t}\sin\omega t$가 되므로 $\sigma>0$이면 진폭이 지수적

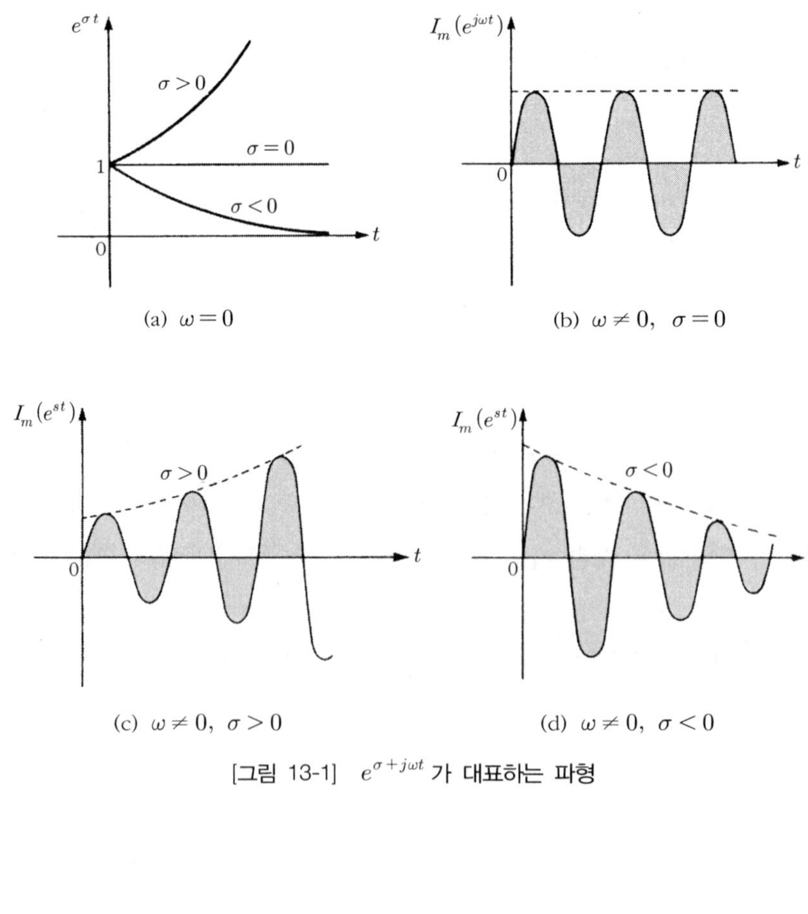

[그림 13-1] $e^{\sigma+j\omega t}$가 대표하는 파형

으로 증가하는 진동파, $\sigma < 0$이면 진폭이 지수적으로 감쇠하는 진동파를 대표한다.

(4) $S=0\ (\sigma=0,\ \omega=0)$인 경우

$v(t)=Ve^{st}=Ve^{o}=V$이므로 직류이다.

13-2 임피던스 함수

지수함수 e^{st}를 전원으로 하는 선형회로에 있어서 입력단자의 전압과 전류는 Ve^{st}, Ie^{st}와 같은 형식으로 표시된다. 여기서 V, I는 복소진폭이며 이 양자의 비를 $\boldsymbol{Z}(s)$로 표시할 때

$$\frac{\boldsymbol{V}}{\boldsymbol{I}}=\frac{\boldsymbol{V}e^{st}}{\boldsymbol{I}e^{st}}=\boldsymbol{Z}(s) \tag{13-5}$$

와 같이 s만의 함수로 주어지면 이를 **임피던스 함수** 또는 **일반화 임피던스**(generalied impedance)라고 한다. 일반화라고 하는 것은 정현파($s=j\omega$)의 임피던스 개념을 확장한 것이기 때문이다.

임피던스 함수 $\boldsymbol{Z}(s)$의 역수는 **어드미턴스 함수**라 하며 $\boldsymbol{Y}(s)$로 나타내며, 임피던스와 어드미턴스 함수는 둘 다 회로특성을 규정한다는 유사성이 있으므로 이 둘을 합하여 **이미턴스 함수**(immittance function)라고도 한다.

정상상태에 있는 정현파 교류회로에서 수동소자의 임피던스는 다음과 같다.

$$\left.\begin{aligned}
&\boldsymbol{Z}_R=R, \quad Z(s)=R \\
&\boldsymbol{Z}_L=j\omega L\ , \ Z(s)=sL \\
&\boldsymbol{Z}_c=\frac{1}{j\omega C},\ Z(s)=\frac{1}{sC}
\end{aligned}\right\} \tag{13-6}$$

복소주파수를 해석하는 데 중요하게 사용되는 용어 중에는 임피던스 함수의

값을 0 또는 ∞로 만드는 s값에 관한 내용이다. 복소 임피던스 함수는 일반적으로 분모, 분자가 s의 다항식인 분수식으로 다음과 같이 나타난다.

$$Z(s) = \frac{a_0 + a_1 + a_2 s^2 + \cdots + a_{2n} s^{2n}}{b_1 s + b_2 s^2 + b_3 s^3 + \cdots + b_{2n-1} s^{2n-1}}$$

$$= \frac{b_m (s - z_1)(s - z_2) \cdots (s - z_m)}{a_n (s - p_{1)} (s - p_2) \cdots (s - p_m)}$$

여기서 분자=0을 만족하는 $s = z_{1,}\ z_{2,}\ \cdots,\ z_m$을 임피던스 함수의 **영점**(zero point)이라고 하는데, 이것은 s가 이들 영점을 가리킬 때 임피던스 함수 $Z(s)$가 0으로 되므로 회로는 단락상태이다.

또한 분모=0을 만족하는 $s = P_1,\ P_2,\ \cdots,\ P_n$을 임피던스 함수의 **극점**(pole point) 또는 **극**(pole)이라 하며, s가 극값을 가질 때 임피던스 함수값은 ∞가 되므로 회로는 개방상태이다.

회로해석을 하는 경우 특정주파수에서 임피던스가 0이라면 이 주파수에서 전류는 ∞가 되므로 영점은 공진주파수와 관계가 있다. 또한 특정주파수에서 임피던스가 ∞라면 이 주파수에서의 전류는 0이 되므로 극점은 반공진주파수와 관계가 있다.

영점과 극은 전원의 복소주파수 s의 특수한 값으로서 기하학적으로 하나의 복소평면에 나타낼 수 있으며, 이 복소평면을 **복소주파수평면** 또는 단순히 **s평면**이라고 하며, 이와 같은 표시를 **극-영점도**(pole zero diagram)라고 한다.

예제 13-1

임피던스 함수 $Z(s) = \dfrac{s+10}{s^2+5s+5}[\Omega]$인 2단자회로망에 직류 20[V]를 인가할 때 이 회로에 흐르는 전류를 구하여라.

■ 풀이 ■ 직류전원인 경우 $s=0$이므로

$$Z(s) = \frac{s+10}{s^2+5s+5}\Bigg|_{s=0} = \frac{10}{5} = 2[\Omega]$$

$$\therefore\ I = \frac{V}{Z} = \frac{20}{2} = \mathbf{10}[\mathrm{V}]$$

예제 13-2

[그림 13-2]와 같은 회로의 임피던스 함수를 구하여라.

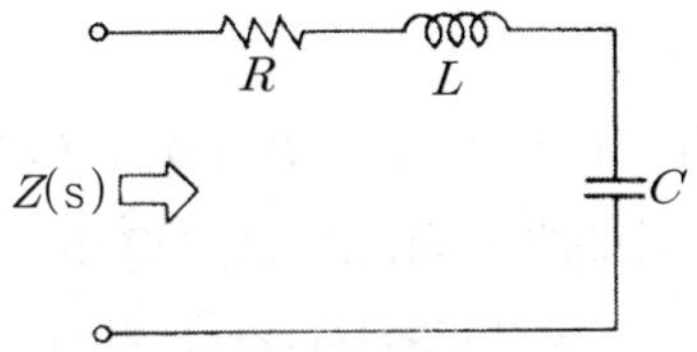

[그림 13-2]

■ **풀이** ■ $Z(s) = R + sL + \frac{1}{sC} = \frac{\boldsymbol{s^2LC + sRC + 1}}{\boldsymbol{sC}}$

예제 13-3

임피던스 함수 $Z(s) = \frac{s+2}{s^2+2s+2}$ 일 때 영점과 극을 구하고, 극-영점도를 그려라.

■ **풀이** ■ 영점은 $Z(s) = 0$일 때의 근이므로

$s+2=0 \quad \therefore \boldsymbol{s=-2}$

극은 $Z(s) = \infty$일 때의 근이므로

$s^2+2s+2=0 \quad \therefore \boldsymbol{s=-1 \pm j}$

따라서 극-영점도는 [그림 13-3]과 같다.

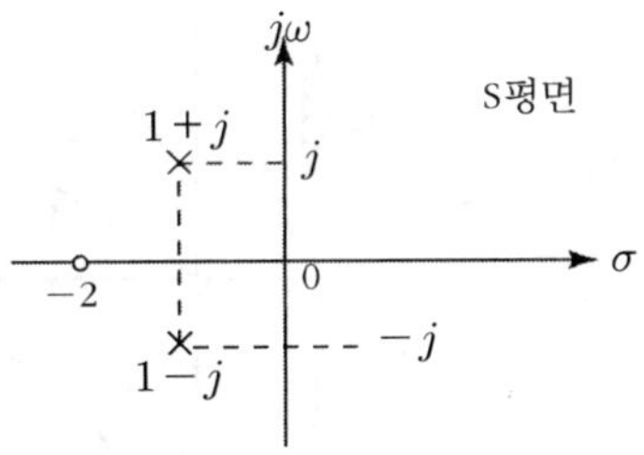

[그림 13-3] L 및 C회로의 주파수특성

13-3 리액턴스 2단자망의 주파수특성

저항R을 포함하지 않고 자기 인덕턴스 L과 커패시턴스 C만의 리액턴스로 구성된 2단자망 회로를 리액턴스 2단자망(reactance two torminal network)이라 한다. L과 C는 회로 중에서 각각 자계 및 전계의 형태로 에너지를 서로 주고받으며 여러 주파수에서 공진 또는 반공진현상을 나타낸다.

(1) L만의 회로

복소 임피던스와 임피던스 함수는

$$\dot{Z} = j\omega L = jX_L,\ \ X = \omega L$$

$$Z_L(s) = sL$$

이므로 리액턴스의 주파수특성은 [그림 13-4]와 같이 ω의 증가에 따라 직선적으로 증가한다(기울기는 항상 +). 그리고 $Z_L(s) = sL$에서 영점은 $s=0$, 극은 $s=\infty$이다.

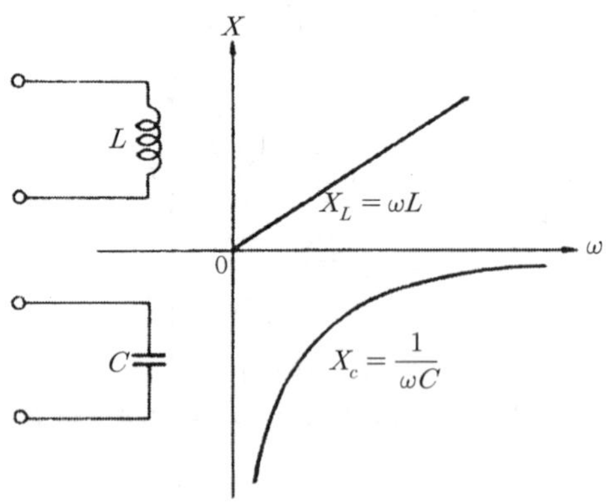

[그림 13-4] L 및 C 회로의 주파수특성

(2) C만의 회로

임피던스와 임피던스 함수는

$$\boldsymbol{Z}_c = \frac{1}{j\omega C} = -j\frac{1}{\omega C} = jX_c, \quad X_c = -\frac{1}{\omega C}$$

이므로 리액턴스의 주파수특성은 [그림 13-4]와 같이 ω의 증가에 따라 단조증가한다. 그리고 접선의 기울기는 항상 $(+)$이고, 영점은 $s=\infty$, 극은 $s=0$이다.

(3) $L-C$ 직렬회로

임피던스와 리액턴스는

$$\boldsymbol{Z} = j\omega L - j\frac{1}{\omega C} = j\left(\omega L - \frac{1}{\omega C}\right) = jX$$

$$X = \omega L - \frac{1}{\omega C}$$

이고, 임피던스 함수는

$$\boldsymbol{Z}(s) = sL + \frac{1}{sC} = \frac{s^2LC+1}{sC}$$

이므로 영점은 $s=\pm j\frac{1}{\sqrt{LC}}$이고, 공진주파수는 $\omega_0 = \frac{1}{\sqrt{LC}}$이다. 또한 극은 $s=0$이다. 따라서 리액턴스의 주파수특성은 [그림 13-5]와 같다.

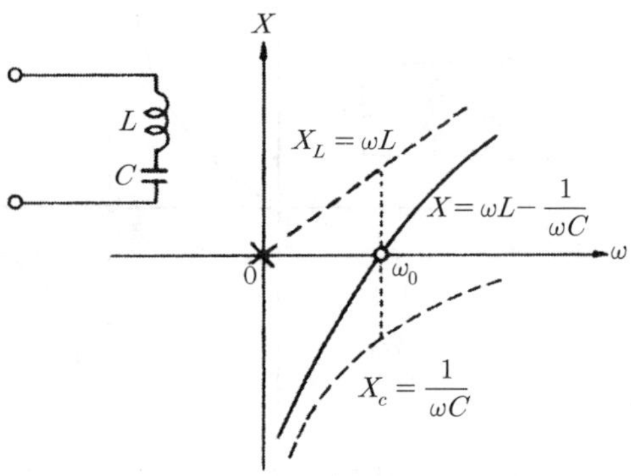

[그림 13-5] $L-C$ 직렬회로의 주파수특성

(4) $L-C$ 병렬회로

이 경우의 어드미턴스는

$$\boldsymbol{Y} = j\omega C - j\frac{1}{\omega L} = j\left(\omega C - \frac{1}{\omega L}\right) = jB$$

로 표시되고, 임피던스는

$$\boldsymbol{Z} = \frac{1}{j\left(\omega C - \frac{1}{j\omega L}\right)} = -j\frac{1}{\omega C - \frac{1}{\omega L}} = jX$$

따라서 리액턴스는

$$X = -\frac{1}{\omega C - \frac{1}{\omega L}}$$

또한 임피던스 함수는

$$\boldsymbol{Z}(s) = \frac{1}{\boldsymbol{Y}(s)} = \frac{1}{sc + \frac{1}{sL}} = \frac{sL}{s^2LC + 1}$$

이므로 영점은 $s=0$이고, 극점 $s = \pm j\frac{1}{\sqrt{LC}}$ 이며 반공진주파수는 $\omega_0 = \frac{1}{\sqrt{LC}}$ 이다.

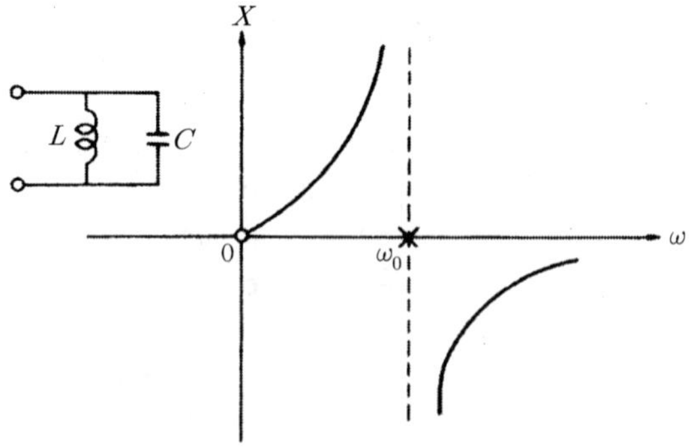

[그림 13-6] $L-C$ 병렬회로의 주파수특성

따라서 $Z(s)$의 영점은 $s=0,\ \infty$이고, 극은 $s=\pm j\omega_0$이며, 리액턴스 X의 주파수특성은 [그림 13-6]과 같다.

(5) L_1, L_2, C_1의 직병렬회로

정확한 공진점과 반공진점을 구하기 위하여 우선 복소 임피던스 함수로 해석한다. [그림 13-7]에서 입력 임피던스는

$$Z(s)=sL_1+\frac{1}{\dfrac{1}{sL_2}+sC}=sL_1+\frac{sL_2}{s^2L_2C+1}=\frac{s(s^2L_1L_2C+L_1+L_2)}{s^2L_2C+1}$$

따라서 이 회로의 영점(공진점)은

$$s_0=0,\ s_2=\pm j\sqrt{\frac{L_1+L_2}{L_1L_2}}$$

또한 이 회로의 극점(반공진점)은

$$s_1=\pm j\sqrt{\frac{1}{L_2C}},\ s_3=\infty$$

이러한 특이점의 순서는 다음과 같다.

$$s_0(0)<s_1<s_2<s_3(\infty)$$

이 값을 이용하여 리액턴스 곡선을 그리면 [그림 13-7]이 된다. 그림을 살펴보면 L_1 직렬의 리액턴스 곡선 [그림 13-4]와 L_2, C의 병렬회로의 리액턴스 곡선 [그림 13-6]을 더한 곡선이 L_1, L_2, C_1의 직병렬회로의 리액턴스의 주파수특성임을 알 수 있다. 따라서 $Z(s)$의 영점은 $s=0,\ \pm j\omega_2$이고, 극은 $s=\pm j\omega_1,\ \infty$이며, 리액턴스 X의 주파수특성은 [그림 13-7]과 같다.

여기서 영점을 **공진점**(resonant point)이라 하며, 공진점의 주파수를 **공진주파수**라 하고, 극을 **반공진점**(anti-resonant point)이라 하며, 반공진점의 주파수를 **반공진주파수**라 한다.

이상의 여러 가지 리액턴스 곡선으로부터 다음과 같은 사실을 알 수 있다.

① 곡선의 기울기는 어디서나 정(+)이다. 즉 항상 증가함수이다.

② 주파수가 증가함에 따라 공진점과 반공진점이 교대로 나타난다.

③ $\omega = 0,\ \omega = \infty$ 에서 영점 또는 극점이 나타난다.

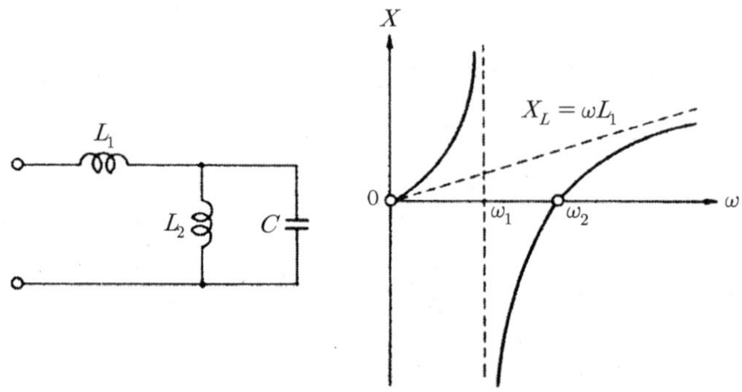

[그림 13-7] $L-C$ 직병렬회로의 주파수특성

예제 13-4

[그림 13-8]과 같은 2단자회로에서 입력 임피던스 $Z(s)$를 구하여라.

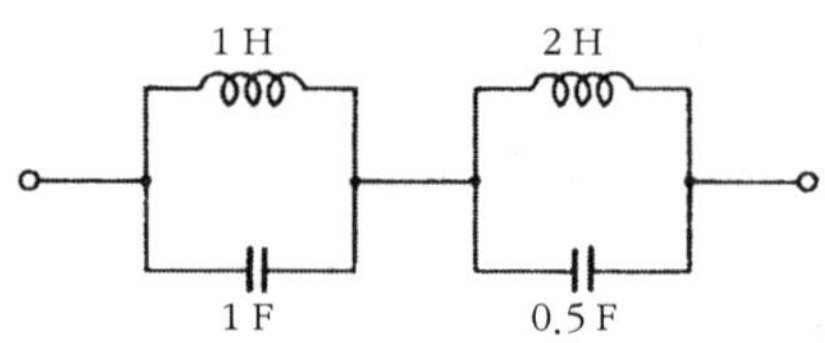

[그림 13-8]

■ **풀이** ■ 입력 임피던스 $Z(s)$는

$$Z(s) = \frac{sL_1 \cdot \dfrac{1}{sC_1}}{sL_1 + \dfrac{1}{sC_1}} + \frac{sL_2 \cdot \dfrac{1}{sC_2}}{sL_2 + \dfrac{1}{sC_2}} = \frac{1}{s + \dfrac{1}{s}} + \frac{\dfrac{2}{0.5}}{2s + \dfrac{1}{0.5s}} = \frac{\mathbf{3s}}{\mathbf{s^2+1}}$$

예제 13-5

[그림 13-9]와 같은 2단자회로에서 주파수 변화에 따른 리액턴스 곡선을 그려라.

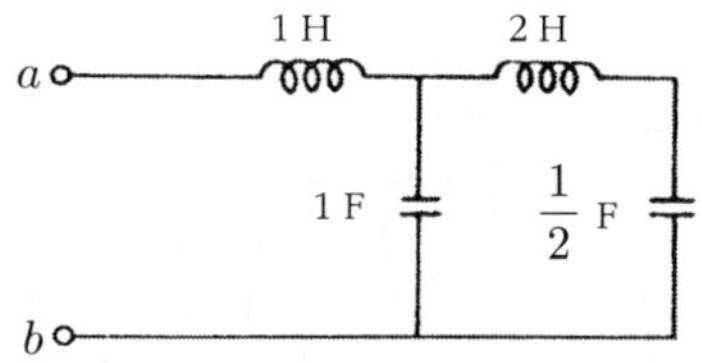

[그림 13-9]

■ 풀이 ■ $Z(s)=s+\cfrac{1}{s+\cfrac{1}{2s+\cfrac{2}{s}}}=\frac{2s^4+5s^2+2}{2s^3+3s}=\frac{(2s^2+1)(s^2+2)}{s(2s^2+3)}$

이다. 여기서 $(2s^2+1)(s^2+2)=0$일 때 영점은 $s=\pm j\frac{1}{\sqrt{2}}$, $\pm j\sqrt{2}$ 이고 $s(2s^2+3)=0$일 때 극점은 $s=0$, $\pm j\sqrt{3/2}$ 이므로 리액턴스 곡선은 [그림 13-10]과 같다.

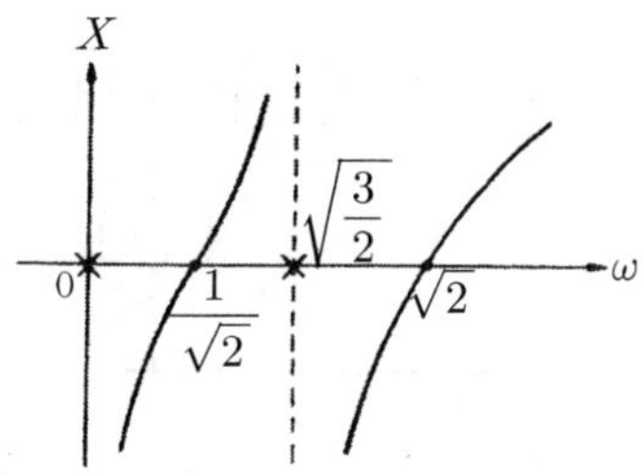

[그림 13-10]

13-4 사다리꼴의 2단자회로망 구성

[그림 13-11]과 같은 사다리꼴 회로에서의 임피던스 함수는 식 (13-7)과 같이 연분수 형태로 나타난다. 즉

$$Z(s)=Z_1+\cfrac{1}{Y_2+\cfrac{1}{Z_3+\cfrac{1}{Y_4+\cfrac{\vdots}{\quad+\cfrac{1}{Y_n}}}}} \tag{13-7}$$

이와 같은 사다리꼴 회로의 해석은 각 지로의 주어진 임피던스와 어드미턴스의 값을 식 (13-7)에 대입하여 해석할 수 있으나, 이 회로의 구성은 임피던스 함수 $Z(s)$를 연분수로 만들어야 한다. 이 과정은 우선 나누고, 역수를 취해서 나누고, 또 그 역수로 나누고 하는 과정을 되풀이하여 전개가 끝날 때까지 계속하면 된다.

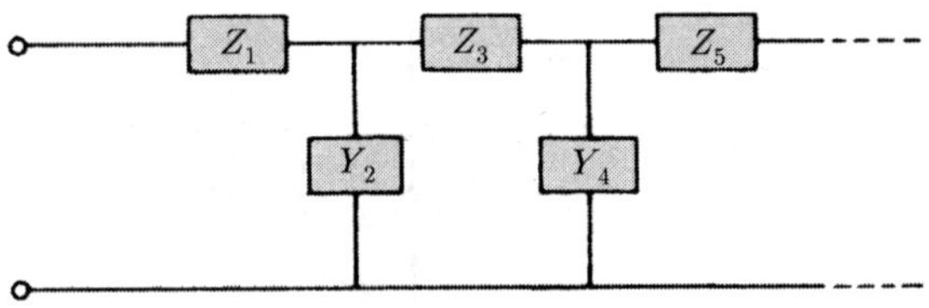

[그림 13-11] 사다리꼴회로

예제 13-6

임피던스 함수가 $Z(s)=\dfrac{3s+4}{s}$ 로 표시되는 2단자회로를 그려라.

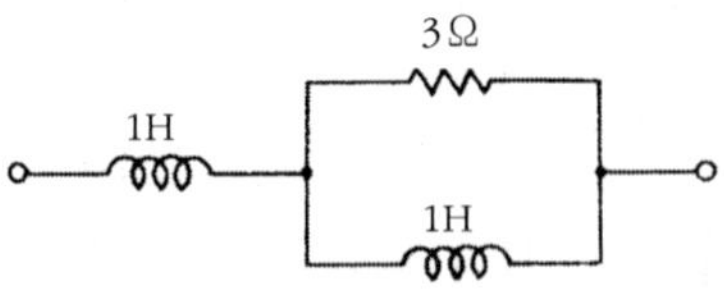

[그림 13-12]

■ **풀이** ■ $Z(s)=\dfrac{3s+4}{s}=3+\dfrac{4}{s}=3+\dfrac{1}{\dfrac{1}{4}s}=3+\dfrac{1}{j\omega\dfrac{1}{4}}=R+\dfrac{1}{j\omega C}$

의 형태이므로 $R=3[\Omega]$, $C=\frac{1}{4}[\mathrm{F}]$인 [그림 13-12]와 같은 $R-C$ 직렬회로이다.

예제 13-7

구동점 임피던스 $\boldsymbol{Z}(s)=\dfrac{s(s+6)}{s+3}$ 와 같이 표시되는 2단자회로망을 그려라.

■ 풀이 ■ $\boldsymbol{Z}(s)=\dfrac{s^2+6s}{s+3}=s+\dfrac{3s}{s+3}=s+\dfrac{1}{\dfrac{1}{3}+\dfrac{1}{s}}=j\omega L_1+\dfrac{1}{\dfrac{1}{R}+\dfrac{1}{j\omega L_2}}$

의 형태이므로 $L_1=1[\mathrm{H}]$, $R=3[\Omega]$인 [그림 13-13]과 같은 직병렬회로이다.

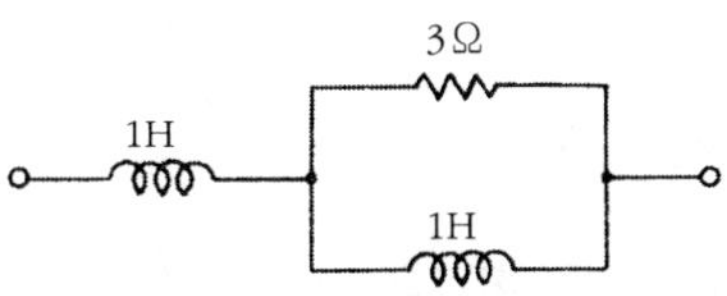

[그림 13-13]

예제 13-8

다음과 같은 임피던스 함수를 가지는 사다리꼴 2단자회로망을 구성하여라.

$$\boldsymbol{Z}(s)=\frac{s^3+s^2+2s+1}{s^2+s+1}$$

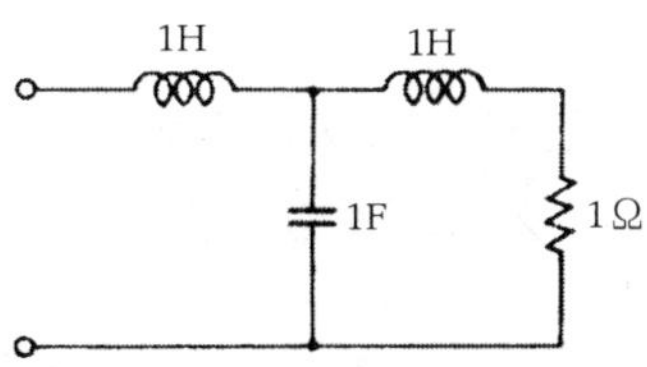

[그림 13-14]

■ 풀이 ■ $(s^3+s^2+2s+1)\div(s^2+s+1)=s\cdots s+1$

$(s^2+s+1)\div(s+1)=s\cdots\cdots 1$

이상의 계산에 의하여 연분수는 다음과 같다.

$$\boldsymbol{Z}(s)=s+\cfrac{1}{s+\cfrac{1}{s+1}}$$

여기서

$Z_1 = s$: 1[H]의 인덕턴스, $Y_2 = s$; 1[F]의 커패시턴스

$Z_3 = s$: 1[H]의 인덕턴스 마지막 1은 저항임을 알 수 있으며, [그림 13-14]와 같은 회로를 실현할 수 있다.

13-5 역회로

두 개의 2단자회로망에서 입력 임피던스가 각각 Z_1, Z_2일 때

$$Z_1 Z_2 = K^2 \tag{13-8}$$

의 관계와 같이 두 회로의 임피던스의 곱이 주파수에 관계없이 일정할 때 두 회로는 K에 관하여 서로 **역회로**(inverse network)라 한다. 예를 들면

$$Z_1 = j\omega L,\ \ Z_2 = \frac{1}{j\omega C}$$

이라 하면

$$Z_1 \cdot Z_2 = \frac{L}{C} = K^2$$

이 되므로, L과 C는 $K = \sqrt{L/C}$에 관해서 역회로 관계가 있다.

또한 Z_1이 Z_{11}과 Z_{12}의 직렬회로라고 하면 이것의 역회로는

$$Y_2 = \frac{1}{Z_2} = \frac{Z_{11} + Z_{12}}{K^2} = \frac{Z_{11}}{K^2} + \frac{Z_{12}}{K^2} = Y_{21} + Y_{22} \tag{13-9}$$

가 되고, Z_{11}, Z_{12}의 각각 역회로를 병렬로 접속한 것이 된다. 따라서 직렬 또는 병렬로 접속된 2단자회로의 역회로는 직렬접속을 병렬접속으로, 병렬접속을 직렬접속으로 하고, L소자는 C소자로, C소자는 L소자로 바꾸어놓으면 된다. 즉 쌍대회로에 의해 역회로가 만들어진다.

예를 들면 [그림 13-15](a)의 역회로는 (b)와 같이 된다. 이때 (a)와 (b)의 각 소자 사이에는 다음과 같은 관계가 성립한다.

$$\frac{L_1}{C_1}=\frac{L_2}{C_2}=\frac{L_3}{C_3}=\frac{L_4}{C_4}=K^2 \tag{13-10}$$

서로 역회로의 관계에 있는 두 회로의 임피던스는 $Z_2 = K_2 / Z_1$의 관계가 있으므로 한 회로의 공진주파수 및 반공진주파수는 다른 회로의 반공진주파수 및 공진주파수로 된다.

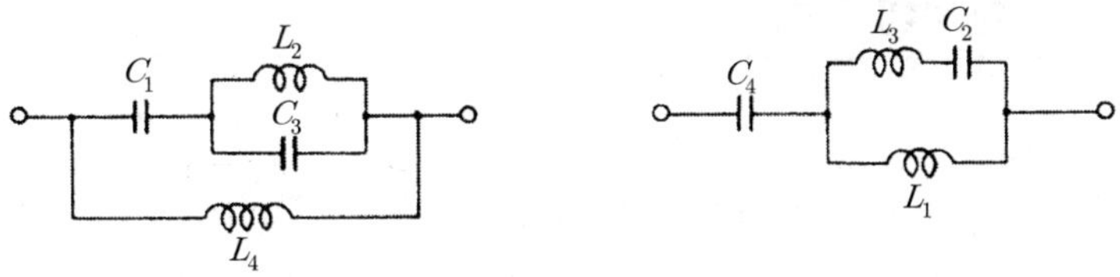

[그림 13-15]

예제 13-9

[그림 13-16]과 같은 회로의 역회로를 그려라. 단, $K=100$이다.

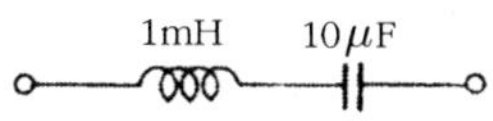

[그림 13-16]

■ **풀이** ■ LC 직렬회로의 역회로는 $L'C'$의 병렬회로이므로

$$K^2=\frac{L}{C'}=\frac{L'}{C}=100^2=10^4$$

$$L'=CK^2=10\times10^{-6}\times10^4=100[\text{mH}]$$

$$C'=\frac{L}{K^2}=\frac{10^{-3}}{10^4}=10^{-7}=0.1[\mu\text{F}]$$

따라서 구하고자 하는 역회로는 [그림 13-17]이다.

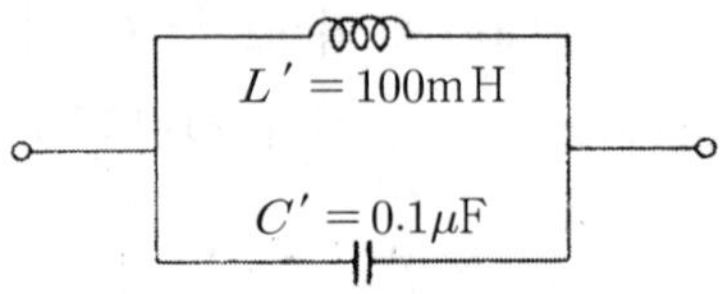

[그림 13-17]

13-6 정저항회로

2단자망의 합성 임피던스의 허수부가 모든 주파수에 대해서 항상 0이 되고 실수부도 주파수에 관계없이 일정한 값을 가지는 회로를 정저항회로(constant resistance network)라고 한다. 이 회로는 주파수에 관계없이 일정한 전력을 소비하는 필터 회로를 설계하는데 사용된다.

[그림 13-18]의 회로가 정저항회로가 되기 위한 조건을 알아보자.

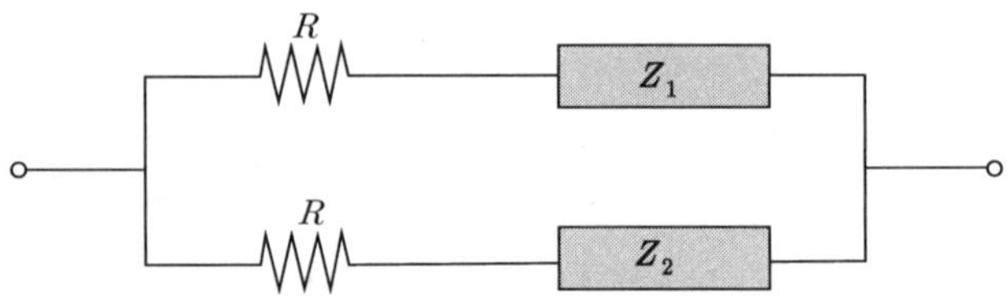

[그림 13-18] 정저항회로

합성 임피던스 Z는

$$Z = \frac{(R+Z_1)(R+Z_2)}{R+Z_1+R+Z_2} = \frac{R^2+R(Z_1+Z_2)+Z_1Z_2}{2R+Z_1+Z_2}$$

$$= R\frac{R+Z_1+Z_2+\dfrac{Z_1Z_2}{R}}{2R+Z_1+Z_2}$$

이므로

$$R+\boldsymbol{Z}_1+\boldsymbol{Z}_2+\frac{Z_1Z_2}{R}=2R+Z_1+Z_2$$

에서

$$\boldsymbol{Z}_1\boldsymbol{Z}_2=R^2 \tag{13-11}$$

일 때 $Z=R$이 되어 정저항 회로가 된다. 회로에서 $\boldsymbol{Z}_1=j\omega L$, $\boldsymbol{Z}_2=\dfrac{1}{j\omega C}$이면

$$\boldsymbol{Z}_1\boldsymbol{Z}_2=\frac{L}{C}=R^2,\ R=\sqrt{\frac{L}{C}}$$

이 된다.

예제 13-10

[그림 13-19]는 정저항회로이다. 이때 정저항회로가 되기 위한 조건을 구하고, $\boldsymbol{Z}_1$의 소자가 L이고 $\boldsymbol{Z}_2$의 소자가 C일 때 C의 값을 구하여라.
단, $R=100[\Omega]$, $L=10[\text{mH}]$이다.

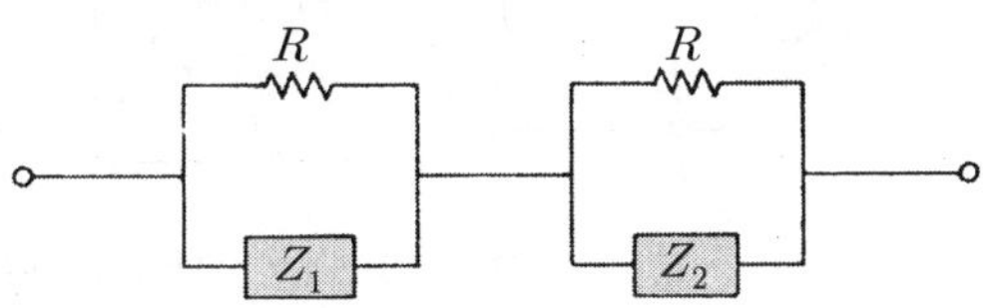

[그림 13-19]

■ **풀이** ■ 입력 임피던스 $\boldsymbol{Z}$는

$$\boldsymbol{Z}=\frac{R\boldsymbol{Z}_1}{R+\boldsymbol{Z}_1}+\frac{R\boldsymbol{Z}_2}{R+\boldsymbol{Z}_2}=R\left(\frac{\boldsymbol{Z}_1}{R+\boldsymbol{Z}_1}+\frac{\boldsymbol{Z}_2}{R+\boldsymbol{Z}_2}\right)$$
$$=R\frac{Z_1R+Z_2R+2Z_1Z_2}{R^2+Z_1R+Z_2R+Z_1Z_2}$$

여기서 $Z_1R+Z_2R+2Z_1Z_2=R^2+Z_1R+Z_2R+Z_1Z_2$, 즉 $Z_1Z_2=R^2$인 경우에만 위의 식은 $\boldsymbol{Z}=R$이 되어 정저항회로가 된다. 또한 C의 값은

$\boldsymbol{Z}_1\boldsymbol{Z}_2=\dfrac{L}{C}=R^2$에서

$$C=\frac{L}{R^2}=\frac{10\times10^{-3}}{10^4}=10^{-6}=\mathbf{1}[\mu\text{F}]$$

13-7 4단자망의 특성

[그림 13-20]은 4단자망을 나타내며 회로망 내부는 전송선로, 변압기, 여파기, 증폭기, 기타 여하한 회로라도 좋으나 입력측의 두 단자에 유·출입하는 전류는 어느 순간에서나 크기가 같고 부호가 반대여야 하며, 또한 출력측에서도 이와 같아야 한다.

4단자망에서 능동소자를 포함하고 있는 것을 **능동4단자망**이라 하고, 수동소자만으로 구성되어 있는 것을 **수동4단자망**이라 한다.

그리고 회로의 상부와 하부가 기준점(일반적으로 대지)에 대하여 크기가 항상 같고 부호가 반대인 것을 **평형회로**(balanced circuit)라 하고, 그렇지 않은 것을 **불평형회로**(unbalanced circuit)라 한다.

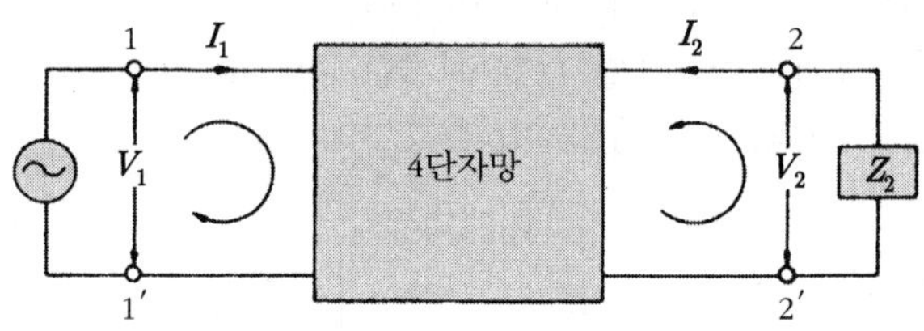

[그림 13-20] 4단자망의 변수

[그림 13-21]은 4단자망의 여러 가지 종류를 나타낸 것이다. 이 장에서는 수동4단자망에 대해서만 취급하기로 한다. 2단자망에서는 전압과 전류의 두 개의 변수로 회로를 해석할 수 있으나, 4단자망에서는 두 쌍의 단자전압과 전류인 V_1, V_2, I_1, I_2의 4개의 변수를 사용하여 회로를 해석해야 한다. 즉 4개의 변수 중 2개의 변수를 독립변수로 잡고 나머지 2개의 변수를 종속변수로 잡은 연립 1차식은 조합하는 방법에 따라 $_4C_2 = 6$에 의해 6종류의 관계식이 성립한다. 이때 그 변수들 상호간의 관계를 결정지어주는 6개의 **회로정수**(parameter)에 대해 알아보기로 한다.

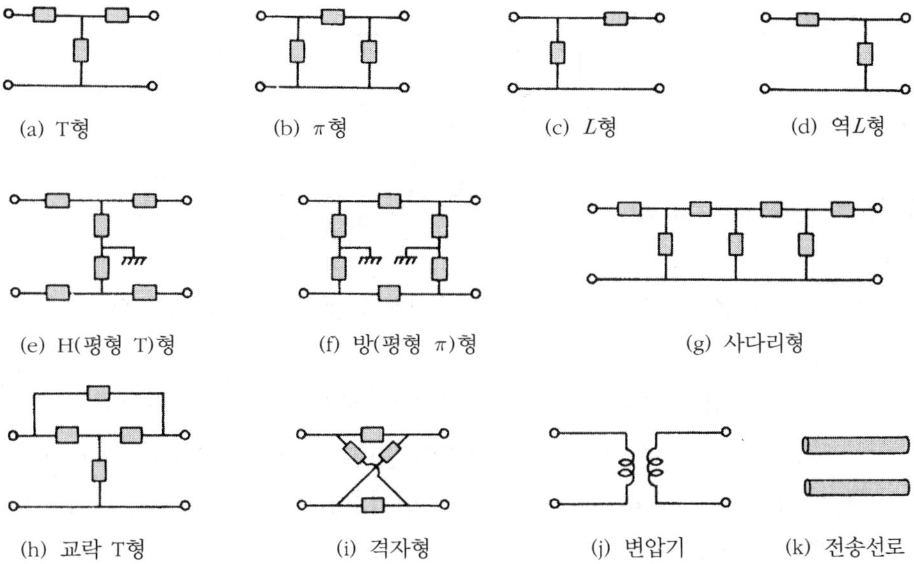

[그림 13-21] 4단자망의 종류

13-8 임피던스 파라미터

[그림 13-22]와 같은 4단자망에서 두 쌍의 단자 1-1′와 2-2′에 각각 전압원 V_1, V_2가 가해졌을 때 폐로전류 I_1, I_2를 그림과 같은 방향으로 가정하면, 입력전압 V_1과 출력전압 V_2는 키르히호프(Kirchoff)의 전압법칙에 의해 다음과 같은 식으로 표시할 수 있다.

$$\left.\begin{aligned} V_1 &= Z_{11}I_1 + Z_{12}I_2 \\ V_2 &= Z_{21}I_1 + Z_{22}I_2 \end{aligned}\right\} \tag{13-12}$$

또 행렬식으로 표시하면

$$\begin{bmatrix} V_1 \\ V_2 \end{bmatrix} = \begin{bmatrix} Z_{11} & Z_{12} \\ Z_{21} & Z_{22} \end{bmatrix} \begin{bmatrix} I_1 \\ I_2 \end{bmatrix} \tag{13-13}$$

[그림 13-22] 수동4단자망

가 된다. 식 (13-13)의 행렬을 **임피던스 행렬**(impedance matrix) 또는 **Z행렬**이라 한다.

여기서 Z_{11}, Z_{12}, Z_{21}, Z_{22}는 비례계수로서 모두 임피던스의 원(dimension)을 가지고 있으며, 이들을 4단자망의 **임피던스 파라미터**(impedance parameter)라 하고 위의 식 (13-12), (13-13)은 임피던스 파라미터를 사용한 4단자망의 연립방정식이다.

또한 임피던스 파라미터의 물리적 의미는 다음과 같다.

식 (13-12)에서 단자 2-2′를 개방($\boldsymbol{I}_2 = 0$)하면 Z_{11}, Z_{21}은

$$Z_{11} = \left.\frac{\boldsymbol{V}_1}{\boldsymbol{I}_1}\right|_{I_2 = 0} \quad ;\ \text{출력개방 입력 임피던스}[\Omega]$$

$$Z_{21} = \left.\frac{\boldsymbol{V}_2}{\boldsymbol{I}_1}\right|_{I_2 = 0} \quad ;\ \text{출력개방 순방향 전달 임피던스}[\Omega]$$

또한 단자 1-1′를 개방($\boldsymbol{I}_1 = 0$)하면 Z_{22}, Z_{12}는

$$Z_{22} = \left.\frac{\boldsymbol{V}_2}{\boldsymbol{I}_2}\right|_{I_1 = 0} \quad ;\ \text{입력개방 출력 임피던스}[\Omega]$$

$$Z_{12} = \left.\frac{\boldsymbol{V}_1}{\boldsymbol{I}_2}\right|_{I_1 = 0} \quad ;\ \text{입력개방 역방향 전달 임피던스}[\Omega]$$

그리고 비선형소자를 갖지 않는 수동4단자망인 **쌍방성회로**에서는

$$\boldsymbol{Z_{12} = Z_{21}}$$

특히 **대칭회로**(symmetrical circuit)에 대해서는

$$Z_{11} = Z_{22}$$

의 관계가 성립한다.

예제 13-11

[그림 13-23]과 같은 T형 회로망에서 임피던스 파라미터를 구하여라.

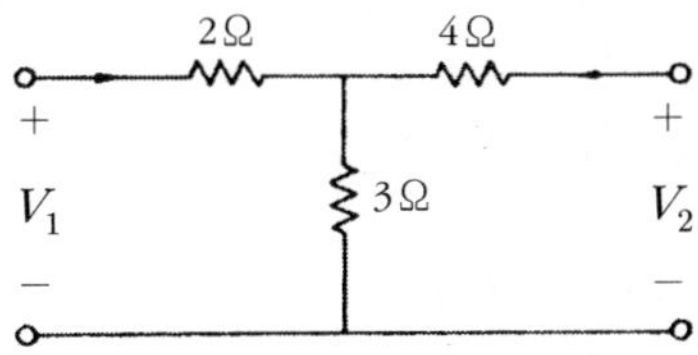

[그림 13-23]

■ 풀이 ■ 출력단자 2-2′를 개방하면 $I_2 = 0$이므로

$$Z_{11} = \frac{V_1}{I_1}\bigg|_{I_2=0} = \frac{(2+3)I_1}{I_1} = 5\ [\Omega]$$

$$Z_{21} = \frac{V_2}{I_1}\bigg|_{I_2=0} = \frac{3I_1}{I_1} = 3\ [\Omega]$$

과 같은 방법으로 단자 1-1′를 개방하면 $I_1 = 0$이므로

$$Z_{12} = \frac{V_1}{I_2}\bigg|_{I_1=0} = \frac{3I_1}{I_1} = 3\ [\Omega]$$

$$Z_{22} = \frac{V_2}{I_2}\bigg|_{I_2=0} = \frac{(4+3)I_2}{I_2} = 7\ [\Omega]$$

또한 직관적인 방법으로 전압방정식을 구하면

$$V_1 = 2I_1 + 3(I_1 + I_2) = 5I_1 + 3I_2$$

$$V_2 = 4I_2 + 3(I_1 + I_2) = 3I_1 + 7I_2$$

가 되므로 이로부터

$$Z_{11} = 5[\Omega],\ Z_{12} = 3[\Omega],\ Z_{21} = 3[\Omega],\ Z_{22} = 7[\Omega]$$

13-9 어드미턴스 파라미터

[그림 13-22]와 같은 4단자망에서 두 쌍의 단자 1-1′와 2-2′에 각각 전압원 V_1, V_2가 가해졌을 때 폐로전류 I_1, I_2를 그림과 같은 방향으로 가정하면 I_1, I_2는 키르히호프의 전류법칙에 의해 다음과 같은 식으로 표시할 수 있다.

$$\left.\begin{aligned} I_1 &= Y_{11}V_1 + Y_{12}V_2 \\ I_2 &= Y_{21}V_1 + Y_{22}V_2 \end{aligned}\right\} \tag{13-14}$$

또 행렬식으로 표시하면

$$\begin{bmatrix} I_1 \\ I_2 \end{bmatrix} = \begin{bmatrix} Y_{11} & Y_{12} \\ Y_{21} & Y_{22} \end{bmatrix} \begin{bmatrix} V_1 \\ V_2 \end{bmatrix} \tag{13-15}$$

가 된다. 식 (13-6)의 행렬을 **어드미턴스 행렬**(admittance matrix) 또는 **Y행렬**이라 한다.

여기서 Y_{11}, Y_{12}, Y_{21}, Y_{22}는 비례계수로서 모두 어드미턴스의 **원**을 가지고 있으며, 이들을 4단자망의 **어드미턴스 파라미터**(admittance parameter)라 하고, 위의 식 (13-14), (13-15)는 어드미턴스 파라미터의 연립방정식이다.

또한 어드미턴스 파라미터의 물리적 의미는 다음과 같다.

식 (13-14)에서 단자 2-2′를 단락($V_2 = 0$)하면 Y_{11}, Y_{21}은

$$Y_{11} = \frac{I_1}{V_1}\Bigg|_{V_2=0}$$; 출력단락 입력 어드미턴스[℧]

$$Y_{21} = \frac{I_2}{V_1}\Bigg|_{V_2=0}$$; 출력단락 순방향 전달 임피던스[℧]

또한 단자 1-1′를 개방($V_1 = 0$)하면 Y_{11}, Y_{22}는

$$Y_{12} = \frac{I_1}{V_2}\Bigg|_{V_1=0}$$; 입력단락 역방향 전달 어드미턴스[℧]

$$Y_{22} = \left.\frac{I_2}{V_2}\right|_{V_1=0} \quad ; \text{입력단락 출력 어드미턴스}[℧]$$

그리고 쌍방성회로에서는

$$Y_{12} = Y_{21}$$

특히 대칭회로에 대해서는

$$Y_{11} = Y_{22}$$

의 관계가 성립한다.

예제 13-12

[그림 13-24]와 같은 π형 회로망에서 어드미턴스 파라미터를 구하여라.

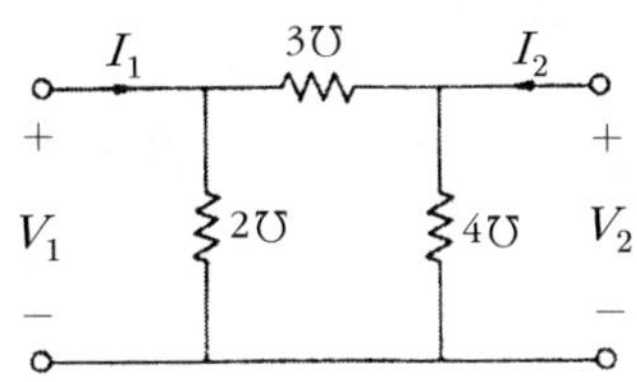

[그림 13-24]

■ **풀이** ■ 단자 2-2′를 단락하면 $V_2 = 0$이므로

$$Y_{11} = \left.\frac{I_1}{V_1}\right|_{V_2=0} = \frac{(2+3)V_1}{V_1} = 5\ [℧]$$

$$Y_{21} = \left.\frac{I_2}{V_1}\right|_{V_2=0} = \frac{-3V_1}{V_1} = -3\ [℧]$$

같은 방법으로 단자 1-1′를 단락하면 $V_1 = 0$이므로

$$Y_{12} = \left.\frac{I_1}{V_2}\right|_{V_1=0} = \frac{-3V_2}{V_2} = -3\ [℧]$$

$$Y_{22} = \left.\frac{I_2}{V_2}\right|_{V_1=0} = \frac{(3+4)V_2}{V_2} = 7(℧)$$

또한 직관적인 방법으로 전류방정식을 구하면

$$I_1 = 2V_1 + 3(V_1 - V_2) = 5V_1 - 3V_2$$

$$I_2 = 4V_2 + 3(V_2 - V_1) = -3V_1 + 7V_2$$

이로부터

$$\boldsymbol{Y}_{11} = 5[\mho],\ \boldsymbol{Y}_{12} = -3[\mho],\ \boldsymbol{Y}_{21} = -3[\mho],\ \boldsymbol{Y}_{22} = 7[\mho]$$

13-10 하이브리드 파라미터

일반적으로 선형회로망이나 전송선로의 해석에는 하이브리드 파라미터(hybrid parameter)가 자주 사용되지 않으나 트랜지스터나 진공관 등의 증폭회로에는 널리 사용되고 있으며, 하이브리드 H파라미터와 G파라미터로 구별하여 사용된다.

하이브리드 H파라미터는 입력측 전압 $\boldsymbol{V}_1$과 출력측 전류 $\boldsymbol{I}_2$를 종속변수로 잡고 나머지 두 변수를 나타내는 H파라미터의 연립방정식을 세우면

$$\left.\begin{aligned} \boldsymbol{V}_1 &= H_{11}\boldsymbol{I}_1 + H_{12}\boldsymbol{V}_2 \\ \boldsymbol{I}_2 &= H_{21}\boldsymbol{I}_1 + H_{22}\boldsymbol{V}_2 \end{aligned}\right\} \tag{13-16}$$

이 식에서 H파라미터의 물리적 의미는

$$H_{11} = \left.\frac{\boldsymbol{V}_1}{\boldsymbol{I}_1}\right|_{\boldsymbol{V}_2=0}$$: 출력단락 입력 임피던스[Ω]

$$H_{12} = \left.\frac{\boldsymbol{V}_1}{\boldsymbol{V}_2}\right|_{\boldsymbol{I}_1=0}$$: 입력개방 역방향 전압이득

$$H_{22} = \left.\frac{\boldsymbol{I}_2}{\boldsymbol{V}_2}\right|_{\boldsymbol{I}_1=0}$$: 입력개방 출력 어드미턴스[℧]

$$H_{21} = \left.\frac{\boldsymbol{I}_2}{\boldsymbol{I}_1}\right|_{\boldsymbol{V}_2=0}$$: 출력단락 순방향 전류이득

또한 하이브리드 $\boldsymbol{G}$ 파라미터의 기초방정식은

$$\left.\begin{aligned} I_1 &= G_{11}V_1 + G_{12}I_2 \\ V_2 &= G_{21}V_1 + G_{22}I_2 \end{aligned}\right\} \tag{13-17}$$

이 식에서 G파라미터의 물리적 의미는

$$G_{11} = \left.\frac{I_1}{V_1}\right|_{I_2=0} \quad : \text{출력개방 입력 어드미턴스}[\mho]$$

$$G_{12} = \left.\frac{I_1}{I_2}\right|_{V_1=0} \quad : \text{입력단락 역방향 전류이득}$$

$$G_{21} = \left.\frac{V_2}{V_1}\right|_{I_2=0} \quad : \text{출력개방 순방향 전압이득}$$

$$G_{22} = \left.\frac{V_2}{I_2}\right|_{V_1=0} \quad : \text{입력단락 출력 임피던스}[\Omega]$$

13-11 전송 파라미터

특히 신호전송의 문제를 다룰 때에는 한 쪽 단자쌍에서의 전압, 전류를 다른 쪽 단자쌍에서의 전압, 전류로 표시하는 것이 편리하다. 이때는 출력단의 전류 I_2가 앞 절에서 배운 파라미터와는 반대로 [그림 13-25]와 같이 가정한다.

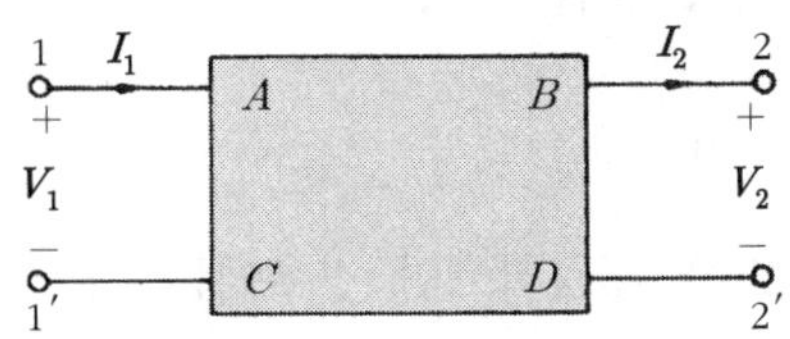

[그림 13-25] 전송 파라미터

[그림 13-25]에서 V_1, I_2를 독립변수로 잡고 방정식을 세우면

$$V_1 = AV_2 + BI_2 \qquad (13\text{-}18)$$
$$I_1 = CV_2 + DI_2$$

로 행렬식으로 표시하면

$$\begin{bmatrix} V_1 \\ I_1 \end{bmatrix} = \begin{bmatrix} A & B \\ C & D \end{bmatrix} \begin{bmatrix} V_2 \\ I_2 \end{bmatrix} \qquad (13\text{-}19)$$

이들 식을 전송 파라미터의 연립방정식이라 하며, 여기서 A, B, C, D를 **전송 파라미터**(transmisson parameter), **4단자정수**(four terminaparameter) 또는 단순히 $ABCE$ **파라미터**라고 한다.

전송 파라미터의 물리적 의미도 출력단자를 개방($I_2 = 0$) 또는 단락($V_2 = 0$) 시키고 생각하면 된다.

$$A = \left.\frac{V_1}{V_2}\right|_{I_2=0} \text{ ; 출력개방 역방향 전압이득}$$

$$B = \left.\frac{V_1}{I_2}\right|_{V_2=0} \text{ ; 출력단락 역방향 전달 임피던스[}\Omega\text{]}$$

$$C = \left.\frac{I_1}{V_2}\right|_{I_2=0} \text{ ; 출력개방 역방향 전달 어드미턴스[℧]}$$

$$D = \left.\frac{I_1}{I_2}\right|_{V_2=0} \text{ ; 출력단락 역방향 전류이득}$$

$ABCD$ 파라미터는 모두 입력단자의 양과 출력단자의 양과의 비임을 알 수 있다. 수동4단자망에서는

$$AD - BC = 1$$

이 성립하며, 또한 대칭회로인 경우에는

$$A = D$$

가 성립한다.

또 식 (13-18) V_2, I_2에 관해서 풀면

$$V_2 = \frac{DV_1 - BI_1}{\begin{vmatrix} A & B \\ C & D \end{vmatrix}} = DV_1 - BI_1$$

$$I_2 = \frac{-CV_1 + AI_1}{\begin{vmatrix} A & B \\ C & D \end{vmatrix}} = -CV_1 + AI_1 \qquad (13\text{-}20)$$

지금 [그림 13-25]에서 전류의 방향을 바꾸어 [그림 13-26]과 같이 2-2′가 입력측, 1-1′을 출력측으로 하면 식 (13-20)에서 I_1, I_2의 방향이 반대이므로 $AB(1)$ 파라미터는 A와 D가 바뀐다. 즉

$$V_2 = DV_1 + BI_1 \qquad (13\text{-}21)$$
$$I_2 = CV_1 + AI_1$$

또 행렬식으로 표시하면

$$\begin{bmatrix} V_2 \\ I_2 \end{bmatrix} = \begin{bmatrix} D & B \\ C & A \end{bmatrix} \begin{bmatrix} V_1 \\ I_1 \end{bmatrix} \qquad (13\text{-}22)$$

가 된다.

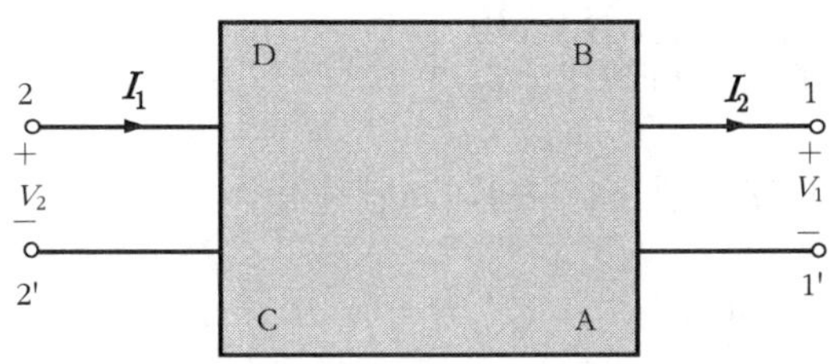

[그림 13-26] 전송파라미터

13-12 4단자망의 종속접속

[그림 13-27]과 같이 2개 이상의 4단자망을 차례로 접속하는 방식을 **종속접속**(cascade connection)이라 한다. 특히 전송선로간의 접속은 모두 이러한 방식이라 볼 수 있다. 그림을 참고로 하여 $ABCD$ 파라미터 연립방정식을 행렬식으로 바꾸면

$$\begin{bmatrix} V_1 \\ I_1 \end{bmatrix} = \begin{bmatrix} A' & B' \\ C' & D' \end{bmatrix} \begin{bmatrix} V_2 \\ I_2 \end{bmatrix}, \quad \begin{bmatrix} V_2 \\ I_2 \end{bmatrix} = \begin{bmatrix} A'' & B'' \\ C'' & D'' \end{bmatrix} \begin{bmatrix} V_3 \\ I_3 \end{bmatrix}$$

위의 두 행렬식에서 V_2, I_2를 소거하면

$$\begin{aligned} \begin{bmatrix} V_1 \\ I_1 \end{bmatrix} &= \begin{bmatrix} A' & B' \\ C' & D' \end{bmatrix} \begin{bmatrix} A'' & B'' \\ C'' & D'' \end{bmatrix} \begin{bmatrix} V_3 \\ I_3 \end{bmatrix} \\ &= \begin{bmatrix} A'A'' + B'C'' & A'B'' + B'D'' \\ C'A'' + D'C'' & C'B'' + D'D'' \end{bmatrix} \begin{bmatrix} V_3 \\ I_3 \end{bmatrix} \end{aligned} \tag{13-23}$$

가 된다. 이것을 합성 4단자망의 행렬식

$$\begin{bmatrix} V_1 \\ I_1 \end{bmatrix} = \begin{bmatrix} A & B \\ C & D \end{bmatrix} \begin{bmatrix} V_2 \\ I_2 \end{bmatrix}$$

와 비교하면 합성된 4단자망의 4단자정수는

$$\left. \begin{aligned} A &= A'A'' + B'C'', \; B = A'B'' + B'D'' \\ C &= C'A'' + D'C'', \; D = C'B'' + D'D'' \end{aligned} \right\} \tag{13-24}$$

가 된다.

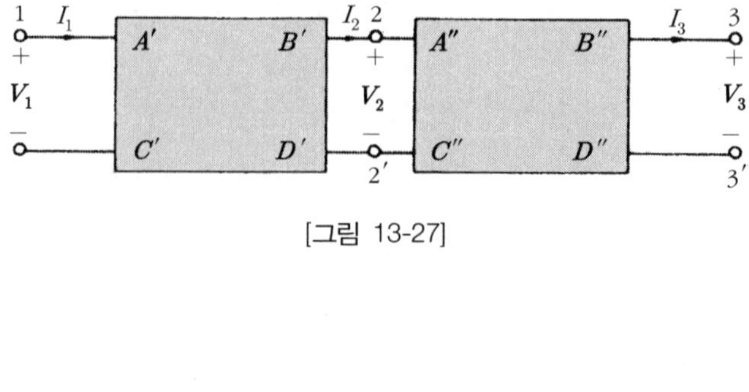

[그림 13-27]

예제 13-13

[그림 13-28]과 같은 4단자회로의 4단자정수를 구하여라.

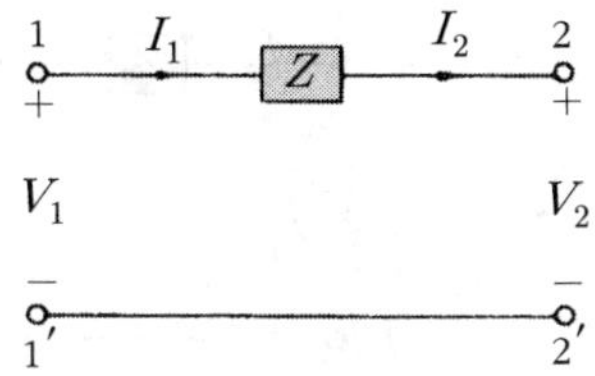

[그림 13-28]

■ **풀이** ■ [그림 13-28]에서

$$V_1 = V_2 + ZI_2$$

$$I_1 = I_2$$

이므로

$$A = 1,\ B = Z,\ C = 0,\ D = 1$$

예제 13-14

[그림 13-29]와 같은 4단자회로의 4단자정수를 구하여라.

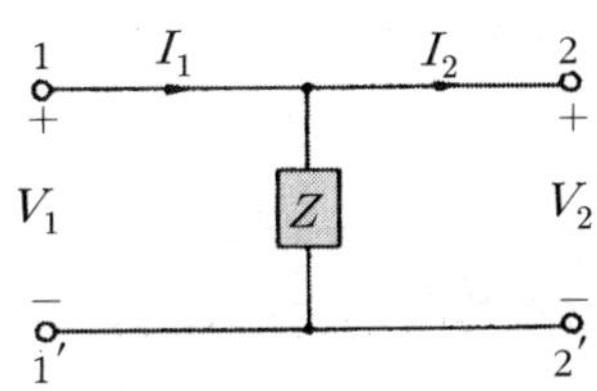

[그림 13-29]

■ **풀이** ■ [그림 13-29]에서

$$V_1 = V_2$$

$$I_1 = \frac{1}{Z} V_2 + I_2$$

이므로

$$A = 1,\ B = 0,\ C = \frac{1}{Z},\ D = 1$$

예제 13-15

[그림 13-30]과 같은 4단자회로의 4단자정수를 구하여라.

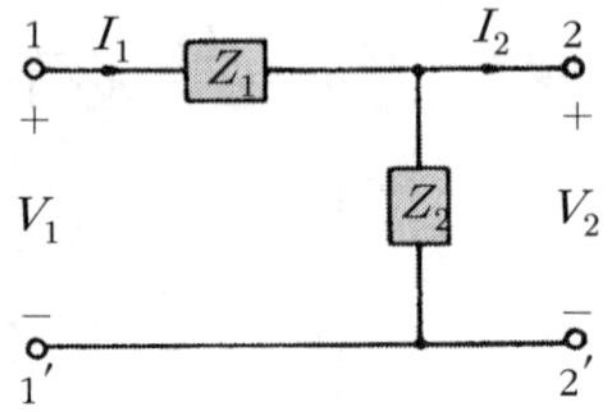

[그림 13-30]

■ **풀이** ■ 단자 2-2′를 개방했을 때($I_2=0$)

$$A=\frac{V_1}{V_2}\bigg|_{I_2=0}=\frac{(Z_1+Z_2)I_1}{Z_2 I_1}=1+\frac{Z_1}{Z_2}$$

$$C=\frac{I_1}{V_2}\bigg|_{I_2=0}=\frac{I_1}{Z_2 I_1}=\frac{1}{Z_2}$$

또한 단자 2-2′를 단락했을 때

$$B=\frac{V_1}{I_2}\bigg|_{V_2=0}=\frac{Z_1 I_2}{I_2}=Z_1$$

$$D=\frac{I_1}{I_2}\bigg|_{V_2=0}=1$$

따라서

$$A=1+\frac{Z_1}{Z_2},\ B=Z_1,\ C=\frac{1}{Z_2},\ D=1$$

한편 [그림 13-9]와 [그림 13-10]의 종속접속에 의하여 구하면

$$\begin{bmatrix} A & B \\ C & D \end{bmatrix}=\begin{bmatrix} 1 & Z_1 \\ 0 & 1 \end{bmatrix}\begin{bmatrix} 1 & 0 \\ \frac{1}{Z_2} & 1 \end{bmatrix}$$

$$=\begin{bmatrix} 1+\frac{Z_1}{Z_2} & Z_1 \\ \frac{1}{Z_2} & 1 \end{bmatrix}$$

예제 13-16

[그림 13-31]과 같은 T형 4단자회로의 4단자정수를 구하여라.

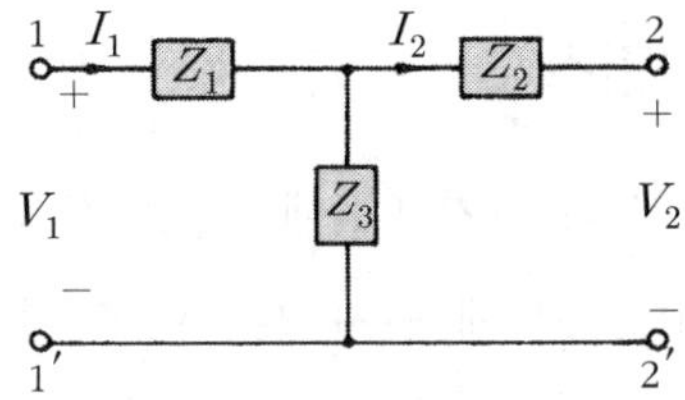

[그림 13-31]

■ 풀이 ■ 단자 2-2′를 개방했을 때($I_2=0$)

$$A=\left.\frac{V_1}{V_2}\right|_{I_2=0}=\frac{(Z_1+Z_3)I_1}{Z_3I_1}=1+\frac{Z_1}{Z_3}$$

$$C=\left.\frac{I_1}{V_2}\right|_{I_2=0}=\frac{I_1}{Z_3I_1}=\frac{1}{Z_3}$$

다음에 단자 2-2′를 단락했을 때 ($V_2=0$)

$$B=\left.\frac{V_1}{I_2}\right|_{V_2=0}=\frac{\left(Z_1+\dfrac{Z_2Z_3}{Z_2+Z_3}\right)I_1}{\dfrac{Z_3}{Z_2+Z_3}I_1}=Z_1+Z_2+\frac{Z_1Z_2}{Z_3}$$

$$D=\left.\frac{I_1}{I_2}\right|_{V_2=0}=\frac{I_1}{\dfrac{Z_3}{Z_2+Z_3}I_1}=1+\frac{Z_2}{Z_3}$$

13-13 영상 파라미터

지금까지 공부한 파라미터는 한 쪽 단자를 단락 혹은 개방한다는 조건 아래서 각 단자쌍의 전압-전류만을 변수로 하여 구성하였다.

그러나 단자 외부에 연결되는 임피던스를 도입하여 회로해석을 하는 것이 편리하므로 이것을 위하여 영상 임피던스와 영상전달정수로 된 **영상 파라미터**(image parameter)에 대해서 알아본다.

(1) 영상 임피던스

[그림 13-32]와 같이 단자 1-1′에 Z_{i1}을 접속할 때 단자 2-2′에서 좌측을 본 임피던스가 Z_{i2}이고, 동시에 단자 2-2′에 Z_{i2}를 접속할 때 단자 1-1′에서 우측을 본 임피던스가 Z_{i1}이 되었다면 입력단자 1-1′에서 우측을 본 임피던스나 좌측을 본 임피던스가 다같이 Z_{i1}이고, 출력단자 2-2′에서 우측 및 좌측을 본 임피던스가 다같이 Z_{i2}일 때 단자 1-1′와 단자 2-2′에 대해서 거울의 상같이 대칭된다 하여 Z_{i1}, Z_{i2}를 **영상 임피던스**(image impedance)라 한다. 이러한 경우는 입력단자나 출력단자에서 각각 **임피던스 정합**(impedance matching)이 되어 있는 관계를 의미하게 된다.

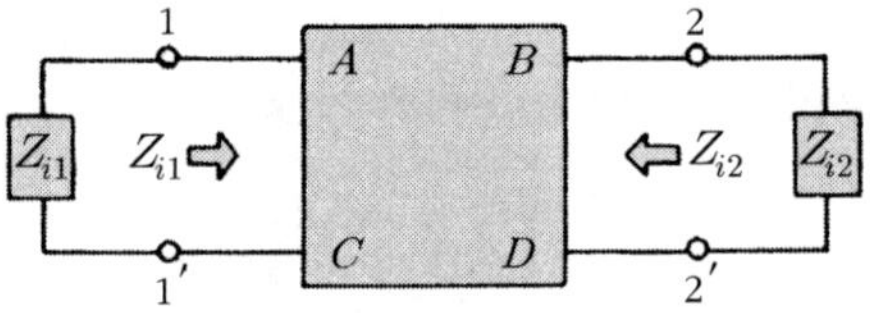

[그림 13-32] 영상 임피던스

식 (13-18)과 $V_2 = Z_{i2}I_2$의 관계로부터

$$Z_{i1} = \frac{V_1}{I_1} = \frac{AZ_{i2} + B}{CZ_{i2} + D} \tag{13-25}$$

가 된다. 또한 식 (13-21)과 $V_1 = Z_{i1}I_1$의 관계로부터

$$Z_{i2} = \frac{V_2}{I_2} = \frac{DZ_{i1} + B}{CZ_{i1} + A} \tag{13-26}$$

가 된다. 식 (13-25)와 식 (13-26)을 Z_{i1}, Z_{i2}에 관하여 풀면

$$Z_{i1} = \sqrt{\frac{AB}{CD}}, \quad Z_{i2} = \sqrt{\frac{BD}{AC}} \tag{13-27}$$

가 되며, 또한 다음과 같은 관계가 성립한다.

$$\boldsymbol{Z}_{i1} = \sqrt{\boldsymbol{Z}_{o1}\boldsymbol{Z}_{s1}},\ \boldsymbol{Z}_{i2} = \sqrt{\boldsymbol{Z}_{o2}\boldsymbol{Z}_{s2}} \tag{13-28}$$

즉 4단자망의 각 단자에서의 영상 임피던스는 그 단자에서의 개방 및 단락 임피던스의 기하학적 평균값과 같다.

대칭회로에서는 $A = D$이므로

$$\boldsymbol{Z}_{i1} = \boldsymbol{Z}_{i2} = \boldsymbol{Z}_{i} = \sqrt{\frac{B}{C}} = \sqrt{\boldsymbol{Z}_{op}\boldsymbol{Z}_{sh}} \tag{13-29}$$

위 식들에서 $\boldsymbol{Z}_{o1}$, $\boldsymbol{Z}_{S1}$, $\boldsymbol{Z}_{o2}$, $\boldsymbol{Z}_{s2}$, $\boldsymbol{Z}_{op}$ 및 $\boldsymbol{Z}_{sh}$는 다음과 같은 임피던스이다.

$\boldsymbol{Z}_{o1}$ =단자 2-2′를 개방하고 단자 1-1′에서 본 입력 임피던스

$\boldsymbol{Z}_{s1}$ =단자 2-2′를 단락하고 단자 1-1′에서 본 입력 임피던스

$\boldsymbol{Z}_{o2}$ =단자 1-1′를 개방하고 단자 2-2′에서 본 입력 임피던스

$\boldsymbol{Z}_{s2}$ =단자 1-1′를 단락하고 단자 2-2′에서 본 입력 임피던스

$\boldsymbol{Z}_{sh}$ =한 쪽 단자를 단락하고 다른 쪽 단자에서 본 입력 임피던스

$\boldsymbol{Z}_{op}$ =한 쪽 단자를 개방하고 다른 쪽 단자에서 본 입력 임피던스

(2) 영상전달정수

[그림 13-33]과 같이 수동 4단자망의 양측이 각각의 영상 임피던스로서 종단되어 있는 경우 **영상정합**(image matching)이 되어 있다고 한다. 이 경우 영상정합시에는

$$e^{\theta} = \sqrt{\frac{\boldsymbol{V}_1\boldsymbol{I}_1}{\boldsymbol{V}_2\boldsymbol{I}_2}} \tag{13-30}$$

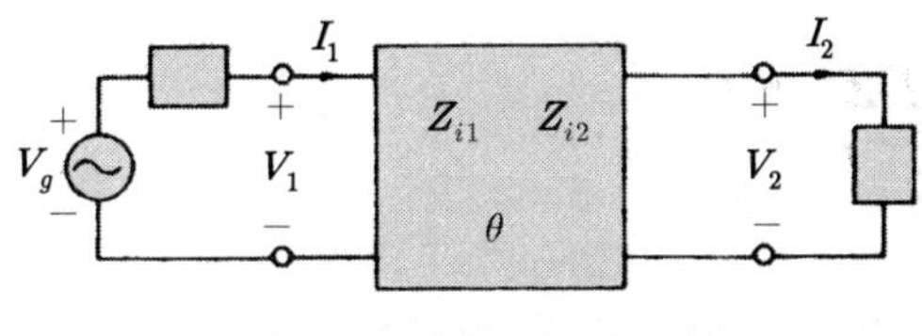

[그림 13-33] 영상정합된 회로

에 의하여 정의되는 θ를 **영상전달정수**(image transfer constant)라 하고, $\boldsymbol{Z}_{i1}$, $\boldsymbol{Z}_{i2}$, θ를 영상 파라미터라 총칭하며, 일반적으로 모두 주파수의 함수인 복소수이다. 식 (13-30)에서 영상정합 상태를 고려하면

$$\frac{\boldsymbol{V}_1}{\boldsymbol{V}_2} = A + \frac{B}{\boldsymbol{Z}_{i2}} = A + B\sqrt{\frac{AC}{BD}} = \sqrt{\frac{A}{D}}\left(\sqrt{AD} + \sqrt{BC}\right)$$

$$\frac{\boldsymbol{I}_1}{\boldsymbol{I}_2} = C\boldsymbol{Z}_{i2} + D = C\sqrt{\frac{BD}{AC}} = \sqrt{\frac{D}{A}}\left(\sqrt{AD} + \sqrt{BC}\right)$$

따라서 식 (13-30)은

$$e^{\theta} = \sqrt{AD} + \sqrt{BC}$$

$$\theta = \log_e\left(\sqrt{AD} + \sqrt{BC}\right) = \ln\left(\sqrt{AD} + \sqrt{BC}\right) \tag{13-31}$$

가 되고, 또 $AD - BC = 1$이므로

$$e^{-\theta} = \frac{1}{e^{\theta}} = \frac{1}{\sqrt{AD} + \sqrt{BC}} = \sqrt{AD} - \sqrt{BC}$$

또한 식 (13-30)은 $\boldsymbol{V}_1 = \boldsymbol{Z}_{i1}\boldsymbol{I}_1$, $\boldsymbol{V}_2 = \boldsymbol{Z}_{i2}\boldsymbol{I}_2$의 관계로부터

$$e^{\theta} = \frac{\boldsymbol{I}_1}{\boldsymbol{I}_2}\sqrt{\frac{\boldsymbol{Z}_{i1}}{\boldsymbol{Z}_{i2}}} = \frac{\boldsymbol{V}_1}{\boldsymbol{V}_2}\sqrt{\frac{\boldsymbol{Z}_{i2}}{\boldsymbol{Z}_{i1}}} \tag{13-32}$$

특히 대칭 4단자망의 경우는 $\boldsymbol{Z}_{i1} = \boldsymbol{Z}_{i2}$이므로

$$e^{\theta} = \frac{\boldsymbol{I}_1}{\boldsymbol{I}_2} = \frac{\boldsymbol{V}_1}{\boldsymbol{V}_2} \tag{13-33}$$

이다. 영상전달정수 θ의 물리적 의미는 위의 두 식으로부터 명백하며, 일반적으로 θ는 복소수이므로

$$\theta = \alpha + j\beta$$

라 쓸 수 있다. 여기서 α를 **영상감쇠정수**(image attenuation constant)라 하고 단위는 [neper]이며, β를 **영상위상정수**(image phase constant)라 하고 단위는

(radian[rad])을 사용한다. 또한

$$e^{\theta} = e^{\alpha + j\beta} = e^{\alpha} e^{j\beta} = e^{\alpha} \quad \beta$$

가 되므로, 대칭 4단자망에서는

$$\alpha = \ln \left| \frac{I_1}{I_2} \right| = \ln \left| \frac{V_1}{V_2} \right| \tag{13-34}$$

$$\beta = I_2(\text{또는 } V_2)\text{가 } I_1(\text{또는 } V_1)\text{보다 늦은 위상각} \tag{13-35}$$

식 (13-34)를 살펴보면 입력전류 I_1을 기준하여 α가 클수록 출력전류 I_2는 작아진다. 이 때문에 α를 감쇠정수라 한다. 또 식 (13-35)를 보면 β가 클수록 출력전류의 위상이 입력전류에 비하여 늦어진다. 그래서 β를 위상정수라 한다. 전압도 마찬가지이다.

(3) 영상정합에 의한 4단자망의 종속접속

[그림 13-35]와 같이 종속접속된 4단자망에서 합성 4단자망의 영상 임피던스는 Z_{i1}, Z_{i3}가 되고, 또 합성 4단자망의 영상전달정수를 θ라 하면

$$e^{\theta} = \sqrt{\frac{V_1 I_1}{V_3 I^3}} = \sqrt{\frac{V_1 I_1}{V_2 I_2}} \cdot \sqrt{\frac{V_2 I_2}{V_3 I_3}} = e^{\theta_1} \cdot e^{\theta_2} \tag{13-36}$$

따라서

$$\theta = \theta_1 + \theta_2, \quad \alpha = \alpha_1 + \alpha_2, \quad \beta = \beta_1 + \beta^2 \tag{13-37}$$

가 된다.

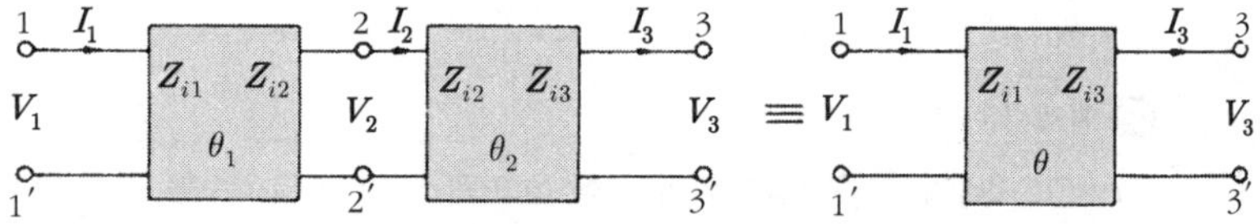

[그림 13-34] 4단자망의 종속접속

예제 13-17

[그림 13-35]와 같은 회로에서 영상 임피던스를 구한 다음 실제로 입출력단자에 대한 입력 임피던스를 구하고 영상 임피던스의 값과 같은가 비교하여라.

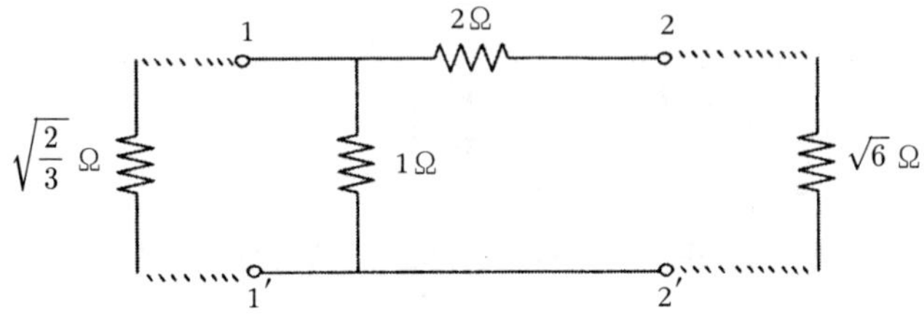

[그림 13-35]

■ **풀이** ■ $Z_{o1} = 1[\Omega],\ Z_{s1} = \dfrac{1\times 2}{1+2} = \dfrac{2}{3}[\Omega]$

$$Z_{i1} = \sqrt{Z_{o1}Z_{S1}} = \sqrt{1\times\frac{2}{3}} = \sqrt{\frac{2}{3}}\,[\Omega]$$

$Z_{o2} = 2[\Omega],\ Z_{S2} = 3[\Omega]$이므로

$$Z_{i2} = \sqrt{2\times 3} = \sqrt{6}\,[\Omega]$$

이제 입력단자에 Z_{i1}을 출력단자에 Z_{i2}를 연결하고 각 단자에서 입력 임피던스를 구하면

$$Z_{i1} = \frac{1\times(2+\sqrt{6})}{1+2+\sqrt{6}} = \sqrt{\frac{2}{3}}\,[\Omega]$$

$$Z_{i2} = 2+\frac{\sqrt{\frac{2}{3}}}{1+\sqrt{\frac{2}{3}}} = \sqrt{6}\,[\Omega]$$

따라서 단자 1-1′에서 영상 임피던스와 회로망쪽 입력 임피던스와 단자 2-2′에서 영상 임피던스와 회로망쪽 입력 임피던스는 서로 같음을 알 수 있다.

예제 13-18

[그림 13-36]과 같은 T형회로의 영상 임피던스 및 전달정수를 구하여라.

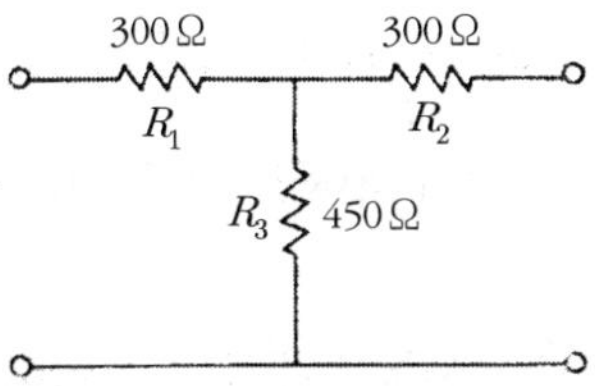

[그림 13-36]

■ **풀이** ■ 4단자정수 A, B, C, D를 구하면

$$A = 1 + \frac{R_1}{R_3} = 1 + \frac{300}{450} = \frac{5}{3}$$

$$B = \frac{R_1R_2 + R_2R_3 + R_3R_1}{R_3} = 800[\Omega]$$

$$C = \frac{1}{R_3} = \frac{1}{450}[\mho], \quad D = 1 + \frac{R_2}{R_3} = \frac{5}{3}$$

이고, 대칭회로이므로

$$\boldsymbol{Z}_{i1} = \boldsymbol{Z}_{i2} = \sqrt{\frac{B}{C}} = \sqrt{800 \times 450} = \mathbf{600}[\Omega]$$

또한 전달정수 θ는

$$\theta = \ln(\sqrt{AD} + \sqrt{BC}) = \ln\left(\frac{5}{3} + \frac{4}{3}\right) = \mathbf{ln\,3}$$

13-14 데시벨 및 네퍼

어떤 물리적 양 P_1과 P_2를 비교할 때 P_1을 기준으로 할 때

$$\frac{P_2}{P_1}, \qquad P_2 - P_1$$

와 같이 두 양의 비나 차를 생각하나 통신공학에서는 흔히 대수를 취한다. 즉

$$\log_{10}\frac{P_2}{P_1}[\text{Bell}]$$

여기서 1[Bel]의 10배를 취하고, 단위에 $\frac{1}{10}$의 뜻인 접두어 데시(deci)를 붙여 사용한다. 이것이 **데시벨**(decibel)이며, 단위로는 [decibel] 또는 [dB]의 기호를 사용한다.

통신분야에서는 기준전력을 P_1, 측정대상 전력을 P_2라고 할 때 다음과 같이 데시벨값이 정의된다.

$$10\log_{10} \frac{P_2}{P_1}[\text{dB}] \tag{13-38}$$

만약 $P_1 = P_2$이면 dB의 값은 0이고, $P_2 > P_1$(전력증가)이면 dB의 값은 (+), $P_1 < P_2$(전력감소)이면 dB의 값은 (−)가 된다.

dB은 두 전력을 비교하기 위하여 도입된 것이나 두 전압이나 두 전류를 비교할 때 다음과 같이 정의한다.

$$20\log \frac{V_2}{V_1}[\text{dB}],\ 20\log \frac{I_2}{I_1}[\text{dB}]$$

예컨대 증폭기에서 입력전압이 V_1이 걸리는 임피던스와 출력전압 V_2에 걸리는 부하 임피던스가 매우 다르나, 전압이득은 $g = 20\log\frac{V_2}{V_1}$[dB]로 나타내는 일이 있다.

일반적으로 회로의 응답이나 감쇠는 자연지수의 함수로 나타내는 것이 보통이다. 이때 전압이나 전류를 자연대수적으로 나타내는 방법이 **네퍼**(neper)이다. 즉 기준 전압과 전류를 V_1, I_2라 하고, 측정전압과 전류를 각각 V_2, I_2라고 했을 때 자연대수 ln로 표기하면 네퍼는 다음과 같이 정의한다.

$$\ln\frac{V_2}{V_1}[\text{neper}],\quad \ln\frac{I_2}{I_1}[\text{neper}] \tag{13-39}$$

또한 전압이나 전류의 제곱이 전력이므로 차원을 고려하면 전력에 의한 표현은 다음과 같다.

$$\frac{1}{2}\ln\frac{P_2}{P_1}\text{[neper]} \qquad (13\text{-}40)$$

또 네퍼(neper)와 dB 사이에는 $\frac{1}{2}\ln\frac{P_2}{P_1}$[neper]$= 1.181\log\frac{P_2}{P_1}$[neper]이므로

$$1.181\text{ [neper]} = 10\text{ [dB]},\ 1\text{ [neper]} = 8.686\text{[dB]}$$

의 관계가 있으며, 실제로 이론적으로는 [neper], 실용적으로는 [dB]의 단위를 주로 사용하고 있다.

예제 13-19

2 [mV]의 입력을 가했을 때 200[mV]의 출력이 나오는 4단자회로망의 전압이득 g는 몇 [dB]인가?

■ **풀이** ■ $g = 20\log\frac{200}{2} = 20\log 10^2 = 20\times 2 = \mathbf{40}$[dB]

예제 13-20

어떤 전송선로의 감쇠기를 삽입하여 신호 레벨을 조정하고자 한다. 입력단의 전압과 전류가 10 [mV], 10 [mA]이고, 출력단의 전압과 전류가 각각 3.69 [mV], 3.69 [mA]가 되도록 하려면 이 감쇠기의 감쇠이득은 몇 [neper]인가?

■ **풀이** ■ $G = \frac{1}{2}\ln\frac{P_1}{P_2} = \frac{1}{2}\ln\frac{V_1 I_1}{V_2 I_2}$

$$= \frac{1}{2}\ln\frac{10\times 10}{3.69\times 3.69} = \mathbf{1}\text{[neper]}$$

연습문제

13-1 임피던스 $Z(s)$가 $Z(s)=\dfrac{s+50}{s^2+35s+2}$ [Ω]으로 주어지는 2단자에 직류 100[V]의 전압을 인가했다면 회로의 전류[A]는?

㉮ 4　　㉯ 6　　㉰ 8　　㉱ 10

13-2 2단자 임피던스 함수 $Z(s)=\dfrac{(s+1)(s+2)}{(s+3)(s+4)}$일 때 영점과 극을 옳게 표시한 것은?

㉮ 영점 ; 1, 2, 극 ; 3, 4　　㉯ 영점 ; −1, −2, 극 ; −3, −4

㉰ 영점 ; 없다 극 ; −1, −2, −3, −4　　㉱ 영점 ; 1, 2, 3, 4, 극 ; 없다

13-3 그림과 같은 회로의 구동점 임피던스[Ω]는?

㉮ $\dfrac{6s+1}{6s^2+1}$　　㉯ $\dfrac{s+2}{6s(s+1)}$

㉰ $\dfrac{6s^2+1}{S(s^2+1)}$　　㉱ $\dfrac{6s^2+1}{(s+1)(s+2)}$

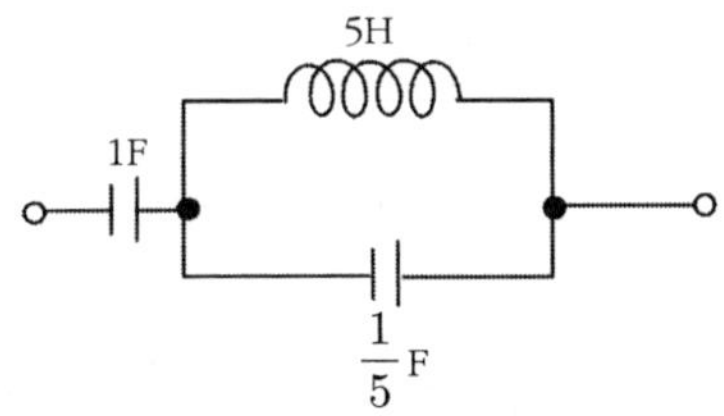

13-4 임피던스 함수 $Z(s)=\dfrac{8s+7}{s}$ [Ω]으로 표시되는 2단자회로는?

㉮ 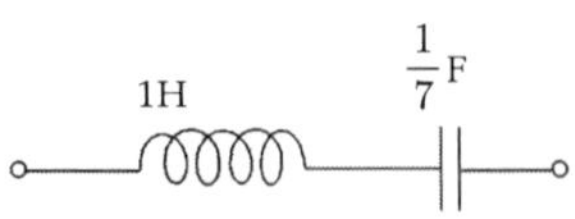

㉯ 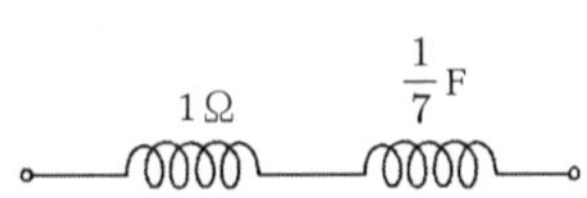

㉰ 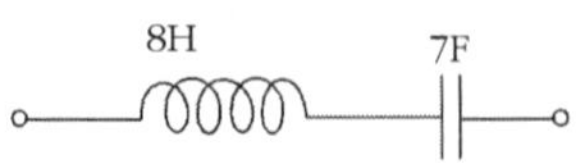

㉱ 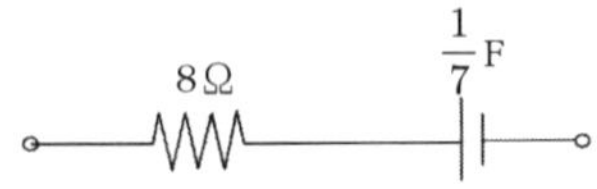

* 정답 1 ㉮ 2 ㉯ 3 ㉰ 4 ㉱

13-5 $Z(s)=\dfrac{s}{s^2+3}$ [Ω]으로 표시되는 2단자회로는?

㉮ 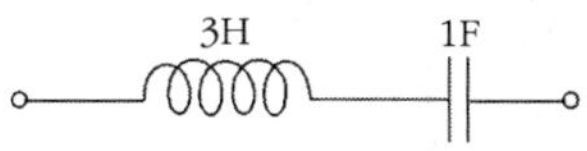

㉯ 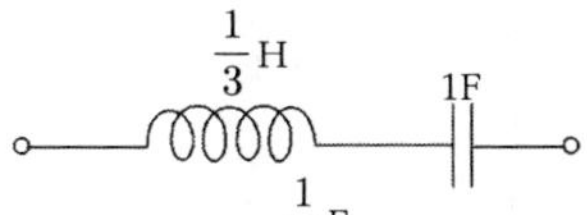

㉰ 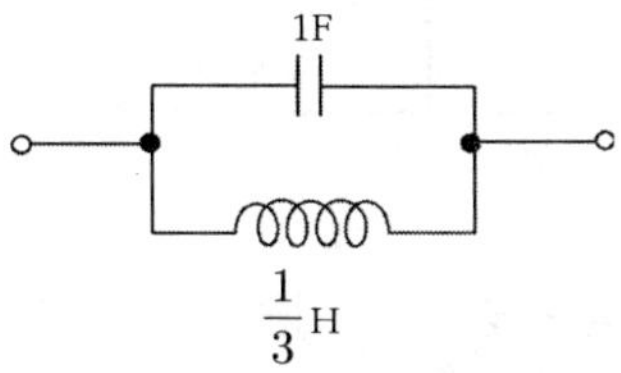

㉱ 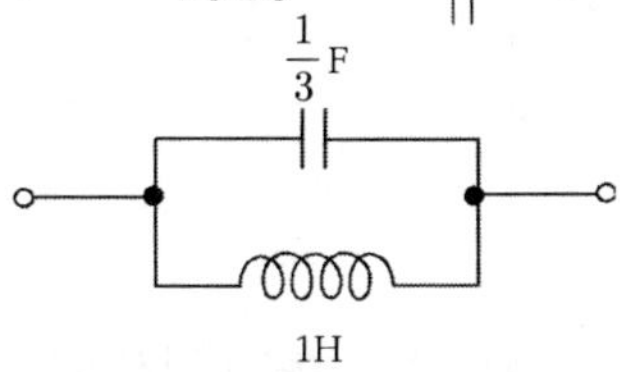

13-6 그림과 같은 (a), (b)회로가 역회로의 관계가 있으려면 L의 값[mH]은?

㉮ 0.1
㉯ 0.2
㉰ 0.4
㉱ 0.8

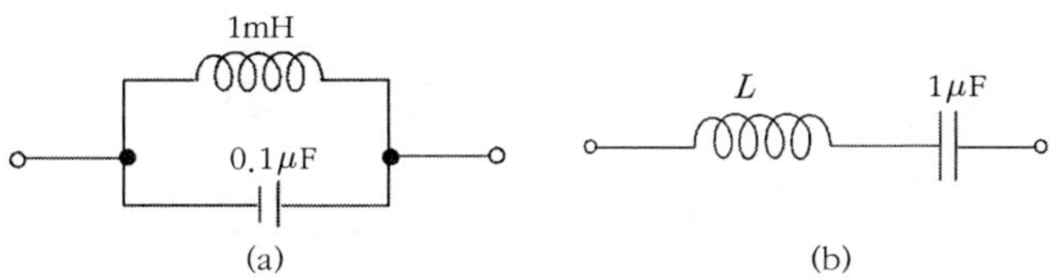

13-7 그림과 같은 회로에서 $L=4$[mH], $C=0.1$[μF]일 때 정저항회로 라면 저항 R[Ω]은?

㉮ 100
㉯ 200
㉰ 300
㉱ 400

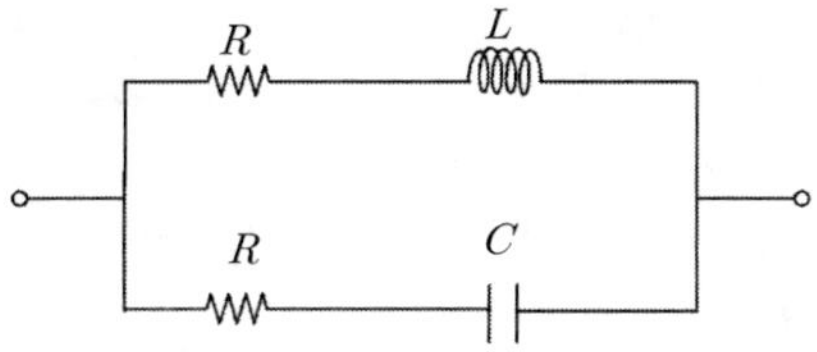

13-8 그림과 같은 회로가 정저항회로가 되기 위해서 C[μF]는? 단 $R=100$[Ω], $L=10$[mH]이다.

㉮ 0.01
㉯ 0.1
㉰ 1
㉱ 100

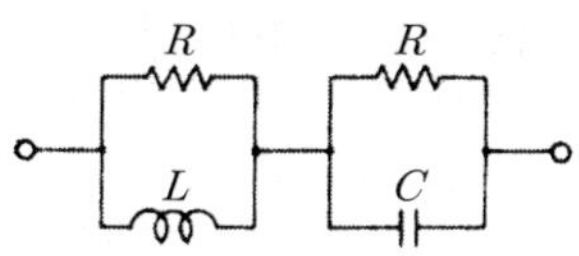

13-9 그림과 같은 4단자회로의 개방순방향 Z_{21}[Ω]은?

㉮ 2
㉯ 3
㉰ 4
㉱ 6

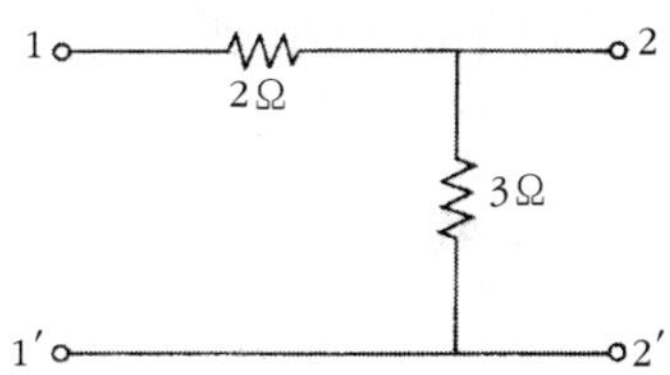

* 정답 5 ㉰ 6 ㉮ 7 ㉯ 8 ㉰ 9 ㉯

13-10 그림의 단자 1-1′에서 본 입력 임피던스 $Z_{11}[\Omega]$은?

㉮ 2
㉯ 4
㉰ 6
㉱ 8

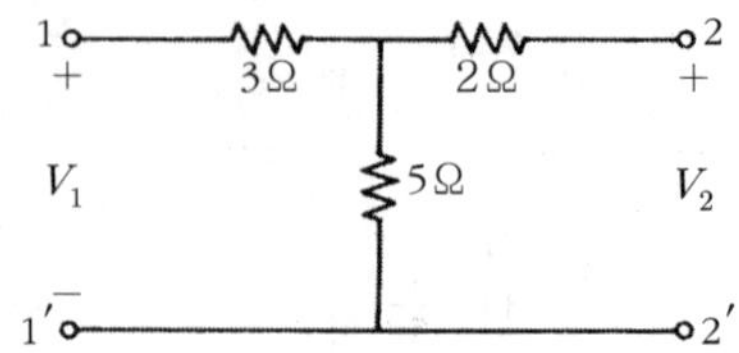

13-11 그림과 같은 π형 4단자회로의 어드미턴스 상수 중 $Y_{22}[\mho]$는?

㉮ 4
㉯ 6
㉰ 9
㉱ 12

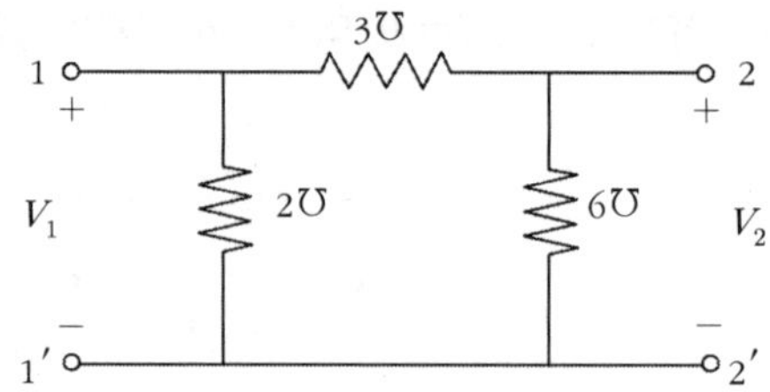

13-12 그림과 같은 회로에서 임피던스 파라미터 중 $Z_{12}[\Omega]$는?

㉮ $j\omega L_1$
㉯ $j\omega L_2$
㉰ $j\omega(L_1+L_2)$
㉱ $j\omega M$

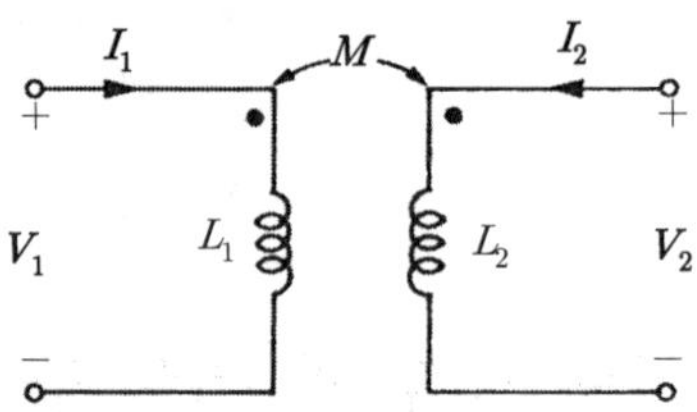

13-13 그림과 같은 L형회로에서 하이브리드 파라미터 중 $H_{11}[\Omega]$은?

㉮ 5
㉯ 10
㉰ 15
㉱ 20

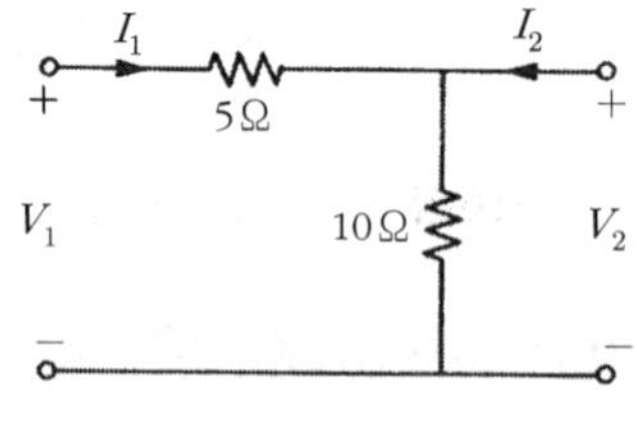

13-14 어떤 수동4단자망의 4단자정수가 $A=8$, $B=j2$, $D=3+j2$이면 C의 값은?

㉮ $3-j4$
㉯ $4+j6$
㉰ $8-j11.5$
㉱ $24+j14.5$

* 정답 10 ㉱ 11 ㉰ 12 ㉱ 13 ㉮ 14 ㉰

13-15 그림과 같은 L형 회로의 4단자정수 중 C는?

㉮ $\dfrac{1}{j\omega C}$

㉯ $j\omega C$

㉰ $-\dfrac{1}{j\omega C}$

㉱ $-j\omega C$

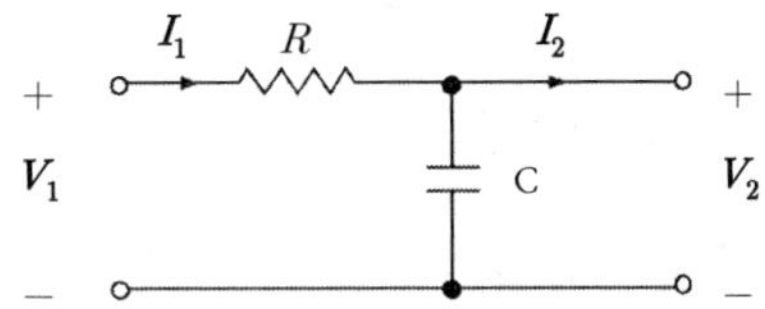

13-16 그림과 같은 회로에서 4단자정수 중 옳지 않은 것은?

㉮ $A=2$

㉯ $B=12$

㉰ $C=\dfrac{1}{2}$

㉱ $D=2$

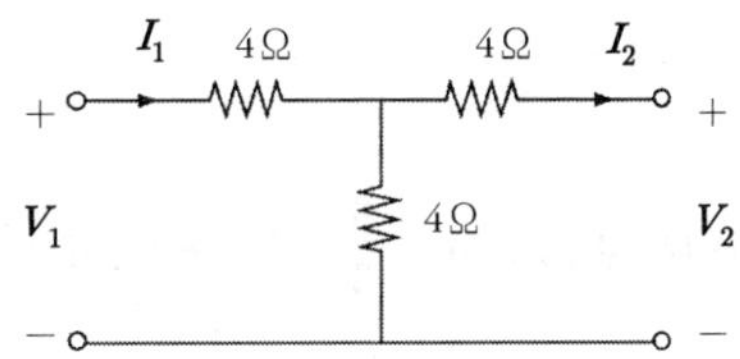

13-17 L형 4단자회로에서 4단자정수가 $B=\dfrac{5}{3}$, $C=1$이고, 영상 임피던스$Z_{01}=\dfrac{20}{3}[\Omega]$일 때 영상 임피던스 $Z_{02}[\Omega]$의 값은?

㉮ $\dfrac{1}{4}$　　㉯ $\dfrac{1}{9}$

㉰ $\dfrac{100}{9}$　　㉱ $\dfrac{9}{100}$

13-18 그림과 같은 T형회로에서 단자 1-1′측에서 본 개방임피던스 $Z_{o1}[\Omega]$ 및 단락 임피던스 $Z_{s1}[\Omega]$은?

㉮ $Z_{o1}=15$　$Z_{s1}=1.3$

㉯ $Z_{o1}=10$　$Z_{s1}=2.6$

㉰ $Z_{o1}=10$　$Z_{s1}=3.6$

㉱ $Z_{o1}=20$　$Z_{s1}=4.3$

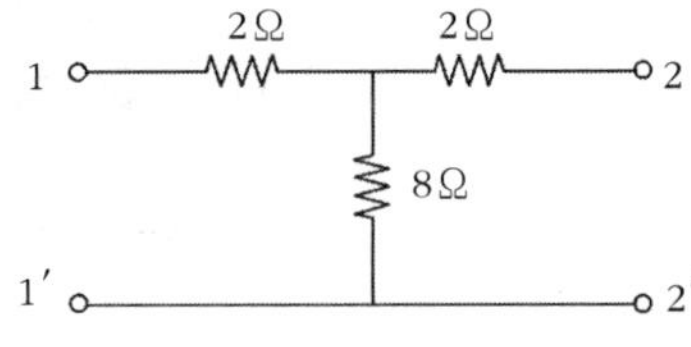

* 정답 15 ㉯ 16 ㉰ 17 ㉮ 18 ㉰

13-19 그림과 같은 회로의 영상 임피던스 Z_{i1}, Z_{i2}의 값[Ω]은?

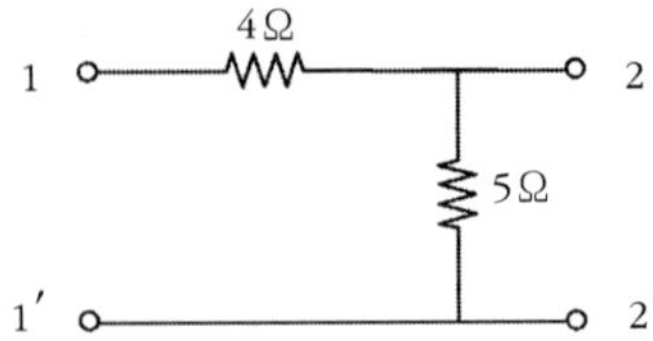

㉮ $Z_{i1}=9 \quad Z_{i2}=5$

㉯ $Z_{i1}=4 \quad Z_{i2}=5$

㉰ $Z_{i1}=4 \quad Z_{i2}=\dfrac{20}{9}$

㉱ $Z_{i1}=6 \quad Z_{i2}=\dfrac{10}{3}$

13-20 그림과 같은 회로에서 영상 임피던스 Z_{i1}[Ω]은?

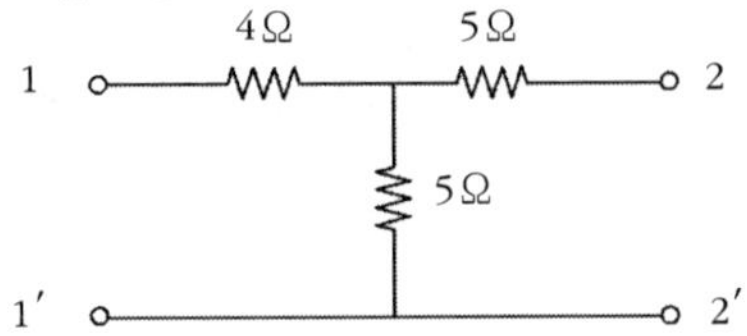

㉮ 6.51

㉯ 7.65

㉰ 9.08

㉱ 10.51

13-21 4단자정수가 $A=\dfrac{5}{3}$, $B=800[\Omega]$, $C=\dfrac{1}{450}[\Omega]$, $D=\dfrac{5}{3}$일 때 전달정수 θ는 얼마인가?

㉮ $\log_e 2$ ㉯ $\log_e 3$ ㉰ $\log_e 4$ ㉱ $\log_e 5$

13-22 1[mV]의 입력을 가했을 때 1000[mV]의 출력이 나오는 4단자망의 전압이득[dB]은?

㉮ 20 ㉯ 40 ㉰ 60 ㉱ 80

13-23 1[mW]를 전력의 기준 레벨로 할 때 1[W]는 몇 [dB]인가?

㉮ 20 ㉯ 30 ㉰ 40 ㉱ 60

13-24 그림과 같은 회로에서 구동점 어드미턴스 $Y(s)$를 구하여라.

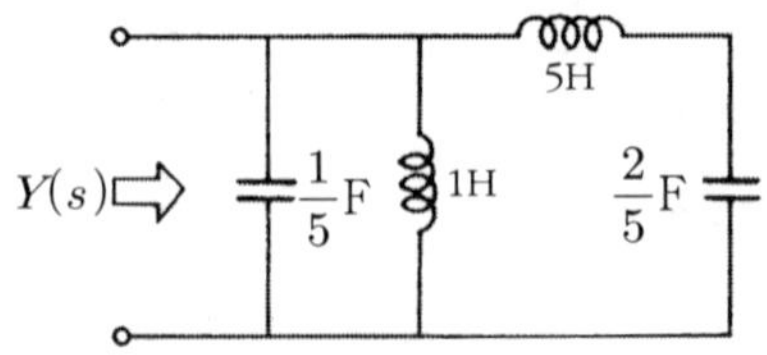

---

* 정답

19 ㉱ 20 ㉯ 21 ㉯ 22 ㉰ 23 ㉯ 24 $Y(s)=\dfrac{2s^4+13s^2+5}{10s^3+5s}$

13-25 정현파 회로에서 2단자망의 임피던스 함수가 다음과 같을 때 공진주파수와 반공진주파수를 구하여라.

$$Z(s)=\frac{0.1(s^2+1000^2)(s^2+3000^2)}{s(s^2+2000^2)}$$

13-26 $Z(s)=\dfrac{s^2+2s+2}{s^2+s+1}$ 로 표시되는 2단자망의 회로를 그려라.

13-27 그림과 같은 회로의 리액턴스 주파수특성 곡선을 그려라.

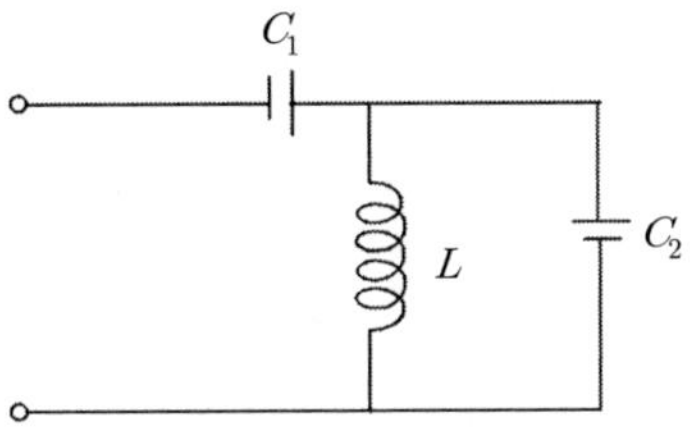

＊ 정답 25 공진주파수 ; $f_1=159.2$[Hz], $f_3=477.5$[Hz], 반공진주파수 ; $f_0=0$[Hz], $f_2=318.3$[Hz]
26 풀이참조 27 풀이참조

제14장

과도현상

지금까지 다룬 회로는 회로에 흐르는 전류, 전압이 시간에 대하여 전원이 직류인 경우에는 일정한 값을 유지하고, 교류인 경우에는 일정한 주기적 변화를 연속하게 된다. 이와 같은 상태를 **정상상태**(steady state)라 한다.

그러나 L, C 등의 회로소자가 있는 회로에서는 전압을 급히 제거하거나 인가할 때, 각 부의 전압-전류 등의 에너지가 순간적으로 정상상태에 도달하지 못하고 여러 가지의 복잡한 변화가 일어난다. 이와같이 어떤 정상상태로부터 다른 정상상태로 변화하는 동안에 일어나는 현상을 **과도현상**(transient phenomena)이라 하며, 그 변화기간을 **과도기**(transient period), 과도기에 있어서 시시각각으로 변화하는 양을 **과도값**(transient value)이라고 한다.

이 장에서는 회로의 전압-전류에 대한 미분방정식을 세운 후 고전적인 해석을 통해 여러 과도현상에 대한 특성을 알아보기로 한다.

14-1 $R-L$ 직류회로

[그림 14-1]과 같은 $R-L$ 직렬직류회로에서 시간 $t=0$에서 스위치 S를 닫아서 직류전압 E를 인가할 때 회로에 흐르는 전류 i는 KVL을 적용하여

$$L\frac{di}{dt}+Ri=E \tag{14-1}$$

가 된다.

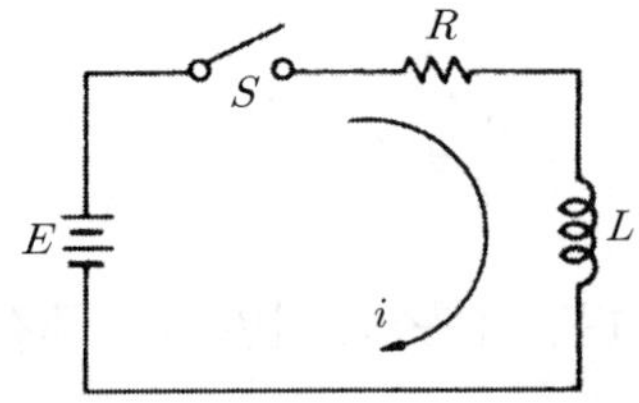

[그림 14-1] $R-L$ 직렬회로

식 (14-1)의 미분방정식 일반해 i는 정상항 i_s와 과도항 i_t의 합으로 나타난다. 즉

$$i=i_s+i_t$$

이다. 여기서 정상항 i_s는 $t=\infty$일 때의 해이므로 $t=\infty$에서 미분항 $L\frac{di}{dt}=0$이다. 따라서 정상항 i_s는

$$0+Ri_s=E,\ \ i_s=\frac{E}{R}$$

가 된다. 또한 과도항 i_t는 $E=0$인 동차식의 해이므로

$$L\frac{di_t}{dt}+Ri_t=0 \tag{14-2}$$

에서 이 식의 해가 $i_t=Ae^{pt}$라 놓으면 $L\frac{di_t}{dt}=APe^{pt}$이므로 식 (14-2)는

$$LAPe^{pt}+RAe^{pt}=(LP+R)Ae^{pt}=0$$

이 된다. 여기서 $Ae^{pt}\neq 0$이므로

$$LP+R=0,\quad P=-\frac{R}{L}$$

이 되어 식 (14-2)의 과도해는

$$i_t=Ae^{-\frac{R}{L}t} \tag{14-3}$$

가 된다. 따라서 식 (14-1)의 일반해 i는

$$i=i_s+i_t=\frac{E}{R}+Ae^{-\frac{R}{L}t} \tag{14-4}$$

가 되며, 여기서 A는 적분상수이며 초기조건에 의하여 $t=0$에서 $i=0$이므로 식 (14-4)는

$$0=\frac{E}{R}+Ae^{-0},\quad A=-\frac{E}{R}$$

가 되어, 구하는 전류 i는 식 (14-3)에 (14-4)를 대입하여

$$\boldsymbol{i=\frac{E}{R}\left(1-e^{-\frac{R}{L}t}\right)} \tag{14-5}$$

가 된다. 이 식에서 알 수 있듯이 $t=\infty$에서 과도항은 없어지고 정상상태가 되며, 이때 정상전류 $i=I=\dfrac{E}{R}$이 흐르게 된다.

[그림 14-2]에서 전류 i의 곡선 $t=0$에서 접선을 그어 $i=\dfrac{E}{R}=I$와 교차하는 시간을 τ라 하면 식 (14-5)에서

$$\left(\frac{di}{dt}\right)_{t=0}=\left(\frac{E}{R}\cdot\frac{R}{L}e^{-\frac{R}{L}t}\right)_{t=0}=\frac{E}{L}=\tan\theta=\frac{I}{\tau}$$

$$\therefore \boldsymbol{\tau=\frac{L}{R}}[\text{sec}] \tag{14-6}$$

이다. 여기서 τ를 회로의 **시정수**(time constant)라 한다. 과도상태의 지속시간, 즉 과도기는 이 시정수에 의하여 결정된다.

다음에 저항 R과 인덕턴스 L에 걸린 v_R과 v_L은 다음과 같다.

$$v_R = Ri = E(1 - e^{-\frac{R}{L}t}) \tag{14-7}$$

$$v_L = L\frac{di}{dt} = Ee^{-\frac{R}{L}t} \tag{14-8}$$

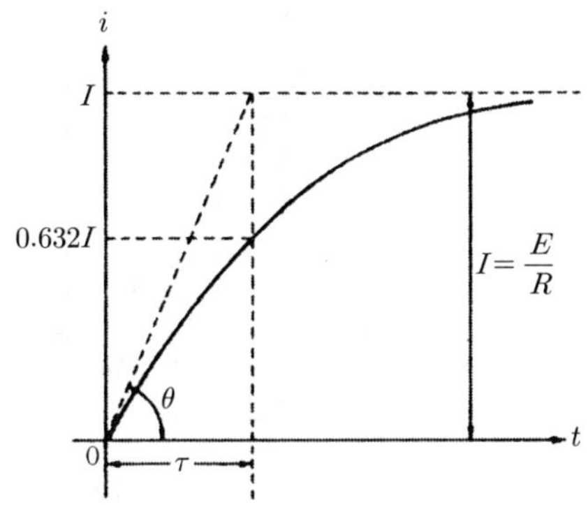

[그림 14-2] $R-L$ 회로의 i곡선

예제 14-1

[그림 14-3]과 같은 $R-L$ 회로에서 직류전압 E를 인가하여 정상전류 I가 흐른다. 이때 $t=0$에서 스위치 S를 닫아 직류전압을 제거할 때 $R-L$에 흐르는 전류 i와 시정수 τ를 구하여라.

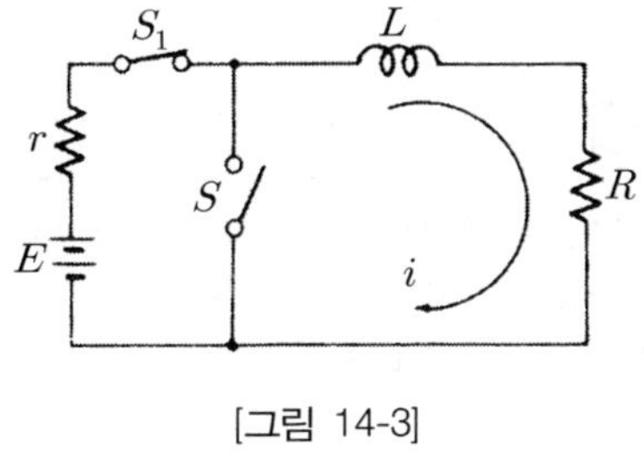

[그림 14-3]

■ **풀이** ■ 전압방정식은 KVL을 적용하면

$$L\frac{di}{dt} + Ri = 0$$

이 방정식의 일반해는 정상항이 0이 되어 과도항만 존재하므로 식 (14-5)와 마찬가지로

$$i = Ae^{-\frac{R}{L}t}$$

이때 적분상수 A는 초기조건 $t=0$에서 $i=I$이므로 위 식에서 $A=I$가 되므로 구하는 전류 i는 다음과 같다.

$$\boldsymbol{i = Ie^{-\frac{R}{L}t}}$$

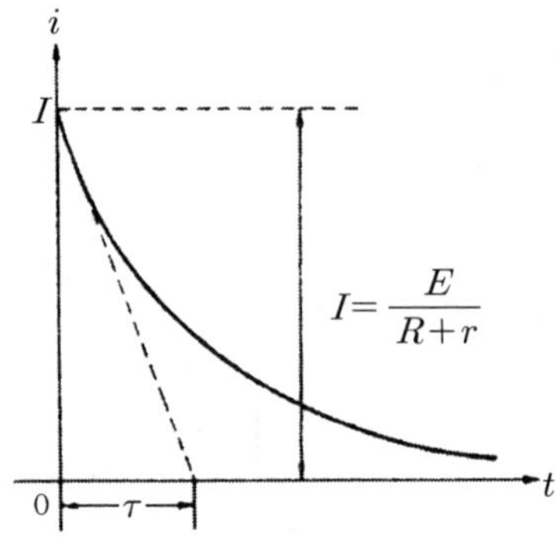

[그림 14-4]

또한 시정수 τ는 [그림 14-4]에서

$$\left(\frac{di}{dt}\right)_{t=0} = \left(-I\frac{R}{L}e^{-\frac{R}{L}t}\right)_{t=0} = -\frac{IR}{L} = \tan\theta = \frac{I}{\tau}$$

$$\therefore\ \tau = \frac{\boldsymbol{L}}{\boldsymbol{R}}[\text{sec}]$$

예제 14-2

[그림 14-1]과 같은 회로에서 $t=0$에서 스위치 S를 닫고 직류전압 70[V]를 인가할 때 회로에 흐르는 정상전류 I[A]와 시정수 τ[sec]는 얼마인가?
단, $R=10[\Omega]$, $L=2[\text{H}]$이다.

■ **풀이** ■ $I = \frac{E}{R} = \frac{70}{10} = \mathbf{7}[\text{A}]$

$$\tau = \frac{L}{R} = \frac{2}{10} = \mathbf{0.2}[\text{sec}]$$

예제 14-3

[그림 14-1]과 같은 $R-L$ 회로에 직류전압을 인가할 때 $t=\tau$, $t=3\tau$[sec] 후의 전류는 정상값의 몇 [%]가 되는가?

■ 풀이 ■ 회로에 흐르는 전류 i는

$$i=\frac{E}{R}\left(1-e^{-\frac{R}{L}t}\right)=\frac{E}{R}\left(1-e^{-\frac{1}{\tau}t}\right)$$

이므로 $t=\tau$[sec]일 때는

$$i=\frac{E}{R}(1-e^{-1})=\frac{E}{R}\left(1-\frac{1}{2.718}\right)=0.632\frac{E}{R}$$

∴ 63.2[%]

$t=3\tau$[sec]일 때는

$$i=\frac{E}{R}(1-e^{-3})=\frac{E}{R}(1-0.05)=0.95\frac{E}{R}$$

∴ 95[%]

14-2 $R-C$ 직류회로

[그림 14-5]와 같은 $R-C$ 직렬직류회로에서 시간 $t=0$에서 스위치 S를 닫아 직류전압 E를 인가할 때 회로에 흐르는 전류 i는 KVL을 적용하여

$$Ri+\frac{1}{C}\int i\,dt=E \tag{14-9}$$

가 된다.

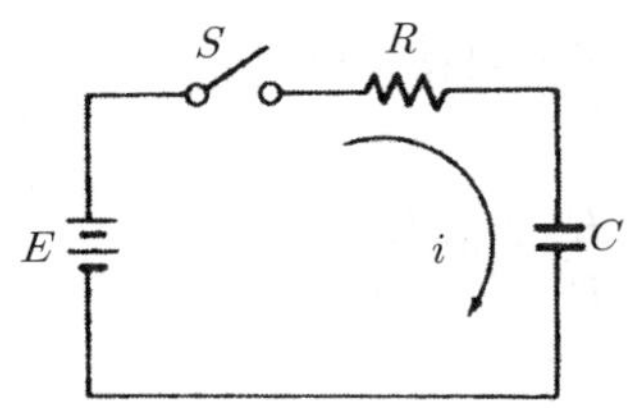

[그림 14-5] $R-C$ 직렬회로

식 (14-9)에서 $q=\int i\,dt,\ i=\frac{dq}{dt}$의 관계를 대입하면

$$R\frac{dq}{dt}+\frac{1}{C}q=E \tag{14-10}$$

가 되고, 이 미분방정식의 일반해 q는 정상항 q_s와 과도항 q_t의 합으로 나타난다. 즉

$$q=q_s+q_t$$

그러므로 정상항 q_s는 $t=\infty$에서의 해로서

$$q_t=CE$$

또, 과도항 q_t는 $E=0$에서의 해로서

$$q_t=Ae^{-\frac{1}{RC}t}$$

따라서 일반해 q는

$$q=q_t+qt=CE+Ae^{-\frac{1}{RC}t} \tag{14-11}$$

위 식에서 적분상수 A를 결정하는 초기조건은 $t=0$에서 $q=0$이므로

$$A=-CE$$

이를 식 (14-11)에 대입하면 다음과 같다.

$$\boldsymbol{q=CE\left(1-e^{-\frac{1}{RC}t}\right)} \tag{14-12}$$

또한 회로에 흐르는 전류 i는

$$\boldsymbol{i=\frac{dq}{dt}=\frac{E}{R}e^{-\frac{1}{RC}t}} \tag{14-13}$$

가 된다.

따라서 이때의 저항 R과 커패시턴스 C의 단자전압 v_R, v_C는

$$v_R = Ri = Ee^{-\frac{1}{RC}t} \tag{14-14}$$

$$v_C = \frac{q}{C} = E\left(1 - e^{-\frac{1}{RC}t}\right) \tag{14-15}$$

가 되고, 이것을 그림으로 나타내면 [그림 14-6]이 된다.

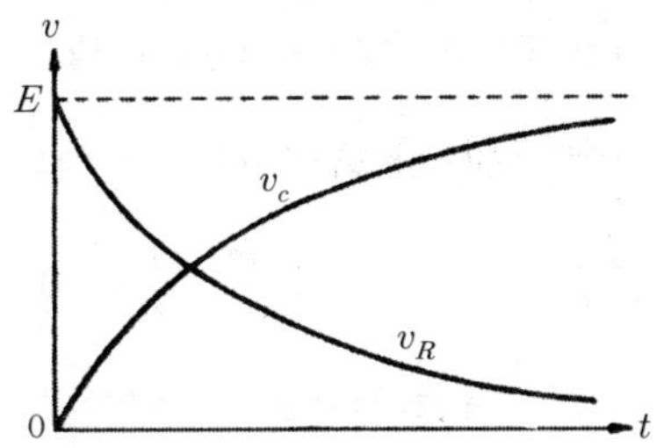

[그림 14-6] R과 C의 단자전압

[그림 14-7]과 같이 전하 q는 점차 증가해서 $t=\infty$에서 q의 정상값 CE가 되고, [그림 14-8]과 같이 전류 i는 시간이 경과함에 따라 0으로 접근한다.

[그림 14-7]에서 q의 곡선에 $t=0$에서의 접선이 시간축과 만나는 시간 τ가 시정수이므로

$$\tan\theta = \left(\frac{dq}{dt}\right)_{t=0} = \frac{E}{R} = \frac{CE}{\tau}$$

$$\therefore\ \tau = RC \tag{14-16}$$

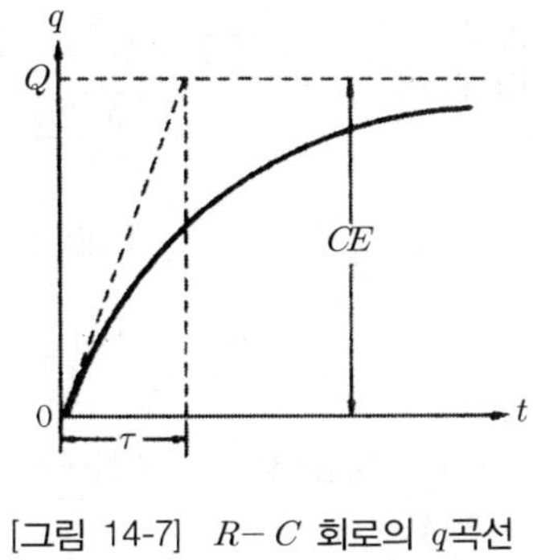

[그림 14-7] $R-C$ 회로의 q곡선

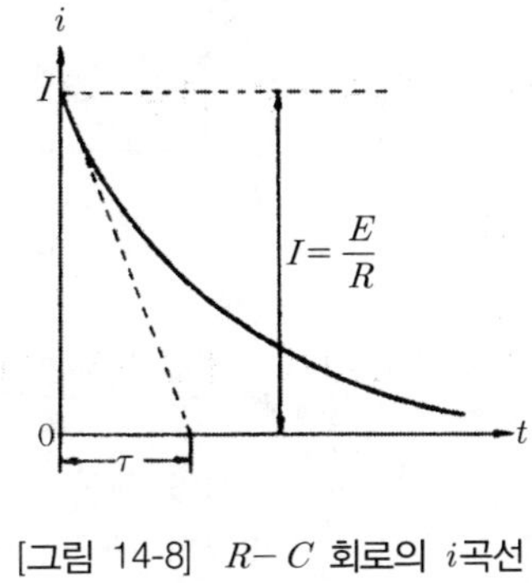

[그림 14-8] $R-C$ 회로의 i곡선

또 [그림 14-8]의 전류곡선에 대한 시정수 τ를 구해보면

$$\tan\theta = \left(\frac{di}{dt}\right)_{t=0} = -\frac{I}{RC} = -\frac{I}{\tau}$$

$$\therefore \ \tau = RC$$

로서 식 (14-16)과 같음을 알 수 있다.

예제 14-4

[그림 14-9]와 같이 C에 $Q[C]$의 전하가 충전되어 있다. 이때 $t=0$에서 스위치 S를 닫을 때 회로의 전류 i를 구하고 그림으로 나타내어라.

■ **풀이** ■ 콘덴서 C를 저항 R을 통하여 방전시킬 경우 전압평형방정식은

$$Ri + \frac{1}{C}\int idt = 0, \qquad R\frac{dq}{dt} + \frac{1}{C}q = 0$$

가 된다. 이 경우는 정상항 $q_s = 0$이므로 일반해는 식 (14-5)와 마찬가지로

$$q = Ae^{-\frac{1}{RC}t}$$

가 되고, 적분상수 A는 초기조건이 $t=0$에서 $q=Q=CE$이므로 $A=CE$이고 이것을 위 식에 대입하면

$$q = CEe^{-\frac{1}{RC}t}$$

따라서 전류 i는

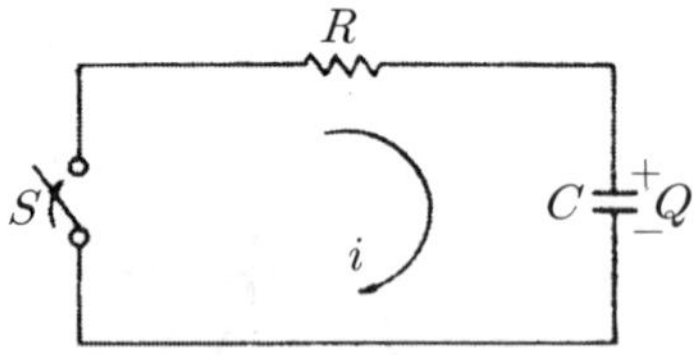

[그림 14-9]

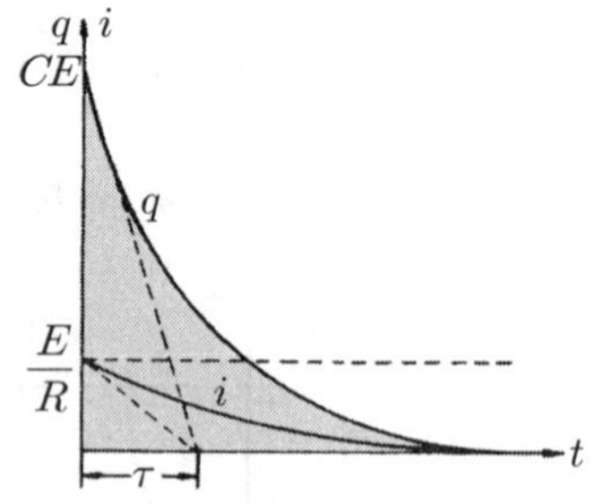

[그림 14-10]

$$i = \frac{dq}{dt} = -\frac{E}{R}e^{-\frac{1}{RC}t}$$

로서 구해진다. 여기서 부호가 (−)가 되는 것에 주의하여야 한다. 이때의 q 및 i의 시간적 변화는 [그림 14-10]과 같다.

예제 14-5

$R=1$[MΩ], $C=1[\mu$F]의 $R-C$ 직렬회로에 직류전압 100[V]를 인가할 때 시정수 τ[sec] 및 전류의 초기값 I[A]를 구하여라.

■ **풀이** ■ $\tau=RC=10^6\times10^{-6}=\mathbf{1}[\mathrm{sec}]$

$$I=\frac{E}{R}=\frac{100}{10^6}=\mathbf{10^{-4}}[\mathrm{A}]$$

예제 14-6

$R-C$ 직렬회로에 $t=0$일 때와 직류전압 100[V]를 인가할 때 회로에 흐르는 전류 i를 구하여라. 단 $R=1[\mathrm{k}\Omega]$, $C=50[\mu\mathrm{F}]$이고, 처음부터 정전용량의 전하는 없었다고 한다.

■ **풀이** ■ 전류 $i=\frac{E}{R}e^{-\frac{1}{RC}t}$ 이므로

$$i=\frac{100}{1000}e^{-\frac{1}{1000\times50\times10^{-6}}t}=\mathbf{0.1e^{-20t}}[\mathrm{A}]$$

14-3 $L-C$ 직류회로

[그림 14-11]과 같이 인덕턴스 L과 커패시턴스 C가 직렬로 접속되어 있는 회로에 시간 $t=0$인 순간에 직류전압 E를 인가했을 때 과도현상을 생각해보자.

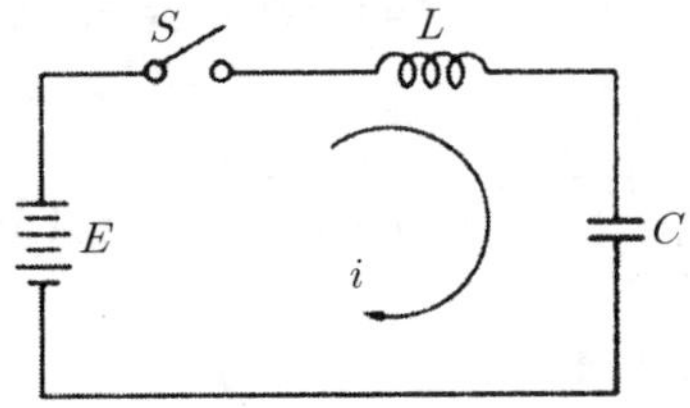

[그림 14-11] $L-C$ 직렬회로

인덕턴스 L에 의한 전압강하는 $L\frac{di}{dt}$, 커패시턴스 C에 의한 전압강하는 $\frac{1}{C}\int idt$이므로

$$L\frac{di}{dt}+\frac{1}{C}\int idt=E$$

이 식에 $i=\frac{dq}{dt}$, $q=\int i\,dt$의 관계를 대입하면

$$L\frac{d_2q}{dt^2}+\frac{1}{C}q=E \tag{14-17}$$

로 되는 선형2계 상미분방정식이 얻어지며, 이것은 물리적으로 진동현상이 생기고 있음을 의미한다.

우선 식 (14-17)의 과도항 q_t는 $E=0$이므로

$$L\frac{d^2q_t}{dt^2}+\frac{1}{C}q_t=0 \tag{14-18}$$

의 해이다. 지금 $q_t=Ae^{pt}$라 놓고 위 식에 대입하면 특성방정식과 그의 근은

$$LP^2+\frac{1}{C}=0$$

$$\therefore\ P=\pm j\frac{1}{\sqrt{LC}} \tag{14-19}$$

따라서, 과도해 q_t는 다음과 같이 쓸 수 있다.

$$q_t=A_1e^{j\frac{1}{\sqrt{LC}}t}+A_2e^{-j\frac{1}{\sqrt{LC}}t}=A_3\cos\omega_0t+A_4\sin\omega_0t \tag{14-20}$$

단, $$\left.\begin{aligned}A_3&=A_1+A_2\\A_4&=j(A_1-A_2)\\\omega_0&=\frac{1}{\sqrt{LC}}\qquad(\omega_0\ :\ \text{고유주파수})\end{aligned}\right\}$$

또, 정상해 q_s는

$$q_s = CE$$

따라서, 식 (14-17)의 일반해 q 및 i는 식 (14-20)으로부터

$$q = q_s + q_t = CE + A_3\cos\omega_0 t + A_4\sin\omega_0 t \tag{14-21}$$

$$i = \frac{dq}{dt} = \omega_0(A_4\cos\omega_0 t - A_3\sin\omega_0 t) \tag{14-22}$$

가 되고, 여기서 일반해에 초기조건 $t=0$에서 $q=i=0$을 적용하여 적분상수를 결정한다.

$$\left.\begin{array}{ll} 0 = CE + A_3, & A_3 = -CE \\ 0 = \omega_0 A_4. & A_4 = 0 \end{array}\right\}$$

이 적분상수 A_3, A_4를 식 (14-21), (14-22)에 각각 대입하면

$$\boldsymbol{q = CE(1-\cos\omega_0 t)} \tag{14-23}$$

$$\boldsymbol{i = \omega_0 CE\sin\omega_0 t} \tag{14-24}$$

로 되어 전하 q와 전류 i 모두가 공진주파수 ω_0로 정현파 진동을 한다.

다음에 인덕턴스 L과 커패시턴스 C의 단자전압 v_1, v_c는

$$v_L = L\frac{di}{dt} = \omega_0{}^2 LCE\cos\omega_0 t = E\cos\omega_0 t \tag{14-25}$$

$$v_c = \frac{q}{C} = E(1-\cos\omega_0 t) \tag{14-26}$$

로 되어 v_L은 최대값이 E로 되지만 v_c는 최대값이 $2E$로 된다. 이 현상을 이용하면 고전압이 얻어질 수 있다.

전하 q 및 전류 i의 관계를 [그림 14-12]에 v_L 및 v_c의 관계를 [그림 14-13]에 각각 나타내었다.

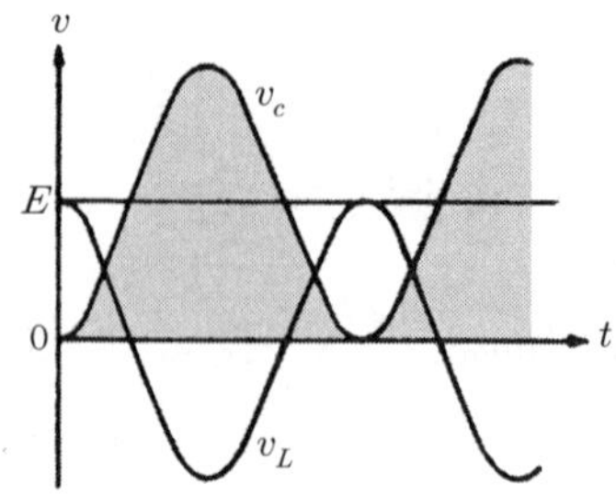

[그림 14-12] q와 i의 시간적 변화

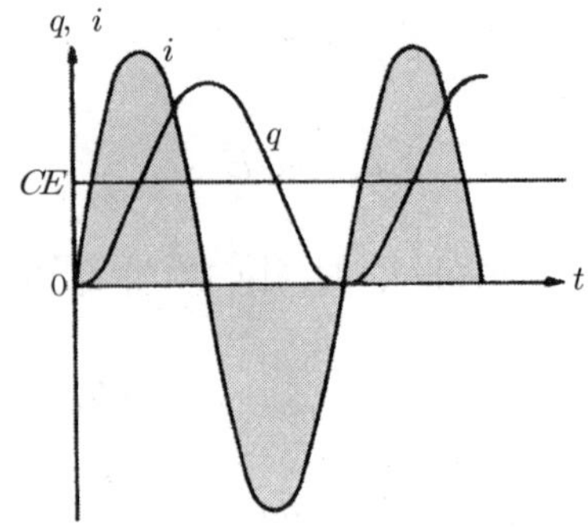

[그림 14-13] v_L 및 v_c의 시간적 변화

14-4 $R-L$ 교류회로

[그림 14-14]와 같은 $R-L$ 직렬회로에 $t=0$에서 스위치 S를 닫아 정현파 교류전압 $e=E_m\sin(\omega t+\theta)$를 인가할 때 전압방정식은

$$L\frac{di}{dt}+Ri=E_m\sin(\omega t+\theta) \tag{14-27}$$

로 된다. 이 미분방정식의 과도해 i_t는 우변을 0으로 한 경우의 해이고, 직류회로의 경우와 같게 된다. 즉

$$i_t=Ae^{-\frac{R}{L}t}$$

또 정상해 i_s는 정상상태에 있어서의 전류이고

$$i_s = I_m \sin(\omega t + \theta - \phi)$$

로 된다. 따라서 일반해 i는

$$i = i_s + i_t = I_m \sin(\omega t + \theta - \phi) + Ae^{-\frac{R}{L}t}$$

단, $I_m = \dfrac{E_m}{\sqrt{R^2 + \omega^2 L^2}}$, $\phi = \tan^{-1}\dfrac{\omega L}{R}$ 로 된다.

적분상수 A에 대한 초기조건은 $t=0$에서 $i=0$이므로

$$0 = I_m \sin(\theta - \phi) + A, \qquad A = -I_m \sin(\theta - \phi)$$

로 되어 결국 전류 i는 다음과 같이 된다.

$$i = I_m \left\{ \sin(\omega t + \theta - \phi) - e^{-\frac{R}{L}t} \sin(\theta - \phi) \right\} \tag{14-28}$$

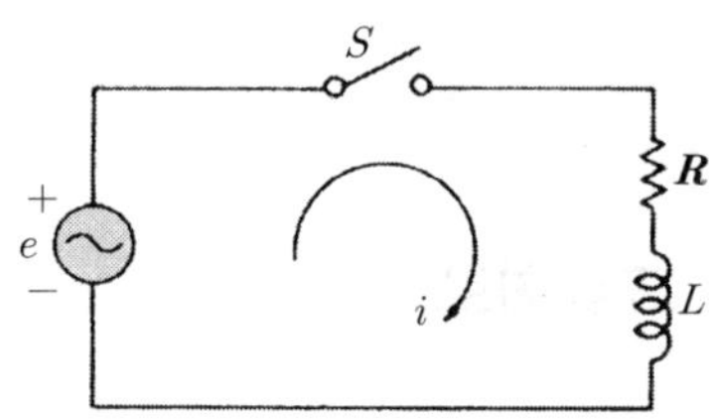

[그림 14-14] $R-L$ 교류회로

이 전류 i는 정상전류 $I_m \sin(\omega t + \theta - \phi)$와 시정수 $\dfrac{L}{R}$에서 $t=0$인 순간에 $-I_m \sin(\theta - \phi)$의 값을 갖는 시간과 함께 지수함수적으로 감쇠하는 과도항과 중복되어 있다. 과도항 i_t는 $t=0$일 때 교류전압의 위상 θ에 따라 크기가 달라짐을 알 수 있다. 만일

$$\theta = \phi = \tan^{-1}\frac{\omega L}{R}$$

이면 과도항 i_t은 0이 되어 과도전류와 정상전류 사이에는 아무런 차이가 없으므로 과도현상이 나타나지 않는다. 또

$$\theta = \phi + \frac{\pi}{2} \tan^{-1}\frac{\omega L}{R} + \frac{\pi}{2}$$

이면 과도항은 최대가 된다.

[그림 14-15]는 전류의 시간적 변화를 나타낸 것이다.

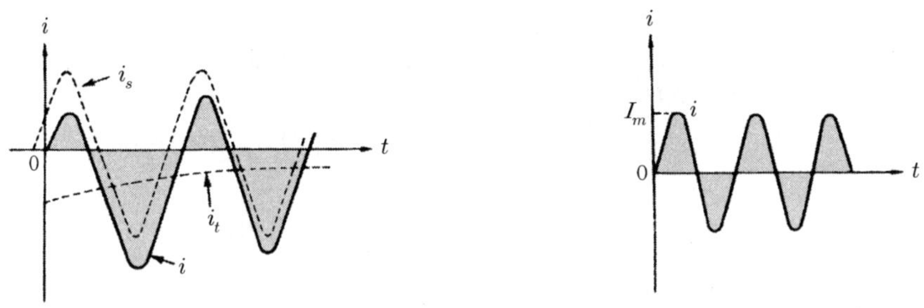

(a) $0 < \theta - \phi < \frac{\pi}{2}$ (b) $\theta - \phi = 0$

[그림 14-15] $R-L$ 교류회로의 i의 시간적 변화

14-5 $R-C$ 교류회로

[그림 14-16]과 같은 $R-C$ 직렬회로에서 $t=0$에서 스위치 S를 닫아 교류전압 $e = E_m \sin(\omega t + \theta)$를 인가할 때 전압방정식은

$$Ri + \frac{1}{C}\int i dt = E_m \sin(\omega t + \theta) \tag{14-29}$$

로 된다. 전류에 대한 과도해 q_t는

$$q_t = Ae^{-\frac{1}{RC}t}$$

다음으로 정상전류의 i_s는

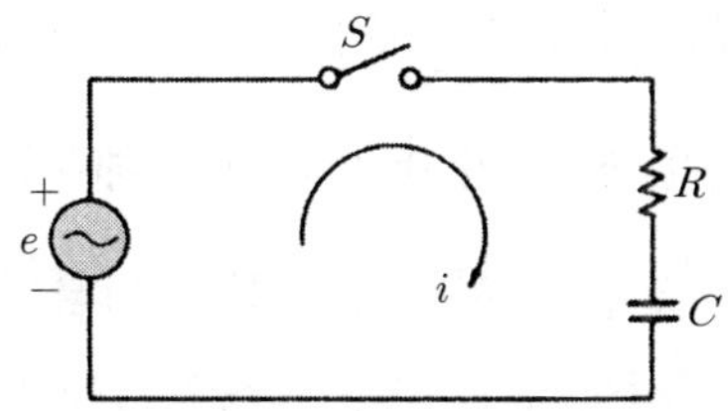

[그림 14-16] $R-C$ 교류회로

$$i_s = I_m \sin(\omega t + \theta + \phi)$$

$$\text{단, } I_m = \frac{E_m}{\sqrt{R^2 + \dfrac{1}{\omega^2 C^2}}}, \quad \phi = \tan^{-1}\frac{1}{\omega CR}$$

으로부터 전하의 정상해 q_s는

$$q_s = \int i_s dt = -\frac{I_m}{\omega}\cos(\omega t + \theta + \phi)$$

따라서, 구하는 일반해는 다음과 같다.

$$q = q_s + q_s = -\frac{I_m}{\omega}\cos(\omega t + \theta + \phi) + Ae^{-\frac{1}{RC}t} \tag{14-30}$$

적분상수 A는 초기조건이 $t = 0$에서 $q = 0$이므로

$$0 = -\frac{I_m}{\omega}\cos(\theta + \phi) + A, \quad A = \frac{I_m}{\omega}\cos(\theta + \phi)$$

로 되고, 여기서 이 A를 식 (14-30)에 대입함으로써 구하는 전하 q와 전류 i는 다음과 같다.

$$q = \frac{I_m}{\omega}\left\{-\cos(\omega t + \theta + \phi) + e^{-\frac{1}{RC}t}\cos(\theta + \phi)\right\}$$

$$i = \frac{dq}{dt} = I_m\left\{\sin(\omega t + \theta + \phi) - \frac{1}{\omega CR}e^{-\frac{1}{RC}t}\cos(\theta + \phi)\right\} \tag{14-31}$$

과도현상이 생기지 않게 하기 위해서는 과도해 $q_t = 0$이 성립되어야 하고, 식 (14-31)의 우변 제2항이 0이 되기 위해서는 $\theta + \phi = \frac{\pi}{2}$이어야 한다.

[그림 14-17]은 전류의 시간적 변화를 나타낸 것이다. 이러한 전류의 모습은 전압의 어떤 위상각에서 스위치를 넣는가에 따라 달라진다.

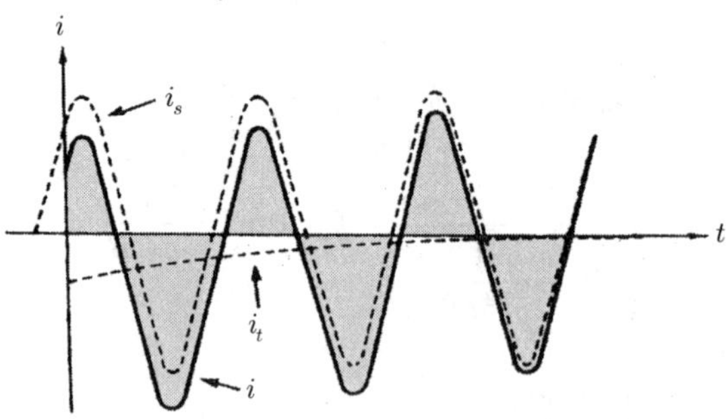

[그림 14-17] $R-C$ 교류회로의 i의 시간적 변화

14-6 $R-L-C$ 직류회로

[그림 14-18]과 같은 $R-L-C$ 직렬회로에서 $t=0$에서 직류전압 E를 인가할 때 전압방정식은

$$L\frac{di}{dt} + Ri + \frac{1}{C}\int i dt = E,\ L\frac{d^2q}{dt^2} + R\frac{dq}{dt} + \frac{1}{C}q = E$$

이 성립한다. 이 2계선형 상미분방정식으로서 그 정상항 q_s는

$$q_s = CE$$

가 됨을 알 수 있다.

다음에 과도항 q_t는 $L\frac{di}{dt} + Ri + \frac{1}{C}\int i dt = E,\ L\frac{d^2q}{dt^2} + R\frac{dq}{dt} + \frac{1}{C}q = E$에서 $E=0$로 놓은

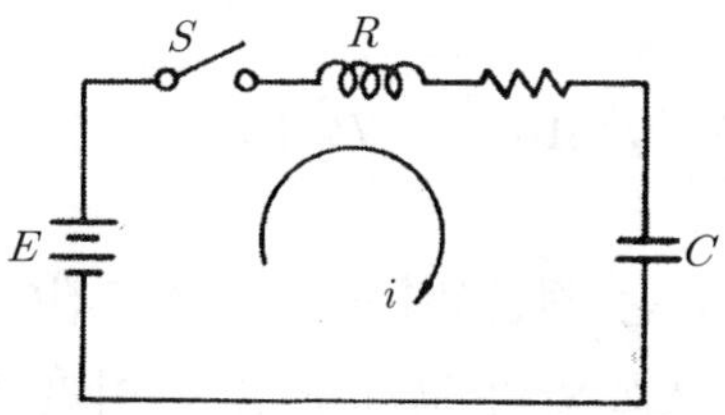

[그림 14-18] $R-L-C$ 직렬회로

$$L\frac{d^2q_t}{dt^2}+R\frac{dq_t}{dt}+\frac{1}{C}q_t=0 \tag{14-32}$$

의 해이므로, 그 해가 $q_t=Ae^{pt}$라 놓으면 식 (14-32)는

$$\left(LP^2+RP+\frac{1}{C}\right)Ae^{pt}=0$$

에서 $Ae^{pt}\neq 0$이므로 특성방정식 $LP^2+RP+\frac{1}{C}=0$이어야 하므로

$$P=-\frac{R}{2L}\pm\sqrt{\left(\frac{R}{2L}\right)^2-\frac{1}{LC}} \tag{14-33}$$

가 된다. 여기서 $\alpha=\frac{R}{2L}$, $\omega_0=\frac{1}{\sqrt{LC}}$이라 하면 P는

$$\left.\begin{aligned}P_1&=-\alpha-\sqrt{\alpha^2-{\omega_0}^2}\\P_2&=-\alpha+\sqrt{\alpha^2-{\omega_0}^2}\end{aligned}\right\}$$

따라서

$$q_t=A_1e^{P_1t}+A_2e^{P_2t}$$

그러므로 전하 q는

$$q=q_s+q_t=CE+A_1e^{P_1t}+A_2e^{P_2t}$$

가 되고 전류 i는

$$i = \frac{dq}{dt} = P_1 A_1 e^{P_1 t} + P_2 A_2 e^{P_2 t} \tag{14-34}$$

여기서 A_1, A_2는 적분상수이며 초기조건에 의해 결정된다.

식 (14-33)의 근호 안의 크기가 정(+)이면 P_1, P_2는 실수, 부(−)이면 복소수, 0이면 동일한 실수가 된다.

이들 3가지의 경우에서 R, L, C의 값에 따라 다음 3가지의 다른 현상을 나타낸다.

① $R^2 > \frac{4L}{C}$, P_1, P_2가 부의 2실근인 경우 : **과제동, 비진동상태**

② $R^2 = \frac{4L}{C}$, P_1, P_2가 중근인 경우 : **임계제동, 임계상태**

③ $R^2 < \frac{4L}{C}$, P_1, P_2가 공액복소수근인 경우 : **부족제동, 진동상태**

이라 한다. ①, ②, ③의 특성을 그림으로 나타내면 [그림 14-19]와 같으며 (a)는 비진동상태, (b)는 임계상태, (c)는 진동상태이다.

이와 같은 진동파형으로 되는 이유는 에너지회로에서 L, C 사이에 전자에너지와 정전에너지를 서로 주고받기 때문이다. 이 **진동파 주파수** f_0는 다음과 같이 주어진다.

$$f_0 = \frac{1}{2\pi}\sqrt{\frac{1}{LC} - \left(\frac{R}{2L}\right)^2} = \frac{1}{2\pi}\sqrt{\frac{1}{LC} - \frac{R^2}{4L^2}} \text{ [Hz]} \tag{14-35}$$

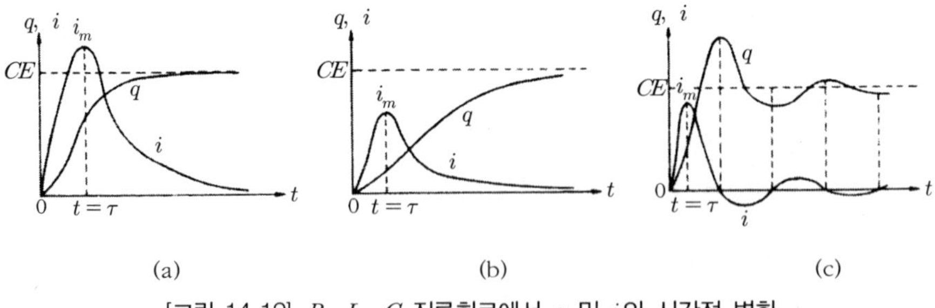

[그림 14-19] $R-L-C$ 직류회로에서 q 및 i의 시간적 변화

예제 14-7

[그림 14-18]에서 $R = 20[\Omega]$, $L = 0.2$[H], $C = 20[\mu F]$이다. 이 회로에 직류전압을 가했을 경우 회로는 진동하겠는가? 만약 진동한다면 그 주파수는 얼마인가?

■ **풀이** ■ $R^2 = 20^2 = 400$, $\frac{4L}{C} = \frac{4 \times 0.2}{20 \times 10^{-6}} = 400{,}000$ 이므로 $R^2 < \frac{4L}{C}$ 의 진동조건이 성립한다.

$$f_0 = \frac{1}{2\pi}\sqrt{\frac{1}{LC} - \left(\frac{R}{2L}\right)^2} = \frac{1}{2\pi}\sqrt{\frac{1}{0.2 \times 20 \times 10^{-6}} - \left(\frac{20}{2 \times 0.2}\right)^2} \fallingdotseq \mathbf{79.2}[\mathrm{Hz}]$$

예제 14-8

위의 [예제 14-7]에서 어떤 R의 크기에서 회로가 임계상태가 되는가?

■ **풀이** ■ 임계상태는 $R^2 = \frac{4L}{C}$ 이므로

$$R = \sqrt{\frac{4L}{C}} = \sqrt{\frac{4 \times 0.2}{20 \times 10^{-6}}} = \mathbf{200}[\Omega]$$

연습문제

14-1 그림과 같은 회로에서 t=0에서 스위치 S를 닫았을 때 정상 전류값 i_s[A]는?

㉮ 0

㉯ 7

㉰ 20

㉱ 35

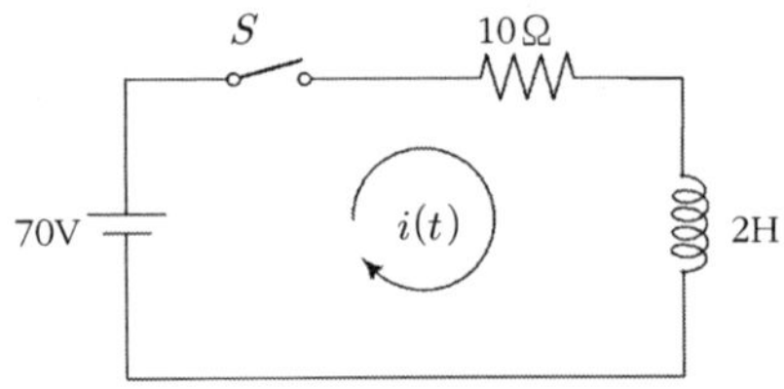

14-2 그림과 같은 회로에서 $t=0$일 때 S를 닫았다. 전류 $i(t)$[A]는?

㉮ $2(1+e^{-5t})$

㉯ $2(1-e^{5t})$

㉰ $2(1-e^{-5t})$

㉱ $2(1+e^{5t})$

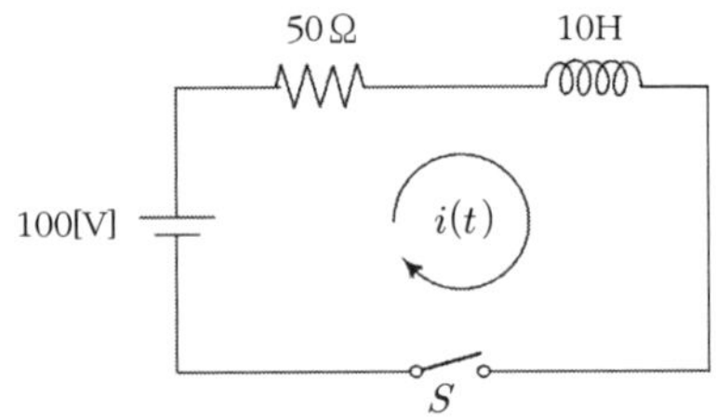

14-3 $R=10[\Omega]$, $C=50[\mu\text{F}]$의 직렬회로에 200[V]의 직류전압을 인가할 때 충전 전하량의 정상값[C]은?

㉮ 0.01 ㉯ 0.1 ㉰ 1 ㉱ 10

14-4 그림과 같은 회로에 $t=0$에서 스위치 S를 닫아 직류전압 100[V]를 회로의 양단에 급격히 인가하면 그때의 충전 전하[C]는?

㉮ $-10e^{-t}$

㉯ $10e^{-t}$

㉰ $-10(1-e^{-t})$

㉱ $10(1-e^{-t})$

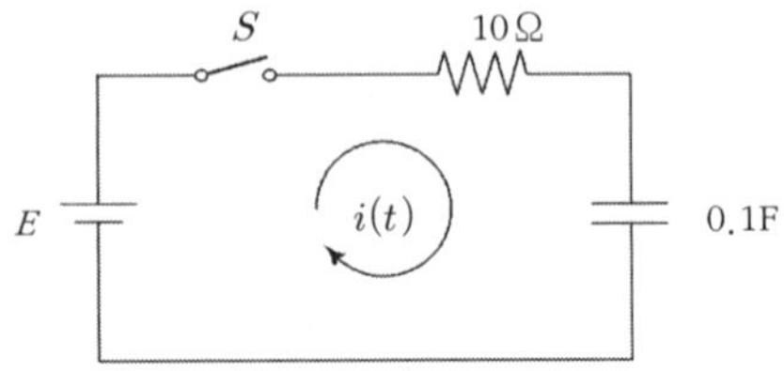

* 정답 1 ㉯ 2 ㉰ 3 ㉮ 4 ㉱

14-5 그림과 같은 회로에서 콘덴서의 초기전압을 0[V]라 할 때 회로에 흐르는 전류 $i(t)$[A]는?

㉮ e^{-t}

㉯ $5e^{-t}$

㉰ $1-e^{-t}$

㉱ $5(1-e^{-t})$

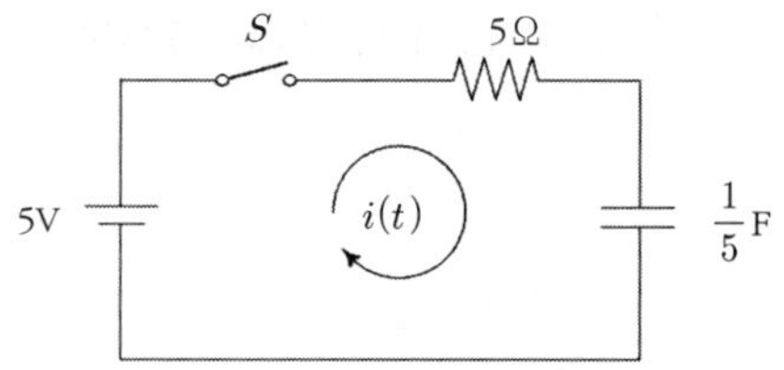

14-6 $R-L$ 직렬회로에서 R=10[Ω], L=30[mH]이다. 이 회로의 시정수 τ[ms]는?

㉮ 3×10^{-1}　㉯ 3×10^{-2}

㉰ 3×10^{-3}　㉱ 3×10^{0}

14-7 R=4[Ω], C=3[μF]의 $R-C$ 직렬회로에 직류전압 10[V]를 인가할 때 시정수[μs]는?

㉮ 4　㉯ 6　㉰ 12　㉱ 16

14-8 시정수 τ를 갖는 $R-L$ 직렬회로에 직류전압을 인가할 때 $t=3\tau$가 되는 시간에 회로에 흐르는 전류는 최종값의 몇 [%]인가?

㉮ 85　㉯ 95　㉰ 96　㉱ 98

14-9 R=1[MΩ], C=1[μF]의 직렬회로에 직류 100[V]를 인가했을 때 전류의 초기값 I[A]는?

㉮ 10^{-4}　㉯ 10^{-3}　㉰ 10^{-2}　㉱ 10^{-1}

14-10 $R-C$ 직렬회로에 t=0일 때 직류전압 10[V]를 인가하면 t=0.1초일 때 전류[mA]의 크기는?(단, R=1000[Ω], C=50[μF]이고 처음부터 정전용량의 전하는 없었다)

㉮ 약 0.35　㉯ 약 1.35

㉰ 약 2.25　㉱ 약 3.35

14-11 그림과 같은 $R-L$ 직렬회로에서 스위치 S를 닫을 때 L에 걸리는 전압 v_L[V]은?

㉮ $Ee^{-(2\times10^4)t}$

㉯ $Ee^{-(2\times10^5)t}$

㉰ $Ee^{-(4\times10^5)t}$

㉱ $Ee^{-(4\times10^6)t}$

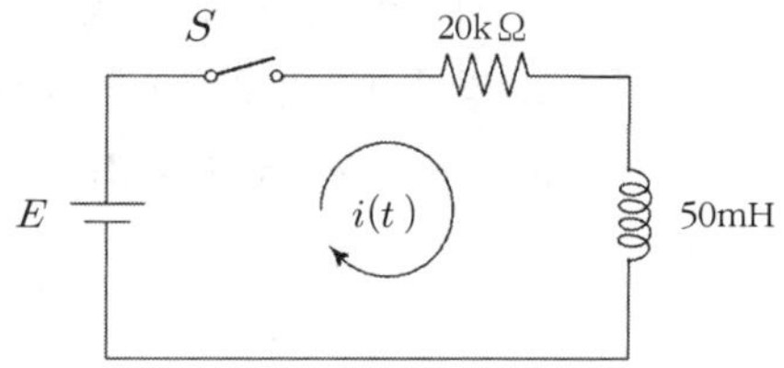

＊ 정답 5 ㉮ 6 ㉱ 7 ㉰ 8 ㉯ 9 ㉮ 10 ㉯ 11 ㉰

14-12 그림과 같은 회로에서 콘덴서 C는 초기값이 영(zero)이다. t=0에서 스위치 S를 닫은 후 0.02[s] 후에 콘덴서에 충전된 전압 v_c[V]는?

㉮ 45
㉯ 75
㉰ 143
㉱ 173

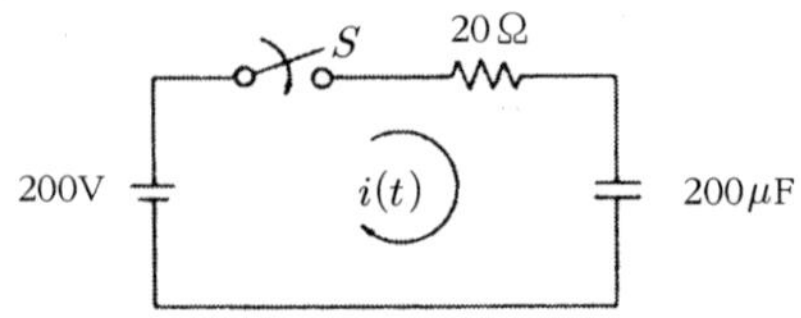

14-13 $L-C$ 직렬회로에 기전력 E를 t=0에서 갑자기 인가할 때 C에 걸리는 최대전압[V]은?

㉮ 0　　㉯ 2E
㉰ 4E　　㉱ ∞

14-14 $R-L-C$ 직렬회로에서 R=100[Ω], $L=0.1\times10^{-3}$[H], $C=0.1\times10^{-6}$[F]일 때 이 회로는?

㉮ 진동상태　　㉯ 임계상태
㉰ 비진동상태　　㉱ 정현파상태

14-15 $R-L-C$ 직렬회로에서 R=1[kΩ], L=3[mH]일 때 이 회로가 진동적이기 위한 커패시턴스 C의 값은?

㉮ 12[F]　　㉯ 12[nF]
㉰ 12[μF]　　㉱ 12[pF]

14-16 $R-L-C$ 직렬회로에서 R=200[Ω], L=0.1[H], C=5[μF]일 때 자유진동 각주파수 ω_0[rad/sec]는?

㉮ 1000　　㉯ 100　　㉰ 50　　㉱ 10

14-17 R=5[Ω], L=1[H]의 직렬회로에 직류 100[V]를 가했다.

① 시정수 τ, 전류의 정상값 I, 전류의 순시값 i를 구하여라.
② 정상전류의 80[%]에 달하는 시간 t를 구하여라.
③ t=0.5[sec]에서의 전류 i, 전압 v_R, v_L, 전력 P를 구하여라.

＊ 정답 *12* ㉱ *13* ㉯ *14* ㉰ *15* ㉯ *16* ㉮
17 ① $\tau=0.2$[sec], $I=20$[A], $i=20(1-e^{-5t})$ ② $t=0.322$[sec],
③ $i=18.36$[A], $v_R=91.8$[V], $v_L=8.2$[V], $P=1685.4$[W]

14-18 R=1[MΩ], C=1[μF]의 직렬회로에 직류 100[V]를 가했다.

① 시정수 τ, 전류의 정상값 I, 전류의 순시값 i를 구하여라.

② 초기전류의 90[%]에 달하는 시간 t를 구하여라.

③ t=0.5[sec]에서의 전류 i, 전압 v_R, v_c, 전력 P, 전하 q를 구하여라.

＊ 정답 *18* ① $\tau=1$[sec], $I=10^{-4}$[A], $i=10^{-4}e^{-t}$[A] ② $t=0.106$[sec]③ $i=60.7$[μA], $v_R=60.7$[V], $v_c=39.3$[V], $q=39.3$[μC], $P=0.0037$[W]

제15장

라플라스 변환

앞 장에서 취급한 바와 같이 전기회로의 동작 및 과도현상을 나타내는 회로의 응답을 구하려면, 고전적인 방법으로 미분방정식을 해석해야 하는 어려움이 있었다. 그러나 18세기 말 프랑스의 수학자 **라플라스**(Laplace)는 미분방정식을 대수적으로 해석할 수 있는 방법을 고안해서 미분방정식의 해석법을 간단히 정립시켰다.

우리가 잘 아는 것과 같이 교류회로의 해석에 있어서 시간함수인 전압-전류를 페이저로 표시하면 미적분의 회로방정식이 대수방정식으로 변환되어 응답 페이저를 쉽게 구할 수 있고 이로부터 반대로 시간함수가 곧 얻어진다.

이와 비슷하게 미분방정식의 해는 다음과 같이 3단계로 구해진다. 첫째 단계에서 주어진 미분방정식을 **라플라스 변환**(transform)하여 대수방정식으로 바꾼다. 다음에 대수방정식의 해를 구하고, 끝으로 구한 해가 주어진 미분방정식의 해가 되도록 대수방정식의 해를 **역라플라스 변환**(inverse transform)한다.

이상의 미분방정식의 해법을 그림으로 표시하면 다음과 같다.

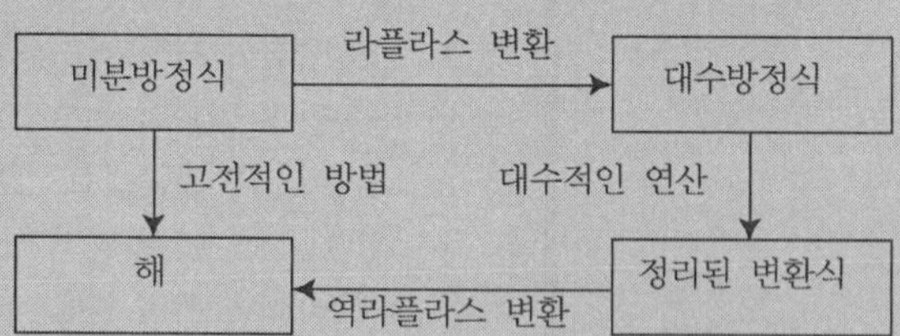

이 장에서는 간단한 시간함수에 대한 라플라스 변환을 유도하고, 라플라스 변환의 제정리를 증명한 다음, 이것들을 응용하여 선형회로의 시간응답을 구해보기로 한다.

15-1 라플라스 변환의 정의

라플라스 변환의 정의를 요약하면 시간 t에 대한 함수 $f(t)$가 주어졌을 때 이 $f(t)$에 감쇠함수 e^{-st}를 곱하고, 이를 시간에 대해 0에서부터 ∞까지 적분하면 s의 함수 $F(s)$를 얻는다.

이 $F(s)$를 원함수 $f(t)$의 **라플라스 변환**(Laplace transform)이라 하고, 주어진 $f(t)$에 대한 라플라스 변환은 다음과 같이 표시하며 적분에 의해 구해진다.

$$F(s) = \mathcal{L}[f(t)] = \int_0^{\infty} f(t)\, e^{-st} dt \tag{15-1}$$

라플라스 변환에서 취급하는 시간함수 $f(t)$는 $t=0$ 이전에는 0이고, $t=0$ 이후에서만 유한값을 가지는 것으로 한다. 여기서 s를 **라플라스 연산자**(operator)라 하며, 복소함수로서 $s=\sigma+j\omega$를 뜻하고, σ와 ω는 모두 실변수이다.

다음으로 라플라스 변환함수 $F(s)$로부터 시간함수 $f(t)$를 얻는 연산을 **역라플라스 변환**(inverse Laplace transform)이라 하고, 다음과 같이 표시하며 복소적분에 의해 구해진다.

$$f(t) = \mathcal{L}^{-1}[F(s)] = \frac{1}{2\pi j}\int_{\sigma-j\infty}^{\sigma+j\infty} F(s)\, e^{st} ds \tag{15-2}$$

여기서 σ는 실상수이다. 일반적으로 라플라스 변환은 계산이 복잡하므로 라플라스 변환표를 이용하여 다음과 같이 구하는 경우가 많다.

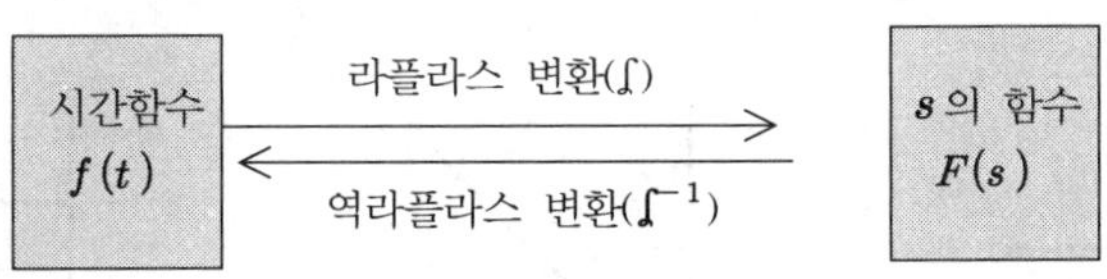

15-2 기본함수의 라플라스 변환

일반적으로 회로망에서 입력신호로 사용되는 기본함수에 대한 라플라스 변환은 다음과 같다.

(1) 단위계단함수

[그림 15-1](a)와 같이 $t < 0$에서는 0이고 $t = 0$에서 $f(t) = 1$로 된 후, 그 값이 일정하게 유지하는 함수를 **단위계단함수**(unit step function)라 하며 $u(t)$로서 표시한다. 즉

$$f(t) = u(t) = \begin{cases} 0 & : t < 0 \\ 1 & : t > 0 \end{cases} \tag{15-3}$$

이 함수를 라플라스 변환하면

$$\mathcal{L}^{-1}[u(t)] = \int_0^{\infty} 1 \cdot e^{-st} dt = \left[-\frac{1}{s} e^{-st} \right]_0^{\infty}$$

$$= -\frac{1}{s}\left(e^{-\infty} - e^{-0}\right) = \frac{1}{s}$$

그러므로 다음과 같다.

$$\boldsymbol{\mathcal{L}[u(t)] = \frac{1}{s}} \tag{15-4}$$

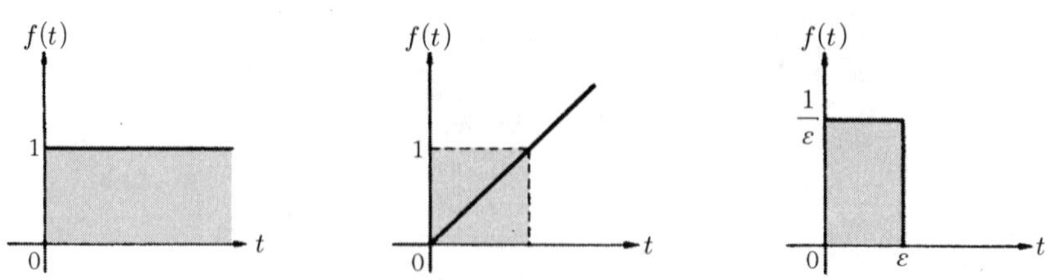

(a) 단위계단함수 (b) 단위경사함수 (c) 단위충격함수

[그림 15-1] 기본단위함수

(2) 단위경사함수

[그림 15-1](b)와 같이 단위계단함수를 적분하여 얻을 수 있는 기울기가 1인 등속함수를 **단위경사함수**(unit ramp function)라 하며 $tu(t)$로 표시한다. 즉

$$f(t)=u(t)=\begin{cases}0 & : t<0\\ t & : t>0\end{cases} \tag{15-5}$$

이 단위경사함수를 라플라스 변환하면

$$\mathcal{L}\,[tu(t)]=\int_0^\infty te^{-st}dt=\left[t\cdot(-)\frac{1}{s}e^{-st}\right]_0^\infty-\int 1\cdot(-1)\frac{1}{s}e^{-st}dt$$
$$=0-0+\frac{1}{s}\int e^{-st}dt=\frac{1}{s}\cdot\frac{1}{s}=\frac{1}{s^2}$$

그러므로

$$\mathcal{L}\,[tu(t)]=\frac{1}{s^2} \tag{15-6}$$

또 일반적으로 다음과 같다.

$$\mathcal{L}\,[t^n u(t)]=\frac{n!}{s^{n+1}} \tag{15-7}$$

(3) 단위충격함수

[그림 15-1](c)와 같이 폭 ε, 높이 $\frac{1}{\varepsilon}$, 면적이 1인 파형에서 $\varepsilon\to 0$으로 한 극한 파형을 **단위충격함수** 또는 **단위임펄스함수**(unit impulse function)라 하며, 단위계단함수를 미분함으로써 얻어지고 $\delta(t)$로 표시한다. 즉

$$f(t)=\delta(t)=\begin{cases}0 & : t\neq 0\\ \infty & : t=0\end{cases} \tag{15-8}$$

이 함수를 라플라스 변환하면

$$\mathcal{L}[\delta(t)] = \mathcal{L}\left[\lim_{\varepsilon \to 0} \delta\epsilon(t)\right] = \lim_{\epsilon \to 0} \int_0^\infty \delta(t) e^{-st} dt$$

$$= \lim_{\varepsilon \to 0} \frac{1}{\varepsilon} \int_0^\infty \{u(t) - u(t-\varepsilon)\} e^{-st} dt$$

$$= \lim_{\varepsilon \to 0} \frac{1}{\varepsilon} \frac{1 - e^{\epsilon s}}{s} = 1$$

그러므로 다음과 같다.

$$\mathcal{L}[\delta(t)] = 1 \tag{15-9}$$

(4) 지수함수

지수감쇠함수 $f(t) = e^{-at}$의 라플라스 변환은

$$\mathcal{L}[f(t)] = \int_0^\infty e^{-at} \cdot e^{st} dt = \int_0^\infty e^{-(s+a)t} dt$$

$$= \left[-\frac{1}{s+a} e^{-(s+a)t}\right]_0^\infty = \frac{1}{s+a}$$

그러므로 다음과 같다.

$$\mathcal{L}[e^{\pm at}] = \frac{1}{s \mp a} \tag{15-10}$$

(5) 삼각함수

먼저 $\sin\omega t$를 지수함수로 고치면

$$\sin\omega t = \frac{1}{2j}(e^{j\omega t} - e^{-j\omega t})$$

가 되므로 이에 대한 라플라스 변환은 식 (15-10)을 적용하면

$$\mathcal{L}[\sin\omega t] = \frac{1}{2j}\mathcal{L}[e^{j\omega t} - e^{-j\omega t}] = \frac{1}{2j}\left[\frac{1}{s-j\omega} - \frac{1}{s+j\omega}\right] = \frac{\omega}{s^2+\omega^2}$$

그러므로 다음과 같이 된다.

$$\mathcal{L}[\sin\omega t] = \frac{\omega}{s^2+\omega^2} \tag{15-11}$$

다음 $\cos\omega t$를 지수함수로 고치면

$$\cos\omega t = \frac{1}{2}(e^{j\omega t} + e^{-j\omega t})$$

가 되므로, 이에 대한 라플라스 변환은

〈표 15-1〉 중요한 라플라스 변환쌍

번 호	함 수 명	$f(t)$	$F(s)$
1	단위충격	$\delta(t)$	1
2	단위계단	$u(t)$	$\frac{1}{s}$
3	단위경사	t	$\frac{1}{s^2}$
4	n차경사	t^n	$\frac{n!}{s^{n+1}}$
5	지수감쇠	e^{-at}	$\frac{1}{s+a}$
6	지수감쇠경사	te^{-at}	$\frac{1}{(s+a)^2}$
7	지수 n차경사	$t^n e^{-at}$	$\frac{n!}{(s+a)^{n+1}}$
8	사인파	$\sin\omega t$	$\frac{\omega}{s^2+\omega^2}$
9	코사인파	$\cos\omega t$	$\frac{s}{s^2+\omega^2}$
10	지수감쇠사인파	$e^{-at}\sin\omega t$	$\frac{\omega}{(s+a)^2+\omega^2}$
11	지수감쇠코사인파	$e^{-at}\cos\omega t$	$\frac{s+a}{(s+a)^2+\omega^2}$

$$\mathcal{L}[\cos\omega t] = \frac{1}{2}\mathcal{L}[e^{j\omega t} + e^{-j\omega t}] = \frac{1}{2}\left[\frac{1}{s-j\omega} + \frac{1}{s+j\omega}\right] = \frac{s}{s^2+\omega^2}$$

그러므로 다음과 같이 된다.

$$\mathcal{L}[\cos\omega t] = \frac{s}{s^2+\omega^2} \tag{15-12}$$

많이 사용되고 있는 중요한 함수의 라플라스 변환쌍을 〈표 15-1〉에 나타내었다.

15-3 라플라스 변환의 기본적인 정리

앞 절에서는 라플라스 변환의 정의를 이용하여 변환식을 구하였다. 이는 기본적인 간단한 함수에 대해서는 가능하나, 다수의 함수가 조합된 복잡한 함수에서는 적분계산이 복잡하여 어렵게 된다. 따라서 이러한 경우에는 라플라스 변환의 기본적인 정리와 라플라스 변환표를 이용하면 적분계산 없이도 주어진 함수의 변환식을 간단히 구할 수 있다.

(1) 선형정리

$f_1(t)$, $f_2(t)$가 라플라스 변환 가능함수이고 a, b가 정수이면

$$\mathcal{L}\left[af_1(t) \pm bf_2(t)\right] = aF_1(s) \pm bF_2(s) \tag{15-13}$$

$$\mathcal{L}^{-1}\left[aF_1(s) \pm bF_2(s)\right] = af_1(t) \pm bf_2(t) \tag{15-14}$$

가 성립하며 이 정리를 가감정리라고도 한다.

예제 15-1

$f(t) = 2 + 3t + e^{-3t} - 5\sin 4t$의 라플라스 변환을 구하여라.

■ **풀이** ■ 선형의 정리에 의해 각각의 항을 라플라스 변환하고 가감하면

$$\mathcal{L}[F(t)]=\mathcal{L}[2]+\mathcal{L}[3t]+\mathcal{L}[e^{-3t}]-\mathcal{L}[5\sin 4t]$$

$$=\frac{2}{s}+\frac{3}{s^2}+\frac{1}{s+3}-\frac{20}{s^2+16}$$

---

(2) 시간이동정리

[그림 15-2]처럼 $t < a$에서 0인 함수 $f(t-a)$에 대해서 라플라스 변환하면

$$\mathcal{L}[f(t-a)]=\int_0^\infty f(t-a)e^{-st}dt$$

에서 $t-a=\tau$라 놓으면 $t=\tau+a$, $dt=d\tau$이므로

$$\mathcal{L}[f(t-a)]=\int_0^\infty f(\tau)e^{-s(\tau+a)}d\tau$$

$$=\int_0^\infty f(\tau)e^{-s\tau}e^{-as}d\tau=e^{-as}F(s)$$

$$\therefore\ \mathcal{L}[f(t-a)]=e^{-as}F(s) \qquad (15\text{-}15)$$

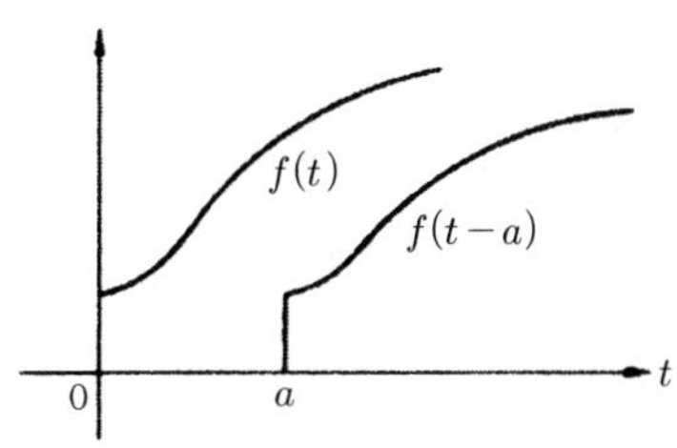

[그림 15-2] $f(t-a)$ 의 파형

예제 15-2

$f(t)=(t-3)^2$의 라플라스 변환을 구하여라.

■ **풀이** ■ $\mathcal{L}[t^2]=\dfrac{2}{s^3}$ 이므로 이것을 시간이동정리로 풀면

$$\mathcal{L}[(t-3)^2] = e^{-3s} \cdot \frac{2}{s^3} = 2\frac{e^{-3s}}{s^3}$$

---

(3) 복소이동정리

$s > a$일 때 $\mathcal{L}[f(t)] = F(s)$이면 함수 $e^{\pm at}f(t)$의 라플라스 변환은

$$\mathcal{L}[e^{-at}f(t)] = \int_0^\infty f(t)e^{-at}e^{-st}dt$$

$$= \int_0^\infty f(t)e^{-(s+a)t}dt = F(s+a)$$

$$\therefore\ \mathcal{L}[e^{\pm at}f(t)] = F(s \mp a) \qquad (15\text{-}16)$$

예제 15-3

$e^{-at}\sin\omega t$ 및 $e^{-at}\cos\omega t$의 라플라스 변환을 구하여라.

■ 풀이 ■ $\mathcal{L}[\sin\omega t] = \dfrac{\omega}{s^2+\omega^2}$, $\mathcal{L}[\cos\omega t] = \dfrac{s}{s^2+\omega^2}$ 이므로 복소이동정리를 적용하면

$$\mathcal{L}[e^{-at}\sin\omega t] = \frac{\omega}{(s+a)^2+\omega^2}$$

$$\mathcal{L}[e^{-at}\cos\omega t] = \frac{s+a}{(s+a)^2+\omega^2}$$

---

(4) 미분정리

$f(t)$의 라플라스 변환이 $F(s)$일 때 그 함수의 미분 $\dfrac{df(t)}{dt}$의 라플라스 변환은 부분적분법을 이용하면

$$\mathcal{L}\left[\frac{df(t)}{dt}\right] = \int_0^\infty \frac{df(t)}{dt}s^{-st}dt = [f(t)e^{-st}]_0^\infty - \int_0^\infty f(t)(-se^{-st})dt$$

$$= sF(s) - f(0_+)$$

여기서 $f(0_+)$는 $f(t)$의 초기값으로

$$f(0_+) = \lim_{t \to 0_+} f(t)$$

같은 방법으로 n계도함수의 라플라스 변환은 다음과 같다.

① $\mathcal{L}\left[\frac{d}{dt}f(t)\right] = sF(s) - f(0_+)$

② $\mathcal{L}\left[\frac{d^n}{dt^n}f(t)\right] = s^nF(s) - s^{n-1}f(0_+) - s^{n-2}f'(0_+) - \cdots\cdots - f^{(n-1)}(0_+)$

(15-17)

③ $\mathcal{L}\left[\frac{d^n}{dt^n}f(t)\right] = s^nF(s)$ (단, 모든 초기값은 0이다.)

예제 15-4

$\frac{d}{dt}f(t) + f(t) = 1$의 라플라스 변환을 구하여라. 단, 초기값은 0이다.

■ 풀이 ■ $\mathcal{L}\left[\frac{d}{dt}f(t) + f(t)\right] = \mathcal{L}[1]$

$sF(s) - f(0_+) + F(s) = \frac{1}{s}$ 에서 $f(0_+) = 0$이므로

$sF(s) + F(s) = \frac{1}{s}$ $\therefore$ $F(s) = \frac{1}{s(s+1)}$

(5) 적분정리

적분요소의 라플라스 변환도 도함수의 라플라스 변환과 같은 방법으로

$$\mathcal{L}\left[\int f(t)dt\right] = \int_0^\infty \left\{\int f(t)dt\right\} e^{-st}dt$$

$$= \left[\left\{\int f(t)dt\right\}\frac{1}{-s}e^{-st}\right]_0^\infty - \int_0^\infty f(t)\left(\frac{1}{-s}e^{-st}\right)dt$$

$$= \frac{1}{s}F(s) + \frac{1}{s}f^{(-1)}(0_+)$$

여기서 $f^{(-1)}(0_+)$는 $t \to 0$일 때 계산한 적분의 초기값으로

$$f^{(-1)}(0_+) = \lim_{t \to 0} \int f(t)dt$$

같은 방법으로 n계적분의 라플라스 적분은 다음과 같다.

① $\mathcal{L}\left[\int f(t)dt\right] = \frac{1}{s}F(s) + \frac{1}{s}f^{(-1)}(0_+)$

② $\mathcal{L}\left[\int\int \cdots \int f(t)dt^n\right] = \frac{1}{s^n}F(s) + \frac{1}{s^n}f^{(-1)}(0_+) + \cdots\cdots + \frac{1}{s}f^{(-n)}(0_+)$

(15-18)

③ $\mathcal{L}\left[\int\int \cdots \int f(t)dt^n\right] = \frac{1}{s^n}F(s)$ (단, 모든 초기값은 0이다.)

예제 15-5

$e(t) = Ri(t) + L\frac{di(t)}{dt} + \frac{1}{C}\int i(t)dt$에서 모든 초기값을 0으로 하고 라플라스 변환을 구하여라.

■ 풀이 ■ 각 항을 라플라스 변환하면

$$E(s) = RI(s) + LsI(s) + \frac{1}{Cs}I(s)$$

$$\therefore\ I(s) = \frac{1}{R + Ls + \frac{1}{Cs}}E(s) = \frac{Cs}{LCs^2 + RCs + 1}E(s)$$

---

(6) 복소미분정리

s의 함수 $F(s)$를 s로 미분하면

$$\frac{d}{ds}F(s) = \int_0^\infty \frac{d}{ds}f(t)e^{-st}dt = \int_0^\infty f(t)(-te^{-st})dt$$

$$= -\mathcal{L}[tf(t)]$$

$$\therefore\ \mathcal{L}[tf(t)] = -\frac{d}{ds}F(s)$$

같은 방법으로 $t^n f(t)$의 라플라스 변환은 다음과 같다.

① $\mathcal{L}[tf(t)]=-\dfrac{d}{ds}F(s)$

② $\mathcal{L}[t^n f(t)]=(-1)^n\dfrac{d^n}{ds^n}F(s)$ (15-19)

예제 15-6

$f(t)=t\sin\omega t$와 $t\cos\omega t$를 라플라스 변환하여라.

■ **풀이** ■ $\mathcal{L}[t\sin\omega t]=-\dfrac{d}{ds}F(s)=-\dfrac{d}{ds}\{\mathcal{L}[\sin\omega t]\}$

$$=-\frac{d}{ds}\left(\frac{\omega}{s^2+\omega^2}\right)=\frac{2\omega s}{(s^2+\omega^2)^2}$$

$$\mathcal{L}[t\cos\omega t]=-\frac{d}{ds}\left(\frac{s}{s^2+\omega^2}\right)=-\frac{s^2+\omega^2-2s^2}{(s^2+\omega^2)^2}=\frac{s^2-\omega^2}{(s^2+\omega^2)^2}$$

(7) 초기값정리

미분정리 $\mathcal{L}\left[\dfrac{d}{dt}f(t)\right]=sF(s)-f(0_+)$에 의해서

$$\lim_{s\to\infty}\left[\int_0^\infty \frac{d}{dt}f(t)e^{-st}\,dt\right]=\lim_{s\to\infty}[sF(s)-f(0_+)]$$

가 되고, $\lim\limits_{s\to\infty}e^{-st}=0$이므로 위 식의 좌변은 0이 된다. 즉,

$$0=\lim_{s\to\infty}[sF(s)-f(0_+)]$$

여기서 $f(0_+)$를 구하면 다음과 같은 초기값정리가 성립한다.

$$f(0_+)=\lim_{t\to 0}f(t)=\lim_{s\to\infty}sF(s) \tag{15-20}$$

예제 15-7

$F(s)=\dfrac{3s^2+1}{s^3+3s^2+5s}$ 일 때 $f(t)$의 초기값을 구하여라.

■ **풀이** ■ 초기값정리에 의하여

$$\lim_{t\to 0} f(t)=\lim_{s\to\infty} sF(s)=\lim_{s\to\infty} s\frac{3s^2+1}{s^2+3s+5}=\lim_{s\to\infty}\frac{3+\dfrac{1}{s^2}}{1+\dfrac{3}{s}+\dfrac{5}{s^2}}=\mathbf{3}$$

(8) 최종값정리

미분정리 $\mathcal{L}\left[\dfrac{d}{dt}f(t)\right]=sF(s)-f(0_+)$에 의해서

$$\lim_{s\to 0}\left[\int_0^\infty \frac{d}{dt}f(t)e^{-st}\,dt\right]=\lim_{s\to 0}\,[sF(s)-f(0_+)]$$

가 되고, $\lim\limits_{s\to 0} e^{-st}=1$이므로 위 식의 좌변은

$$\lim_{s\to 0}\left[\int_0^\infty \frac{d}{dt}f(t)e^{-st}\,dt\right]=\int_0^\infty \frac{d}{dt}f(t)dt=\lim_{t\to\infty}\int_0^t \frac{df(t)}{dt}dt$$

가 된다. 따라서

$$\lim_{t\to\infty}\,[F(t)-f(0_+)]=\lim_{s\to 0}[s\,F(s)-f(0_+)]$$

그러므로 다음과 같은 최종값정리가 성립한다.

$$\boldsymbol{f(\infty)=\lim_{t\to\infty} f(t)=\lim_{s\to 0} s\,F(s)} \qquad (15\text{-}21)$$

예제 15-8

$F(s)=\dfrac{5s+6}{s^3+2s^2+3s}$ 일 때 $f(t)$의 최종값을 구하여라.

■ **풀이** ■ 최종값정리에 의하여

$$f(\infty)=\lim_{s\to 0} sF(s)=\lim_{s\to 0} s\frac{5s+6}{s(s^2+2s+3)}=\lim_{s\to 0}\frac{5s+6}{(s^2+2s+3)}=\mathbf{2}$$

이상으로 지금까지 배운 정리를 〈표 15-2〉에 나타내었다.

〈표 15-2〉 라플라스 변환의 중요한 정리

1	선형정리	$\mathcal{L}[af_1(t)\pm b_2f_2(t)]=aF_1(s)\pm bF_2(s)$
2	시간이동정리	$\mathcal{L}[f(t\pm a)]=e^{\mp as}F(s)$
3	복소이동정리	$\mathcal{L}[e^{\pm at}f(t)]=F(s\mp a)$
4	미분정리	$\mathcal{L}\left[\frac{d}{dt}f(t)\right]=sF(s)-f(0_+)$ $\mathcal{L}\left[\frac{d^n}{dt^n}f(t)\right]=s^nF(s)$ 단, 초기값=0
5	적분정리	$\mathcal{L}\left[\int f(t)dt\right]=\frac{1}{s}F(s)+\frac{1}{s}f^{(-1)}(0_+)$ $\mathcal{L}\left[\int\int\cdots\int f(t)dt^n\right]=\frac{1}{s^n}F(s)$ 단, 초기값=0
6	복소미분정리	$\mathcal{L}[t^nf(t)]=(-1)^n\frac{d^n}{ds^n}F(s)$
7	초기값정리	$f(0_+)=\lim_{t\to 0}f(t)=\lim_{s\to\infty}sF(s)$
8	최종값정리	$f(\infty)=\lim_{t\to\infty}f(t)=\lim_{s\to 0}sF(s)$

15-4 비반복파의 라플라스 변환

신호가 $t>0$에서 어떤 시간의 구간에서만 신호가 존재하고 다른 시간에서는 0이다. 이러한 파형을 비반복파라 하고, 계속적으로 존재하는 파형은 주기파로서 반복파라 한다. 이러한 복잡한 신호파형에 대한 회로망의 응답을 라플라스 변환방법을 적용하여 구해보자.

우선 신호파형을 기본함수의 합성파를 구한 다음 라플라스 변환의 제정리를 적용하여 구할 수 있다.

예제 15-9

[그림 15-3]과 같은 사인파 펄스 함수의 라플라스 변환을 구하여라.

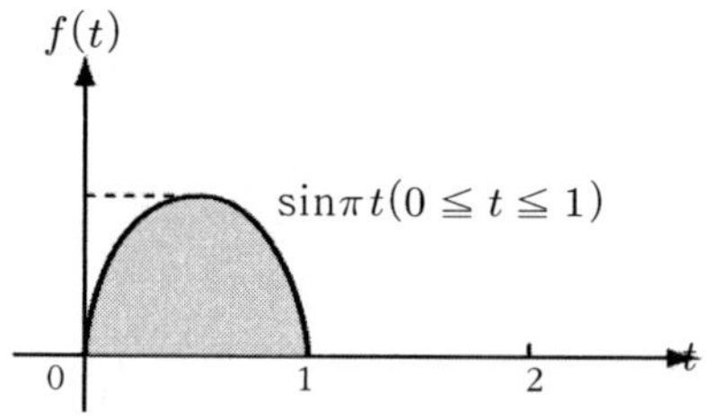

[그림 15-3]

■ **풀이** ■ 사인파의 합성파로 나타내면

$$f(t) = \sin\pi t u(t) + \sin\pi(t-1)u(t-1)$$

이므로

$$F(s) = \frac{\pi}{s^2+\pi^2} + \frac{\pi}{s^2+\pi^2}e^{-s} = \frac{\pi}{s^2+\pi^2}(1+e^{-s})$$

예제 15-10

[그림 15-4]와 같은 사각파의 라플라스 변환을 구하여라.

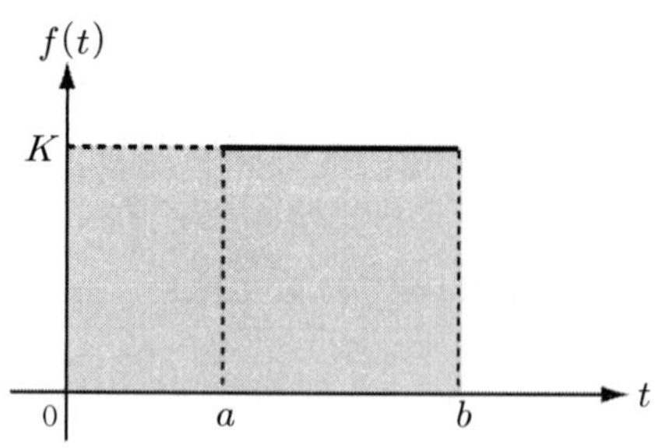

[그림 15-4]

■ **풀이** ■ 단위계단함수의 합성파로 나타내면

$$f(t) = k\{u(t-a) - u(t-b)\}$$

$$\therefore\ F(s) = \frac{k}{s}(e^{-as} - e^{-ks})$$

예제 15-11

[그림 15-5]와 같은 삼각파의 라플라스 변환을 구하여라.

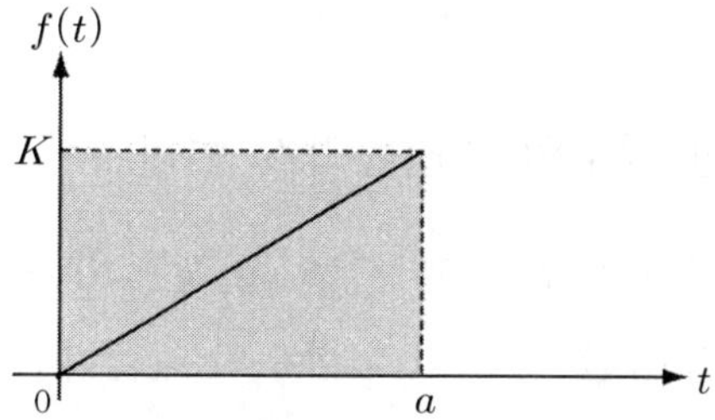

[그림 15-5]

■ **풀이** ■ 단위계단함수의 합성파로 나타내면

$$f(t) = \frac{k}{a}tu(t) - ku(t-a) - \frac{k}{a}(t-a)u(t-a)$$

$$\therefore\ F(s) = \frac{k}{a}\cdot\frac{1}{s^2} - \frac{k}{s}e^{-as} - \frac{k}{as^2}e^{-as} = \boldsymbol{\frac{k}{as^2} - e^{-as}\left(\frac{k}{s} - \frac{k}{as^2}\right)}$$

예제 15-12

[그림 15-6]와 같은 톱니파형인 주기함수의 라플라스 변환을 구하여라.

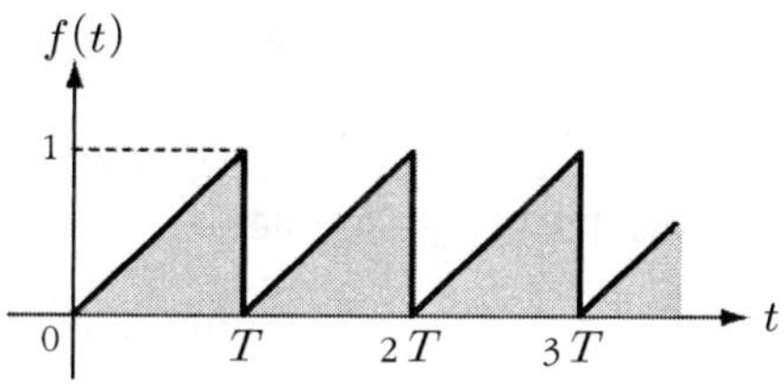

[그림 15-6]

■ **풀이** ■ 단위계단함수의 합성파로 나타내면

$$f(t) = \frac{1}{T}t - \{u(t-T) + u(t-2T) + u(t-3T) + \cdots\cdots\}$$

$$\therefore\ F(s) = \frac{1}{Ts^2} - \left(\frac{1}{s}e^{-Ts} + \frac{1}{s}e^{-2Ts} + \frac{1}{s}e^{-3Ts} + \cdots\cdots\right)$$

$$= \frac{1}{Ts^2} - \frac{1}{s}e^{-Ts}\left(1 + e^{-Ts} + e^{-2Ts} + e^{-3Ts} + \cdots\cdots\right)$$

여기서 마클로우린 급수 $\frac{1}{1-x} = 1 + x + x^2 + x^3 + \cdots\cdots$ 을 적용하면

$$\boldsymbol{F(s) = \frac{1}{Ts^2} - \frac{e^{-Ts}}{s(1-e^{-Ts})}}$$

15-5 역라플라스 변환과 부분분수 전개

(1) 간단한 함수의 역라플라스 변환

복소수 s의 함수 $F(s)$를 시간 t의 함수 $f(t)$의 라플라스 변환이라고 하는데, 우리는 그 동안 여러 가지 함수의 라플라스 변환을 구하는 방법을 공부하였다.

이제, 여기에서는 라플라스 변환 $F(s)$로부터 원래의 함수 $f(t)$를 찾아내는 문제를 취급하여 보자. 이때 $F(s)$로부터 $f(t)$를 구하는 것을 **역라플라스 변환**(inverse Laplace transform)이라 하고, 다음과 같이 표시함을 이미 배웠다.

$$f(t) = \mathcal{L}^{-1}[F(s)] = \frac{1}{2\pi j}\int_{\sigma - j\infty}^{\sigma + j\infty} F(s)e^{st}ds$$

여기서 σ는 실상수이다. 일반적으로 역라플라스 변환은 계산이 복잡하므로 **라플라스 변환쌍**을 이용하면 역라플라스 변환식을 구할 수 있다.

예제 15-13

다음 함수의 역라플라스 변환을 구하여라.

① $F(s) = \dfrac{1}{s^3}$　　② $F(s) = \dfrac{1}{s+3}$

③ $F(s) = \dfrac{5s}{s^2+4}$　　④ $F(s) = \dfrac{s+5}{s^2+2s+5}$

■ 풀이 ■ ① $\mathcal{L}[t^n] = \dfrac{n!}{s^{n+1}}$ 에서 $\mathcal{L}^{-1}\left[\dfrac{1}{s^n}\right] = \dfrac{1}{(n+1)!}t^{n-1}$

$\therefore\ \mathcal{L}^{-1}\left[\dfrac{1}{s^3}\right] = \dfrac{1}{2!}t^{3-1} = \boldsymbol{\dfrac{1}{2}t^2}$

② $\mathcal{L}[e^{at}] = \dfrac{1}{s+a}$ 에서 $\mathcal{L}^{-1}\left[\dfrac{1}{s+a}\right] = e^{-at}$

$\therefore\ \mathcal{L}^{-1}\left[\dfrac{1}{s+3}\right] = \boldsymbol{e^{-3t}}$

③ $\mathcal{L}[\cos\omega t] = \dfrac{s}{s^2+\omega^2}$ 에서 $\mathcal{L}^{-1}\left[\dfrac{1}{s^2+a}\right] = \cos at$

$$\therefore \ \mathcal{L}^{-1}\left[\frac{5s}{s^2+4}\right]=5\cos 2t$$

$$④ \ \mathcal{L}^{-1}\left[\frac{s+5}{s^2+2s+5}\right]=\mathcal{L}^{-1}\left[\frac{s+5}{(s+1)^2+4}\right]=\mathcal{L}^{-1}\left[\frac{s+1+4}{(s+1)^2+2^2}\right]$$

$$=\mathcal{L}^{-1}\left[\frac{s+1}{(s+1)^2+2^2}+\frac{4}{(s+1)^2+2^2}\right]$$

$$=e^{-t}\cos 2t+2e^{-t}\sin 2t=e^{-t}(\cos 2t+2\sin 2t)$$

---

(2) 부분분수 전개에 의한 역라플라스 변환

지금 라플라스 변환함수 $F(s)$가 s의 다항식인

$$F(s)=\frac{B(s)}{A(s)}=\frac{b_m s^m+b_{m-1}s^{m-1}+\cdots\cdots+b_1 s+b_0}{a_n s^n+a_{n-1}s^{n-1}+\cdots\cdots+a_1 s+a_0}$$

로 표시된다면 유리함수 $F(s)$의 역라플라스 변환은 **부분분수 전개**(partial fraction expansion)방법으로 구할 수 있다.

여기에서 $n > m$인 경우는 직접 부분분수 전개를 유도하나, $n \leq m$인 경우는 $B(s)$를 $A(s)$로 나누어 분자의 차수가 분모의 차수보다 작게 한 후 부분분수 전개를 한다. 이때 부분분수 전개에서 $A(s)=0$의 특성근이

① 실수단근인 경우

② 공액복소수근의 경우

③ 중복근인 경우

와 같이 3가지 형태에 따른 부분분수 전개방법을 알아보자.

1) 실수단근인 경우

라플라스 변환함수가

$$F(s)=\frac{2s+3}{(s+1)(s+3)}=\frac{k_1}{s+1}+\frac{k_2}{s+3}$$

인 경우 **유수**(redidue) k_1을 구하기 위하여 양변에 $(s+1)$을 곱하면

$$F(s) = k_1 + k_2\frac{s+1}{s+3}$$

이 되고, 이 식에 $(s+1)=0$의 근 $s=-1$을 대입하면 $k_2=0$이고 k_1은

$$k_1 = \frac{2s+3}{s+3}\bigg|_{s=-1} = \frac{-2+3}{1+3} = \frac{1}{2}$$

마찬가지로

$$k_2 = \frac{2s+3}{s+1}\bigg|_{s=-3} = \frac{-6+3}{-3+1} = \frac{3}{2}$$

따라서 $F(s)$는

$$F(s) = \frac{\frac{1}{2}}{s+1} + \frac{\frac{3}{2}}{s+3}$$

이므로 $F(s)$의 역라플라스 변환에 의한 원함수 $f(t)$는 다음과 같다.

$$f(t) = \frac{1}{2}e^{-t} + \frac{3}{2}e^{-3t}$$

물론, 고등학교에서 배운 **미정계수법**을 이용하여 유수 k_1, k_2를 구하고 역라플라스 변환함수 $f(t)$를 구할 수 있다.

이제, 일반적인 부분분수 전개형이

$$F(s) = \frac{k_1}{s-p_1} + \frac{k_2}{s-p_2} + \cdots\cdots + \frac{k_j}{s-p_j} + \cdots\cdots$$

이라면, 임의의 항의 미정계수인 유수 k_j는 다음과 같이 구해진다.

$$\boldsymbol{k_j = \lim_{s\to p_1} F(s)(s-p_j) = F(s)(s-p_j)\Big|_{s=p_j}} \qquad (15\text{-}22)$$

예제 15-14

다음 식의 역라플라스 변환을 구하여라.

① $\dfrac{3s+16}{s^2-s-6}$ ② $\dfrac{s^2+2}{s(s+1)(s+2)}$

■ 풀이 ■ ① 우선 부분분수 전개하면

$$\frac{3s+16}{s^2-s-6}=\frac{3s+16}{(s-3)(s+2)}=\frac{k_1}{s-3}+\frac{k_2}{s+2}$$

유수 k_1, k_2는

$$k_1=\frac{3s+16}{(s-3)(s+2)}(s-3)\bigg|_{s=3}=\frac{9+16}{3+2}=5$$

$$k_2=\frac{3s+16}{(s-3)(s+2)}(s+2)\bigg|_{s=2}=\frac{-6+16}{-2-3}=-2$$

이 되므로

$$F(s)=\frac{5}{s-3}+\frac{-2}{s+2}$$

$$\therefore\ f(t)=\mathcal{L}^{-1}[F(s)]=\mathcal{L}^{-1}\left[\frac{5}{s-3}+\frac{-2}{s+2}\right]$$

$$=\mathbf{5e^{3t}-2e^{-2t}}$$

② 부분분수 전개하면

$$F(s)=\frac{s^2+2}{s(s+1)(s+2)}=\frac{k_1}{s}+\frac{k_2}{s+1}+\frac{k_3}{s+2}$$

$$k_1=\frac{s^2+2}{s(s+1)(s+2)}\cdot s\bigg|_{s=0}=\frac{2}{2}=1$$

$$k_2=\frac{s^2+2}{s(s+1)(s+2)}(s+1)\bigg|_{s=-1}=\frac{1+2}{-1(-1+2)}=-3$$

$$k_3=\frac{s^2+2}{s(s+1)(s+2)}(s+2)\bigg|_{s=-2}=\frac{4+2}{-2(-2+1)}=3$$

이 되므로

$$F(s)=\frac{1}{s}+\frac{-3}{s+1}+\frac{3}{s+2}$$

$$\therefore\ f(t)=\mathcal{L}^{-1}[F(s)]=\mathcal{L}^{-1}\left[\frac{1}{s}+\frac{-3}{s+1}+\frac{3}{s+2}\right]$$

$$=\mathbf{1-3e^{-t}+3e^{-2t}}$$

2) 공액복소수근의 경우

일반적인 부분분수 전개식이

$$F(s)=\frac{B(s)}{(s-p)\{(s-\alpha)^2+\omega^2\}}=\frac{k}{s-p}+\frac{C+D}{(s-\alpha)^2+\omega^2} \quad (15\text{-}23)$$

와 같이 분모에 공액복소수근이 인수로 있는 경우는 위 식의 양변에 $(s-p)\{(s-\alpha)^2+\omega^2\}$를 곱하고 미정계수법으로 k, C, D의 값을 구하는 방법과 k는 실수단근법으로 구하고, C, D는 k의 값을 대입하고, 이항정리로서 구하는 방법도 있다.

예제 15-15

$F(s)=\dfrac{4(s+1)}{s(s^2+2s+2)}$ 의 역라플라스 변환을 구하여라.

■ 풀이 ■ $\dfrac{4(s+1)}{s(s^2+2s+2)}=\dfrac{k}{s}+\dfrac{C_s+D}{s^2+2s+2}$

라 놓고 양변에 $s(s^2+2s+2)$를 곱하면

$4s+4=k(s^2+2s+2)+(Cs+D)s=(k+C)s^2+(2k+D)s+2k$

에서 양변에 계수를 비교하면

$2k=4,\ k+C=0,\ 2k+D=4$

이것을 풀면

$k=2,\ C=-2,\ D=0$

$$\therefore\ F(s)=\frac{2}{s}+\frac{-2s}{s^2+2s+2}=2\left(\frac{1}{s}-\frac{s+1-1}{(s+1)^2+1}\right)$$

$$=2\left(\frac{1}{s}-\frac{s+1}{(s+1)^2+1}+\frac{1}{(s+1)^2+1}\right)$$

$$\therefore\ \boldsymbol{f(t)=2(1-e^{-t}\cos t+e^{-t}\sin t)}$$

예제 15-16

$F(s)=\dfrac{s+1}{s(s^2+2s+2)}$ 의 역라플라스 변환을 구하여라.

■ 풀이 ■ $F(s)=\frac{k}{s}+\frac{Cs+D}{s^2+2s+2}$

라 놓으며 k는 실수단근법에 의하여

$$k=\left.\frac{s+1}{s^2+2s+2}\right|_{s=0}=\frac{1}{2}$$

$k=\frac{1}{2}$의 값을 대입하고, 이항하여 정리하면

$$\frac{s+1}{s(s^2+2s+2)}-\frac{\frac{1}{2}}{s}=\frac{Cs+D}{s^2+2s+2}$$

$$\frac{s+1-\frac{1}{2}(s^2+2s+2)}{s(s^2+2s+2)}=\frac{Cs+D}{s^2+2s+2}$$

$$\frac{-\frac{1}{2}s^2}{s(s^2+2s+2)}=\frac{-\frac{1}{2}s}{s^2+2s+2}==\frac{Cs+D}{s^2+2s+2}$$

에서 양변의 계수를 비교하면

$$C=-\frac{1}{2},\ D=0$$

따라서 k, C, D의 값을 준식에 대입하면

$$\therefore\ F(s)=\frac{\frac{1}{2}}{s}+\frac{-\frac{1}{2}s}{s^2+2s+2}=\frac{1}{2}\left(\frac{1}{s}-\frac{s+1-1}{(s+1)^2+1}\right)$$

$$=-\frac{1}{2}\left(\frac{1}{s}-\frac{s+1}{(s+1)^2+1}+\frac{1}{(s+1)^2+1}\right)$$

$$\therefore\ f(t)=\mathcal{L}^{-1}[F(s)]$$

$$=\frac{1}{2}(1-e^{-t}\cos t+e^{-t}\sin t)$$

---

3) 중복근인 경우

라플라스 변환함수가

$$F(s)=\frac{s+2}{(s+1)^2}=-\frac{k_2}{(s+1)^2}+\frac{k_2}{s+1}$$

인 경우, 앞의 식 양변에 $(s+1)^2$을 곱하면

$$s+2 = k_2 + (s+1)k_1$$

이고, $s=-1$일 때 $k_2 = 1$으로 실수단근법과 같다. 그러나 k_1을 구하기 위하여 $(s+1)$을 양변에 곱하면

$$\frac{s+2}{s+1} = \frac{k_2}{s+1} + k_1$$

가 되어, $s=-1$에서 k_2항은 ∞가 되어 계산이 불가능하므로 식 $s+2 = k_2 + (s+1)k_1$을 s에 대하여 미분하면

$$1+0 = k_1 + 0, \quad \therefore\ k_1 = 1$$

따라서

$$F(s) = \frac{s+2}{(s+1)^2} = \frac{1}{(s+1)^2} + \frac{1}{s+1}$$

$$\therefore\ f(t) = te^{-t} + e^{-t}$$

일반적인 전개식이

$$F(s) = \frac{L_r}{(s-p)^r} + \frac{L_{r-1}}{(s-p)^{r-1}} + \cdots\cdots + \frac{L_{r-t}}{(s-p)^{r-t}} + \cdots\cdots + \frac{L_1}{(s-p)^1}$$

인 경우 L_r은 실수단근법과 같은 방법으로 구하고, 임의의 항의 미정계수인 유수 L_{r-t}는 다음과 같이 구한다.

$$L_{r-t} = \lim_{s \to p} \frac{1}{t!}\left[\frac{d^t}{ds^t} F(s)(s-p)^r\right] \tag{15-24}$$

예제 15-17

다음 식의 역라플라스 변환을 구하여라.

① $F(s) = \dfrac{s}{(s+1)^5}$ ② $F(s) = \dfrac{s+2}{(s+1)^2(s+3)}$

■ 풀이 ■ ① $F(s)=\dfrac{s}{(s+1)^5}=\dfrac{L_5}{(s+1)^5}+\dfrac{L_4}{(s+1)^4}+\dfrac{L_3}{(s+1)^3}+\dfrac{L_2}{(s+1)^2}+\dfrac{L_1}{(s+1)^1}$

와 같은 부분분수 전개에서 유수는

$$L_5=\frac{s}{(s+1)^5}\cdot(s+1)^5\Big|_{s=-1}=-1$$

$$L_4=\left[\frac{d}{ds}\left(\frac{s}{(s+1)^5}\cdot(s+1)^5\right)\right]\Big|_{s=-1}=1$$

$$L_3=\frac{1}{2!}\frac{d^2}{ds^2}s\Big|_{s=-1}=0$$

$$L_2=0,\ L_1=0$$

$$\therefore\ f(t)=\mathcal{L}^{-1}\left[\frac{s}{(s+1)^5}\right]$$

$$=\mathcal{L}^{-1}\left[-\frac{1}{(s+1)^5}+\frac{1}{(s+1)^4}\right]$$

$$=-e^{-t}\frac{t^4}{4!}+e^{-t}\frac{t^3}{3!}=\mathbf{\frac{1}{24}e^{-t}(4t^3-t^4)}$$

② $F(s)=\dfrac{s+2}{(s+1)^2(s+3)}=\dfrac{L_2}{(s+1)^2}+\dfrac{L_1}{s+1}+\dfrac{k}{s+3}$

에서 유수 L_2, L_1, k는

$$L_2=\frac{s+2}{(s+1)^2(s+3)}(s+1)^2\Big|_{s=-1}=\frac{1}{2}$$

$$L_1=\left[\frac{d}{ds}(s+2)\right]_{s=-1}=\left[\frac{1}{(s+3)^2}\right]_{s=-1}=\frac{1}{4}$$

$$k=\frac{s+2}{(s+1)^s(s+3)}(s+3)\Big|_{s=-3}=-\frac{1}{4}$$

$$\therefore\ f(t)=\mathcal{L}^{-1}\left[\frac{s+2}{(s+1)^s(s+3)}\right]$$

$$=\mathcal{L}^{-1}\left[\frac{\frac{1}{2}}{(s+1)^2}+\frac{\frac{1}{4}}{s+1}-\frac{\frac{1}{4}}{s+3}\right]$$

$$=\frac{1}{2}e^{-1}t+\frac{1}{4}e^{-t}-\frac{1}{4}e^{-3t}$$

$$=\mathbf{\frac{1}{4}e^{-1}(2t+1)-\frac{1}{4}e^{-3t}}$$

15-6 라플라스 변환의 응용

(1) 미분방정식의 해석

앞에서도 언급한 바와 같이 라플라스 변환은 미분방정식을 쉽게 풀 수 있다는 것이 큰 장점으로, 선형물리계의 관계를 나타내는 미분방정식을 이 라플라스 변환을 이용하여 풀면 대수방정식을 푸는 것과 같이 쉽게 그 해를 구할 수 있다.

또한 고전적 방법에서는 일반해를 구한 다음 주어진 조건들을 일반해에 대입하여 미지의 적분상수를 결정하였으나, 이 라플라스 변환을 이용하여 미분방정식을 풀 때에는 푸는 과정 중에서 주어진 조건들이 미리 들어가 그 해를 구했을 때에는 적분상수를 포함하지 않는 완전한 해가 구해진다.

예제 15-18

미분방정식 $\dfrac{d^2y}{dx^2}+3\dfrac{dy}{dx}+2y=4$를 풀어라. 단, $y(0)=y'(0)=0$이다.

■ **풀이** ■ 주어진 미분방정식을 라플라스 변환하면 모든 초기값은 0이므로

$$s^2Y(s)+3sY(s)+2Y(s)=\frac{4}{s}$$

$$Y(s)=\frac{4}{s(s^2+3s+2)}=\frac{4}{s(s+1)(s+2)}=\frac{k_1}{s}+\frac{k_2}{s+1}+\frac{k_3}{s+2}$$

에서 유수값을 구하면

$$k_1=\frac{4}{s^2+3s+2}\bigg|_{s=0}=2$$

$$k_2=\frac{4}{s(s+2)}\bigg|_{s=-1}=-4$$

$$k_3=\frac{4}{s(s+1)}\bigg|_{s=-2}=2$$

$$\therefore\ f(t)=\mathcal{L}^{-1}[Y(s)]=\mathcal{L}^{-1}\left[\frac{2}{s}-\frac{4}{s+1}+\frac{2}{s+2}\right]$$

$$=2-4e^{-t}+2e^{-2t}$$

예제 15-19

$\dfrac{d^2y(t)}{dt^2}+y(t)=t$를 풀어라. 단, $y(0_+)=1, y'(0_+)=-2$이다.

■ **풀이** ■ 주어진 미분방정식을 라플라스 변환하고, 주어진 초기값을 대입하면

$$s^2Y(s)+sy(0_+)+y(0_+)+Y(s)=\frac{1}{s^2}$$

$$s^2Y(s)-s+2+Y(s)=\frac{1}{s^2}$$

$$(s^2+1)Y(s)=s-2+\frac{1}{s^2}$$

$$Y(s)=\frac{s-2}{s^2+1}+\frac{1}{s^2(s^2+1)}$$

이 되며, 이것을 부분분수로 나타내면

$$Y(s)=\frac{s}{s^2+1}-\frac{2}{s^2+1}+\frac{1}{s^2}-\frac{1}{s^2+1}$$

$$=\frac{s}{s^2+1}-\frac{3}{s^2+1}+\frac{1}{s^2}$$

$$\therefore\ y(t)=\mathcal{L}^{-1}[Y(s)]=\mathcal{L}^{-1}\left[\frac{s}{s^2+1}-\frac{3}{s^2+1}+\frac{1}{s^2}\right]$$

$$=\cos t-3\sin t+t$$

(2) 회로망 해석

제14장의 과도현상과 같이 회로특성이 미분방정식으로 기술되는 경우의 이 미분방정식을 해석하는 데는 라플라스 변환이 유용하게 사용된다.

예제 15-20

[그림 15-7]과 같은 회로에서 $t=0$에서 스위치 S를 급히 닫을 때 전류 $i(t)$를 구하여라. 단, L의 초기전류는 0이다.

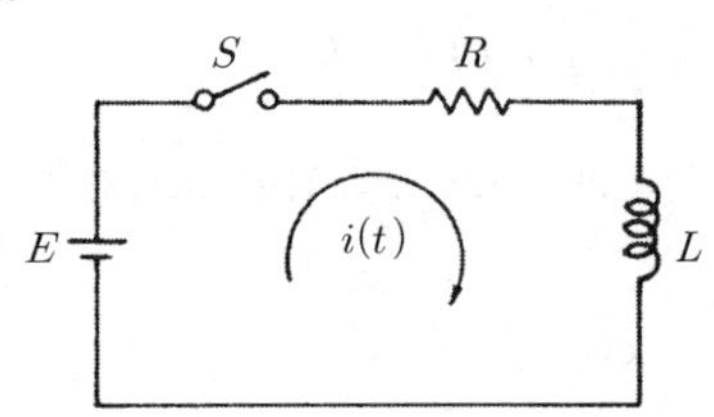

[그림 15-7]

■ **풀이** ■ 회로에서 전압방정식은

$$Ri(t)+L\frac{d}{dt}i(t)=E$$

위의 식을 라플라스 변환하면 초기값은 0이므로

$$RI(s)+Ls\,I(s)=\frac{E}{s},\quad I(s)=\frac{E}{s(Ls+R)}$$

부분분수로 전개하면

$$I(s)=\frac{E}{S(Ls+R)}=\frac{\frac{E}{L}}{s\left(s+\frac{R}{L}\right)}=\frac{K_1}{s}+\frac{K_2}{s+\frac{R}{L}}$$

$$=\frac{\frac{E}{R}}{s}+\frac{-\frac{E}{R}}{s+\frac{R}{L}}=\frac{E}{R}\left(\frac{1}{s}-\frac{1}{s+\frac{R}{L}}\right)$$

$$\therefore\ i(t)=\mathcal{L}^{-1}[I(s)]=\boldsymbol{\frac{E}{R}\left(1-e^{-\frac{R}{L}t}\right)}$$

예제 15-21

[그림 15-8]과 같은 회로에서 스위치 S를 급히 닫을 때 전류 $i(t)$를 구하여라. 단 C의 초기 전하는 0이다.

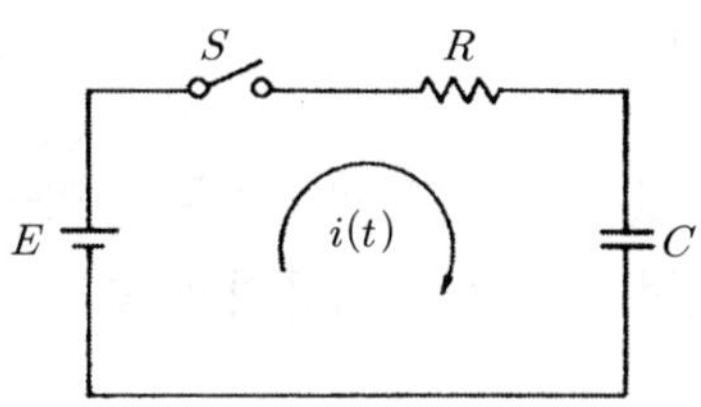

[그림 15-8]

■ **풀이** ■ 회로에서 전압방정식은

$$Ri(t)+\frac{1}{C}\int i(t)dt=E$$

위의 식을 라플라스 변환하면 초기값은 0이므로

$$RI(s)+\frac{1}{Cs}I(s)=\frac{E}{s}$$

$$I(s)\left(R+\frac{1}{Cs}\right)=\frac{E}{s}$$

$$I(s) = \frac{E}{R} \cdot \frac{1}{s + \frac{1}{RC}}$$

$$\therefore\ i(t) = \mathcal{L}^{-1}[I(s)] = \frac{\boldsymbol{E}}{\boldsymbol{R}} \boldsymbol{e}^{\frac{1}{RC}t}$$

예제 15-22

[그림 15-9]와 같은 $R-C$ 회로에서 전달함수 $\dfrac{E_o(s)}{E_i(s)}$ 를 구하여라.

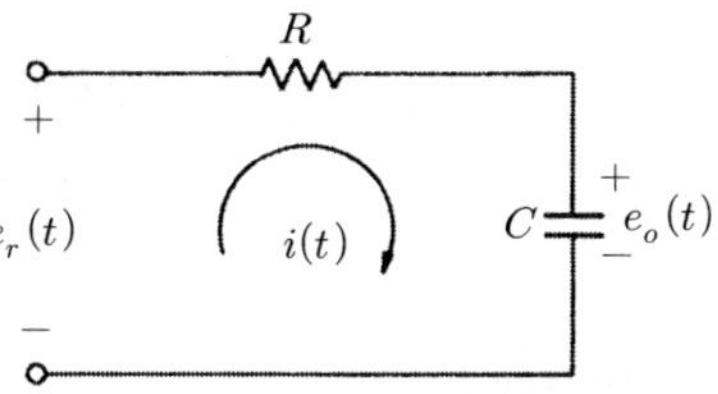

[그림 15-9]

■ **풀이** ■ 회로에서 전압방정식은

$$e_i(t) = Ri(t) + \frac{1}{C}\int i(t)dt$$

$$e_0(t) = \frac{1}{C}\int i(t)dt$$

위의 두 식의 초기값이 0일 때 라플라스 변환은 다음과 같다.

$$E_t(s) = RI(s) + \frac{1}{Cs}I(s)$$

$$E_o(s) = \frac{1}{Cs}I(s)$$

$$\therefore\ G(s) = \frac{E_o(s)}{E_i(s)} = \frac{\frac{1}{Cs}I(s)}{\left(R + \frac{1}{Cs}\right)I(s)} = \frac{\boldsymbol{1}}{\boldsymbol{RCs+1}}$$

연습문제

15-1 라플라스 변환이 틀린 것은?

㉮ $\mathcal{L}[u(t)]=e^{-2}$　　㉯ $\mathcal{L}[\delta(t)]=1$

㉰ $\mathcal{L}[t]=\dfrac{1}{S^2}$　　㉱ $\mathcal{L}[e^{2t}]=\dfrac{1}{s-2}$

15-2 $f(t)=3t^2$ 라플라스 변환하면?

㉮ $\dfrac{3}{s^2}$　　㉯ $\dfrac{3}{s^3}$　　㉰ $\dfrac{6}{s^2}$　　㉱ $\dfrac{6}{s^3}$

15-3 $f(t)=5e^{-2t}$를 라플라스 변환하면?

㉮ $\dfrac{5}{s-2}$　　㉯ $\dfrac{5}{s+2}$

㉰ $\dfrac{10}{s-5}$　　㉱ $\dfrac{10}{s+5}$

15-4 $f(t)=\sin t+2\cos t$를 라플라스 변환하면?

㉮ $\dfrac{2s}{s^2+1}$　　㉯ $\dfrac{2s+1}{s^2+1}$

㉰ $\dfrac{2s}{(s+1)^2}$　　㉱ $\dfrac{2s+1}{s+1^2}$

15-5 $f(t)=e^{-2t}\sin 2t$의 라플라스 변환식은?

㉮ $\dfrac{4}{s^2+4s+4}$　　㉯ $\dfrac{4}{s^2-4s+4}$

㉰ $\dfrac{2}{s^2+4s+8}$　　㉱ $\dfrac{2}{s^2-4s+8}$

* 정답 1 ㉮ 2 ㉱ 3 ㉯ 4 ㉯ 5 ㉰

15-6 $f(t)=t^3e^{-3t}$를 라플라스 변환하면?

㉮ $\dfrac{6}{(s+3)^4}$　　㉯ $\dfrac{6}{(s-3)^4}$

㉰ $\dfrac{3}{(s+3)^4}$　　㉱ $\dfrac{3}{(s-3)^4}$

15-7 $f(t)=\dfrac{e^{2t}+e^{-2t}}{2}$ 를 라플라스 변환하면?

㉮ $\dfrac{s}{s^2+4}$　　㉯ $\dfrac{s}{s^2-4}$

㉰ $\dfrac{2s}{s^2+4}$　　㉱ $\dfrac{2s}{s^2-4}$

15-8 $F(s)=\dfrac{s^2+s+3}{s(s^2+2s+5)}$ 의 초기값 $f(0_+)$을 구하여라.

㉮ $\dfrac{3}{5}$　　㉯ $\dfrac{2}{5}$　　㉰ 1　　㉱ 2

15-9 $F(s)=\dfrac{5s+3}{s(s+1)}$ 의 최종값 $f(\infty)$을 구하여라.

㉮ 0　　㉯ 3　　㉰ 5　　㉱ ∞

15-10 $F(s)=\dfrac{2}{s+3}$ 의 역라플라스 변환은?

㉮ $2e^{-3t}$　　㉯ $2e^{3t}$　　㉰ $3e^{-2t}$　　㉱ $3e^{2t}$

15-11 $F(s)=\dfrac{2}{s^2+16}$ 의 역라플라스 변환은?

㉮ $2\sin 4t$　　㉯ $2\cos 4t$　　㉰ $\dfrac{1}{2}\sin 4t$　　㉱ $\dfrac{1}{4}t$

15-12 $F(s)=\dfrac{2s+1}{s^2+1}$ 의 라플라스 역변환은?

㉮ $\cos t-2\sin t$　　㉯ $\cos t+2\sin t$

㉰ $2\cos t-\sin t$　　㉱ $2\cos t+\sin t$

* 정답　6 ㉮　7 ㉯　8 ㉰　9 ㉯　10 ㉮　11 ㉰　12 ㉱

15-13 $F(s)=\dfrac{1}{s(s+1)}$ 의 역라플라스 변환은?

㉮ $1-e^{-t}$　　㉯ $1+e^{-t}$

㉰ $e^{-t}\sin t$　　㉱ $e^{-t}\cos t$

15-14 $F(s)=\dfrac{s}{(s+1)(s+2)}$ 일 때 $f(t)$를 구하면?

㉮ $2e^{-2t}+e^{-t}$　　㉯ $2e^{-2t}-e^{-t}$

㉰ $e^{-2t}-2e^{-t}$　　㉱ $e^{-2t}+2e^{-t}$

15-15 다음 미분방정식을 풀어라.

① $\dfrac{d^2}{dt^2}x(t)+2\dfrac{d}{dt}x(t)-3x(t)=4$ (모든 초기값 0)

② $\dfrac{d}{dt}i(t)+4i(t)+4\displaystyle\int i(t)dt=50$ (모든 초기값 0)

15-16 그림 (a), (b)와 같은 비반복파의 라플라스 변환을 구하여라.

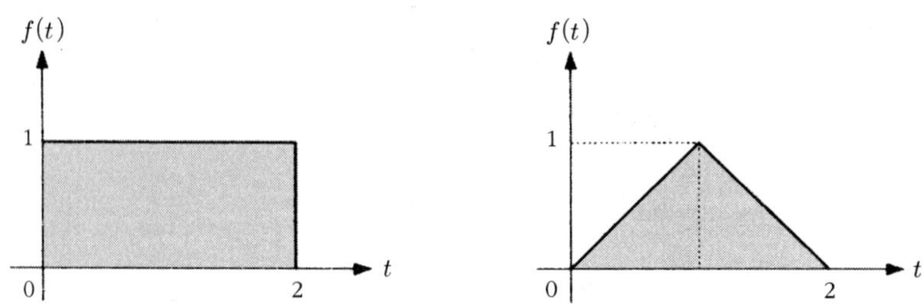

(a)　　(b)

＊ 정답 13 ㉮ 14 ㉯

15 ① $x(t)=-\dfrac{4}{3}+e^{t}+\dfrac{1}{3}e^{-3t}$ ② $i(t)=50te^{-2t}$

16 (a) $F(s)=\dfrac{1}{s}\left(1-e^{-2s}\right)$, (b) $F(s)=\dfrac{1}{s^2}\left(1-2e^{-s}+e^{-2s}\right)$

15-17 그림과 같은 주기파형의 라플라스 변환을 구하여라.

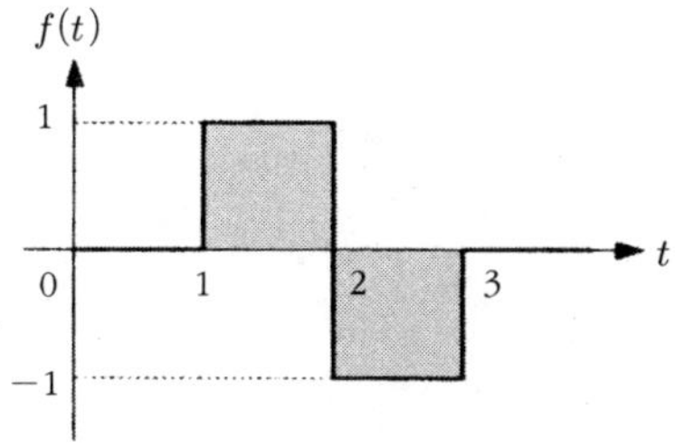

15-18 그림과 같은 회로에서 스위치 S를 급히 닫을 때 전류 $i(t)$를 구하여라. 단, 모든 초기값은 0이다.

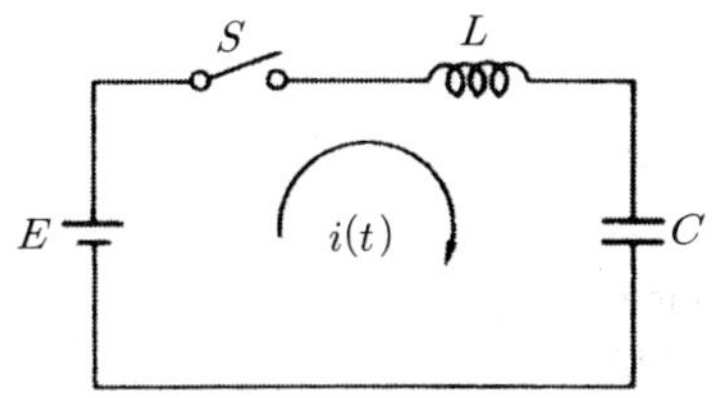

* 정답

17 $F(s)=\frac{1}{s}(e^{-s}-2e^{-2s}+e^{-3s})$

18 $i(t)=E\sqrt{\frac{C}{L}}\sin\frac{1}{\sqrt{LC}}t$

부 록

1. 지 수

$a^m \times a^n = a^{m+n}$, $a^m \div a^n = a^{m-n}$, $(a^m)^n = a^{mn}$

$a^n = a^{1/n}$, $a^{m/n} = \sqrt[n]{a^m}$, $(ab)^n = a^n b^n$, $a^0 = 1(a \neq 0)$

2. 대 수

$y = \log_a x (x = a^y)$ $\log_a a = 1$ $\log_a 1 = 0(a > 0,\ a \neq 1)$

$\log_{10} x = \log x$ $\log_e x = \ln x (e = 2.71828 \ldots)$

$\log_a(xy) = \log_a x + \log_b y$ $\log_a\left(\frac{x}{y}\right) = \log_a x - \log_a y$

$\log_a x^n = n\log_a x$ $\log_a \sqrt[n]{x} = \frac{1}{n}\log_a x$ $\log_e x = \frac{1}{2.3026}\log_{10} x$

3. 삼각함수

$\sin^2 x + \cos^2 x = 1$

$\sin(x \pm y) = \sin x \cos y \pm \cos x \sin y$

$\cos(x \pm y) = \cos x \cos y \mp \sin x \sin y$

$\tan(x \pm y) = \frac{\tan x \pm \tan y}{1 \mp \tan x \tan y}$

$\sin x \pm \sin y = 2\sin y \frac{x \pm y}{2} \cos \frac{x \mp y}{2}$

$\cos x \pm \cos y = 2\cos \frac{x+y}{2} \cos \frac{x-y}{2}$

$\cos x - \cos y = -2\sin \frac{x+y}{2} \sin \frac{x-y}{2}$

$\sin 2x = 2\sin x \cos x$, $\tan 2x = \frac{2\tan x}{1-\tan^2 x}$

$\cos 2x = \cos^2 x - \sin^2 x = 1 - 2\sin^2 x = 2\cos^2 x - 1$

$\sin^2 \frac{x}{2} = \frac{1-\cos x}{2}$, $\sin^2 x = \frac{1}{2}(1-\cos 2x)$

$\cos^2 \frac{x}{2} = \frac{1+\cos x}{2}$, $\cos^2 x = \frac{1}{2}(1+\cos 2x)$

$\tan^2 \frac{x}{2} = \frac{1+\cos x}{1+\cos x}$, $\tan^2 x = \frac{1-\cos 2x}{1+\cos 2x}$

$\sin x \cos y = \frac{1}{2}\{\sin(x+y) + \sin(x-y)\}$

$\sin x \sin y = \frac{1}{2}\{\cos(x-y) - \cos(x+y)\}$

$\cos x \cos y = \frac{1}{2}\{\cos(x+y) + \cos(x-y)\}$

$a\sin\theta + b\cos\theta = \sqrt{a^2+b^2}\,\sin\left(\theta + \tan^{-1}\frac{b}{a}\right)$

4. 미 분

$\frac{d}{dx}(u \pm v) = \frac{du}{dx} \pm \frac{dv}{dx}$

$\frac{d}{dx}(u \cdot v) = \frac{du}{dx} \cdot v + u \cdot \frac{dv}{dx}$

$\frac{d}{dx}\left(\frac{u}{v}\right) = \frac{\frac{du}{dx} \cdot v - u \cdot \frac{dv}{dx}}{v^2}$,

$\frac{d}{dx}x^n = nx^{n-1}$

$$\frac{d}{dx}e^x = e^x,$$

$$\frac{d}{dx}a^x = a^x \log a$$

$$\frac{d}{dx}\log x = \frac{1}{x},$$

$$\frac{d}{dx}\log_a x = \frac{1}{x \log a}$$

$$\frac{d}{dx}\sin x = \cos x,$$

$$\frac{d}{dx}\cos x = -\sin x$$

$$\frac{d}{dx}\sin ax = a\cos ax,$$

$$\frac{d}{dx}\cos ax = -a\sin ax$$

$$\frac{d}{dx}\tan x = \sec^2 x,$$

$$\frac{d}{dx}\sec x = \sec x \tan x$$

$$\frac{d}{dx}\operatorname{cosec} x = -\operatorname{cosec} x \cot x,$$

$$\frac{d}{dx}\cot x = -\operatorname{cosec}^2 x$$

$$\frac{d}{dx}\sinh x = \cosh x,$$

$$\frac{d}{dx}\cosh x = \sinh x$$

$$\frac{d}{dx}\tanh x = \operatorname{sech}^2 x,$$

$$\frac{d}{dx}\cosh^{-1} x = -\operatorname{cosech}^2 x$$

$$\frac{d}{dx}\sin^{-1} x = \frac{1}{\sqrt{1-x^2}} \left(-\frac{\pi}{2} \le \sin^{-1} x \le \frac{\pi}{2}\right)$$

$$\frac{d}{dx}\cos^{-1} x = -\frac{1}{\sqrt{1-x^2}} \ (0 \le \cos^{-1} x \le \pi)$$

$$\frac{d}{dx}\tan^{-1} x = \frac{1}{1+x^2} \left(-\frac{\pi}{2} \angle \tan^{-1} x \le \frac{\pi}{2}\right)$$

5. 적 분

$$\int (u \pm v)dx = \int u dx \pm \int v dx,$$

$$\int af(x)dx = a\int f(x)dx \quad (a\text{는 상수})$$

$$\int u'v\,dx = uv - \int uv'\,dx \ (\text{부분적분법})$$

$$\int x^n dx = \frac{x^{n+1}}{n+1} + c,$$

$$\int dx = x + c$$

$$\int \frac{1}{x}dx = \log x + c,$$

$$\int e^x dx = e^x + c$$

$$\int e^{ax} dx = \frac{1}{a}e^{ax} + c,$$

$$\int e^{-x} dx = -e^{-x} + c$$

$$\int a^x dx = \frac{a^x}{\log a} + c,$$

$$\int \log x\,dx = x(\log x - 1) + c$$

$$\int \sin x\,dx = -\cos x + c,$$

$$\int \cos x\,dx = \sin x + c$$

$$\int \sin ax dx = -\frac{1}{a}\cos ax + c,$$

$$\int \cos ax dx = \frac{1}{a}\sin ax + c$$

$$\int \tan x dx = -\log\cos x + c,$$

$$\int \cot x dx = \log\sin x + c$$

$$\int \sinh x dx = \cosh x + c,$$

$$\int \cosh x dx = \sinh x + c$$

$$\int \tanh x dx = \log\cosh x + c,$$

$$\int \coth x dx = \log\sinh x + c$$

6. 정적분

$$\int_a^b f(x)dx = [F(x)]_a^b = F(b) - F(a), \qquad \int_a^b f(x)dx = -\int_b^a f(x)dx$$

$$\int_a^b (u \pm v)dx = \int_a^b udx \pm \int_a^b vdx, \qquad \int_a^b f(x)dx = \int_a^b f(x)dx + \int_b^c f(x)dx$$

7. 미분방정식

〈변수분리형〉

$M(x)dx + N(y)dy = 0$이면 $\int M(x)dx + \int N(y)dy = c$

〈1계선형 미분방정식〉

$\dfrac{dy}{dx} + p(x)y = \theta(x)$이면 $y = e^{-\int p(x)dx}\left[\int \theta(x)e^{\int p(x)dx}dx + c\right]$

〈상수계수 2계선형 미분방정식〉

$\dfrac{d^2y}{dx^2} + A\dfrac{dy}{dx} + By = 0$ (보조방정식 $m^2 + Am + B = 0$)

보조방정식의 근		일 반 해
두 실근	$m = m_1,\ m_2$	$y = c_1 e^{m_1 x} + c_2 e^{m_2 x}$
실 중근	$m = m_1 = m_2$	$y = e^{mx}(c_1 + c_2 x)$
공액복소수근	$m = a \pm jb$	$y = e^{ax}(c_1 \cos bx + c_2 \sin bx)$

8. 급 수

〈이항정리〉

$$(x+y)^n = x^n + \frac{n}{1!}x^{n-1}y + \frac{n(n-1)}{2!}x^{n-2}y^n + \frac{n(n-1)(n-2)}{3!}x^{n-3}y^3 + \cdots$$

〈Maclaurin 급수〉

$$f(x) = f(0) + \frac{f'(0)}{1!}x + \frac{f''(0)}{2!}x^2 + \frac{f'''(0)}{3!}x^3 + \cdots$$

〈Taylor 급수〉

$$(1+x)^n = 1 + \frac{n}{1!}x + \frac{n(n-1)}{2!}x^2 + \frac{n(n-1)(n-2)}{3!}x^3 + \cdots$$

$$\sin x = x - \frac{1}{3!}x^3 + \frac{1}{5!}x^5 - \frac{1}{7!}x^7 + \cdots \qquad \cos x = 1 - \frac{1}{2!}x^2 + \frac{1}{4!}x^4 - \frac{1}{6!}x^6 + \cdots$$

$$\tan x = x + \frac{1}{3}x^3 + \frac{2}{15}x^5 - \frac{17}{315}x^7 + \cdots \qquad e^x = 1 + x + \frac{1}{2!}x^2 + \frac{1}{3!}x^3 + \frac{1}{4!}x^4 + \cdots$$

9. 상수 근사값

$\pi=3.1415926$ ························ $\fallingdotseq 3.1416$

$e=2.7182818$ ························ $\fallingdotseq 2.718$

$\sqrt{2}=1.4142136$ ························ $\fallingdotseq 1.414$

$\frac{1}{\sqrt{2}}=0.7071068$ ························ $\fallingdotseq 0.707$

$\sqrt{3}=1.7320508$ ························ $\fallingdotseq 1.732$

$\frac{1}{\sqrt{3}}=0.5723503$ ························ $\fallingdotseq 0.572$

$\log_{10}2=0.3010299$ ························ $\fallingdotseq 0.3010$

$\log_{10}3=0.4771212$ ························ $\fallingdotseq 0.4771$

$\log_{10}e=0.4342944$ ························ $\fallingdotseq 0.4343$

$0\log_e 2=0.6931471$ ························ $\fallingdotseq 0.6931$

$\log_e 3\fallingdotseq 1.0986122$ ························ $\fallingdotseq 1.0986$

$\log_e 10\fallingdotseq 2.3025850$ ························ $\fallingdotseq 2.3026$

10. 그리스 문자

그리스 문자		호 칭		그리스 문자		호 칭	
A	α	alpha	알파	N	ν	nu	뉴어
B	β	beta	베타	Ξ	ξ	xi	크사이
Γ	γ	gamma	감마	O	o	omicron	오미크론
Δ	δ	delta	델타	Π	π	pi	파이
E	ϵ	epsilon	입실론	P	ρ	rho	로오
Z	ζ	zeta	제에타	Σ	σ	sigma	시그마
H	η	eta	이이타	T	τ	tau	타우
Θ	θ	theta	시이타	Υ	υ	upsilon	웁실론
I	ι	iota	이오타	Φ ϕ	(φ)	phi	화이
K	κ	kappa	갑파	X	χ	chi	카이
Λ	λ	lambda	람다	Ψ	ψ	psi	프사이
M	μ	mu	뮤우	Ω	ω	omega	오메가

연습문제 풀이

제1장 기초개념

1-1 자유전자

1-2 $e=6.25\times10^{18}\times3=18.75\times10^{18}$[개]

1-3 $Q==3\times2\times60=360$[C]

1-4 1[Ah] = 3600[A · sec] = 3600[C]

1-5 $I=\dfrac{N}{e}=\dfrac{10^{10}}{6.25\times10^{18}}=1.6\times10^{-9}$[A]

1-6 $I=\dfrac{Q}{t}=\dfrac{720}{2\times60}=6$[A]

1-7 $Q=Ne=10^{10}\times1.602\times10^{-19}$

$=1.602\times10^{-9}$[C]

$\therefore I=\dfrac{Q}{t}=\dfrac{1.602\times10^{-9}}{1\times10^{-6}}$

$=1.602\times10^{-3}$[A]

1-8 $V=\dfrac{W}{Q}=\dfrac{12}{2}=6$[V]

1-9 $W=VQ=VIT=1.5\times3\times2\times60$

$=540$[J]

1-10 양전하를 가진 물질은 전위가 높다.

1-11 10^{-3}[A] = 1m[A]이므로

0.01[A] $=10^{-2}$[A] $=10\times10^{-3}$[A]

$=10$[mA]

1-12 1[J] = 1[W · s]

1-13 5[Wh] = 5×3600[W · s] = 18000[J]

1-14 $P=\dfrac{W}{t}=\dfrac{6300}{3\times60}=35$[W]

1-15 $W=Pt=20\times3\times4\times3600\times7$

$=6048000$[J]

1-16 $P=VI=100\times0.3=30$[W]

1-17 $W=VIT=100\times50\times10=50000$[Wh]

$=50$[kWh]

1-18 $I=\dfrac{P}{V}=\dfrac{2000}{200}=10$[A]

1-19 증폭기는 능동소자이다.

1-20 $I=\dfrac{Q}{t}=\dfrac{1200}{60}=20$[A]

$\therefore R=\dfrac{V}{I}=\dfrac{100}{20}5$[Ω]

1-21 $V=IR=25\times10^{-3}\times4\times10^{3}=100$[V]

1-22 $R=\dfrac{V}{I}=\dfrac{100\times10^{-3}}{10\times10^{-6}}=10\times10^{3}$

$=10$[kΩ]

1-23 $P=\dfrac{V^2}{R}=\dfrac{60^2}{50}=72$[W]

1-24 $P=I^2R$

$I=\sqrt{\dfrac{P}{R}}=\sqrt{\dfrac{10000}{100}}=\sqrt{100}=10$[A]

1-25 $P=\dfrac{V^2}{R,}\quad R=\dfrac{V^2}{P}=\dfrac{100^2}{500}=20$[Ω]

∴ 구하는 전력을 P'라 하면

$P'=\dfrac{V^2}{R}=\dfrac{80^2}{20}=320$[W]

1-26 $P=I^2R$에서 전력은 전류의 제곱에 비례하므로 전류가 2배이므로 전력은 4배이다.

1-27 $H=0.24I^2Rt=0.24\times2^2\times50\times1\times60$

$=2880$[cal]

1-28 $H=I^2Rt=\dfrac{V^2}{R}t=\dfrac{100^2}{20}\times10\times60$

$=3\times10^5$[J]

1-29 $R=\dfrac{V}{I}=\dfrac{100}{20}=5$[Ω]

$\therefore H=I^2Rt=20^2\times5\times60\times120000$

$=12\times10^4$[J]

1-30 $I_x+5+10=9+8$

$\therefore I_x=17-15=2$[A]

1-31 $V_D+28-25+20-15=0$

$\therefore V_D=-48+40=-8$[V]

V_D의 실제의 전압극성은 그림과 반대이다.

1-32 $I_0=\dfrac{V_0}{R}=\dfrac{10}{5}=2[\text{A}],\quad R_0=5[\Omega]$

1-33 $P=VI$[W]에서 전류방향으로 전압상승은 (−)전력, 전압강하는 (+)전력이므로
10[V]전원 : −40[W], 20[V]전원 : −60[W]
A : 60[W], B : 30[W], C : −35[W]

1-34 점 a에서 제1법칙을 세우면 $I_1+I_2=I_3$
폐회로 Ⅰ에서 제2법칙을 적용하면
$40=5I_1+10I_3$
폐회로 Ⅱ에서 제2법칙을 적용하면
$20=10I_2+10I_3$
위의 세 식을 연립하여 풀면
$I_1=3[\text{A}],\quad I_2=-0.5[\text{A}],\quad I_3=2.5[\text{A}]$
여기서 I_2는 부(−)의 값이므로 실제의 전류 방향이 그림의 방향과 반대가 된다.

1-35 $V_0=R_0I_0=5\times10^3\times4\times10^{-3}=20[\text{V}]$이므로
등가전압원은 그림과 같다.

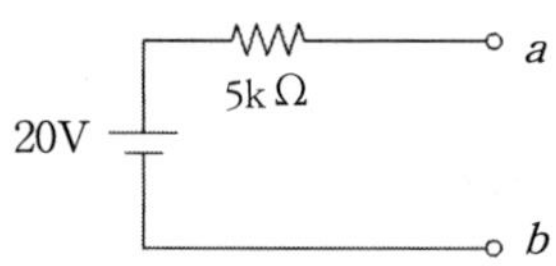

▌제2장 직류 저항회로▐

2-1 $R=2\times10+5\times3=35[\Omega]$

2-2 $R=4+5=10[\Omega]$
$\therefore G=\dfrac{1}{R_0}=\dfrac{1}{10}=0.1[\text{S}]$

2-3 $R=5+15=20[\Omega]$
$I=\dfrac{V}{R}=\dfrac{40}{20}=2[\text{A}]$
$\therefore V_5=R_5I=5\times2=10[\text{V}]$

2-4 $R=R_1+R_2=\dfrac{1}{G_1}+\dfrac{1}{G_2}=\dfrac{1}{2}+\dfrac{1}{3}$
$=\dfrac{5}{6}[\Omega]$

2-5 $V=RI=(6+8+9)\times5=115[\text{V}]$

2-6 $I=\dfrac{20}{10}=\dfrac{20-10}{3+R}=\dfrac{10}{3+R}$에서 $R=2[\Omega]$

2-7 $V_1=\dfrac{120-30}{30+15}\times30=60[\text{V}]$
$V_2=\dfrac{120-30}{30+15}\times15=30[\text{V}]$

2-8 $G=G_1+G_2=3+4=7[\text{S}]$

2-9 $R_0=\dfrac{10\times15}{10+15}=6[\Omega]$
$\therefore R=\dfrac{6\times3}{6+3}=2[\Omega]$

2-10 직렬 $R=6+3=9[\Omega]$
병렬 $r=\dfrac{6\times3}{6+3}=2[\Omega]$
$\therefore\ \dfrac{R}{r}=\dfrac{9}{2}=4.5$[배]

2-11 $R=\dfrac{6\times4}{6+4}+\dfrac{10}{2}=7.4[\Omega]$

2-12 $R=\dfrac{R'}{n}=\dfrac{0.1\times10}{5}=0.2[\Omega]$

2-13 $I=\dfrac{5}{1+\dfrac{2\times1}{2+1}}\times\dfrac{2}{2+1}=2[\text{A}]$

2-14 $I_1=I\times\dfrac{R_2}{R_1+R_2}$
$\therefore I=I_1\times\dfrac{R_1+R_2}{R_2}=6\times\dfrac{20+30}{30}=10[\text{A}]$

2-15 병렬 연결된 4[Ω] 저항 2개의 합성저항은 2[Ω]이므로
$V_{ab}=100\times\dfrac{2}{8+2}=20[\text{V}]$

2-16 $R_1=10[\Omega],\quad R_2=15[\Omega]$이라 하면
$P_1=\dfrac{V^2}{R_1}=\dfrac{V^2}{10}$
$V^2=10\times150=1500[\text{V}]$
$\therefore\ P_2=\dfrac{V^2}{R_2}=\dfrac{1500}{15}=100[\text{W}]$

2-17 $I_1=\dfrac{V}{R_1},\quad I_2=\dfrac{V}{R_2}$라면
$V=I_1R_1=I_2R_2=1.2I_1R_2$에서
$R_2=\dfrac{I_1R_1}{1.2I_1}=\dfrac{R_1}{1.2}=0.83R_1$

2-18 전지의 내부저항을 r, 부항저항을 R이라 하면 그림과 같은 회로에서

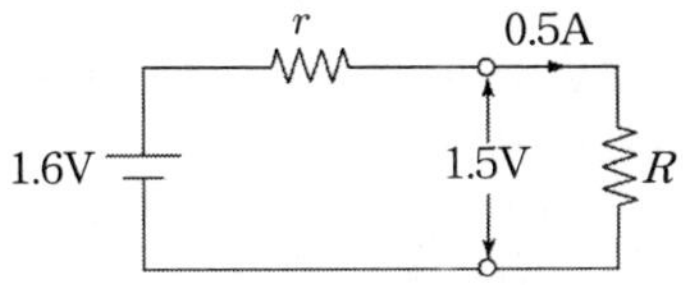

$R=\dfrac{1.5}{0.5}=3[\Omega]$

$R+r=\dfrac{1.6}{0.5}=3.2[\Omega]$

$\therefore r=3.2-R=3.2-3=0.2[\Omega]$

2-19 $V_a=9+6-3=12[\text{V}]$

2-20 전류 $I=\dfrac{V_{ab}}{R_{ab}}=\dfrac{40}{20}=2[\text{A}]$

전위차

$V_{bd}=R_{bd}I=\left(10+\dfrac{20}{2}\right)\times 2=40[\text{V}]$

2-21 $I=\dfrac{100-51}{5+2}=7[\text{A}]$

$I_3=7\times\dfrac{4}{3\times 4}=4[\text{A}]$

2-22 $V_a=6\times\dfrac{2}{1+2}=4[\text{V}]$,

$V_b=6\times\dfrac{2}{4+2}=2[\text{V}]$

$\therefore V_{ab}=4-2=2[\text{V}]$

2-23 $R_{ab}=\dfrac{10\times 4}{10+4}=2.86[\Omega]$

2-24 $3R_x=2\times 6,\quad R_x=\dfrac{2\times 6}{3}=4[\Omega]$

2-25 브리지가 평형상태이므로 3[Ω]의 저항은 개방상태가 되므로

$R=\dfrac{6\times 6}{6+6}=3[\Omega]$

따라서 전원을 흐르는 전류는

$I=\dfrac{12}{3}=4[\text{A}]$

$\therefore I_{ab}=\dfrac{4}{2}=2[\text{A}]$

2-26 $R=12+36+24+8=80[\Omega]$

$\therefore I=\dfrac{12}{80}=0.15[\text{A}]$

$P_L=I^2R=0.15^2\times 36=0.81[\text{W}]$

$P_S=VI=12\times 0.15=1.8[\text{W}]$

2-27 $G_1=\dfrac{1}{2}=0.5[\Omega]$

$G_2=\dfrac{1}{4}=0.25[\Omega]$

$G_3=\dfrac{1}{8}=0.125[\Omega]$

이므로 전류분배법칙으로부터

$I_1=I\times\dfrac{G_1}{G_1+G_2+G_3}$

$=10\times\dfrac{0.5}{0.5+0.25+0.125}$

$=\dfrac{5}{0.875}=5.71[\text{A}]$

$I_2=10\times\dfrac{0.25}{0.875}=2.86[\text{A}]$

$I_3=10\times\dfrac{0.125}{0.875}=1.43[\text{A}]$

2-28 $R=20+\dfrac{5\times 4}{5+4}=22.2[\Omega]$

$\therefore I_1=\dfrac{V}{R}=\dfrac{100}{22.2}=4.5[\text{A}]$

$I_2=I_1\times\dfrac{5}{5+4}=4.5\times\dfrac{4}{9}=2[\text{A}]$

$I_3=I_1-I_2=4.5-2=2.5[\text{A}]$

2-29 $V_4=1.5\times 4=6[\text{V}]$

$I_6=\dfrac{V}{R}=\dfrac{6}{6}=1[\text{A}]$

$I_8=1+1.5=2.5[\text{A}]$

$V_8=8\times 2.5=20[\text{V}]$

$\therefore V_{ab}=V_4+V_8=6+20=26[\text{V}]$

▌제3장 저항회로의 일반적 해석법 및 정리▐

3-1 독립폐로인 망로 2개, 절점도 2개

3-2 $|D|=(2\times 5)-(-3\times 4)=22$

3-3 $|D|=(0+15-24)-(0+40+2)=51$

3-4 망로방정식이 다음과 같으므로

$$\left.\begin{aligned} I_1-3I_2&=4\\ -3I_1+7I_2&=-10\end{aligned}\right\}$$

보기에서 옳은 방정식은

$3I_1+7I_2=10$

3-5 절점방정식은

$$\left.\begin{array}{l}\left(\frac{1}{2}+\frac{1}{2}+1\right)V_1-\frac{1}{2}V_2=\frac{10}{2}\\ -\frac{1}{2}V_1+\left(\frac{1}{2}+1\right)V_2=0\end{array}\right\}$$

$$\therefore V_1=\frac{30}{11}[\text{V}],\quad V_2=\frac{10}{11}[\text{V}]$$

3-6 전압원 5[V]에 의한 전압은 전류원이 개방이므로

$V_1=5[\text{V}]$

전류원 10[A]에 의한 전압은 전압원이 단락이므로

$V_2=0$

$\therefore V=V_1+V_2=5+0=5[\text{V}]$

3-7 전압원 제거는 단락이고 전류원 제거는 개방이므로 전압원과 전류원이 직렬로 연결된 경우 전압원은 무시(단락)된다. 따라서, 3[Ω] 양단에는 음(-)의 전압 3[V]이다.

3-8 중첩의 원리에 의해서 10[V]의 전압원에 의한 전류는 흐르지 않고 5[V]의 전압원에 의한 전류만 1[A]가 흐른다.

3-9 a, b단자에는 전압원의 전압 2[V]만 나타난다.

3-10 2[V]에 의한 전압 $V_1=2\times\frac{2}{2+2}=1[\text{V}]$

6[A]에 의한 전압 $V_2=\frac{2\times2}{2+2}\times6=6[\text{V}]$

$\therefore V_{ab}=V_1+V_2=1+6=7[\text{V}]$

3-11 6[V]에 의한 전류 $I_1=\frac{6}{2+1}=2[\text{A}]$

6[A]에 의한 전류 $I_2=\frac{2}{2+1}\times6=4[\text{A}]$

I_1과 I_2의 방향이 반대이므로 1[Ω]에 흐르는 전전류 I는

$I=I_2-I_1=4-2=2[\text{A}]$

$\therefore V=IR=2\times1=2[\text{V}]$

3-12 2[A]에 의한 전류는 1[A]는 개방상태이므로

$I_1=2[\text{A}]$

1[A]에 의한 전류는 $I_2=1[\text{A}]$

$\therefore I=I_1-I_2=2-1=1[\text{A}]$

3-13 전압원 6[V]에 의한 전류

$I_1=\frac{6}{2+1}\times\frac{1}{2}=1[\text{A}]$

전류원에 의한 전류 $I_2=9\times\frac{1}{1+2}=3[\text{A}]$

$\therefore I=I_1-I_2=1-3=-2[\text{A}]$

3-14 12[V]의 전압원은 3[Ω]의 저항에만 전력을 공급하므로

$P=\frac{V^2}{R}=\frac{12^2}{3}=48[\text{W}]$

3-15 $V_0=RI_0=5\times30=150[\text{V}]$

$R_0=R=5[\Omega]$

3-16 $V_0=100\times\frac{30}{20+30}=60[\text{V}]$

$R_0=\frac{20\times30}{20+30}=12[\Omega]$

3-17 $V_0=2\times8=16[\text{V}],\quad R_0=8[\Omega]$

3-18 중첩의 원리에 의해서 $V_{ab}=2\times3=6[\text{V}]$

등가저항 $R_{ab}=2+3=5[\Omega]$

3-19 중첩의 원리를 적용하면 전류원에 의한 2[V]와 전압원 2[V]는 극성이 반대이므로 1[V] a단자 쪽이 (−)이다.

3-20 $V_0=10\times\frac{10}{10+10}=5[\text{V}]$

$R_0=\frac{10\times10}{10+10}+5=10[\Omega]$

3-21 단자 $a-b$의 개방전압

$V_{ab}=10\times\frac{6}{2+2+6}=6[\text{V}]$

테브난의 등가저항

$R_0=\frac{(2+2)\times6}{(2+2)+6}=2.4[\Omega]$

$\therefore I_L=\frac{6}{2.4+3}=1.1[\text{A}]$

3-22 $I_0=\frac{30}{3+\frac{6\times3}{6+3}}\times\frac{6}{6+3}=4[\text{A}]$

$R_0=3+\frac{3\times6}{3+6}=5[\Omega]$

3-23 $I_0=\frac{100}{40}=2.5[\text{A}]$

$R_0=\frac{1}{\frac{1}{40}+\frac{1}{20}+\frac{1}{40}}=\frac{40}{4}=10[\Omega]$

3-24 단자 $a-b$의 단락전류

$I_S=\frac{27}{6+\left(\frac{2\times12}{2+12}\right)}\times\frac{12}{2+12}=3[\text{A}]$

노튼의 등가저항 $R_S=2+\frac{6\times12}{6+12}=6[\Omega]$

$$\therefore I_L = 3 \times \frac{6}{6+3} = 2[\text{A}]$$

3-25 $V_{ab} = \dfrac{I_0}{G_0} = \dfrac{I_1 + I_2 + I_3}{G_1 + G_2 + G_3}$

$$= \frac{110 + \frac{120}{2} + \frac{0}{5}}{1 + \frac{1}{2} + \frac{1}{5}} = 100[\text{V}]$$

3-26 $V_{ab} = \dfrac{\frac{100}{10} + \frac{50}{20} + \frac{0}{4}}{\frac{1}{10} + \frac{1}{20} + \frac{1}{4}} = \dfrac{12.5}{0.4} = 31.25[\text{V}]$

3-27 $R_L = R_S = 1[\Omega]$

$$R_{L\max} = \frac{V_s^2}{2R_S} = \frac{12^2}{4 \times 1} = 36[\text{W}]$$

3-28 테브난의 등가저항 $R_0 = \dfrac{3 \times 6}{3+6} + 6 = 8[\Omega]$

$$\therefore R_L = R_0 = 8[\Omega]$$

테브난의 개방전압

$$V_0 = 24 \times \frac{6}{3+6} = 16[\text{V}]$$

$$\therefore P_{L\max} = \frac{V_s^2}{4R_L} = \frac{16^2}{4 \times 8} = 8[\text{W}]$$

3-29 $A = \dfrac{2 \times 4 + 4 \times 5 + 5 \times 2}{5} = \dfrac{38}{5}[\Omega]$,

$B = \dfrac{38}{2}[\Omega]$, $\quad \dfrac{C = 38}{4}[\Omega]$

3-30 절점 abc의 Δ회로를 Y회로로 바꾸면 그림과 같다.

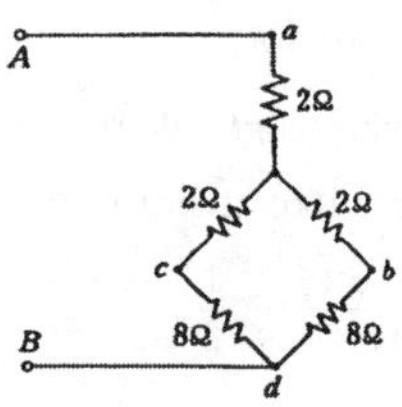

$$R_{a0} = R_{b0} = R_{c0} = 2[\Omega]$$

$$\therefore R_{AB} = 2 + \frac{(2+8) \times (2+8)}{(2+8) + (2+8)}$$

$$= 2 + \frac{10}{2} = 7[\Omega]$$

3-31 망로방정식

$R_{11}I_1 + R_{12}I_2 = V_1$, $R_{21}I_1 + R_{22}I_2 = V_2$에서

$R_{11} = 104$, $R_{22} = 6$

$R_{12} = R_{21} = -4$, $V_1 = 10$이므로

$V_2 = 10 - 10 = 0$

$104I_1 - 4I_2 = 10$, $-4I_1 + 6I_2 = 0$

$$\therefore I_1 = \frac{15}{152}[\text{A}], \quad I_2 = \frac{5}{76}[\text{A}]$$

3-32 회로에서 절점방정식은

$5V_1 - 3V_2 = 3$, $-3V_1 + 7V_2 = -2$

$$\therefore V_1 = \frac{15}{26}[\text{V}]$$

3-33 단자 $a-b$의 개방전압

$$V_{ab} = V_b - V_c = \frac{10}{4+6} \times 6 - \frac{10}{4+5} \times 4$$

$= 2[\text{V}]$

테브난 등가저항

$$R_0 = 4 \times \frac{6}{4+6} + 4 \times \frac{6}{4+6} = 4.8[\Omega]$$

$$\therefore I = \frac{2}{4.8 + 0.2} = 0.4[\text{A}]$$

제4장 인덕턴스와 커패시턴스

4-1 $v = L\dfrac{di}{dt}$ 에서

$$L = v\frac{dt}{di} = 20 \times \frac{0.01}{50 - 10} = 5 \times 10^{-3}$$

$= 5[\text{mH}]$

4-2 $v = L\dfrac{di}{dt} = 30 \times 10^{-3} \times \dfrac{20 \times 10^{-3}}{10^{-3}}$

$= 6 \times 10^{-1} = 0.6[\text{V}]$

4-3 $v(t) = L\dfrac{di(t)}{dt} = 10 \times 10^{-3}\dfrac{d}{dt}(5 \times 10^{-3})$

$= 0[\text{V}]$

4-4 $v = L\dfrac{di}{dt} = 5\dfrac{d}{dt}(3t^2 + 7) = 5(6t) = 30t\,[\text{V}]$

4-5 $v = L\dfrac{di}{dt} = 2\dfrac{d}{dt}(20e^{-2t}) = 40(-2)e^{-2t}$

$= -80e^{-2t}[\text{V}]$

4-6 $q = \displaystyle\int_0^t idt = \int_0^3 (3t^2 + 2t)dt$

$= \left[t^3 + t^2\right]_0^3 = 3^3 + 3^2 = 36[\text{C}]$

4-7 $v_L = L\dfrac{di}{dt}$ 에서 전류 i가 급격히 ($t=0$인 순간) 변화하면 v_L이 ∞가 되는 모순이 생긴다.

4-8 $i_c = C\dfrac{dv}{dt}$ 에서 전압 v가 급격히 변화하면 i_c가 ∞가 되는 모순이 생긴다.

4-9 $i = C\dfrac{dv}{dt} = 100\times10^{-6}\times\dfrac{30}{10^{-3}} = 3[\text{A}]$

4-10 $i = C\dfrac{de}{dt} = C\dfrac{d}{dt}(E_m\sin\omega t)$

$= \omega CE_m\cos\omega t$

$= \omega CE_m\sin(\omega t + 90^\circ)$

4-11 $i = C\dfrac{dv}{dt} = 0.1\times10^{-6}\times4\pi\cos2\pi t$

여기서 $t=0$이므로

$i(0) = 4\pi\times10^{-5} ≒ 0.126[\text{mA}]$

4-12 $v = \dfrac{1}{c}\displaystyle\int_0^t idt = \dfrac{1}{0.5}\int_0^t 10\sin\omega t dt + 10$

4-13 L_0(직렬)$=2+3=4[\text{mH}]$

L_0(병렬)$=\dfrac{2\times3}{2+3} = \dfrac{6}{5} = 1.2[\text{mH}]$

4-14 C_0(병렬)$= C+C=2C$

C_0(직렬)$=\dfrac{C\times C}{C+C} = \dfrac{C^2}{2C} = \dfrac{C}{2}$

$\therefore \dfrac{2C}{\dfrac{C}{2}} = 4$로서 4배가 된다.

4-15 유기전압은 $v = L\dfrac{di}{dt}$ 에서

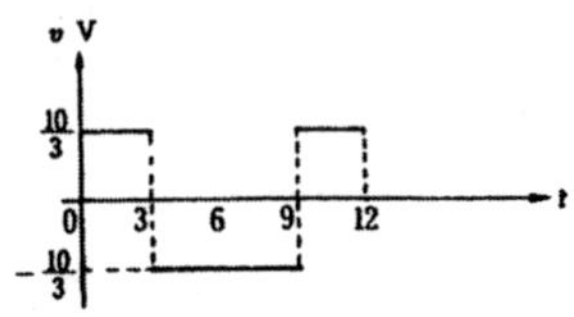

$0<t<3$

$v = L\dfrac{di}{dt} = 2\times\dfrac{d}{dt}\left(\dfrac{5}{3}t\right) = 2\times\dfrac{5}{3}$

$= \dfrac{10}{3}[\text{V}]$

$3<t<9$, $v = 2\times\left(-\dfrac{5}{3}\right) = -\dfrac{10}{3}[\text{V}]$

$9<t<12$, $v = 2\times\left(\dfrac{5}{3}\right) = \dfrac{10}{3}[\text{V}]$

구하는 그래프는 그림과 같다.

4-16 $C_0 = C_1 + C_2 = 5 + 15 = 20[\mu\text{F}]$

$Q_1 = C_1 v = 5\times10^{-6}\times220 = 1100[\mu\text{C}]$

$Q_2 = C_2 v = 15\times10^{-6}\times220 = 3300[\mu\text{C}]$

4-17 구하는 쌍대회로는 그림과 같다.

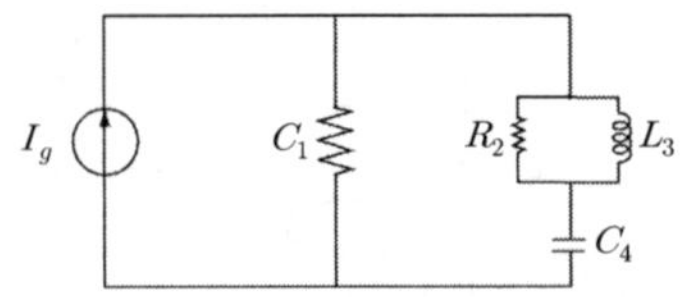

▌제5장 정현파 교류의 기초▐

5-1 $\pi\times\dfrac{225}{180} = \dfrac{5}{4}\pi[\text{rad}]$

5-2 $0.1\times\dfrac{180}{\pi} = 0.1\times57.3 ≒ 5.73^\circ$

5-3 $\sin^2\theta + \cos^2\theta = 1$이므로

$\cos\theta = \sqrt{1-\sin^2\theta} = \sqrt{1-\dfrac{1}{4}} = \dfrac{\sqrt{3}}{2}$

5-4 $T = \dfrac{1}{f} = \dfrac{1}{1000} = 10^{-3} = 1[\text{ms}]$

5-5 $\omega = 2\pi f = 377$에서

$f = \dfrac{\omega}{2\pi} = \dfrac{377}{2\times3.14} ≒ 60[\text{Hz}]$

5-6 $f = \dfrac{1}{T} = \dfrac{1}{0.01} = 100[\text{Hz}]$

5-7 $v = V_m\sin(2\pi ft + \theta)$

$= 100\sqrt{2}\sin(120\pi t + \theta)$에서

$t=0$이면 $v = 100\sqrt{2}\sin(0+\theta)$

$\sin\theta = \dfrac{-50\sqrt{2}}{100\sqrt{2}} = -\dfrac{1}{2}$,

$\theta = -30^\circ = -\dfrac{\pi}{6}$

$\therefore v = 100\sqrt{2}\sin\left(120\pi t - \dfrac{\pi}{6}\right)[\text{V}]$

5-8 $v = 100\sqrt{2}\sin(120\pi t + 150^\circ)[\text{V}]$

5-9 $v = 377\sin\left(\omega t - \dfrac{\pi}{3} + \dfrac{\pi}{6}\right)$

$= 377\sin\left(\omega t - \dfrac{\pi}{6}\right)[\text{V}]$

5-10 $\theta = \frac{\pi}{2} - \frac{\pi}{4} = \frac{\pi}{4}[\text{rad}] = 45^\circ$

5-11 $i = \sqrt{2}I\cos\omega t = \sqrt{2}I\sin(\omega t + 90^\circ)$이므로

$\theta = 90^\circ - 0 = 90^\circ$

5-12 두 전압의 위상차는 90° 이므로

$t = \frac{T}{4} = \frac{1}{4f} = \frac{1}{4\times 60} = \frac{1}{240}[\text{s}]$

5-13 $I_m\sin(\omega t - 15^\circ) = \frac{I_m}{\sqrt{2}}$

$\sin(\omega t - 15^\circ) = \frac{1}{\sqrt{2}} = \sin 45^\circ$

$\therefore \omega t = 45^\circ + 15^\circ = 60^\circ$

5-14 $I_{av} = \frac{2}{\pi}I_m = \frac{2}{\pi}\cdot\pi = 2[\text{A}]$

5-15 $V_m = \frac{\pi}{2}V_{av} = \frac{\pi}{2}\times 191 ≒ 300[\text{V}]$

5-16 파고율×평균값$= \frac{\frac{I_m}{\sqrt{2}}}{I_m}\times\frac{2}{\pi}I_m = \frac{2}{\pi\sqrt{2}}I_m$

5-17 $V_m = \frac{\pi}{2}V_m = \frac{\pi}{2}\times 382 ≒ 600[\text{V}]$

$\therefore V = \frac{600}{\sqrt{2}} = 0.707\times 600 ≒ 424[\text{V}]$

5-18 문제의 파형은 그림과 같은 모양이므로

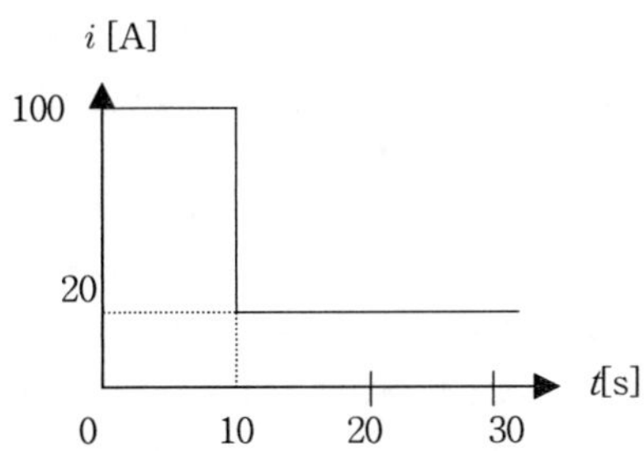

$I = \sqrt{i^2\text{의 평균값}}$

$= \sqrt{\frac{1}{30}(100^2\times 10 + 20^2\times 20)}$

$= \sqrt{3600} = 60[\text{A}]$

5-19 $I_{av} = \frac{1}{T}\int_0^t i\,dt = \frac{1}{T}\int_0^t \frac{I_m}{T}dt = \frac{I_m}{2}[\text{A}]$

간단히 생각하면 삼각형의 넓이 $\frac{I_m T}{2}$를 T를 나누면 평균값 $\frac{I_m}{2}$이 된다.

5-20 $I = \frac{I_m}{\sqrt{2}} = \frac{2I_{av}}{\sqrt{2}} = \frac{2\times 10}{\sqrt{2}} = 10\sqrt{2} ≒ 14[\text{A}]$

5-21 사각파인 구형파는 평균값, 실효값, 최대값이 모두 같다.

5-22 $I = \frac{V}{R} = \frac{50}{25} = 2[\text{A}]$

$\therefore i = 2\sqrt{2}\sin 377t\,[\text{A}]$

5-23 $i = \frac{v}{R} = \frac{10}{100}\sin(377\times 0 + 30^\circ)$

$= \frac{1}{10}\times\frac{1}{2} = 0.05[\text{A}]$

5-24 $X_L = \omega L = 2\pi\times 60\times 42.5\times 10^{-3} = 16[\Omega]$

5-25 $I = \frac{V}{X_L} = \frac{V}{\omega L} = \frac{100}{2\pi\times 60\times 5\times 10^{-3}}$

$= 53[\text{A}]$

5-26 $X_L = 2\pi fL,\ X_c = \frac{1}{2\pi fC}$이므로

$L = \frac{X_L}{2\pi f} = \frac{3}{2\pi\times 60} = 7.96[\text{mH}]$

$C = \frac{1}{2\pi fX_C} = \frac{1}{2\pi\times 60\times 3} = 884.6[\mu\text{F}]$

5-27 $X_L = 2\pi fL$이므로

$f = \frac{X_L}{2\pi L} = \frac{1}{2\pi\times 60\times 10^{-6}} ≒ 2.653[\Omega]$

5-28 $X_C = \frac{1}{2\pi fC} = \frac{1}{2\pi\times 60\times 10^{-6}} ≒ 2.653[\Omega]$

5-29 $X_C = \frac{V}{I} = \frac{1}{2\pi fC}[\mu\text{F}]$

$\therefore C = \frac{I}{2\pi fV} = \frac{1}{2\pi\times 60\times 100} = 26.5[\mu\text{F}]$

5-30 $V = \omega LI = 377\times 26.5\times 10^{-3}\times 10$

$= 100[\text{V}]$

5-31 $I = \omega CV = 2\pi\times 60\times 300\times 10^{-6}\times 100$

$= 11.3[\text{A}]$

5-32 $T = 16[\text{ms}],\quad f = \frac{1}{T} = \frac{1}{16\times 10^{-3}}$

$= 62.5[\text{Hz}]$

$\omega = 2\pi f = 2\times 3.14\times 62.5 = 392.5[\text{rad/s}]$

5-33 $V_m = 156[\text{V}],\ \text{V} = \frac{\text{V}_m}{\sqrt{2}} = \frac{156}{1.414} = 110.3[\text{V}]$

$f = \frac{\omega}{2\pi} = \frac{377}{2\times 3.14} = 60[\text{Hz}]$

5-34 $V = \sqrt{\frac{1}{T}\int_0^T v^2 dt}$ 에서 v^2의 평균값은

$$\overline{V^2} = \frac{1}{2}\int_0^1 (10t)^2 dt = \frac{100}{2}\left[\frac{1}{3}t^3\right]_0^1$$

$$= 50\left(\frac{1}{3}\right) = 16.67[\text{V}]$$

$$\therefore V = \sqrt{16.67} \fallingdotseq 4.08[\text{V}]$$

5-35 $I_{\text{av}} = \frac{2}{\pi}I_m \times \frac{1}{2} = \frac{I_m}{\pi}[\text{A}]$

$$I = \sqrt{\frac{1}{T}\int_0^T i^2 dt} = \sqrt{\frac{1}{2\pi}\int_0^\pi I_m^2 \sin^2\omega t d\omega t}$$

$$= \sqrt{\frac{I_m^2}{4\pi}\int_0^\pi (1-\cos 2\omega t) d\omega t}$$

$$= \frac{I_m^2}{4\pi}\left[\omega t - \frac{1}{2}\sin^2\omega t\right]_0^\pi$$

$$= \frac{I_m^2}{4\pi} \times \pi = \frac{I_m^2}{4}[\text{A}]$$

$$\therefore \text{ 파고율} = \frac{\text{실효값}}{\text{평균값}} = \frac{I_m}{\frac{I_m}{2}} = 2$$

$$\text{파형율} = \frac{\text{평균값}}{\text{실효값}} = \frac{\frac{I_m}{2}}{\frac{I_m}{\pi}} = \frac{\pi}{2}$$

5-36 $X_L = \omega L = 2\pi f L = 2\pi \times 60 \times 10 \times 10^{-3}$

$$= 3.77[\Omega]$$

$$I = \frac{V}{X_L} = \frac{100}{3.77} = 26.5[\text{A}]$$

$$i = 26.5\sqrt{2}\sin\left(120\pi t - \frac{\pi}{2}\right)[\text{A}]$$

5-37 $X_c = -\frac{1}{\omega C} = -\frac{1}{2\pi f C}$

$$= -\frac{1}{2 \times 3.14 \times 60 \times 20 \times 10^{-6}}$$

$$\fallingdotseq -132.7[\Omega]$$

$$I = \frac{V}{|X_c|} = \frac{100}{132.7} = 0.75[\text{A}]$$

$$i = 0.75\sqrt{2}\sin\left(120\pi t + \frac{\pi}{2}\right)[\text{A}]$$

▌제6장 복소수와 페이저▐

6-1 $j50\sqrt{3}\left(-j\frac{\sqrt{3}}{2}\right) = -j^2\left(50 \times \frac{3}{2}\right)$

$$= -j^2 75 = 75$$

6-2 $\sqrt{-3}(\sqrt{-12} + \sqrt{-27})$

$$= j\sqrt{3}(j2\sqrt{3} + j3\sqrt{3})$$

$$= j^2 6 + j^2 9 = j^2 15 = -15$$

6-3 $\overline{A} = -3 + j\sqrt{2}$

6-4 $A = \sqrt{1^2 + \sqrt{3}^2} = \sqrt{1+3} = \sqrt{4} = 2$

$$\theta = \tan^{-1} - \frac{\sqrt{3}}{1} = -\tan\sqrt{3} = -60^\circ$$

$$\therefore \boldsymbol{A} = 1\angle\theta = 2\angle -60^\circ$$

6-5 $\boldsymbol{A} = 10\angle -60^\circ$

$$= 10\cos(-60^\circ) + j10\sin(-60^\circ)$$

$$= 10\cos 60^\circ - j10\sin 60^\circ$$

$$= 10 \times \frac{1}{2} - j10 \times \frac{\sqrt{3}}{2}$$

$$= 5 - j5(1.732) = 5 - j8.66$$

6-6 $\boldsymbol{I} = \boldsymbol{I_1} + \boldsymbol{I_2} = (4+j3) + (3+j4) = 7 + j7$

$$\therefore I = \sqrt{7^2 + 7^2} = 7\sqrt{2}$$

6-7 $\boldsymbol{I_2} = 20\angle 60^\circ = 20\cos 60^\circ + j20\sin 60^\circ$

$$= 10 + j10\sqrt{3}$$

$$\therefore \boldsymbol{I_1} + \boldsymbol{I_2} = 6 + j8 + 10 + j10\sqrt{3}$$

$$= 16 + j25.3$$

6-8 $\tan^{-1}\frac{4}{3} = \theta_1$, $\tan^{-1}\frac{3}{4} = \theta_2$ 라 하면

$$\boldsymbol{V} = \boldsymbol{V_1} + \boldsymbol{V_2} = 100\angle\theta_1 + 50\angle\theta_2$$

$$= 100\cos\theta_1 + j100\sin\theta_1 + 50\cos\theta_2 + j50\sin\theta_2$$

$$= 100 \times 0.6 + j100 \times 0.8 + 50 \times 0.8 + j50 \times 0.6$$

$$= 100 + j110$$

6-9 $\boldsymbol{A} = 50\angle 30^\circ$, $j = 1\angle 90^\circ$

$$\therefore j\boldsymbol{A} = 1\angle 90^\circ \cdot 5\angle 30^\circ = 5\angle 120^\circ$$

6-10 $\boldsymbol{A_1} = 5\angle 30^\circ$, $\boldsymbol{A_2} = 4\angle 60^\circ$

$$\therefore j\boldsymbol{A} \cdot \boldsymbol{A_2} = 5\angle 30^\circ \cdot 4\angle 60^\circ = 20\angle 90^\circ$$

$$= 20\cos 90^\circ + j20\sin 90^\circ = j20$$

6-11 $\boldsymbol{A_1} = 20\angle 60^\circ$, $\boldsymbol{A_2} = 5\angle 30^\circ$

$$\therefore \frac{\boldsymbol{A_1}}{\boldsymbol{A_2}} = \frac{20\angle 60^\circ}{5\angle 30^\circ} = 4\angle 30^\circ$$

6-12 $\boldsymbol{I} = 10\angle 60^\circ$

6-13 $v = 10\sqrt{2}\sin\left(\omega t - \frac{\pi}{6}\right)$

6-14 i_1과 i_2의 실효값은 $I_1 = 30$, $I_2 = 40$이고 위상차는 90° 이므로

$$I_1 + I_2 = \sqrt{30^2 + 40^2} = 50[\text{A}]$$

6-15 $v_2 = 50\sqrt{2}\left(\omega t - \frac{\pi}{6}\right)$

$= 50\sqrt{2}\,\sin\left(\omega t - \frac{\pi}{6} + \frac{\pi}{2}\right)$

$= 50\sqrt{2}\,\sin\left(\omega t + \frac{\pi}{3}\right)$

$\boldsymbol{V} = \boldsymbol{V}_1 + \boldsymbol{V}_2 = 20\angle 0^\circ + 50\angle\frac{\pi}{3}$

$= 20 + 50\cos 60^\circ + j50\sin 60^\circ$

$= 45 + j25\sqrt{3}$

$\therefore V = \sqrt{45^2 + (25\sqrt{3})^2} = \sqrt{3900}\,[\mathrm{V}]$

6-16 $I_1 = 5\angle\theta[\mathrm{A}],\quad I_2 = 3\angle\theta - \pi$

$= -3\angle\theta[\mathrm{A}]$

$\therefore I_1 - I_2 = 5 - (-3) = 8[\mathrm{A}]$

6-17 $V = ZI = jX_L \cdot I = j4 \cdot 5\angle -30^\circ$

$= 4\angle 90^\circ \cdot 5\angle -30^\circ$

$= 20\angle 60^\circ[\mathrm{V}]$

6-18 $I = \frac{V}{Z} = \frac{V}{-j\frac{1}{\omega C}} = \frac{8\angle -50^\circ}{-j\frac{1}{400}}$

$= 3200\angle 40^\circ[\mathrm{A}]$

6-19 $Z = \frac{V}{I} = \frac{10\angle 60^\circ}{5\angle 30^\circ} = 2\angle 30^\circ[\Omega]$

6-20 $Z = \frac{V}{I} = \frac{7+j19}{3+j} = \frac{(7+j19)(3-j)}{(3+j)(3-j)}$

$\fallingdotseq 4 + j5[\Omega]$

6-22 $Y = \frac{I}{V} = \frac{5\angle 30^\circ}{10\angle 60^\circ} = 0.5\angle -30^\circ[\Omega]$

6-23 $Y = \frac{1}{Z} = \frac{1}{4+j3} = \frac{4-j3}{(4+j3)(4-j3)}$

$= \frac{4-j^3}{4^2+3^2} = \frac{4}{25} - j\frac{3}{25}$

$= 0.16 - j0.12[\Omega]$

6-24 ① $A_1 + A_2 = 2 + j - 1 + j1 = 1 + j3$

② $A_1 - A_2 = 2 + j - (-1 + j2) = 3 - j$

③ $A_1 \cdot A_2 = (2+j)(-1+j2)$

$= (-2-2) + j(4-1) = -4 + j3$

④ $\frac{A_1}{A_2} = \frac{2+j}{-1+j2}$

$= \frac{(2+j)(-1-j2)}{(-1+j2)(-1-j1)}$

$= \frac{(-2+2)+j(-4-1)}{1+4}$

$= \frac{-j5}{5} = -j$

6-25 ① $10\angle 60^\circ = 10\cos 60^\circ + j10\sin 60^\circ$

$= 10 \cdot \frac{1}{2} + j10 \cdot \frac{\sqrt{3}}{2} = 5 + j5\sqrt{3}$

② $\sqrt{2}\angle -45^\circ = \sqrt{2}\cos 45^\circ - j\sqrt{2}\sin 45^\circ$

$= 2 \cdot \frac{1}{\sqrt{2}} - j\sqrt{2} \cdot \frac{1}{\sqrt{2}} = 1 - j$

③ $-2 - j2 = \sqrt{(-2)^2 + (-2)^2}\angle\tan^{-1}\frac{-2}{-2}$

$= 2\sqrt{2}\angle\frac{5}{2}\pi = 2\sqrt{2}\angle 225^\circ$

④ $r = \frac{1}{\sqrt{1^2 + (-1)^2}}$,

$\theta = -\tan^{-1}\frac{-1}{-1} = -(-45^\circ) = 45^\circ$

$\therefore \frac{1}{1-j} = \frac{1}{\sqrt{2}}\angle 45^\circ$

6-26 ① $\frac{1}{V_1} = \frac{10}{\sqrt{2}}\angle 0^\circ$

② $I_2 = 5\angle -\frac{\pi}{6}$

③ $I_3 = 5\angle -\frac{\pi}{6} + \frac{\pi}{2} = 5\angle\frac{2}{3}\pi$

④ $V_4 = -10\angle\frac{-\pi}{4} = 10\angle -\frac{\pi}{4} + \pi$

$= 10\angle\frac{3}{4}\pi$

▌제7장 정현파 교류회로의 페이저 해석법▐

7-1 $Z = \sqrt{R^2 + (\omega L)^2} = \sqrt{7^2 + 24^2} = 25[\Omega]$

7-2 $\tan\theta = \frac{X_L}{R} = \frac{5}{5} = 1$

$\therefore \theta = \tan^{-1} = 45^\circ$

7-3 $Z = \frac{V}{I} = \frac{7+j19}{3+j} = \frac{(7+j19)(3-j2)}{(3+j)(3-j)}$

$= 4 + j5[\Omega]$

$\therefore R = 4[\Omega],\quad X_L = 5[\Omega]$

7-4 $X_L = 2\pi fL = 2\pi \times 25 \times 0.045 = 7.07[\Omega]$

$\therefore Z = \sqrt{R^2 + X_L^2} = \sqrt{10^2 + 7.70^2}$

$= 12.25[\Omega]$

7-5 $I = \frac{V}{Z} = \frac{100}{\sqrt{3^2 + 4^2}} = 20[\mathrm{A}]$

7-6 $V = ZI = \sqrt{4^2 + 3^2} \times 5 = 25[\mathrm{V}]$

7-7 $X_L = \omega L = 2\pi \times 60 \times 8 \times 10^{-3} = 3[\Omega]$

$Z = \sqrt{3^2 + 3^2} = 4.24$

$\therefore I = \frac{100}{4.24} = 23.6[\Omega]$

$\theta = \tan^{-1}\frac{1}{1} = 45^\circ$

7-8 $Z = \frac{V}{I} = \frac{100}{10} = 10[\Omega]$

$\therefore R = Z\cos\theta = 10\cos\frac{\pi}{3} = 10 \times \frac{1}{2}$

$= 5[\Omega]$

7-9 $\boldsymbol{Z} = \frac{\boldsymbol{V}}{\boldsymbol{I}} = \frac{100\angle 0^\circ}{5\angle -30^\circ} = 20\angle 30^\circ$

$\therefore X_L = 20\sin 30^\circ = 20 \times \frac{1}{2} = 10[\Omega]$

7-10 $V = \sqrt{V_R{}^2 + V_L{}^2}$ 이므로

$V_L = \sqrt{V^2 - V_R{}^2} = \sqrt{10^2 - 6^2} = 8[\text{V}]$

7-11 $\boldsymbol{Z} = R + jX_c = 9 - j12$

$\therefore Z = \sqrt{9^2 + 12^2} = \sqrt{225} = 15[\Omega]$

7-12 $V = ZI = \sqrt{9^2 + 5^2} \times 15 \fallingdotseq 1.3 \times 15$

$= 154.5[\text{V}]$

7-13 $|X_C| = \frac{1}{2\pi fC} = \frac{1}{2\pi \times 60 \times 30 \times 10^{-6}}$

$= 88.42[\Omega]$

$\therefore I = \frac{V}{\sqrt{R^2 + X_C^2}} = \frac{100}{133.5} = 0.75[\text{A}]$

7-14 $I_R = \frac{V}{R} = \frac{120}{4} = 30[\text{A}]$,

$I_L = \frac{V}{jX_L} = \frac{120}{j3} = -j40[\text{A}]$

$\therefore \boldsymbol{I} = \boldsymbol{I_R} + \boldsymbol{I_L} = 30 - j40[\text{A}]$

7-15 $I_R = \frac{120}{15} = 8[\text{A}]$, $I_C = \frac{120}{-j20} = j6[\text{A}]$

$\therefore \boldsymbol{I} = \boldsymbol{I_R} + \boldsymbol{I_C} = 8 + j6[\text{A}]$

7-16 $Z = \frac{V}{I} = \frac{100}{4} = 25[\Omega]$

$\therefore X_c = \sqrt{Z^2 - R^2} = \sqrt{25^2 - 15^2} = 20[\Omega]$

7-17 $V = \sqrt{V_R{}^2 + V_C{}^2} = \sqrt{80^2 + 60^2} = 100[\text{V}]$

$I = \frac{V}{Z} = \frac{100}{5} = 20[\text{A}]$

$\therefore X_C = \frac{V_C}{I} = \frac{60}{20} = 3[\Omega]$

7-18 $V = X_C I = 8 \times 10 = 80[\text{V}]$,

$Z = \frac{V}{I} = \frac{80}{8} = 10[\Omega]$

$\therefore R = \sqrt{Z^2 - X_C{}^2} = \sqrt{10^2 - 8^2} = 6[\Omega]$

7-19 $I = \frac{V}{Z} = \frac{V}{X} = \frac{V}{X_L - X_C} = \frac{100}{25 - 5}$

$= 5[\text{A}]$

$\frac{1}{\omega C} > \omega L$이므로 용량성이다.

7-20 $\boldsymbol{I_1} = \frac{\boldsymbol{V}}{\boldsymbol{Z_1}} = \frac{100}{4 + j3} = \frac{100(4 - j3)}{(4 + j3)(4 - j3)}$

$= 16 - j12[\text{A}]$

$\boldsymbol{I_2} = \frac{\boldsymbol{V}}{\boldsymbol{Z_2}} = \frac{100}{3 + j4} = 12 - j16[\text{A}]$

$\therefore \boldsymbol{I} = \boldsymbol{I_1} + \boldsymbol{I_2} = 16 - j12 + 12 - j16$

$= 28 - j28[\text{A}]$

7-21 $Z = \sqrt{R^2 + (X_L - X_C)^2} = \sqrt{3^2 + (8 - 4)^2}$

$= 5[\Omega]$

7-22 $V = \sqrt{V_R{}^2 + (V_L - V_C)^2}$

$= \sqrt{8^2 + (12 - 6)^2} = 10[\Omega]$

7-23 $Z = \sqrt{4^2 + (8 - 5)^2} = 5[\Omega]$

$\therefore I = \frac{V}{Z} = \frac{20}{5} = 4[\text{A}]$

7-24 $I = \sqrt{10^2 + (10 - 10)^2} = 10[\text{A}]$(공진)

7-25 $I_R = \frac{80}{10} = 8[\text{A}]$, $I_L = \frac{80}{8} = 10[\text{A}]$

$I_C = \frac{80}{20} = 4[\text{A}]$

$\therefore I = \sqrt{8^2 + (10 - 4)^2} = \sqrt{100} = 10[\text{A}]$

7-26 $\boldsymbol{Z} = 10 + \frac{j10(-j20)}{j10 + (-j20)} = 10 + j20[\Omega]$

7-27 $\boldsymbol{I} = \boldsymbol{YV} = (\boldsymbol{Y_1} + \boldsymbol{Y_2})\boldsymbol{V}$

$= \left(\frac{1}{3 + j4} + \frac{1}{4 - j3}\right) \times 100$

$= 28 - j4[\text{A}]$

$\therefore I = \sqrt{28^2 + 4^2} = 20\sqrt{2}\ [\text{A}]$

7-28 $\boldsymbol{Z_1} \cdot \boldsymbol{Z_2} = 4 \times 5$

$\therefore Z_2 = \frac{20}{\boldsymbol{Z}} = \frac{20}{3 + j2} \fallingdotseq 4.6 - j3.1[\Omega]$

7-29 $I_{ab} = 6 \times \frac{-j4}{j10 - j2 - j4} = -6[\text{A}]$

$\therefore \boldsymbol{V_{ab}} = \boldsymbol{I_{ab}}(j10) = -6 \times j10$

$= -j60[\text{V}]$

7-30 $I=\dfrac{100\angle 0^{\circ}}{-j10}=\dfrac{j100}{10}=j10[\text{A}]$

7-31 $Z=\dfrac{(3+j4)\times(4-j3)}{(3+j4)+(4-j3)}=\dfrac{24+j7}{7+j}$

$=\dfrac{175+j25}{50}=3.5+j0.5[\Omega]$

$\therefore I=\dfrac{100}{3.5+j0.5}=28-j4[\text{A}]$

7-32 $R_1(R_4+j\omega L_4)=R_2(R_3+j\omega L_3)$

$R_1R_4+j\omega R_1L_4=R_2R_3+j\omega R_2L_3$에서

$2R_4=4,\ 2L_4=1$

$\therefore R_4=\dfrac{4}{2}=2[\Omega],\ L_4=\dfrac{1}{2}=0.5[\text{mH}]$

7-33 테브난의 등가전압

$V_0=100\times\dfrac{-j10}{j5-j10}=200[\text{V}]$

테브난의 등가 임피던스

$V_0=\dfrac{j5(-j10)}{j5-j10}=\dfrac{-j^2 50}{-j5}=j10[\Omega]$

따라서 테브난의 등가회로는 그림과 같다.

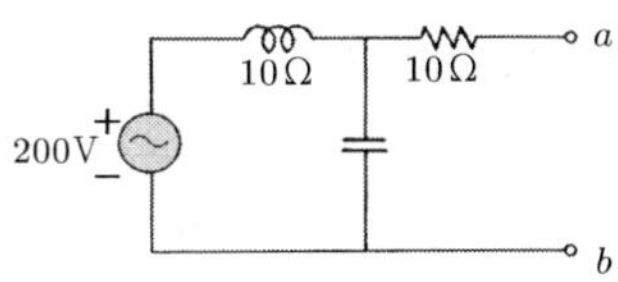

7-34 테브난의 등가전압

$\boldsymbol{V_{ab}}=100\angle 0^{\circ}\times\dfrac{j5-j20}{j5+j5-j20}$

$=150\angle 0^{\circ}[\text{V}]$

테브난의 등가 임피던스

$\boldsymbol{Z_{ab}}=\dfrac{(j5)(j5-j20)}{j5+(j5-j20)}=\dfrac{75}{-j10}$

$=j7.5[\Omega]$

$\therefore \boldsymbol{I}=\dfrac{\boldsymbol{V_{ab}}}{\boldsymbol{Z_{ab}}+\boldsymbol{Z_L}}=\dfrac{150\angle 0^{\circ}}{j7.5+(10-j7.5)}$

$=15\angle 0^{\circ}[\text{A}]$

7-35 $I_0=\dfrac{100}{j40}+\dfrac{50}{j20}=-j5[\text{A}]$

7-36 $\boldsymbol{V_{ab}}=\left(\dfrac{100}{10+j10}-\dfrac{50\angle 60^{\circ}}{10+j8}\right)$

$\div\left(\dfrac{1}{10+j10}+\dfrac{1}{10+j8}\right)$

$=\dfrac{100(10-j8)-(25+j25\sqrt{3})(10+j10)}{20+j18}$

$=35.5-j26.1[\text{V}]$

▌ 제8장 공진과 주파수응답 ▌

8-1 $f_0=\dfrac{1}{2\pi\sqrt{LC}}=\dfrac{1}{2\pi\sqrt{10\times10^{-3}\times10^{-6}}}$

$=\dfrac{10^4}{2\times6.28}=1592[\text{Hz}]$

8-2 직렬공진시 리액턴스 성분은 0이 되므로

$I=\dfrac{V}{R}=\dfrac{100}{10\times10^3}=10[\text{mA}]$

8-3 공진인 경우 $X_L=X_C$로서 V_L은 최대가 되므로

$V_L=I_0X_L=\dfrac{V}{R}X_L=\dfrac{100}{100}\times100$

$=100[\text{V}]$

8-4 $Q=\dfrac{1}{R}\sqrt{\dfrac{L}{C}}=\dfrac{1}{10}\sqrt{\dfrac{10\times10^{-3}}{1\times10^{-6}}}=10$

8-5 $f_0=\dfrac{1}{2\pi\sqrt{LC}}$에서

$C=\dfrac{1}{4\pi^2{f_0}^2L}$

$=\dfrac{1}{4\pi^2(710\times10^3)^2\times150\times10^{-6}}$

$=3.35\times10^{-18}=335[\text{pF}]$

8-6 $f_0=\dfrac{1}{2\pi\sqrt{LC}}$에서

$L=\dfrac{1}{2\pi^2{f_0}^2C}=\dfrac{1}{4\pi^2\times10^6\times1.3\times10^{-6}}$

$\fallingdotseq 19.5[\text{mH}]$

$Q=\dfrac{\omega_0L}{R}=\dfrac{2\pi\times10^3\times19.5\times10^{-3}}{5}$

$=24.5$

8-7 $\Delta f=f_2-f_1=\dfrac{f_0}{Q}=\dfrac{711}{35.5}=20.02[\text{kHz}]$

$\therefore f_1=f_0-\dfrac{\Delta f}{2}=711-\dfrac{20.02}{2}$

$=701[\text{kHz}]$

$f_2=f_0+\dfrac{\Delta f}{2}=711+10.01=721[\text{kHz}]$

8-8 $\dfrac{1}{LC}\gg\dfrac{R}{L^2}$이므로

$f_0=\dfrac{1}{2\pi\sqrt{LC}}=\dfrac{1}{2\pi\sqrt{20\times10^{-3}\times5\times10^{-6}}}$

$=500[\text{Hz}]$

8-9 $C=\dfrac{1}{4\pi^2 {f_0}^2 L}$

$=\dfrac{1}{4\pi^2\times(500\times10^3)^2\times100\times10^{-3}}$

$\fallingdotseq 1[\text{pF}]$

$\therefore Z_0=\dfrac{L}{CR}=\dfrac{100\times10^{-3}}{1\times10^{-12}\times100}=10^9[\Omega]$

8-10 $Y=\dfrac{1}{R+j\omega L}$ 로부터 지름은

$\dfrac{1}{R}=\dfrac{1}{4}=0.25[\Omega]$

8-11 $X_C=\dfrac{R^2+X_L^2}{X_L}=\dfrac{10^2+20^2}{20}=25[\Omega]$

$\therefore B_C=\dfrac{1}{X_C}=\dfrac{1}{25}=0.04[\Omega]$

8-12 반공진은 병렬공진이므로

$\omega_r=\dfrac{1}{\sqrt{LC}}=\dfrac{1}{\sqrt{100\times10^{-3}\times250\times10^{-6}}}$

$=200[\text{rad/s}]$

8-13 $Y=Y_1+Y_2=j\omega C+\dfrac{1}{R+j\omega L}$

$=\dfrac{R}{R^2+\omega^2L^2}+j\left(\omega C-\dfrac{\omega L}{R^2+\omega^2L^2}\right)$

에서 전류를 최소로 하려면 Y의 허수부가 0이 되어 병렬공진이 되어야 하므로

$\omega_0 C=\dfrac{\omega_0 L}{R^2+{\omega_0}^2L^2}$

$\therefore X_C=\dfrac{1}{\omega_0 C}=\dfrac{R^2+{\omega_0}^2L^2}{\omega_0 L}$

$=\dfrac{6^2+8^2}{8}=12.5[\Omega]$

8-14 $f_c=\dfrac{1}{2\pi RC}=\dfrac{10^{12}}{2\pi\times500\times2000}$

$=159155=159.2[\text{kHz}]$

$f=f_c=159.2[\text{kHz}]$일 때 출력전압 V_2는

$V_2=0.707V_1=0.707\times30=21.21[\text{V}]$

$f=50[\text{kHz}]$일 때 출력전압

$X_C=\dfrac{1}{2\pi fC}=\dfrac{10^{12}}{2\pi\times50\times10^3\times2000}$

$=\dfrac{10^4}{2\pi}=1591.5[\Omega]$

$\therefore V_2=\dfrac{X_C}{\sqrt{R^2+X_C^2}}V_1$

$=1591.5\times\dfrac{30}{\sqrt{500^2+1591.5^2}}$

$=28.62[\text{V}]$

$f=1[\text{MHz}]$일 때 출력전압

$X_C=\dfrac{1}{2\pi fC}=\dfrac{10^{12}}{2\pi\times1\times10^6\times2000}$

$=\dfrac{10^3}{4\pi}=79.58[\Omega]$

$\therefore V_2=\dfrac{79.58\times30}{\sqrt{500^2+79.58^2}}=4.72[\text{V}]$

8-15 임피던스 궤적 어드미턴스 궤적

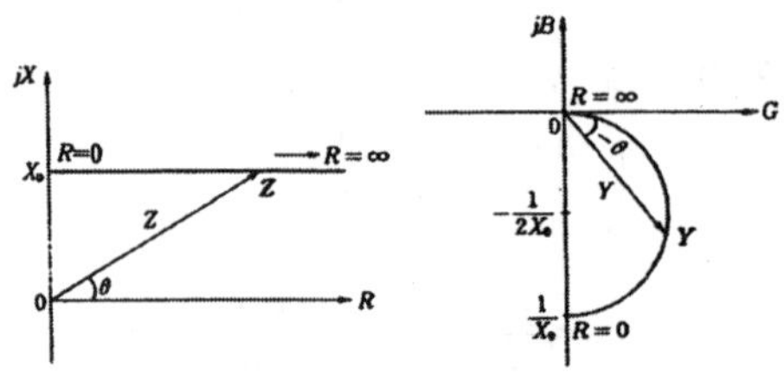

제9장 교류회로의 전력

9-1 $P=\dfrac{V^2}{R}=\dfrac{100^2}{100}=100[\text{W}]$

9-2 $\omega L=\dfrac{1}{2}Li^2=\dfrac{1}{2}\times5\times10^{-3}\times4^2=40[\text{mJ}]$

9-3 $\omega C=\dfrac{1}{2}Cv^2=\dfrac{1}{2}\times10\times10^{-6}\times100^2$

$=0.05[\text{J}]$

9-4 $P=VI\cos\theta=100\times50\times\cos60^\circ$

$=2.5[\text{kW}]$

9-5 $I=\dfrac{V}{Z}=\dfrac{V}{\sqrt{R^2+X_L^2}}=\dfrac{100}{\sqrt{3^2+4^2}}$

$=20[\text{A}]$

$\therefore P=I^2R=20^2\times3=1.2[\text{kW}]$

9-6 $P=VI\cos\theta=50\times10\times0.8=400[\text{W}]$

9-7 $I=\dfrac{V}{Z}=\dfrac{100}{\sqrt{10^2+(15-5)^2}}=5\sqrt{2}[\text{A}]$

$\therefore P=I^2R=(5\sqrt{2})^2\times10=500[\text{W}]$

9-8 $P=VI\cos\theta=\dfrac{200}{\sqrt{2}}\times\dfrac{2}{\sqrt{2}}\cos\dfrac{\pi}{4}$

$=200\times\dfrac{\sqrt{2}}{2}=100\sqrt{2}[\text{W}]$

9-9 $P_r = VI\sin\theta = \frac{50}{\sqrt{2}} \times \frac{4}{\sqrt{2}} \sin 30^\circ$

$= 50[\mathrm{Var}]$

9-10 $P \cdot f = \cos\theta = \frac{P}{VI} = \frac{8}{10} = 0.8$

9-11 $\cos\theta = \frac{R}{Z} = \frac{R}{\sqrt{R^2+X^2}} = \frac{6}{\sqrt{6^2+8^2}}$

$= \frac{1}{10} = 0.6$

9-12 $\cos\theta = \frac{X_C}{Z} = \frac{X_C}{\sqrt{R^2+X_C^2}} = \frac{4}{\sqrt{3^2+4^2}}$

$= \frac{4}{5} = 0.8$

9-13 $\cos\theta_1 = 0.6$이면 $\tan\theta_1 = 1.3$,

$\cos\theta_2 = 0.9$이면 $\tan\theta_2 = 0.48$

$\therefore \theta_C = P(\tan\theta_1 - \tan\theta_2)$

$= 1000(1.3 - 0.48)$

$= 509.4[\mathrm{kVA}]$

9-14 $P_a = VI = 100 \times 5 = 500[\mathrm{VA}]$

9-15 $\sin\theta = \frac{P_r}{P_a} = \frac{\sqrt{P_a - P}}{P_a}$

$= \frac{\sqrt{120^2 - 90^2}}{120} = 0.661 = 66.1[\%]$

9-16 $\cos\theta = 0.6$이면 $\sin\theta = 0.8$

$P = VI\cos\theta,\ VI = \frac{P}{\cos\theta} = \frac{120}{0.6} = 200$

$\therefore P_r = VI\sin\theta = 200 \times 0.8 = 160[\mathrm{kVar}]$

9-17 $I = |X_C|V = \frac{V}{\frac{1}{\omega C}} = \omega CV$

$\therefore P_a = VI = \omega CV^2 = 2\pi \times 60 \times 60 \times 10^{-6}$

$\times 100^2 = 226[\mathrm{Var}]$

9-18 $\boldsymbol{P_a} = \boldsymbol{VI} = (100 + j30)(16 - j3)$

$= 1690 + j180$

$\therefore P = 1690[\mathrm{W}],\ P_r = 180[\mathrm{Var}]$

9-19 $\boldsymbol{P_a} = \boldsymbol{VI} = 100\angle 60^\circ \times 10\angle -30^\circ$

$= 1000\angle 30^\circ = 866 + j500$

$\therefore P = 866[\mathrm{W}],\ P_r = 500[\mathrm{Var}]$

9-20 $R_L = |\boldsymbol{Z_0}| = \sqrt{6^2+8^2} = 10[\Omega]$

9-21 부하 개방전압 $V_0 = 50[\mathrm{V}]$,

내부저항 $R_0 = 5[\Omega]$이므로

$P_{max} = \frac{V_0^2}{4R_0} = \frac{50^2}{4 \times 5} = 125[\mathrm{W}]$

9-22 $I = \frac{14.14}{\sqrt{2}} = \frac{14.14}{1.414} = 10[\mathrm{A}]$이므로

$P = RI^2 = 3 \times 10^2 = 300[\mathrm{W}]$

$P_r = XI^2 = (6-2) \times 10^2 = 400[\mathrm{Var}]$

$\boldsymbol{P_a} = P + j\mathrm{Pr} = 300 + j400$

$P_a = |\boldsymbol{P_a}| = \sqrt{300^2 + 400^2} = 500[\mathrm{VA}]$

9-23 $I_1 = \frac{V}{Z_1} = \frac{150}{\sqrt{8^2+6^2}} = 15[\mathrm{A}]$,

$I_2 = \frac{V}{Z_2} = \frac{150}{\sqrt{9^2+12^2}} = 10[\mathrm{A}]$이므로

$P = R_1 I_1^2 + R_2 I_2^2 = 8 \times 15^2 + 9 \times 10^2$

$= 2700 = 2.7[\mathrm{kW}]$

$P_r = X_L I_1^2 + X_C I_2^2$

$= 6 \times 15^2 - 12 \times 10^2 = 150[\mathrm{Var}]$

$P_a = \sqrt{P^2 + P_r^2} = \sqrt{2700^2 + 150^2}$

$= 2704.2[\mathrm{VA}] \fallingdotseq 2.7[\mathrm{kVA}]$

9-24 직류일 때 $P = RI^2 = \frac{V^2}{R}$이므로

$R = \frac{V^2}{P} = \frac{40^2}{100} = 16[\Omega]$

교류일 때

$P = \frac{V^2 R}{R^2 + X_L^2} = \frac{100^2 \times 16}{16^2 + X_L^2} = 400[\mathrm{W}]$

$\therefore X_L = \sqrt{400^2 - 16^2} = 400[\mathrm{W}]$

9-25 $\boldsymbol{Z} = j2 + \frac{j2(-j3)}{j2 - j3} = j8[\Omega]$

$\therefore R_L = |\boldsymbol{Z}| = 8[\Omega]$

$P_L = \frac{V_0^2}{4R_L} = \frac{100^2}{4 \times 8} = 312.5[\mathrm{W}]$

▌제10장 유도결합회로▐

10-1 $v_2 = M\frac{di}{dt} = 100 \times 10^{-3} \times \frac{18-3}{0.3} = 5[\mathrm{V}]$

10-2 $-M\frac{di_1}{dt} = -M\frac{d}{dt} I_m \sin\omega t$

$= -\omega M I_m \cos\omega t = -\omega M I_m \cos\omega t$

$= \omega M I_m \sin(\omega t - 90^\circ)[\mathrm{V}]$

10-3 $v = M\dfrac{di}{dt}$ 식에서 $30 = M \times 150$

$\therefore M = \dfrac{30}{150} = 0.2[\text{H}]$

10-4 $L_0 = L_1 + L_2 - 2M = 20 + 10 - 10$

$= 20[\text{mH}]$

10-5 $L_0 = L_1 + L_2 + 2M$

$\therefore\ M = \dfrac{L_0 - L_1 - L_2}{2}$

$= \dfrac{15 - 5 - 3}{2} = 3.5[\text{H}]$

10-6 $L^+ = L_1 + L_2 + 2M = 95[\text{mH}]$

$L^- = L_1 + L_2 - 2M = 15[\text{mH}]$

$\therefore M = \dfrac{L^+ - L^-}{4} = \dfrac{95 - 15}{4} = 20[\text{mH}]$

10-7 $K = \dfrac{M}{\sqrt{L_1 L_2}} = \dfrac{3}{\sqrt{4 \times 9}} = \dfrac{3}{6} = 0.5$

10-8 이상 결합에서 $k=1$이므로

$M = k\sqrt{L_1 L_2} = \sqrt{4 \times 9} = 6[\text{mH}]$

10-9 $L_a + L_b + 2M = 119,\ L_a + L_b - 2M = 11$ 에서

$M = \dfrac{119 - 11}{4} = 27[\text{mH}]$

$L_b = 11 - L_a + 2M = 11 - 20 + 54$

$= 45[\text{mH}]$

$\therefore K = \dfrac{M}{\sqrt{L_a L_b}} = \dfrac{27}{\sqrt{20 \times 45}} = 0.9$

10-10 $L = L_1 + L_2 \pm 2M,\ M = k\sqrt{L_1 L_2}$ 이므로 $k=0.8$만 고려하면 된다.

$\therefore L = L_1 + L_2 \pm 2k\sqrt{L_1 L_2}$

$= 5 + 5 \pm 2 \times 0.8 \times 5 = 10 \pm 8[\text{mH}]$

10-11 $n = \dfrac{n_1}{n_2} = \sqrt{\dfrac{L_1}{L_2}} = \sqrt{\dfrac{0.8}{0.2}} = \sqrt{4} = 2$

10-12 $Z_s = n^2 Z_L = \dfrac{1}{9} \times 360 = 40[\Omega]$

10-13 병렬접속의 등가회로를 그리면 그림과 같으므로

$L = M + \dfrac{(L_1 - M)(L_2 - M)}{(L_1 - M) + (L_2 - M)}$

$= \dfrac{L_1 L_2 - M^2}{L_1 + L_2 - 2M}$

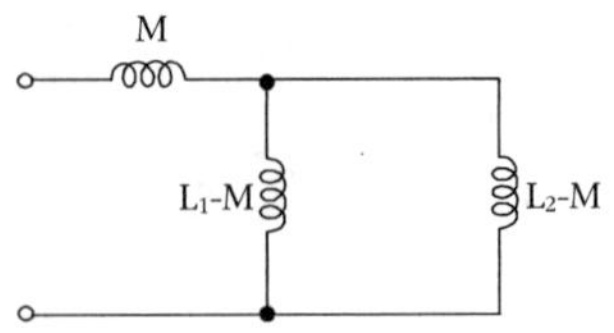

▌제11장 3상교류회로 ▌

11-1 $I_P = \dfrac{I_L}{\sqrt{3}} = \dfrac{1732}{1.732} = 1000[\text{A}]$

11-2 $V_R = 2V_s \sin\dfrac{\pi}{n} = 2 \times 100 \times \sin\dfrac{180^\circ}{12}$

$= 51.76[\text{V}]$

11-3 $V_P = \dfrac{200}{\sqrt{3}} = 115.5[\text{V}]$,

$I_L = \dfrac{V_P}{Z} = \dfrac{115.5}{\sqrt{8^2 + 6^2}} = \dfrac{20}{\sqrt{3}} = 11.55[\text{A}]$

11-4 $V_L = \sqrt{3}\,IZ = \sqrt{3} \times 10 \times \sqrt{16^2 + 12^2}$

$\fallingdotseq 346[\text{V}]$

11-5 $I_l = \sqrt{3}\,I_P = \sqrt{3} \times \dfrac{220}{\sqrt{3^2 + 4^2}} = \sqrt{3} \times 44$

$= 76.2[\text{A}]$

11-6 $V_L = 220 \times \dfrac{1}{20} \times \sqrt{3} = 11\sqrt{3} = 19[\text{V}]$

11-7 Y결선인 경우 $I = I_P$이고 $V = \sqrt{3}\,V_P$이므로

$I = \dfrac{V_P}{Z} = \dfrac{\dfrac{200}{\sqrt{3}}}{\sqrt{8^2 + 6^2}} = \dfrac{20}{\sqrt{3}} \fallingdotseq 11.5[\text{A}]$

11-8 $I_P = \dfrac{V_P}{Z} = \dfrac{100}{\sqrt{3^2 + 4^2}} = 20[\text{A}]$

$\therefore I = \sqrt{3}\,I_P = 20\sqrt{3} = 34.64[\text{A}]$

11-9 $I_L = \sqrt{3}\,I_P = \sqrt{3} \times \dfrac{100}{\sqrt{60^2 + 80^2}}$

$= \sqrt{3} \times \dfrac{100}{100} = \sqrt{3}[\text{A}]$

11-10 평형전압은 $\dfrac{200}{\sqrt{3}}[\text{V}]$이므로 상전류 I_P는

$I_P = \dfrac{V}{Z} = \dfrac{200\sqrt{3}}{20 + j10}$

$= \dfrac{(200/\sqrt{3})(20 - j10)}{20^2 + 10^2}$

$= \frac{8}{\sqrt{3}} - j\frac{4}{\sqrt{3}}[\text{A}]$

$P_a = 3VI_P = 3\times\frac{200}{\sqrt{3}}\left(\frac{8}{\sqrt{3}} - j\frac{4}{\sqrt{3}}\right)$

$= 1600 - j800 \quad \therefore P = 1600[\text{W}]$

11-11 $Z = \sqrt{14^2 + 48^2} = 50[\Omega]$

$\cos\theta = \frac{R}{Z} = \frac{14}{50} = 0.28$

$I = \frac{V}{Z} = \frac{200}{50} = 4[\text{A}]$

11-12 $\cos\theta = 0.8$이면 $\sin\theta = 0.6$이므로

$P_r = \sqrt{3}\,VI\sin\theta = \sqrt{3}\times200\times10\sqrt{3}\times0.6$

$= 3600[\text{Var}]$

11-13 V결선 변압기 출력비$= \frac{V\text{결선용량}}{3\text{대용량}}$

$= \frac{\sqrt{3}\,VI}{3VI} = \frac{\sqrt{3}}{3} = \frac{1}{\sqrt{3}} = 0.577$

$\therefore 57.7[\%]$

11-14 $P_V = \frac{P_\triangle}{\sqrt{3}} = \frac{50\times3}{\sqrt{3}} = 50\sqrt{3}[\text{kVA}]$

11-15 출력비는 0.577이므로 V결선시의 출력은

$P_V = 1000\times3\times0.577 = 1732[\text{kVA}]$

11-16 선전류를 I, 부하전류를 I_L이라 하면

$P = \sqrt{3}\,VI\cos\theta$

$\therefore I = \frac{P}{\sqrt{3}\,V\cos\theta} = \frac{20\times10^3}{\sqrt{3}\times200\times0.8}$

$= 72.2[\text{A}]$

11-17 상순이 a, b, c라면

$V_{ab} = 110\sqrt{3}\angle30° + 30°$

$= 110\sqrt{3}\angle60°[\text{V}]$

$V_{bc} = V_{ab}\angle-120° = 110\sqrt{3}\angle-60°[\text{V}]$

$V_{ca} = V_{ab}\angle-240°$

$= 110\sqrt{3}\angle-180°[\text{V}]$

11-18 $P = 800 + 600 = 1400[\text{W}]$

$P_r = \sqrt{3}(800-600) = 200\sqrt{3}\,[\text{Var}]$

$\tan\theta = \frac{P_r}{P} = \frac{200\sqrt{3}}{1400} = \frac{\sqrt{3}}{7}\theta = 13.9°$

$\therefore \cos\theta = 0.97$

11-19 그림과 같이 Δ결선을 Y결선으로 등가변환하면

$R_a = \frac{R_{ab}R_{ca}}{R_{ab}+R_{bc}+R_{ca}} = \frac{100\times100}{100+200+100}$

$= \frac{10000}{400} = 25[\Omega]$

$R_b = \frac{R_{bc}R_{ab}}{\sum R} = \frac{100\times200}{400} = 50[\Omega]$

$R_c = \frac{R_{ca}R_{bc}}{\sum R} = \frac{200\times100}{400} = 50[\Omega]$

각 선의 전류가 같으려면 각 상의 저항이 같아야 하므로 $R + R_a = 50$,

$R = 50 - R_a = 50 - 25 = 25[\Omega]$

▌제12장 비정현파의 해석▐

12-1 비사인파(비정현파)를 분해하면 직류성분(평균값), 기본파 및 고조파로 분해된다.

12-2 반파대칭인 왜형파는 기수고조파만 나타난다.

12-3 $a_0 = \frac{\pi\times10}{24} = 5[\text{A}]$

12-4 $V = \sqrt{I_0^2 + I_1^2 + I_3^2} = \sqrt{5^2+10^2+5^2}$

$= 12.25[\text{V}]$

12-5 $I = \sqrt{I_1^2 + I_3^2} = \sqrt{\left(\frac{30}{\sqrt{2}}\right)^2 + \left(\frac{40}{\sqrt{2}}\right)^2}$

$= \frac{1}{\sqrt{2}}\sqrt{30^2+40^2} = 25\sqrt{2}\,[\text{A}]$

12-6 왜형률$= \frac{\text{전고파의 실효값}}{\text{실효값}} = \frac{\sqrt{40^2+30^2}}{100}$

$= \frac{50}{100} = 0.5$

12-7 $V_1 = 1$이라면 $V_3 = 0.3$, $V_5 = 0.2$이므로

왜형율$= \frac{\sqrt{0.3^2+0.2^2}}{1} = \sqrt{0.13} \fallingdotseq 0.36$

12-8 v와 i는 서로 주파수가 다르므로 평균전력은 0이다.

12-9 $P = V_3I_3\cos\theta_3 = 50\times40\cos\frac{\pi}{3}$

$= 1000 = 1[\text{kW}]$

12-10 $P = \frac{100\times20}{2}\cos30° - \frac{50\times10}{2}\cos60°$

$+ \frac{20\times5}{2}\cos45° = 776.4[\text{W}]$

12-11 $V = \sqrt{V_1^2 + V_3^2 + V_5^2} = \sqrt{\frac{100^2+50^2+25^2}{2}}$

$\fallingdotseq 81.01[\text{V}]$

$I = \sqrt{I_1^2 + I_3^2 + I_5^2} = \sqrt{\dfrac{20^2 + 15^2 + 10^2}{2}}$

$\fallingdotseq 19.04[\mathrm{A}]$

$\therefore P_a = VI = 81.01 \times 19.04 = 1542[\mathrm{VA}]$

12-12 $P = \dfrac{20}{\sqrt{2}} \cdot \dfrac{30}{\sqrt{2}} \cos 0 + \dfrac{30 \times 20}{2} = 600[\mathrm{W}]$

$P_a = VI = \sqrt{\dfrac{20^2 + 30^2}{2}} \times \sqrt{\dfrac{30^2 + 20^2}{2}}$

$\fallingdotseq 25.5^2[\mathrm{VA}]$

$\therefore \cos\theta = \dfrac{P}{P_a} = \dfrac{600}{25.5^2} \fallingdotseq 0.92$

12-13 $R-L-C$ 직렬회로에서 제3고조파의 임피던스 Z_3는 $Z_3 = R + j\left(2\omega L - \dfrac{1}{3\omega c}\right)$

에서 $3\omega_0 L = \dfrac{1}{3\omega_0 c}$ 일 때 공진상태이므로

$\omega_0^2 = \dfrac{1}{9LC},\ \omega_0 = \dfrac{1}{3}\sqrt{LC}$

$\therefore f_0 = \dfrac{1}{6\pi\sqrt{LC}}$

12-14 $\dfrac{14.14}{\sqrt{2}} - \dfrac{14.14}{1.414} = 10,\ \dfrac{7.07}{\sqrt{2}} = \dfrac{7.07}{1.414} = 5$

이므로

$P = RI^2 = R(I_0^2 + I_1^2 + I_2^2)$

$= 5 \times (5^2 + 10^2 + 5^2) = 750[\mathrm{W}]$

12-15 $I_3 = \dfrac{V_3}{Z_3} = \dfrac{V_3}{\sqrt{R^2 + (3\omega L)^2}}$

$= \dfrac{50}{\sqrt{8^2 + (3 \times 2)^2}} = \dfrac{50}{10} = 5[\mathrm{A}]$

12-16 $I_2 = \dfrac{V_2}{Z_2} = \dfrac{V_2}{\sqrt{R^2 + \left(\dfrac{1}{2\omega C}\right)^2}}$

$= \dfrac{\dfrac{141.4}{\sqrt{2}}}{\sqrt{8^2 + \left(\dfrac{12}{2}\right)^2}} = \dfrac{100}{10} = 10[\mathrm{A}]$

12-17 $Z_1 = \sqrt{R^2 + (\omega L)^2} = \sqrt{4^2 + 3^2} = 5[\Omega]$

$Z_3 = \sqrt{R^2 + (3\omega L)^2} = \sqrt{4^2 + 9^2} = \sqrt{97}[\Omega]$

$I_1 = \dfrac{V_1}{Z_1} = \dfrac{100}{5} = 20[\mathrm{A}],$

$I_2 = \dfrac{V_3}{Z_3} = \dfrac{50}{\sqrt{97}} \fallingdotseq 5.1[\mathrm{A}]$

$\therefore I = \sqrt{I_1^2 + I_3^2} = \sqrt{20^2 + 5.1^2}$

$= \sqrt{426.01} = 20.6[\mathrm{A}]$

12-18 $P = RI_1^2 + RI_3^2 = 4 \times 20^2 + 4 \times 5.1^2$

$= 1600 + 104.04 \fallingdotseq 1704[\mathrm{W}]$

12-19 $I_1 = \dfrac{V_1}{R} = \dfrac{100}{100} = 1[\mathrm{A}],$

$I_3 = \dfrac{10}{100} = 0.1[\mathrm{A}]$

$\therefore P = V_1 I_1 \cos\theta_1 + V_2 I_2 \cos\theta_2$

$= 100 \times 1 \times \cos 0^\circ + 10 \times 0.1 \times \cos 0^\circ$

$= 101[\mathrm{W}]$

12-20 $W_L = \dfrac{1}{2}(LI_0^2 + LI_1^2 + LI_2^2)$

$= \dfrac{1}{2}(5^2 + 10^2 + 5^2) = 75[\mathrm{J}]$

12-21 $I_m = \sqrt{I_{m1}^2 + I_{m2}^2} = \sqrt{3.5^2 + 0.5^2}$

$= 3.54[\mathrm{A}]$

제13장 2단자망과 4단자망

13-1 $Z(0) = \left.\dfrac{s + 50}{s^2 + 3s + 2}\right|_{S=0} = 25[\Omega]$

$\therefore I = \dfrac{V}{Z(0)} = \dfrac{100}{25} = 4[\mathrm{A}]$

13-2 $(s+1)(s+2) = 0$의 근이 영점이므로

$s = -1,\ -2$

$(s+3)(s+4) = 0$의 근이 극이므로

$s = -3,\ -4$

13-3 $Z(s) = \dfrac{1}{S} + \dfrac{5s \times \dfrac{5}{s}}{5s + \dfrac{5}{s}} = \dfrac{6s^2 + 1}{S(s^2 + 1)}[\Omega]$

13-4 $Z(s) = \dfrac{8s + 7}{s} = 8 + \dfrac{7}{s} = 8 + \dfrac{1}{\dfrac{1}{7}s}[\Omega]$

$\therefore R = 8[\Omega]$과 $C = \dfrac{1}{7}[\mathrm{F}]$인 직렬회로

13-5 $Z(s) = \dfrac{s}{s^2 + 3} = \dfrac{1}{\dfrac{s^2 + 3}{s}} = \dfrac{1}{s + \dfrac{1}{\dfrac{1}{3}s}}$

$\therefore C = 1[\mathrm{F}]$와 $L = \dfrac{1}{3}[\mathrm{H}]$인 병렬회로

13-6 $K^2 = \dfrac{L}{C} = \dfrac{1 \times 10^{-3}}{1 \times 10^{-6}} = 10^3$

$$\therefore L = K^2C = 10^3 \times 0.1 \times 10^{-6}$$
$$= 0.1 \times 10^{-3} = 0.1[\text{mH}]$$

13-7 $Z_1Z_2 = R^2, \quad R^2 = \frac{L}{C}$

$$\therefore R = \sqrt{\frac{L}{C}} = \sqrt{\frac{4\times 10^{-3}}{0.1\times 10^{-6}}}$$
$$= \sqrt{4\times 10^4} = 200[\Omega]$$

13-8 $C = \frac{L}{R^2} = \frac{10\times 10^{-3}}{100^2} = 1[\mu\text{F}]$

13-9 $Z_{21} = \left.\frac{V_2}{I_1}\right|_{I_2=0} = \frac{3I_1}{I_1} = 3[\Omega]$

13-10 $Z_{11} = \left.\frac{V_1}{I_1}\right|_{I_2=0} = \frac{3I_1+5I_1}{I_1}$

$$= \frac{8I_1}{I_1} = 8[\Omega]$$

13-11 $Y_{22} = \left.\frac{I_2}{V_2}\right|_{V_1=0} = \frac{3V_2+6V_2}{V_1}$

$$= \frac{9V_2}{V_2} = 9[℧]$$

13-12 $V_1 = j\omega L_1 I_1 + j\omega M I_2,$

$\dot{V}_2 = j\omega M i_1 + j\omega L_2 i_2$

$\therefore Z_{11} = j\omega L_1$

13-13 $H_{11} = \left.\frac{V_1}{I_1}\right|_{V_2=0} = \frac{5I_1}{I_1} = 5[\Omega]$

13-14 $AD - BC = 1$

$$\therefore C = \frac{AD-1}{B} = \frac{8(3+j2)-1}{j2}$$
$$= 8 - j11.5$$

13-15 $C = \left.\frac{I_1}{V_2}\right|_{I_2=0} = \frac{I_1}{\frac{1}{j\omega C}I_1} = j\omega C$

13-16 $C = \left.\frac{I_1}{V_2}\right|_{I_2=0} = \frac{I_1}{4I_1} = \frac{1}{4}$

13-17 $Z_{01} = \sqrt{\frac{AB}{CD}}, \quad Z_{02} = \sqrt{\frac{BD}{AC}},$

$$Z_{01}Z_{02} = \frac{B}{C}$$

$$\therefore Z_{02} = \frac{B}{Z_{01}C} = \frac{\frac{5}{3}}{\frac{20}{3}\times 1} = \frac{1}{4}[\Omega]$$

13-18 $Z_{01} = 2+8 = 10[\Omega]$

$$Z_{S1} = 2 + \frac{2\times 8}{2+8} = 3.6[\Omega]$$

13-19 $Z_{i1} = \sqrt{Z_{01}Z_{S1}} = \sqrt{(4+5)\times 4} = 6[\Omega]$

$$Z_{i2} = \sqrt{Z_{02}Z_{S2}} = \sqrt{5\times\frac{4\times 5}{4+5}} = \frac{10}{3}[\Omega]$$

13-20 $Z_{i1} = \sqrt{Z_{01}Z_{S1}} = \sqrt{(4+5)\times\left(4+\frac{5\times 5}{5+5}\right)}$

$$= 7.65[\Omega]$$

13-21 $\theta = \log_e(\sqrt{AD} + \sqrt{BD}) = \log_e\left(\frac{5}{3} + \frac{4}{3}\right)$

$$= \log_e 3$$

13-22 $g = 20\log_{10}\frac{1000\times 10^{-3}}{10^{-3}} = 20\log_{10}10^3$

$$= 60\log 10 = 60[\text{dB}]$$

13-23 $\text{dB} = 10\log_{10}\frac{1}{1\times 10^3} = 10\log 10^3$

$$= 30\log 10 = 30[\text{dB}]$$

13-24 $Y(s) = \frac{s}{5} + \frac{1}{s} + \frac{1}{5s + \frac{5}{2s}}$

$$= \frac{\frac{1}{5}s^4 + \frac{13}{10}s^2 + \frac{5}{10}}{s^3 + \frac{1}{2}s} = \frac{2s^4 + 13s^2 + 5}{10^{s^3} + 5s}$$

13-25 극점(반공진점)은 $s_0 = 0$, $s_2 = \pm j2000$이고, 영점(공진점)은 $s_1 = \pm j1000$, $s_3 = \pm j3000$이다. 정현파 교류회로에서 $s = j\omega$이므로 공진주파수는

$$\omega_1 = 1000[\text{rad/s}], \ f_1 = \frac{1000}{2\pi} = 159.2[\text{Hz}],$$

$$\omega_3 = 300[\text{rad/s}], \ f_3 = \frac{3000}{2\pi} = 477.5[\text{Hz}]$$

반공진주파수는 $\omega_0 = 0[\text{rad/s}]$,

$f_0 = 0[\text{Hz}]$, $\omega_2 = 200[\text{rad/s}]$,

$$f_2 = \frac{2000}{2\pi} = 318.3[\text{Hz}]$$

13-26 $Z(S) = \frac{s^2+2s+2}{s^2+s+1} = 1 + \frac{s+1}{s^2+s+1}$

$$= 1 + \frac{1}{s + \frac{1}{s+1}}$$

이므로 2단자망은 그림과 같다.

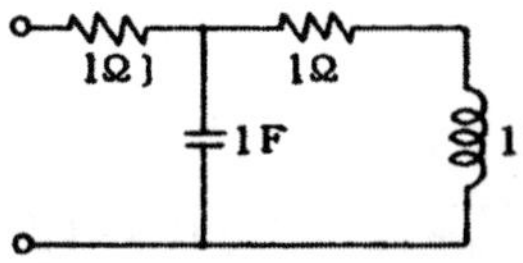

13-27 정확한 공진점과 반공진점을 구하기 위하여 복소 임피던스를 해석하면

$$Z(s)=\frac{1}{sC_1}+\frac{1}{\frac{1}{sL}+sC_2}=\frac{1}{sC_1}+\frac{sL}{s^2LC_2+1}$$

$$=\frac{s^2(C_1L+C_2L)+1}{sC_1(s^2LC_2+1)}$$

따라서 이 회로의 영점(공진점)은

$$s_1=\pm j\frac{1}{\sqrt{C_1L+C_2L}}=j\omega_1,\ \ s_3=\infty$$

또한 극점(반공진점)는 다음과 같다.

$$s_0=0,\ \ s_2=\pm j\frac{1}{\sqrt{C_2L}}=j\omega_2$$

이러한 특이점의 크기는 다음의 순서가 된다.

$s_0<s_1<s_2<s_3$

이 값을 이용하여 리액턴스 곡선을 그리면 다음 그림과 같다.

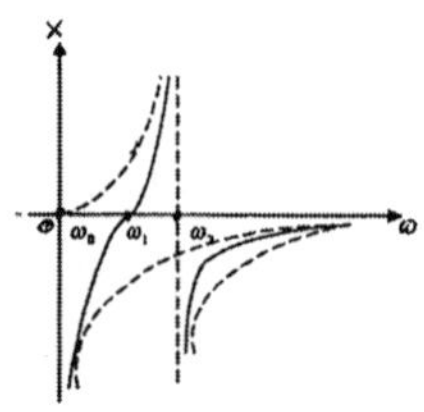

▌ 제14장 과도현상 ▌

14-1 $i_s(t)=\frac{E}{R}=\frac{70}{10}=7[\text{A}]$

14-2 $i(t)=\frac{E}{R}\left(1-e^{-\frac{R}{L}t}\right)=\frac{100}{50}\left(1-e^{-\frac{50}{10}t}\right)$

$=2(1-e^{-5t})[\text{A}]$

14-3 $q_s=CE=50\times10^{-6}\times200=0.01[\text{C}]$

14-4 $q(t)=CE(1-e^{-\frac{1}{RC}t})$

$=0.1\times100\left(1-e^{-\frac{1}{10}\times0.1t}\right)$

$=10(1-e^{-t})[\text{C}]$

14-5 $i(t)=\frac{E}{R}e^{\frac{-1}{RC}t}=\frac{5}{5}e^{-\frac{1}{5\times\frac{1}{5}}t}=e^{-t}[\text{A}]$

14-6 $\tau=\frac{L}{R}=\frac{30\times10^{-3}}{10}=3\times10^{-3}=3[\text{mS}]$

14-7 $\tau=RC=4\times3\times10^{-6}=12\times10^{-6}=12[\mu\text{S}]$

14-8 $i(t)=\frac{E}{R}(1-e^{-\frac{R}{L}t})$

$\therefore i(3\tau)=\frac{E}{R}\left(1-e^{-\frac{1}{\tau}\times3\tau}\right)=I(1-e^{-3})$

$=I(1-0.05)=0.95I$

14-9 $i(t)=\frac{E}{R}e^{-\frac{1}{RC}T},\ i(0)=\frac{E}{R}e^{-0}=\frac{E}{R}$

$\therefore I=\frac{E}{R}=\frac{100}{10^6}=10^{-4}[\text{A}]$

14-10 $i(0.1)=\frac{10}{1000}e^{-\frac{0.1}{1000\times50\times10^{-6}}}$

$=\frac{1}{100}e^{-2}\fallingdotseq1.35[\text{mA}]$

14-11 $v_L=L\frac{di}{dt}=Ee^{-\frac{R}{L}t}=Ee^{-\frac{20\times10^3}{50\times10^{-3}}}$

$=Ee^{-(4\times10^5)t}$

14-12 $v_c=E\left(1-e^{-\frac{1}{RCt}}\right)$

$=200\left(1-e^{-\frac{0.02}{20\times500\times10^{-6}}}\right)$

$=200(1-e^{-2})\fallingdotseq173[\text{V}]$

14-13 L에 걸리는 전압 $v_L(t)$는 인가전압 E보다 커지는 일이 없으나, $v_c(t)$는 최대값이 $2E$까지 커지며, 이 현상은 고전압 발생에 이용된다.

14-14 $R^2-4\frac{L}{C}=10^4-4\times\frac{0.1\times10^{-3}}{0.1\times10^{-6}}$

$=10^4-4\times10^3>0$

따라서 이 경우는 비진동상태이다.

14-15 $R^2-4\frac{L}{C}>0$이 진동이므로 $C<4\frac{L}{R^2}$

$\therefore C<4\times\frac{3\times10^{-3}}{1000^2}=12\times10^{-9}[\text{F}]=12[\text{nF}]$

14-16 $\omega_0=\sqrt{\frac{1}{LC}-\frac{R^2}{4L^2}}$

$=\sqrt{\frac{1}{0.1\times5\times10^{-6}}-\frac{200^2}{4\times0.1^2}}$

$=1000[\text{rad/s}]$

14-17 ① $T=\frac{L}{R}=\frac{1}{5}=0.2[\text{sec}]$

$I=\frac{V}{R}=\frac{100}{5}=20[\text{A}]$

$i=\frac{V}{R}\left(1-e^{-\frac{R}{L}t}\right)=20(1-e^{-5t})$

② 정상전류의 80[%]이면 $20\times0.8=16[\text{A}]$이고

$i=20(1-e^{-5t})=16,\ 20e^{-5t}=4$

$e^{-5t}=0.2$

$-5t\log e=\log2-\log10=-0.699$

$\therefore t=\frac{0.699}{0.434}\times5=0.322[\text{sec}]$

$(\log e=0.434)$

③ $i=20(1-e^{-5\times0.5})=20(1-e^{2.5})$

$=18.36[\text{A}]$

$v_R=Ri=5\times18.36=91.8[\text{V}]$

$v_L=V-v_R=100-91.8=8.2[\text{V}]$

$P=Ri^2=5\times18.36^2=1685.4[\text{W}]$

14-18 ① $T=CR=10^{-6}\times10^6=1[\text{sec}]$

$I=\frac{V}{R}=\frac{100}{10^6}=10^{-6}[\text{A}]$

$i=\frac{V}{R}e^{-\frac{1}{RC}t}=10^{-4}e^{-t}[\text{A}]$

② 초기전류 $10^{-4}[\text{A}]$의 90[%]는

$0.9\times10^{-4}[\text{A}]$이므로

$i=10^{-4}e^{-t}=0.9\times10^{-4}$

$e^{-t}=0.9,$

$-t\log e=\log9-\log10=-0.0458$

$\therefore t=\frac{0.0458}{0.0434}=0.106[\text{sec}]$

③ $i=10^{-4}e^{-t}=10^{-4}e^{-0.5}=60.7[\mu\text{A}]$

$v_R=Ri=10^6\times60.7\times10^{-6}=60.7[\text{V}]$

$v_c=V-v_R=100-60.7=39.3[\text{V}]$

$q=Cv_c=10^{-6}\times39.3=39.3[\mu\text{C}]$

$P=Ri^2=10^6\times(60.7\times10^{-6})^2$

$=0.0037[\text{W}]$

▌제15장 라플라스 변환▐

15-1 $\mathcal{L}[u(t)]=\frac{1}{s}$

15-2 $F(s)=\frac{3\times2}{s^{2+1}}=\frac{6}{s^3}$

15-3 $F(s)=\frac{5}{s+2}$

15-4 $F(s)=\frac{1}{s^2+1}+\frac{2s}{s^2+1}=\frac{2s+1}{s^2+1}$

15-5 $\mathcal{L}[\sin2t]=\frac{2}{s^2+4},\ \mathcal{L}[e^{-at}f(t)]$

$=F(s+a)$

$\therefore\mathcal{L}[e^{-2t}\sin2t]=\frac{2}{(s+2)^2+4}$

$=\frac{2}{s^2+4s+8}$

15-6 $\mathcal{L}[t^3]=\frac{6}{s^4}\quad\therefore\mathcal{L}[t^3e^{-3t}]=\frac{6}{(s+3)^4}$

15-7 $F(s)=\frac{1}{2}\left(\frac{1}{s-2}+\frac{1}{s+2}\right)$

$=\frac{1}{2}\left(\frac{2s}{s^2-4}\right)=\frac{s}{s^2-4}$

15-8 $f(0_+)=\lim_{t\to0_+}f(t)=\lim_{s\to\infty}s\cdot F(s)$

$=\lim_{s\to\infty}s\cdot\frac{s^2+s+3}{s(s^2+2s+5)}$

$=\lim_{s\to\infty}\frac{1+\frac{1}{s}+\frac{3}{s^2}}{1+\frac{2}{s}+\frac{5}{s^2}}=1$

15-9 $f(\infty)=\lim_{t\to\infty}f(t)=\lim_{s\to0}s\cdot F(s)$

$=\lim_{s\to0}s\cdot\frac{5s+3}{s(s+1)}=3$

15-10 $\mathcal{L}^{-1}\left[\frac{2}{s+3}\right]=2e^{-3t}$

15-11 $\mathcal{L}^{-1}\left[\frac{2}{s^2+16}\right]=\mathcal{L}^{-1}\left[\frac{1}{2}\cdot\frac{4}{s^2+4^2}\right]$

$=\frac{1}{2}\sin4t$

15-12 $\mathcal{L}^{-1}\left[\frac{2s+1}{s^2+1}\right]=\mathcal{L}^{-1}\left[\frac{2s}{s^2+1}+\frac{1}{s^2+1}\right]$

$=2\cos t+\sin t$

15-13 $F(s)=\frac{1}{s(s+1)}=\frac{K_1}{s}+\frac{K_2}{s+1}$라 놓으면

$K_1=s\cdot F(s)|_{s=0}=\frac{1}{s+1}|_{s=0}=1$

$K_2=s\cdot F(s)|_{s=-1}=\frac{1}{s}|_{s=0}=\frac{1}{-1}=-1$

$$\therefore \mathcal{L}^{-1}\left[\frac{1}{s(s+1)}\right]=\mathcal{L}^{-1}\left[\frac{1}{s}-\frac{1}{s+1}\right]$$
$$=1-e^{-t}$$

15-14 $F(s)=\dfrac{s}{(s+1)(s+2)}=\dfrac{K_1}{s+1}+\dfrac{K_2}{s+2}$

라 놓으면

$$K_1=\frac{s}{s+2}\bigg|_{s=-1}=\frac{-1}{-1+2}=-1$$
$$K_2=\frac{s}{s+1}\bigg|_{s=-2}=\frac{-2}{-2}+1=2$$
$$\therefore \mathcal{L}^{-1}\left[\frac{s}{(s+1)(s+2)}\right]$$
$$=\mathcal{L}^{-1}\left[\frac{-1}{s+1}+\frac{2}{s+2}\right]=2e^{-2t}-e^{-t}$$

15-15 ① $s^2X(s)+2sX(s)-3X(s)=\dfrac{4}{s}$

$$(s^2+2s-3)X(s)=\frac{4}{s}$$
$$X(s)=\frac{4}{s(s^2+2s-3)}=\frac{4}{s(s-1)(s+3)}$$
$$=\frac{K_1}{s}+\frac{K_2}{s-1}+\frac{K_3}{s+3}$$
$$K_1=\frac{4}{(s-1)(s+3)}\bigg|_{s=1}=-\frac{4}{3}$$
$$K_2=\frac{4}{s(s+3)}\bigg|_{s=1}=\frac{4}{4}=1$$
$$K_3=\frac{4}{s(s-1)}\bigg|_{s=-3}=\frac{4}{-3(-4)}=\frac{1}{3}$$
$$\therefore x(t)=\mathcal{L}^{-1}\left[-\frac{4}{3}\cdot\frac{1}{s}+\frac{1}{s-1}+\frac{1}{3}\cdot\frac{1}{s+3}\right]$$
$$=-\frac{4}{3}+e^t+\frac{1}{3}e^{-3t}$$

② $sI(s)+4I(s)+\dfrac{4}{s}I(s)=\dfrac{50}{s}$

$$\left(s+4+\frac{4}{s}\right)I(s)=\left(\frac{s^2+4s+4}{s}\right)I(s)=\frac{50}{s}$$
$$I(s)=\frac{50}{s^2+4s+4}=\frac{50}{(s+2)^2}$$
$$\therefore i(t)=\mathcal{L}^{-1}\left[\frac{50}{(s+2)^2}\right]=50te^{-2t}$$

15-16 그림 (a)는 $f(t)=u(t)-u(t-2)$

$$\therefore F(s)=\mathcal{L}[f(t)]=\frac{1}{s}-\frac{1}{s}\cdot e^{-2t}$$
$$=\frac{1}{s}(1-e^{-2s})$$

그림 (b)는 $f(t)=\begin{cases} t & : 0\leqq t\leqq 1 \\ 2-t & : 1\leqq t\leqq 2\end{cases}$

$$F(s)=\mathcal{L}[f(t)]$$
$$=\int_0^1 te^{-2st}dt+\int_1^2(2-t)e^{-st}dt$$
$$=\left[t\cdot\frac{e^{-st}}{-s}\right]_0^1+\frac{1}{2}\int_0^1 e^{-st}dt$$
$$+\left[(2-t)\cdot\frac{e^{-st}}{-s}\right]_1^2-\frac{1}{s}\int_1^2 e^{-st}dt$$
$$=-\frac{1}{s}e^{-s}-\frac{1}{s^2}e^{-2s}+\frac{1}{s^2}+\frac{1}{s}e^{-2}$$
$$+\frac{1}{s^2}e^{-2s}$$
$$=\frac{1}{s^2}(1-2e^{-s}+e^{-2s})$$

[별해]

$f(t)=t-2(t-1)+(t-2)$

$$\therefore F(s)=\mathcal{L}[f(t)]$$
$$=\frac{1}{s^2}-\frac{2}{s^2}e^{-s}+\frac{1}{s^2}e^{-2s}$$
$$=\frac{1}{s^2}(1-2e^{-s}+e^{-2s})$$

15-17 $f(t)=u(t-1)-2u(t-2)+u(t-3)$

$$\therefore F(s)=\mathcal{L}[f(t)]=\frac{1}{s}e^{-s}-\frac{2}{s}e^{-2s}$$
$$+\frac{1}{s}e^{-3s}=\frac{1}{s}(e^{-s}-2e^{-2s}+e^{-3s})$$

15-18 회로에서 전압방정식은

$$L\frac{di(t)}{dt}+\frac{1}{c}\int i(t)dt=E$$

이 식을 라플라스 변환하면 초기값은 0이므로

$$LSI(s)+\frac{1}{Cs}I(s)=\frac{E}{s},\ I(s)\left(Ls+\frac{1}{Cs}\right)=\frac{E}{s}$$
$$I(s)=\frac{E}{L}\cdot\frac{\frac{1}{\sqrt{Ls}}\cdot\sqrt{LC}}{s^2+\left(\frac{1}{\sqrt{LC}}\right)^2}$$
$$=\frac{E}{\sqrt{LC}}\cdot\frac{\frac{1}{\sqrt{LC}}}{s^2+\left(\frac{1}{\sqrt{LC}}\right)^2}$$
$$\therefore i(t)=\mathcal{L}^{-1}[I(s)]=E\sqrt{\frac{C}{L}}\sin\frac{1}{\sqrt{LC}}t$$

찾아보기

알기쉬운 **회로이론**

2024년 3월 20일 1판 5쇄 발행

저 자 유정봉 · 이수일
발행인 남 승 우

발행처 도서출판 상尙 학學 당堂

서울시 동작구 사당로9가길 6(사당동)
TEL : 02) 595-1692~4
FAX : 02) 595-1394
E-mail : shdbooks@naver.com
신고 : 2-155호 (1968. 11. 29)

정가 28,000원

ISBN 978-89-6587-064-7 93560

〈디자인〉 편집 엄해숙 / 표지 나아기획